粒子個別要素法

Particulate Discrete
Element Modelling:
A Geomechanics Perspective

Catherine O'Sullivan 原著
鈴木 輝一 訳

森北出版株式会社

Particulate Discrete Element Modelling
a Geomechanics Perspective
Catherine O'Sullivan

Copyright © 2011 Catherine O'Sullivan
All Rights Reserved.
Authorised translation from the English language edition published by CRC Press a member of the Taylor & Francis Group.
Japanese translation rights arranged with Taylor & Francis Group through Japan UNI Agency, Inc., Tokyo

---

●本書のサポート情報を当社 Web サイトに掲載する場合があります．下記の URL にアクセスし，サポートの案内をご覧ください．

http://www.morikita.co.jp/support/

●本書の内容に関するご質問は，森北出版 出版部「(書名を明記)」係宛に書面にて，もしくは下記の e-mail アドレスまでお願いします．なお，電話でのご質問には応じかねますので，あらかじめご了承ください．

editor@morikita.co.jp

●本書により得られた情報の使用から生じるいかなる損害についても，当社および本書の著者は責任を負わないものとします．

■本書に記載している製品名，商標および登録商標は，各権利者に帰属します．

■本書を無断で複写複製（電子化を含む）することは，著作権法上での例外を除き，禁じられています．複写される場合は，そのつど事前に(社)出版者著作権管理機構（電話 03-3513-6969，FAX 03-3513-6979，e-mail:info@jcopy.or.jp）の許諾を得てください．また本書を代行業者等の第三者に依頼してスキャンやデジタル化することは，たとえ個人や家庭内での利用であっても一切認められておりません．

謝　辞

　本書を執筆した目的は，DEM（個別要素法）解析を適切に行い，かつ，解析結果を適切に解釈するための，重要で基本的な情報を1冊の本にまとめ，DEMの潜在的なユーザーにそれらを紹介して正しい方向に導くことである．約10年間この分野で研究を行っているが，私よりも豊富な経験をもつ研究者はたくさんいる．しかし，この分野をしっかりと把握するために必要な鍵となる事項を特定することは，容易ではなく手間がかかることを私自身もよく認識している．本書によって，入門書がないために生じていたギャップを少しでも減らし，将来のDEM解析者にとっての障害が取り除かれることを望んでいる．

　この10年以上にわたって私自身の知識も増え，同僚や他の研究者との交流によって啓発されることも多かった．カリフォルニア大学バークレー校での私の最初の研究は，Jonathan Bray教授およびMichael Riemer教授の指導の下に行われた．また，バークレーでの他の教員や学生，とくにDavid Doolin博士とNick Sitar教授との交流から多くのものを得た．インペリアル・カレッジでの過去6年間，私の同僚は非常に協力的であった．とくにMatthew Coop教授との議論によって土質力学について深く洞察することができ，本書の執筆におおいに役立っている．それにBerend van Wachem博士との対話によってDEMについての理解を深めることができた．私が所属していた組織以外でも，DEMおよび粒状体に関して積極的に議論し，知識，意見，アイデアを惜しみなく提供してくださったMalcolm Bolton教授，Colin Thornton博士，Dave Potyondy博士，Stefan Luding教授に感謝したい．過去8年間，多くの優秀な博士および修士の学生と研究をする機会を得たことは幸運であり，これら学生との議論を介して多くのことを学ばせてもらった．最後に，私のアカデミックキャリアアップを大変励まし，かつ本書の校正を手伝ってくれた家族にはとくに感謝している．家族の支援なしには本書を完成させることはできなかった．

訳者前書

　粒子DEMは，粒子間のクーロン摩擦則およびニュートンの第2法則による簡単な粒子の運動を仮定し，さらにその粒子の運動の障害となる他粒子の存在を考えることによって，土粒子などの粒状体の複雑な種々の現象を定性的に表すことができる数値解析手法である．また，粒子レベルの微視的な詳細な情報をデジタル量として得られるという特徴を有する．これらのことから，DEMは研究者だけではなくエンジニアの興味をも惹き付けている．

　約半世紀前頃にコンピュータが普及し始めてから，解析解が得られるような単純な問題を除いては，実務においてFEM（有限要素法）が強力な数値解析手法として一般的に用いられてきている．この場合，応力・ひずみ関係を関連付ける材料の構成則（あるいは構成モデル）が必要になる．線形弾性材料の場合，この構成則はヤング率とポアソン比を用いた単純な一般化フックの法則に対応している．一方，地盤のような粒状体である非線形材料に対しては，まずその構成則を開発することが求められて，その構成則が解析結果の成否の要となる．通常，構成則は室内で均一かつ均質を仮定した要素試験の実験結果を基にして開発されることが多い．しかし，種々の要因をもつ試料についてそれらすべての挙動を把握するためには，手間および実験費用がかかることと実験装置の精度に限界があることから，その構成則の適用範囲を限定して用いざるを得ないのが現状である．このように，FEMの解析結果として得られる挙動は，構成則に組み込まれている実験結果に基づいた要素レベルの巨視的な挙動特性に依存している．

　これに対して，DEMでの巨視的挙動は，粒子間のクーロン摩擦則などの簡単な仮定に基づいた微視的な挙動に起因して現れる結果であるという点でFEMとは大きく異なっている．DEMは，地盤や粉体のような粒状体に限らず，岩盤やコンクリートなどの構造物の破壊現象，流体との相互作用問題に適用でき，さらに生体力学への応用の基礎としても，数値解析手法として期待できる有望なツールである．なお，今後の課題としては，定性的のみならず定量的な予測手法としての確立，それにコンピュータ時間短縮のための効率的なハードウェアおよびソフトウェアの開発がある．

　訳者は建設会社で20年間，主としてFEMを用いた数値解析業務に従事し，その後，大学に転職して18年間，FEMからこのDEMに研究の軸足を徐々に移してきた．連続体の解析を得意とするFEMについては数多くの良書が出版されているが，連続体から不連続体までを対象とすることができるDEMについては，最近，DEMの論

文数が加速度的に増えているにも関わらず，基礎から応用までを網羅した教科書あるいはハンドブックのような本はいままでなかった．また，複数の著者によって編集された本もあるが，研究者を対象としていることから，著者それぞれの論文を持ち寄って構成されていることが多く，それらの著者の視点が異なっており整合性に欠ける面もあって，初心者には少し難しく不適のようである．実際問題として，日本人の学生に卒論や修論の研究のために薦められる本がなく困っていた．市販およびフリーのソフトウェアがいくつかあり，マニュアルに従えば容易に結果を出せて便利にはなっているが，どれだけその数値解析手法を理解しているかは疑わしい．そのためにも基礎から応用まで幅広くかつ詳細に記載されており，学生が主体的に学習できる本が必要とされている．そのようなことを考えると，原著は最新の知識や情報が豊富で，なおかつ著者単独の視点で理路整然とまとめられており，教科書あるいはハンドブックとして適切である．

　原著が単独で書かれていることから，本書も全体を通して整合性のある内容に訳すべく単独で試みたが，浅学非才のために訳がこなれていない箇所があるかもしれない．また，引用文献で用いられている記号が多岐にわたっており，原著さらに本書でも少し整理を試みたが，それでもいささか煩雑である点についてはご容赦願いたい．

2014 年 3 月

鈴木　輝一

目　次

1 章◆序　章　　1
- 1.1　概　要　　1
- 1.2　粒状体の粒子レベルのシミュレーション　　4
- 1.3　地盤力学におけるブロック DEM プログラムの適用　　8
- 1.4　粒子 DEM の概要　　10
- 1.5　地盤力学以外での DEM の適用　　14
- 1.6　テンソル表記入門　　14
- 1.7　直交回転　　19
- 1.8　分　割　　20
- 1.9　コンピュータシミュレーションに関する注釈　　21

2 章◆粒子の運動　　23
- 2.1　はじめに　　23
- 2.2　粒子位置の更新　　26
- 2.3　時間積分および個別要素法の精度と安定性　　28
- 2.4　中央差分時間積分法の安定性　　30
  - 2.4.1　密度増加　　37
- 2.5　個別要素アルゴリズムにおける陰的時間積分法　　38
- 2.6　エネルギー　　41
- 2.7　減　衰　　44
- 2.8　非球形 3 次元剛体の回転運動　　48
- 2.9　別の時間積分法　　53

3 章◆接触力の計算　　56
- 3.1　はじめに　　56
- 3.2　粒子 DEM シミュレーションの接触のモデル化　　57
- 3.3　接触力学の概要　　60
- 3.4　線形弾性に基づく接触挙動　　61
  - 3.4.1　法線方向の弾性接触挙動　　61
  - 3.4.2　接線方向の弾性接触挙動　　64
  - 3.4.3　土に対するヘルツ接触力学の適用性　　68

3.5 レオロジーのモデル化　68
3.6 法線方向の接触モデル　72
 3.6.1 線形弾性接触ばね　72
 3.6.2 簡易ヘルツ接触モデル　73
 3.6.3 降伏を考慮した法線接触モデル　74
3.7 DEMの接線力計算　77
 3.7.1 ミンドリン–デレシビッツ接線モデル　79
3.8 引張り力伝達のシミュレーション　82
 3.8.1 並列結合モデル　83
3.9 転がり抵抗　87
 3.9.1 接触点の転がり抵抗に関する総論　87
 3.9.2 岩下–小田の回転抵抗モデル　89
 3.9.3 ジアンらの回転抵抗モデル　91
3.10 時間依存性挙動　92
3.11 不飽和土の挙動　94
3.12 接触判定　95
 3.12.1 隣接粒子の特定　95
 3.12.2 接触判定法　97

4章 ◆ 粒子の種類 ─── 100

4.1 円盤粒子および球粒子　101
4.2 円盤や球の剛なクラスターあるいは凝集体　105
4.3 破砕性凝集体　108
4.4 超2次曲面粒子およびポテンシャル粒子　111
4.5 多角形粒子および多面体粒子　114
4.6 実際的な幾何形状　115
4.7 実際の土と仮想DEM粒子の関連　117

5章 ◆ 境界条件 ─── 120

5.1 DEM境界条件の概要　120
5.2 剛　壁　120
5.3 周期境界　124
 5.3.1 周期セルの形状　125
 5.3.2 周期セル内の粒子の運動　127

5.3.3　周期セルの適用　128
　5.4　メンブレン境界　129
　　　5.4.1　2次元のプログラミング　131
　　　5.4.2　3次元のプログラミング　132
　　　5.4.3　剛境界とメンブレン境界の比較　135
　5.5　DEMにおける軸対称のモデル化　137
　5.6　境界条件の併用　140

6章◆流体・粒子連成DEM入門　141
　6.1　はじめに　141
　6.2　流体の流れのモデル化　142
　6.3　流体・粒子の相互作用　146
　6.4　定体積による非排水挙動のシミュレーション　149
　6.5　ダルシー則と連続性を考慮した流体相のモデル化　151
　6.6　平均ナビエ–ストークス方程式の解法　153
　6.7　別の解析手法　159

7章◆初期配置および供試体や系の作製　161
　7.1　粒子集合体の初期配置　162
　7.2　粒子のランダム生成　163
　　　7.2.1　半径拡大法　166
　　　7.2.2　応力状態の制御　171
　　　7.2.3　ジアンの段階圧縮法　174
　7.3　構築法　175
　7.4　三角形分割に基づく手法　177
　7.5　重力堆積法　179
　7.6　供試体の結合　180
　7.7　実験に基づくDEMの充填配置　181
　7.8　供試体作製法の評価　183
　7.9　供試体作製に関する総括　184

8章◆後処理：図表によるDEMシミュレーション結果の解釈　185
　8.1　はじめに　185
　8.2　データ作成　186

8.3	粒子図	187
8.4	変位ベクトルと速度ベクトル	191
8.5	接触力網	195

9 章◆ DEM 結果の解釈：連続体の視点 ─────── 202

9.1	均質化の動機とその背景	202
9.2	代表体積要素と代表スケール	202
9.3	均質化	205
9.4	応　力	206
	9.4.1　境界での応力　206	
	9.4.2　局所応力：粒子応力から計算　207	
	9.4.3　局所応力：接触力から計算　213	
	9.4.4　応力：さらなる考察　215	
9.5	ひずみ	219
	9.5.1　連続体力学の視点からのひずみの計算の概要　219	
	9.5.2　最良近似法　221	
	9.5.3　空間離散化手法　223	
	9.5.4　局所的非線形補間法　230	

10 章◆粒子系のファブリック解析 ─────── 238

10.1	充填密度の従来のスカラー量	238
10.2	配位数	241
10.3	接触力分布	246
10.4	粒子レベルのファブリックの定量化	247
10.5	ファブリックの統計分析：接触方向の度数分布図と曲線近似法	250
10.6	ファブリック（ファブリックテンソル）の統計分析	257
10.7	粒子グラフおよび間隙グラフ	268
10.8	結　び	272

11 章◆ DEM シミュレーションのためのガイダンス ─────── 274

11.1	DEM プログラム	275
11.2	2 次元解析か，あるいは 3 次元解析か？	276
11.3	入力パラメータの選択	278
	11.3.1　実験データに対する DEM モデルの較正　280	

11.4	出力パラメータの選択	283
11.5	粒子数	284
11.6	シミュレーションの速度	288
11.7	DEMプログラムの妥当性確認と検証	291
	11.7.1　単粒子のシミュレーション　291	
	11.7.2　格子状充填の多粒子のシミュレーション　292	
	11.7.3　実験による妥当性確認　293	
11.8	ベンチマーク試験	296

12章◆地盤力学におけるDEMの適用 — 297

12.1	地盤力学におけるDEM適用の普及	297
12.2	大規模な境界値問題のシミュレーション	300
12.3	土の挙動の基礎研究のためのDEMの適用	311
	12.3.1　現状および粒子レベルの他の手法　312	
	12.3.2　DEMによって捉えることができる微視的力学挙動　316	
	12.3.3　土の挙動を理解するための主要な成果の概要　317	
	12.3.4　三軸応力状態および一般的な応力状態に対する粒子集合体の挙動　320	
	12.3.5　粒子破砕　323	
	12.3.6　繰返し荷重とヒステリシス　325	
12.4	結び	327

13章◆DEMの将来性と進行中の開発 — 328

13.1	コンピュータ性能	329
13.2	DEMの将来性	330
13.3	関連文献	332
13.4	総括	333

参考文献	335
索引	360

1章

序　章

1.1 ■ 概　要

■ 地盤力学における粒子 DEM

　個別要素法[*1]（Discrete Element Method, DEM）とは，土や他の粒状体をシミュレーションすることができる数値解析法あるいはコンピュータシミュレーション手法である．この手法の特徴は，粒状体の個々の粒子とそれらの相互作用を陽に考慮することである．DEM は，粒状体（とくに土）の力学的挙動をシミュレーションする連続体力学の枠組みの一般的な手法とは別の手法である．連続体モデルでは，土は連続体として挙動すると仮定して，材料内部の粒子の相対的な運動や回転は考慮していない．その場合，材料の粒子状の性質に起因して生じる材料挙動の複雑さを捉えるためには，精巧な構成モデル（すなわち，土の応力とひずみを関連付ける方程式）が必要になる．一方，DEM では，粒子間接触をシミュレーションするために単純な数値モデルを用い，仮想の近似的な粒子形状を用いた場合でも，土の力学的挙動の多くの特徴を捉えることができる．したがって，粒子の形状を簡略化して（たとえば，球を用いて），かつ，接触挙動についての非常に基本的なモデルを用いることによって，シミュレーションの計算コストを減らし，比較的多数の粒子系の解析が可能となり，結果として土の顕著な挙動特性を捉えることができる．

　粒状体の挙動をシミュレーションすることができる，すでに確立したあるいは新しく提案されたさまざまな数値解析法がある．ここで"個別要素法"が何を意味するのかを明らかにしておく．個別要素法とは，多数の個々の粒子や物体からなる数値モデル[*2]を作り，個々の物体の有限な変位および回転を模擬的に再現するシミュレーション手法である（たとえば，Cundall and Hart (1993)）．その系の中では粒子が互いに接触状態になったり接触を失ったりすることができ，これらの接触状態の変化が得られる．この個別要素法の定義には，SPH（Smoothed Particle Hydrodynamics）粒子法[*3]を含むメッシュレスやメッシュフリーの連続体手法は含まれておらず，これらの

[*1]　あるいは離散要素法
[*2]　数値模型
[*3]　近傍粒子からの影響を考慮して支配方程式や物性値を近似する粒子法の一つ

手法では"粒子"は物理的な粒子ではなく補間点であり，それらは有限要素モデルの接点に類似している．

粒子 DEM は，食品製造技術から鉱山工学にわたる種々の学問分野で用いられているが，Cundall and Strack（1979a）による独創的で影響力の強い論文は土質力学の学術誌 *Géotechnique* に発表された．この独創的な論文以来，この手法に関心をもつ地盤工学技術者が増えており，コンピュータの計算能力が向上するにつれて近年とくに増加が著しい．

地盤力学分野の研究者や実務者が，DEM を用いる動機は主に二つある．第1の動機としては，DEM モデルでは，室内試験をシミュレーションするために仮想の試料に対して荷重や変形を作用させて，複雑な材料挙動の根底にある粒子レベルのメカニズムを観察し解析することができるということである．DEM モデルでは接触力，粒子および接触の方向，粒子の回転等の変化を容易に計測することができる．一方，室内試験においてはこれらすべての情報を入手することは極端に難しい（そして，ほぼ間違いなく不可能である）．図 1.1 は粒子 DEM を用いた直接せん断試験のシミュレーション結果を示している．DEM モデルでは材料内部を観察することによって，複雑な巨視的挙動の根底にある根本的な粒子の相互作用を理解することができる．現在までの土の挙動に関する知識は，主として室内や現場での試験における材料挙動の経験的な観察に頼ってきた．地盤工学技術者は，現場の挙動の予測精度を向上させることによって，土の挙動を科学的かつ厳密に理解したいと考えており，DEM シミュレーションは技術者にとって既存の技術を補うことができる価値あるツールである．現在，DEM は地盤力学の基礎研究における非常に重要なツールとしての地位を確立している．

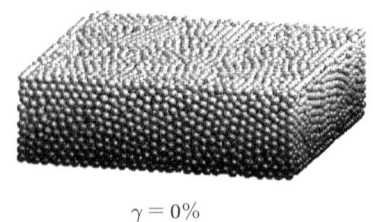 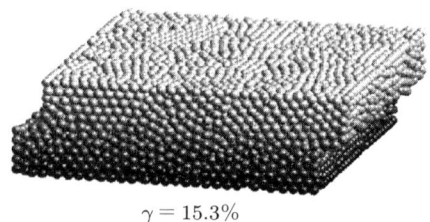

$\gamma = 0\%$ $\gamma = 15.3\%$

図 1.1 DEM を用いた直接せん断試験のシミュレーション

DEM を用いる第2のより実用的な動機は，地盤力学の大変形問題に伴うメカニズムを解析できるということである．これらの問題は，有限要素法のような汎用的な連続体手法では簡単に解析することはできない．図 1.2 は，117,828 個の円盤（粒子）が入っている容器へのコーン貫入計挿入時の2次元 DEM シミュレーション結果を示している（詳細は Kinlock and O'Sullivan（2007）を参照）．粒子の回転量に応じて濃淡

がつけられている．貫入計から離れた粒子はほとんど影響されないので白色で，コーン貫入計に近い粒子は貫入中に回転かつ移動しているために黒で示されている．この図は，貫入のメカニズムに伴う大変形をDEMによって表せることを示している．地盤力学における破壊は非常に大きな変位や変形を伴うことが多く，それゆえ，DEMモデルを用いることによって，重要な破壊のメカニズムを理解するための情報を得ることができる．連続体手法でシミュレーションすることができないメカニズムの例としては，石油貯蔵所における内部侵食，洗掘および出砂[*]等がある．図1.3は，2009年のアイルランドでの基礎地盤の洗掘によって崩壊した橋を示しており，この種の問題のシミュレーションができることがDEMの重要な特徴である．

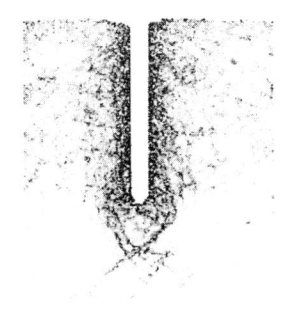

図1.2 粒状体を貫入するコーン貫入試験の2次元DEMシミュレーション（円盤の濃淡は回転の大きさを示す）

図1.3 2009年8月のアイルランド，ダブリン州MalahideにおけるMcAllisterの厚意による提供写真

本書の概要

本書の目的は，土質力学および地盤工学における応用に焦点をあてて，粒状体の挙動を解析する個別要素法の入門書として役立ててもらうことである．想定している読者としては，DEMの経験者というよりはむしろDEMを使い始めたばかりか，あるいはこれから使おうと考えている人である．もちろん，DEMの経験者やDEMプログラムの開発者にとっても，興味深くかつ役に立つものと期待している．いずれにせよ，DEMに関心がある人は，数値解析法の基本的な原理や力学の基礎の知識をもつ大学生や大学院生それに技術者あるいは科学者であろう．

全体的な狙いとしては，以下の基本的な質問に対して答を与えることである．

1. DEMの理論的基礎とはどんなものか？ 基本的な解析手法とはどのようなもの

---

[*] 破壊した砂粒子の流動現象

か？（2, 3, 4, 6 章）
2. DEM シミュレーションをどのように行い，それによってどのような情報が得られるのか？（5, 7, 8, 11 章）
3. DEM シミュレーションのデータをどのように解釈するのか？（9, 10 章）
4. DEM によってこれまでに何が達成されているのか？（12 章）

　基本的に土質力学関連の応用例を対象としているが，本書の内容の大部分は幅広い適用性があり，粉体技術，化学工学，鉱山工学，物理学，それに，粒子レベルの材料挙動の解析に関心をもつ他分野の人に対しても役に立つであろう．現在，数多くの粒子個別要素法のプログラムが用いられており，研究のために個人で開発したものや，あるいは市販のものがある．本書は特定のプログラムを念頭において書かれたものではないので，ここに示すデータや考察は多くの異なるプログラムのユーザー（おそらく開発者も）にとって参考になるであろう．
　この最初の章の狙いは，DEM の一般的な原理を紹介し，後半の章で用いる数学的な概念を示すことである．

1.2 ■ 粒状体の粒子レベルのシミュレーション

　粒子系の微視的な解析にはコンピュータシミュレーションが必要であることを示すために，Rapaport (2004) は，数百年間，物理学者の注目の的であった古典的な"多体"問題と大規模な粒子系の相互作用との類似性について指摘している．多体問題とは，ニュートン（Newton）の重力[*]を受ける多体系の変遷を扱う問題である．この問題を解析しようとした最初の動機は，太陽系の力学を理解することにあった．3 体以上の系の問題に対する一般的な解は存在しない．したがって，これらの系を解析するためには数値解析法やコンピュータモデルが必要になる．
　粒状体を粒子レベルで解析するためにコンピュータに基づくモデルが必要であることは，構造工学技術者の視点からその系を観察すれば理解することができる．図 1.4 に示すように，接触する粒子の集合体と，多くの部材によって接合している構造物との間には類似性があることがわかる．技術者，とくに土木技術者は，多くの接合をもつ構造物は不静定であることを認識している．不静定構造物においては，系の静的つり合いを考慮するだけでは各構造部材の力を計算することができない．構造物内の力を求めるためには，変形すなわち構造部材の剛性を考慮した，より洗練された，そして，最近のコンピュータに基づくモデルが必要になる．

---

[*] 万有引力

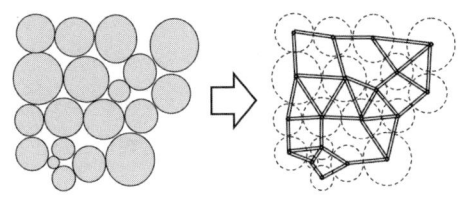

図 1.4 粒状体と，非常に複雑な不静定構造の骨組みとの類似性

Duran（2000）や Zhu et al.（2007）は，DEM で用いる数値解析法を**軟体球**（soft sphere）モデルと**剛体球**（hard sphere）モデルとよばれる二つの区分に分けている．区分間の大きな違いは，粒子が接触点で貫入を許す"軟らかい"場合か，変形や貫入が許されない"硬い"場合かのどちらで近似されているかである．図 1.5 は二つの手法を模式的に示している．どちらのシミュレーションも過渡的あるいは時間依存である．このことは各時間間隔における粒子集合体の状態を調べることによって，系の変化を考慮することを意味している．

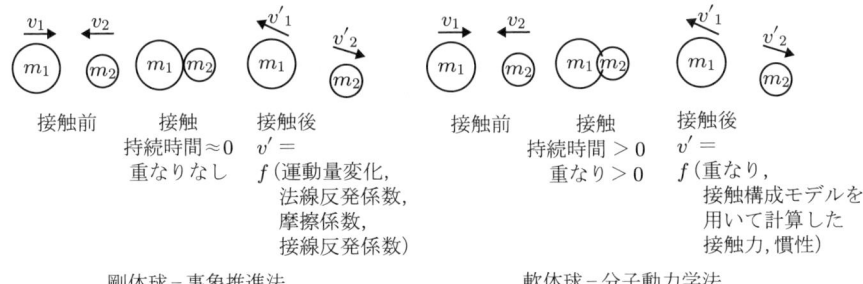

図 1.5 DEM の"剛体球"モデルと"軟体球"モデル

剛体粒子あるいは剛体球の近似は，いわゆる"衝突"モデルあるいは"事象推進（Event Driven, ED）"モデルの基礎をなしている．**硬い**ということは粒子の衝突中に相互貫入あるいは変形がないことを示している．衝突そのものは必ずしも重要ではなくて，瞬間的であるとみなされる．ED モデルは運動量交換の方程式を基礎としていて，粒子接触力を陽に考慮することは少ない（Zhu et al., 2007）．この種のモデルでは，粒子の衝突時に塑性変形と熱によってエネルギーが散逸するとしている．衝突時の運動量の散逸は弾性反発係数によってのみ得られ，法線方向と接線方向の反発係数には異なる値が用いられる．

事象推進アルゴリズムでは，事象が起こる順に連続的に解析する．これはシミュレーションの所定の時間の中では，せいぜい 1 回のみの衝突が起こることを前提としてい

る．シミュレーションで用いる時間増分は一様ではなく，一つの衝突と次の衝突の間の時間に等しい．また，衝突の間は均一な軌道で粒子が動く．

　事象推進法を用いるのに適した応用例としては，粒状体が部分的あるいは完全に流動化する急速粒状流れ，たとえば，雪崩あるいは管路の急速流れなどがある．例として，Hoomans et al.（1996）はプロセス工学における流動層のシミュレーションのために，また，Campbell and Brennan（1985）は粒状体の流れをシミュレーションするために事象推進法を用いている．Delaney et al.（2007）は，事象推進法は他の手法よりもコンピュータ費用が安価であるが，一度に多数の接触を伴う密な材料においては，詳細な挙動を捉え損なうことがあることを示した．また，Delaney et al.（2007）は，接触している粒子間の接線力，あるいは摩擦力を厳密にモデル化する能力の限界について指摘している．実際の粒状体における力の伝達のメカニズムでは接触する粒子自体の変形を伴うので，Campbell（2006）はこの手法は非物理的であり，密な系について考察するのには不適当であるとみなしている．事象推進法に関する詳細については，Brilliantov et al.（1996）や Rapaport（2009）を参照されたい．Pöschel and Schwager（2005）は，事象推進のプログラミングのための別の二つのアルゴリズムについて示している．剛体球モデルについては，現在の地盤工学の研究や実務では一般に検討されていないので，ここではさらなる考慮は行わない．

　一方，軟体球モデルにおける原理は，衝突するあるいは接触する粒子の動的つり合いを時間増分内で解くことである．これは，運動量交換の式に始まる ED モデルで用いている方法とは対照的である．"軟らかい"の定義は実態とかけ離れている．すなわち，"軟体球"シミュレーションの粒子は剛であるが，粒子は接触点で重なることができる（前述のとおり，"事象推進"モデルでは重なりは許されない）．この手法では，球が互いに貫入する場合のみ摩擦と弾性反発が効力を発揮する．軟体球モデルの粒子間力の法線成分は，（圧縮力に対して）接触点での粒子の重なりを，あるいは（引張り力の伝達が起こる場合には）接触点での粒子間隔を考慮して計算される．とくに，地盤力学での応用における重要な仮定は，圧縮の重なりや引張りの粒子間隔が小さいということである．せん断力あるいは接線力については，接触点での接触法線方向に直交する方向の累積相対変位から計算する．各時間増分で一つのみの衝突を考慮する剛体球モデルとは対照的に，軟体球モデルは，静的あるいは準静的問題において一般に起こり得る複数の同時接触の系を扱うことができる．O'Sullivan（2002）が示しているように，この"軟体球"の区分に属する種々のアルゴリズムがあるが，最もよく用いられている手法は，Cundall and Strack（1979a）が最初に示した**個別要素法**[*]（Distinct Element Method）である．Cundall and Strack（1979a）の手法の普及度を考えると，"離散要素法"と"個別要素法"は，基本的に互換性をもって用いられて

いる．厳密にいえば，個別要素法は離散要素法の一つである．個別要素法は本書で最も多く扱っている方法であるが，アルゴリズム的に DEM と類似の他の軟体球モデルとしては，Shi（1988），Ke and Bray（1995）が粒子系に適用した不連続変形解析法（Discontinuous Deformation Analysis Method, DDA），それに Kishino（1989）や Holtzman et al.（2008）が提案している陰解法による手法がある．

地盤力学に接触動力学（Contact Dynamics）とよばれる方法を用いた研究がある（たとえば，Lanier and Jean（2000））．この方法は，厳密には事象推進や剛体球の枠組みには入らず，剛体動力学とよばれることが多い（Pöschel and Schwager, 2005）．それは粒子の変形がないように粒子間の接触力を求めるものである（すなわち"剛体球"であるが一定の接触時間をもつ）．接線力は，粒子がすべらないために必要な力を考えることによって得られる．Pöschel and Schwager（2005）は，この方法のアルゴリズムは，DEM や分子動力学法よりも複雑であり各時間増分で多くの計算を伴うが，解析の時間増分が大きいので計算コストの増加にはならないことを示した．

粒状体の解析に用いられる別の粒子レベルの手法は，モンテカルロ法である．接触動力学法と同様に粒子の貫入を許さないが一定の接触時間がある．Sutmann（2002）などが示しているように，このシミュレーション手法では各繰返し計算時に各粒子を試行的に動かす必要がある．これらの個々の運動によって生じるエネルギーの変化が計算され，最も低いエネルギーになる運動が次の配置として選ばれる．この手法は静的つり合いの系に対してのみ適用することができる，すなわち，粒状体の流れを考察することはできない．Kitamura（1981a, b）は，マルコフ（Markov）確率過程の適用など，あまり確立されていない統計学的手法についても示している．

▎ 分子動力学法

粒子 DEM と分子動力学法は類似している．分子動力学法は化学，生化学，材料科学で用いられている解析ツールである．この方法を用いて，個々の分子や原子間の相互作用をシミュレーションすることによって，最も基本のレベルで材料を調べている．これらのシミュレーションの目的は，材料の巨視的特性（固体，液体，気体）と基本の個々の相互作用とを関連付けることである．これらの粒子は，一対のあるいは複数の粒子の相互作用のポテンシャルによって相互に作用し合う，点状の中心としてモデル化される（たとえば，レナードジョーンズ（Lennard-Jones）ポテンシャル）．分子

---

* 2種類の個別要素法がある．ここでは，それを区別するために，Cundall and Strack の手法を個別（Distinct）要素法，それを含むこれらの手法の総称を離散（Discrete）要素法とよぶ．ここまで述べてきた個別要素法は離散要素法のことである．ただし，本書では地盤力学における慣例に従って，次の段落以降では区別せずにすべて個別要素法とよぶこととする

動力学法が対象とする時間スケールは，1μsのオーダーであり，その間の軌跡の長さは10～100オングストロームである（Sutmann, 2002）．

液体は，相転移[*1]の解析など分子動力学シミュレーションにおいて最も一般的に扱われる状態である．Alder and Wainwright（1957）が最初にその手法を提案して剛体球の系の相転移について示し，のちに Alder and Wainwright（1959）が分子動力学法の一般論について示している．Sutmann（2002）は分子動力学法の歴史について示し，Rapaport（2004）はプログラミングの詳細を含めた分子動力学法の概要について示している．Pöschel and Schwager（2005）は，DEMでは粒子が接触する場合にのみ相互に力を及ぼすことから，一般的な分子動力学シミュレーションは粒子DEMシミュレーションよりも計算集約型[*2]であることを示した．数値安定性のための条件として，粒子DEMでは接触の挙動が比較的固いため，より小さな時間増分を必要とする（シミュレーションの時間増分に及ぼす接触剛性の影響の詳細については2章で述べる）．しかし，分子動力学法（第一原理分子動力学法）では，粒子の相互作用を電子レベルで陽に考慮しており，粒子DEMよりも著しく複雑である（たとえば，Skylaris et al.（2005）が提案する ONETEP（Order-N Electric Total Energy Package）アルゴリズム）．

前述のとおり，SPHを含むメッシュレス法は，地盤力学で用いられる別の種類の粒子に基づいたモデルである．メッシュレス法における基本的な考え方は，材料の変位を捉える補間点として"粒子"を用いて，材料はこれらの点の間で連続であるとしている．これらの方法は本書で示す粒子DEMと著しく異なっており，ここではその詳細については述べない．メッシュレス法に関する詳細な情報を必要とする読者には，Belytschko et al.（1996）を勧める．

1.3 ■ 地盤力学におけるブロックDEMプログラムの適用

地盤力学では，ブロックDEMと粒子DEMとよばれる2種類の個別要素法が用いられている．どちらの手法も個々の物体，すなわち多数のブロックまたは粒子からなる系を考える．これらの個々の物体は相互に関連して運動し，かつ，回転することができる．接触は物体間で起こり，系が変形するにつれてこれらの接触が破壊し，そして新しい接触が生じる．一般的には，物体間の接触で小さな重なりを許して，この重なりが実際の物体間の接触で起こる変形と同等であるとする．粒子間の接触力と接触の重なりを関連付けるために，単純な"接触構成モデル"が用いられ，その接触力のせ

[*1] ある相（固相，液相，気相）から別の相に転移する現象
[*2] 計算主体型

ん断成分によって物体にモーメントが作用する．接触力と物体の慣性がわかれば，各物体の動的つり合いを考慮することによってその加速度を計算することができる．そして，これらの加速度から時間増分間の変位を求めることができる．これらの小さな時間増分を用いて前進させることによって，その系の変遷をシミュレーションすることができる．

　本書の焦点は粒子 DEM にあるが，地盤力学のブロック DEM シミュレーションについて知っておくことも必要である．この解析手法は，多角形の岩石ブロックや人工構造物の系をモデル化するために用いられている．たとえば，Powrie et al.（2002）は石積擁壁を解析し，Basarir et al.（2008）は岩盤掘削のシミュレーションを行っている．ブロック DEM のプログラムとしては，市販の UDEC（Itasca, 1998）や不連続変形解析（DDA）（たとえば，Shi（1988），MacLaughlin（1997），Doolin（2002））などがある．これらのプログラムでは，ブロック間の重なりを最小化するとともに，直交する剛な（"ペナルティ*"）ばねを接触力の計算のために用いている．ブロックは一般的に（線形弾性）変形することができ，この変形性の有無がブロックおよび粒子の両プログラムにおける主な違いである．ブロックの変形の結果として，同じ粒子数で同じ粒子の幾何学的配置を用いた等価な二つのシミュレーションでは，剛な粒子によるシミュレーションと比較するとブロックによるシミュレーションの計算のほうが余計に時間がかかる．

　図 1.6 は，1963 年に起きた Vaiont の地すべりを解析するブロック DDA プログラムの応用例を示している．Sitar et al.（2005）が示しているように，極限つり合い解析と比較して DDA シミュレーションによっても妥当な結果が得られ，変形モードに及ぼす不連続面の数の影響に関するパラメータスタディも容易に行うことができる．

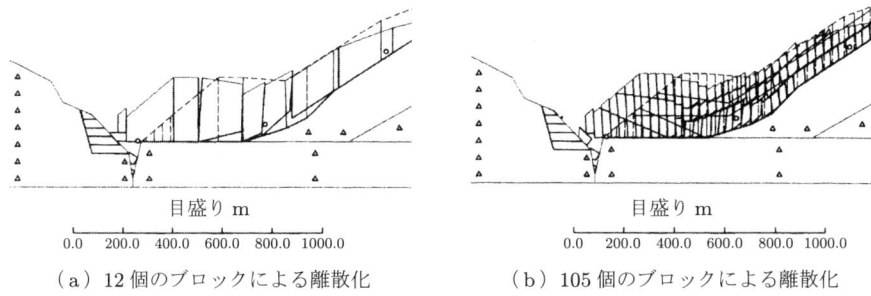

(a) 12 個のブロックによる離散化　　　　(b) 105 個のブロックによる離散化

図 1.6　ブロック個別要素法 DDA を用いた Vaiont の地すべりの逆解析．実線は変形後のブロックの配置状況，破線は元の斜面形状を示す（Sitar et al., 2005）

---

*　あるいは処罰

この手法については本書で詳細を示さないが，ここに示す DEM の基礎をなす多くの基本的な原理は，ブロック DEM にも適用されている．

1.4 ■ 粒子 DEM の概要

前述のとおり，個別要素法は，現在，地盤力学において最も注目されている．粒状体に対する個別要素法の基本的な定式化は，Peter Cundall と Otto Strack による米国国立科学財団の二つの報告書（Cundall and Strack（1978 と 1979b））と，その後の *Géotechnique* の論文（Cundall and Strack, 1979a）に示されている．

DEM シミュレーションのフローチャートを，図 1.7 に示す．DEM シミュレーションを行うために，最初に，ユーザーによって粒子の座標および境界条件を含む系の幾何学的形状が入力され，それに通常は剛性や摩擦係数などの接触モデルのパラメータが材料特性として入力される．また，載荷や変位の過程が設定される．一般的には，過渡解析あるいは動的解析として，所定の時間増分数に対してシミュレーションを進める．各時間ステップにおいて接触する粒子を特定する．粒子間の力は接触する粒子間距離に関係しており，これらの粒子間力を計算すれば，各粒子に作用する合力，合モーメントあるいは合トルク*を求めることができる．粒子回転を拘束している場合

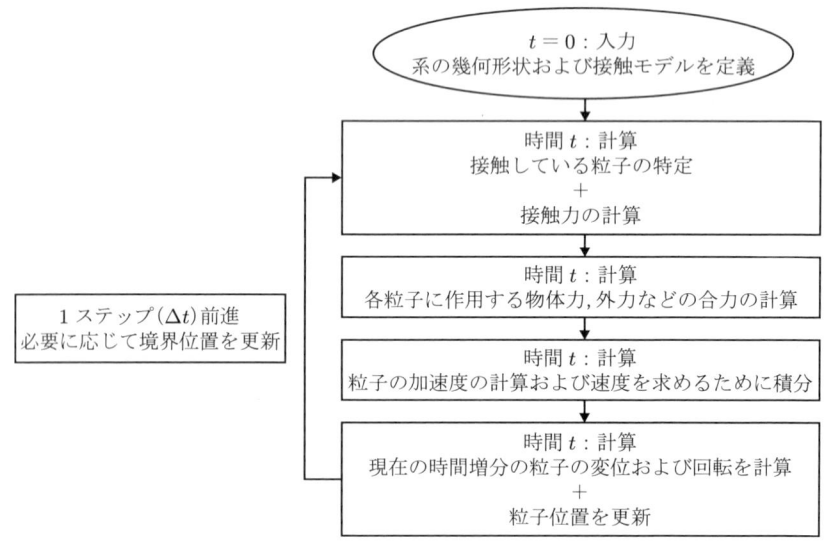

図 1.7 ■ DEM シミュレーションのフローチャート

---

* 力の 1 次モーメント

を除いて，各時間ステップで粒子の2組の運動方程式を解く．各粒子の並進運動は合力によって得られ，回転の運動は合モーメントによって計算される．すなわち，粒子の慣性がわかれば，粒子の並進と回転の加速度を計算することができる．時間ステップ内の粒子の変位と回転は単純な中央差分型の積分によって得ることができる．これらの並進および回転の加速度を粒子に生じさせる合力および合モーメントは，"不つり合い"力ともよばれる（たとえば，Thornton and Antony（2000），Itasca（2004））．これらの変位増分と回転増分を用いて粒子の位置や配置を更新して，次の時間ステップではこの更新した幾何学的形状を用いて接触力を計算する．このようにして一連の計算を繰返す．それゆえ，対象とする系がほとんど静的な挙動をするとしても，DEMは過渡解析あるいは動的解析になる．

図1.8に示すように各時間増分内で主要な二つの計算がある．まず，順番に各粒子のつり合いを考えることによって，粒子の速度と変位増分を計算する．それから，系の幾何学的配置を更新して各接触の力を計算する．接触力の接線成分によってつねに粒子に回転モーメントが作用し，そして多くの場合，接触力の法線成分によってもまたモーメントが作用する．これらの力やモーメントは粒子に分配されて，次の時間増分における粒子の位置を調整するために用いられる．

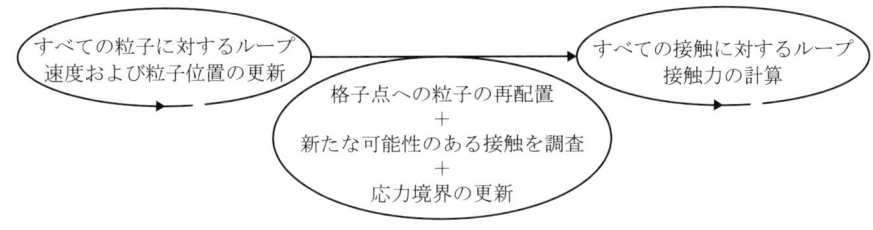

図 1.8　DEM の時間ステップ内の計算の流れ

DEMプログラムの複雑さが増えると，すべてのプログラミングがそれらの前提に厳密に従っているとはいえないが，DEMに固有の前提を明らかにすることは重要である．Kishino（1999）や Potyondy and Cundall（2004）が提案する一覧表を基にすると，粒子DEMシミュレーションにおける重要な前提は以下のとおりである．

1. 基礎となる粒子は剛であり，それらは慣性（慣性質量および慣性モーメント）をもち，解析的に表すことができる．
2. 粒子は互いに独立に運動することができて，並進および回転することができる．
3. 粒子間の新しい接触をプログラムによって自動的に特定する．
4. 粒子間の接触は微小領域で生じ，各接触は2粒子のみに関連している．

5. 粒子が接触点でわずかに重なることを許す．この重なりは実際の粒子間で起こる変形と同等である．接触点での各粒子の変形は小さいと仮定する．
6. 粒子間の圧縮力は重なりの大きさから計算することができる．
7. 接触点では，接触法線方向の引張り力および圧縮力のみならず，法線方向と直交する接線力を伝達することができる．
8. 粒子間の引張り力は，2粒子間の離間距離を考えることによって計算することができる．接触で引張り力が最大引張り力（零でもよい）を超えれば，粒子は互いに離れてその接触が失われ，接触力は考慮されない．
9. 所定の時間ステップ内の粒子の運動が，近接する粒子にのみ影響するよう十分小さくなるように，DEMシミュレーションの時間増分を小さくしなければならない．
10. 実際の1個の粒子を表すために剛な基本粒子による凝集体*を用いて，凝集体内のこれらの基本粒子の相対的運動によって，その合成した粒子に著しい変形を生じさせることができる．また，これらの凝集体それ自体を剛とする場合もある．

解析者の視点からすると，DEMシミュレーションの全体の手順と，連続体に基づく解析，たとえば有限要素解析との手順との間には多くの類似点がある．力学の数値解析に対する包括的なフローチャートを図1.9に示す．しかし，DEM解析と通常の連続体解析に関する取り組みとの間にはいくつかの大きな違いがある．非常に複雑な幾何学的形状をもつ物体における有限要素解析のメッシュ作成は容易なことではない．しかし，DEM解析領域における粒子の初期位置を生成することはもっと難しく，一般的にはDEM計算の繰返しを必要とする．実際，このモデル作成の段階では，主要部のシミュレーションの段階と少なくとも同じくらい計算コストがかかる．繰返し計算が供試体作製段階にも含まれていることから，まず，DEMの詳細について2～5章で述べた後に，この供試体作製については7章で述べる．

非線形性の系が対象で陽的時間積分法が用いられるということは，DEMシミュレー

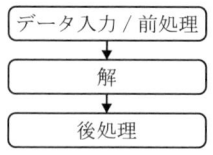

図 1.9 力学における数値解析の包括的なフローチャート

---

* 団粒

ションで小さな時間増分を用いる必要があることを意味している．これは多数の粒子を含む必要性と相まって，DEM シミュレーションを計算集約型にしている理由である．

DEM シミュレーションでは，応力やひずみではなく，個々の粒子の位置や粒子間接触力などの基本的な結果が得られる．後処理[*]を用いてこれらの結果を解釈し，連続体力学に基づく土の挙動に関連付けることが求められる．後処理には多種多様な方法が文献で提案されている．そのプログラミングは簡単ではなく，一般的に連続体解析を説明する方法よりも多大なる努力と抽象的な概念（統計力学を含む）を必要とするものもある．それらのさまざまな手法の概要については 8〜10 章で述べる．

連続体に基づく地盤力学の解析に慣れている読者にとっては，DEM が解析のための理論的な要件をどのように満たしているかについて考えることは役に立つであろう．通常の連続体力学における解析手法では，四つの理論的な要件，すなわち，つり合い，適合性，構成挙動，境界の条件を満たすことが一般的に求められる．DEM シミュレーションでのつり合いは，各時間増分での各粒子の動的つり合いによって考慮される．さらに 11 章で述べるように，準静的解析に対して，粒子シミュレーションの妥当性を確かめるためには，系全体のつり合いを考慮する必要もある．連続体解析では適合条件は満たされている，すなわち，系が変形してもその条件が破れることはなく材料は重ならないことを意味している．Potts（2003）などが示しているように，数学的視点からは，この要件はひずみ成分が存在して連続であり，少なくともひずみの 2 階の導関数が存在することを意味している．しかし，粒子 DEM シミュレーションではこの要件は実際上破られている．剛体内でひずみが生じることはなく，それらは重なることができて変位場は非常に不均一になる．なお，粒子の変位からひずみを計算する DEM 解析の説明については 9 章で述べる．

材料の連続体に基づく解析では，構成則の行列によって材料内の応力とひずみが関連付けられており，これには線形または非線形の場合がある．DEM では構成モデルは必要なく，むしろ，多くの DEM 関連の論文が示しているように，DEM シミュレーションの結果から構成モデルが"現れる"ことになる．ただし，粒子の接触点での挙動を表すモデルが必要とされ，これは構成モデルに類似している．しかし，接触モデルを連続体の構成モデルに直接対応させることは，妥当ではない．巨視的あるいは連続体の挙動は，接触の挙動，粒状体の幾何学的配置，粒子の破砕あるいは破壊それに変形に依存しており，線形の接触モデルを用いるとしても，粒子間接触の変化の結果として全体的な挙動は非線形になる．

最後に境界条件が必要である．すなわち，これらの境界条件は問題を定義するのに

---

[*] ポストプロセッシング

大きな役割を果たす．境界条件の概念は，連続体解析および DEM 解析で同様であるがその詳細は異なっており，DEM シミュレーションで用いるさまざまな境界条件の詳細については 5 章で述べる．

1.5 ■ 地盤力学以外での DEM の適用

粒状体は，土質力学や地盤工学以外のさまざまな学問分野でも扱われており，化学技術者やプロセス技術者が研究で DEM を用いる例が最も多い．粒状体挙動の複雑さに数学者や物理学者が関心を寄せており，粒状体挙動についての詳細な考察のために DEM シミュレーションによって得られるデータが用いられている．地盤力学での応用の場合と同様に，コンピュータ性能の向上によって DEM を工業の問題に適用できる可能性がある．最近の国際会議プロシーディングでは，たとえば，Nakagawa and Luding（2009）はこれらの学問分野全体の DEM の適用性の範囲について示している．それゆえ，これらの他の学問分野における学術誌を参照することによって，地盤力学での粒状体についての理解を深めることができ，DEM の適用に関する多くの情報が得られる．とくに Zhu et al.（2007，2008）による二つの論文は，化学工学の視点から DEM アルゴリズムの発展と DEM の適用についてそれぞれの概要を示している．学術誌の最新の特集号である *Powder and Technology*（Thornton（2009）編集）や *Particuology*（Zhu and Yu（2008）編集）にも，地盤力学コミュニティにとって興味ある論文が掲載されている．

1.6 ■ テンソル表記入門

本書ではテンソル表記（添字記法ともよばれる）を用いている．本書で引用する多くの論文でもテンソル表記が用いられており，この表記を熟知している前提で説明している場合（たとえば，Potyondy and Cundall（2004））がある．本節では，関連する論文や本書の内容の理解を深めるために，テンソル表記のごく簡単な概要を読者に示す．詳細な説明については，連続体力学の本（たとえば，Shames and Cozzarelli（1997））を参照することを勧める．

テンソル表記は，ベクトルやベクトル演算を厳密に表すことができるため，広く用いられている．整数のインデックス*を用いてデータを配列に記憶するコンピュータプログラムを開発する場合に，テンソル表記は非常に便利である．粒子 DEM では，力

---

* 指標

ベクトル，位置ベクトル，変位ベクトル等に関する計算あるいは演算がある．本書ではベクトルを太字で表す．したがって，粒子の変位 **u**，粒子に作用する合力 **f**，粒子の位置 **x** として表す．これらの記号は所定の大きさ（$|\mathbf{u}|$ や $|\mathbf{f}|$）をもつ一般的なベクトルを表すために用いられ，その方向は所定の座標系に対して相対的に表すことができる．

すべてのベクトルは各座標軸に平行な成分をもっている．テンソル表記は，これらの各成分に関する演算を表す便利な手段を提供している．これらのベクトルをテンソル表記あるいは添字記法で表すと，下添字 i をもつ u_i, f_i, x_i は所定の座標軸 i に平行なベクトル成分であることを示している．たとえば，u_i を粒子の変位を表すために用いる場合，2次元解析か3次元解析のどちらを考えているかによって，このベクトルは2成分か3成分をもつことになる．デカルト座標系での u_i の変位は，2次元および3次元解析のそれぞれで，$u_i = (u_x, u_y)$，および $u_i = (u_x, u_y, u_z)$ によって表される．インデックスが i の一つだけであることから，ベクトル u_i は1階のテンソルである．

2次元テンソルに拡張すると，応力テンソルは **σ** あるいは σ_{ij} で表され，このテンソルによって2次元あるいは3次元の応力状態を表すことができる．この場合，応力状態が3次元であったとしてもインデックスは i と j の二つであり，このテンソルは2階のテンソルである．インデックス i と j は，それらが x, y（それに3次元では z）のどれを用いるかは"自由"なので，"フリーインデックス[*]"とみなされる．2次元解析の応力テンソルは，行列表示で次のように表され，

$$\sigma_{ij} = \begin{pmatrix} \sigma_{xx} & \sigma_{xy} \\ \sigma_{yx} & \sigma_{yy} \end{pmatrix} \tag{1.1}$$

一方，3次元の応力テンソルは次式で表される．

$$\sigma_{ij} = \begin{pmatrix} \sigma_{xx} & \sigma_{xy} & \sigma_{xz} \\ \sigma_{yx} & \sigma_{yy} & \sigma_{yz} \\ \sigma_{zx} & \sigma_{zy} & \sigma_{zz} \end{pmatrix} \tag{1.2}$$

ここで，圧縮の応力と力の符号を正とする．これは，地盤力学において一般的に用いられている慣例である（図 1.10(a) を参照）．対角項の成分 $\sigma_{xx}, \sigma_{yy}, \sigma_{zz}$ は**垂直応力**あるいは**直応力**で，一方，対角項以外の項 $\sigma_{xy}, \sigma_{yz}, \sigma_{zx}$ 等はせん断応力である．材料が共役せん断応力をもつ静的つり合いの状態にある場合，応力テンソルは対称となり $\sigma_{ij} = \sigma_{ji}$ となる．図 1.10 に示すように，すべての応力状態に対して，（2次元あるいは3次元の）水平線から θ および $\theta + \pi/2$ の方向にせん断応力がない面がある．こ

---

[*] 自由指標

れらの面に作用する直応力は主応力とよばれ，その面に対する法線は主応力の方向を示す．主応力は応力テンソルの固有値によって得られる．一方，固有値ベクトルは主応力の方向を示す．一般的に，最大あるいは**大きな主応力**は σ_1 で表され，最小あるいは**小さな主応力**は σ_3 で表される．3 次元では，$\sigma_1 > \sigma_2 > \sigma_3$ である**中間**主応力 σ_2 がある．

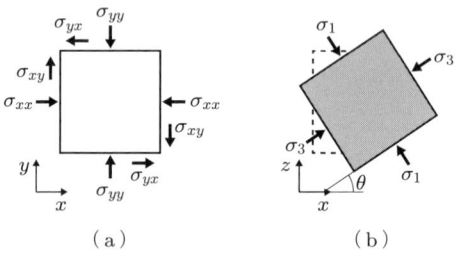

図 1.10 2 次元応力状態

テンソルを用いたベクトルの加法および減法の表記は簡単である．たとえば，接触している（触れている）二つの粒子 a と b を考える．粒子 a の図心[*1]が位置ベクトル x_i^a をもち，粒子 b の図心が位置ベクトル x_i^b をもつなら，粒子 a に対して粒子 b の相対的な位置を示すベクトル（ブランチベクトルとよばれる）は，$l_i = x_i^b - x_i^a$ によって得られる．3 次元では，この演算は次のようになる．

$$l_i = \begin{pmatrix} l_x \\ l_y \\ l_z \end{pmatrix} = \begin{pmatrix} x_x^b - x_x^a \\ x_y^b - x_y^a \\ x_z^b - x_z^a \end{pmatrix} \tag{1.3}$$

前述のとおり，テンソル表記法には，ベクトル（1 次元配列）や行列を含む数学的演算を簡潔に表すための方法が数多くある．対角項を扱うために"ダミーインデックス[*2]"が用いられ，応力テンソルのトレース[*3]は σ_{ii} として次式によって表される．

$$\begin{aligned} \sigma_{ii} &= \sigma_{xx} + \sigma_{yy} \quad （2 次元） \\ \sigma_{ii} &= \sigma_{xx} + \sigma_{yy} + \sigma_{zz} \quad （3 次元） \end{aligned} \tag{1.4}$$

その和 σ_{ii} は応力テンソルの 1 次不変量 I_σ である．このパラメータは，テンソルが直交回転する場合，たとえば，応力の主軸に沿う成分について考慮するためにテンソルを回転しても，"不変"（すなわち，変化しない）である．

[*1] ここでは重心と同じ
[*2] 擬標
[*3] 跡

ダミーインデックスの概念は，一つ以上のテンソルを含む演算に拡張することができる．たとえば，f_i によって表される 2 粒子間の接触力ベクトルと l_i で表されるブランチベクトルを考えよう．式 $f_i l_i$ における i はダミーインデックスであり，内積に関係している．すなわち，次式となる．

$$\begin{aligned} f_i l_i &= f_x l_x + f_y l_y \quad (2 \text{次元}) \\ f_i l_i &= f_x l_x + f_y l_y + f_z l_z \quad (3 \text{次元}) \end{aligned} \tag{1.5}$$

同様に，3 次元では，ベクトルの大きさ[*1] $|\mathbf{v}|$ は次のように得られる．

$$|\mathbf{v}| = \sqrt{v_i v_i} = \sqrt{v_x v_x + v_y v_y + v_z v_z} \tag{1.6}$$

ダミーインデックスを用いた式 $f_i l_j$ によって，$i = x$ で $j = y$ の場合は $f_x l_y$，あるいは $i = x$ で $j = x$ の場合は $f_x l_x$ を表すことができる．$\sum_N f_i l_j$ で表される総和をとる式を本書では用いる．この式の 2 次元および 3 次元への拡張は，次式となる．

$$\begin{aligned} \sum_N f_i l_j &= \begin{pmatrix} \sum_N f_x l_x & \sum_N f_x l_y \\ \sum_N f_y l_x & \sum_N f_y l_y \end{pmatrix} \quad (2 \text{次元}) \\ \sum_N f_i l_j &= \begin{pmatrix} \sum_N f_x l_x & \sum_N f_x l_y & \sum_N f_x l_z \\ \sum_N f_y l_x & \sum_N f_y l_y & \sum_N f_y l_z \\ \sum_N f_z l_x & \sum_N f_z l_y & \sum_N f_z l_z \end{pmatrix} \quad (3 \text{次元}) \end{aligned} \tag{1.7}$$

なお，積 $f_i l_j$ は，二つのベクトル $\mathbf{f}$ と $\mathbf{l}$ の**ダイアド積**[*2]とよばれ，$\mathbf{f} \otimes \mathbf{l}$ と表すこともできる．

ダミーインデックスを用いた別の例として，法線（単位）ベクトル n_j の方向に作用する応力は，法線ベクトルに応力テンソルを掛けることによって計算できる．テンソル表記ではこの演算は $\sigma_{ij} n_j$ として表され，前述のとおり，項 $\sigma_{ij} n_j$ のインデックス j（この場合，ダミーインデックス）の繰返しによって総和を取ることを示している．3 次元でのその拡張は以下に示される．

$$\sigma_{ij} n_j = \sigma_{ix} n_x + \sigma_{iy} n_y + \sigma_{iz} n_z = \begin{pmatrix} \sigma_{xx} n_x + \sigma_{xy} n_y + \sigma_{xz} n_z \\ \sigma_{yx} n_x + \sigma_{yy} n_y + \sigma_{yz} n_z \\ \sigma_{zx} n_x + \sigma_{zy} n_y + \sigma_{zz} n_z \end{pmatrix} \tag{1.8}$$

地盤力学においては勾配が対象になることが多く，ひずみを計算するためには変位

[*1] ノルム
[*2] あるいは単にダイアド

勾配が重要となる．テンソル表記には偏導関数の簡潔な表記があり，ここでは添字の中のカンマ","は偏導関数を示すために用いる．すなわち，$v_{i,j}$ は座標 j に関するベクトル v_i の空間微分を表している．たとえば，粒子の変位増分を表すベクトルが u_i によって表されるとすれば，その変位勾配は $u_{i,j}$ によって表され，3次元の場合は次のように拡張される．

$$u_{i,j} = \begin{pmatrix} \dfrac{\partial u_x}{\partial x} & \dfrac{\partial u_x}{\partial y} & \dfrac{\partial u_x}{\partial z} \\ \dfrac{\partial u_y}{\partial x} & \dfrac{\partial u_y}{\partial y} & \dfrac{\partial u_y}{\partial z} \\ \dfrac{\partial u_z}{\partial x} & \dfrac{\partial u_z}{\partial y} & \dfrac{\partial u_z}{\partial z} \end{pmatrix} \tag{1.9}$$

空間微分に加えて，時間微分すなわち速度を考慮する必要もある．$\dot{u}_i$ は時間に関するテンソル u_i の変化率を表すために用いられ，次式となる．

$$\dot{u}_i = \begin{pmatrix} \dfrac{\partial u_x}{\partial t} \\ \dfrac{\partial u_y}{\partial t} \\ \dfrac{\partial u_z}{\partial t} \end{pmatrix} \tag{1.10}$$

最後に，テンソル表記に関連して二つのテンソル，クロネッカー (Kronecker) のデルタ δ_{ij} と交代テンソル e_{ijk} について示す．クロネッカーのデルタは次の特性をもつように定義される．

$$\delta_{ij} = \begin{cases} 1 & i = j \text{ のとき} \\ 0 & i \neq j \text{ のとき} \end{cases} \tag{1.11}$$

クロネッカーのデルタと2階のテンソルの積は次式のように表される．

$$\sigma_{ij}\delta_{jk} = \sigma_{ik} \tag{1.12}$$

この式で j はダミーインデックスであり，式の両辺のフリーインデックスは同じものである．

交代テンソルは次のように表される．

- インデックスが xyz, yzx, zxy の順，すなわち，インデックスの周期順である場合，$e_{ijk} = 1$．
- インデックスが xzy, yxz, zxy の順，すなわち，インデックスの周期の逆順であ

る場合，$e_{ijk} = -1$.
・たとえば xxy, xxz, xyy のように，インデックスが重複する場合，$e_{ijk} = 0$.

交代テンソルによって，二つのテンソルのクロス積[*1]を計算することができる．3次元では，クロス積は $\mathbf{c} = \mathbf{a} \times \mathbf{b}$ によって表される．ここで，

$$c_i = e_{ijk} a_j b_k \tag{1.13}$$

である．ベクトル $\mathbf{c}$ は，$\mathbf{a}$ と $\mathbf{b}$ の両方に直交する．

1.7 ■ 直交回転

2, 5, 8 章でパラメータの回転について述べる．たとえば，所定の粒子の慣性主軸によって定義される座標系から全体座標系への変換である．この回転のために直交回転テンソルが必要になる．回転が直角であるなら，2 連続回転の積は次式のように表される．

$$T_{ij} T_{kj} = \delta_{ik} \tag{1.14}$$

さらに，$\mathbf{T}$ の転置行列は $\mathbf{T}$ の逆行列に等しく，すなわち，$\mathbf{T}^T = \mathbf{T}^{-1}$ である．成分 (a_x, a_y, a_z) をもつベクトル $\mathbf{a}$ を回転テンソルを用いてテンソル積 $a'_i = T_{ij} a_j$ によって回転させることができる．ここで，テンソル a'_i はベクトル $\mathbf{a}$ の回転後の成分である．そのベクトルの大きさは変化しない．すなわち，$|a_j| = |a'_i|$ である．

3 次元では，ベクトル a_i を z 軸周りに角度 θ だけ回転させるために次式が用いられる．

$$\begin{pmatrix} a'_x \\ a'_y \\ a'_z \end{pmatrix} = \mathbf{T} \begin{pmatrix} a_x \\ a_y \\ a_z \end{pmatrix} = \begin{pmatrix} \cos\theta & -\sin\theta & 0 \\ \sin\theta & \cos\theta & 0 \\ 0 & 0 & 1 \end{pmatrix} \begin{pmatrix} a_x \\ a_y \\ a_z \end{pmatrix} \tag{1.15}$$

ここで，a_i は元のベクトルを表し，a'_i は回転後のベクトルである．直交行列によって剛体回転となる．すなわち，方向が変化してもベクトルの長さは変わらない．

粒子の基本的な DEM 計算のほとんどが 1 次元ベクトル（すなわち，粒子の速度ベクトル，接触力ベクトル）に関する演算であるのに対して，系の解析では一般的に応力テンソル，ひずみテンソル，ファブリックテンソル[*2]等の 2 階のテンソル（2 次元

[*1] 外積
[*2] 構造テンソル

行列）を用いることになる．2階のテンソル σ_{ij} を一つの座標系から他の座標系に回転するための演算は，次式によって表される．

$$\begin{pmatrix} \sigma'_{xx} & \sigma'_{xy} \\ \sigma'_{yx} & \sigma'_{yy} \end{pmatrix} = \mathbf{T} \begin{pmatrix} \sigma_{xx} & \sigma_{xy} \\ \sigma_{yx} & \sigma_{yy} \end{pmatrix} \mathbf{T}^T \tag{1.16}$$

1.8 ■ 分　割

　本書で示す粒子系は，個々の粒子とそれらの接触からなっており，その系の三角形分割が，供試体の初期配置の作製（7章），境界応力の作用（5章），ひずみの計算（9章），材料のファブリック解析（10章）などに役に立っている．ここでは三角形分割の概要について示す．粒状体力学におけるより詳細なドロネー（Delaunay）三角形分割については，Li and Li (2009), Goddard (2001), Ferrez (2001), Bagi (2001) によって示されている．Rapaport (2004) は，分子動力学法で粒子系の構造を解析するために，ボロノイ（Voronoi）多角形を作成するサブルーチンのプログラミングについて示し，Ferrez (2001) は三角形分割を用いた接触判定について示している．なお，三角形分割を用いて粒子DEMプログラムと流体相を表す連続体力学を連成させることも，おそらく可能であろう．

　分割とは，重ならずにかつ空間を完全に埋める（すなわち，隙間がない）部分空間の集合への空間の区分を表す一般的な用語である．これらの分割は2次元および3次元空間で可能である．最もよく用いられる分割は，ドロネー三角形分割とボロノイ図である．そして，これらの幾何学的な構成概念は互いに密接に関連しており，それぞれは他方の"双対"であるとみなされている．ドロネー三角形分割は，複雑な形状をもつ地盤の有限要素解析のメッシュ作成によく用いられている．

　Shewchuk(1999)を参照して，たとえば n 点あるいは n 接点の集合 $\mathbf{P} = \{P_1, P_k, P_n\}$ の三角形分割は，その内部でそれぞれ交わらない $m\,(m \neq n)$ 個の三角形の集合 $\mathbf{T} = \{T_1, T_k, T_n\}$ である．接点の集合のドロネー三角形分割では，三角形分割のいかなる三角形の外接円（三つすべての頂点を通る円）の内部に他の接点はないという性質をもつ．すなわち，頂点の集合のドロネー三角形分割はユニークに決まる．高次のドロネー三角形分割は，2次元のドロネー三角形分割の普遍化である．3次元で点の集合 $\mathbf{V}$ の三角形分割は四面体の集合 $\mathbf{T}$ を作る．その頂点の集合が $\mathbf{V}$ でありその内部で互いに交差しない．この場合，接点は三角形分割のどの四面体の外接球（四つすべての頂点を通る球）の内部にない．2次元のランダムな10点（接点）のドロネー三角形分割を図1.11(b) に，3次元の三角形分割を図1.12に示す．

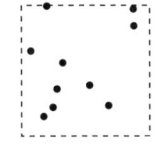 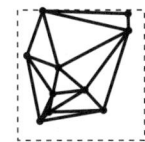 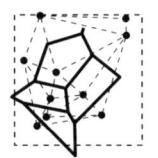

（a）ランダムな10点　　（b）ドロネー三角形分割　　（c）ボロノイ図

図 1.11 2次元分割

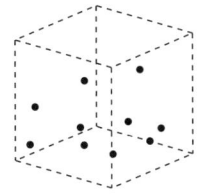 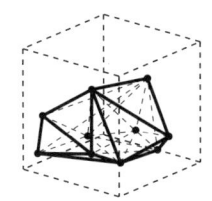

（a）ランダムな10点　　（b）3次元のドロネー三角形分割
　　　　　　　　　　　　　　によって作られた四面体

図 1.12 3次元分割

　Okabe et al.（2000）が示しているように，ドロネー三角形分割のプログラミングのための有効なアルゴリズムがある．そこで用いられる大部分の三角形分割は，Qhull アルゴリズム（Barber et al., 1996）を用いた MATLAB によって行われている．

　前述のとおり，ドロネー三角形分割は，ボロノイ図あるいはボロノイ分割とよばれる別の幾何学的な構成概念に関係している（あるいは，双対である）．n 接点の集合 $\mathbf{P} = \{P_1, P_k, P_n\}$ のボロノイ図は，n 個の多角形の集合 $\mathbf{V} = \{V_1, V_k, V_n\}$ である．各多角形 V_k は対応する接点 P_k を中心としている．多角形 V_k は，その多角形のすべての点が集合 $\mathbf{P}$ の他のどの接点よりも接点 P_k に近くなるように，面積あるいは体積を囲んでいる．図 1.11(a) に示す点の系のボロノイ図を，図 1.11(c) に示す．

1.9 コンピュータシミュレーションに関する注釈

　DEM モデルは実際の物理系の仮想化であり，本書ではモデルを作るために用いた仮想化についてさまざまな点から考察している．DEM シミュレーションはコンピュータシミュレーションであり，その計算では実数の有限な浮動小数点表示，すなわち，有限な桁数のみを含む実数の表示を用いていることが重要である．Burden and Faires（1997）によって浮動小数点演算に関する入門書が書かれており，Goldberg（1991）によってより詳細に考察されている．コンピュータにおいて浮動小数点形式によって

実数を表すことに伴う誤差は，丸め誤差とよばれている．それゆえ，DEM シミュレーションは，実数の近似表示によって計算され，計算結果それ自体も丸め誤差を被って，系にさらなる誤差を生じさせる．丸め誤差を減らす一つの方法は，誤差を生じさせる計算の数を減らすことである．また，接触の幾何形状を厳密に分析するためのアルゴリズムや，時間積分法の選択にも気をつけなければならない．これらの問題についてはさらに 4 章で述べる．

2章 粒子の運動

2.1 ■ はじめに

　個別要素解析は，粒子系の動的相互作用を考慮する動的解析あるいは過渡解析である．粒子 DEM モデルは，接触の相互作用を模擬的に再現する硬いばねによって結ばれた剛な粒子からなる仮想系である（接触ばねの式については 3 章で述べる）．粒子が互いに離れる場合には接触がなくなるのでばねを除去し，新しい接触が形成される場合にはばねを付け加える．接触ばねの除去と付加の繰返しによって，系全体の剛性が変化する．また，接触がすべり始めると剛性の低下が生じて，その解析は非線形となる．この非線形性は粒子の局所的な構造の変化によって生じるので，幾何学的非線形である．3 章で述べるように，接触点の力・変位の材料挙動を表す接触の構成モデルは非線形であることが多く，これによって系に材料の非線形性が付け加えられる．これらの二つの粒子レベルの非線形の要因の組合せによって，材料の巨視的な非線形挙動が表されている．すべりが生じる大きなひずみでは，接触での運動によって引き起こされる幾何学的非線形性と局所的な粒子群で進展する "座屈" のメカニズムによってその挙動が支配されており，一方，すべりが始まる以前の小さなひずみでは，接触点の非線形挙動の影響がより明白である．

　DEM の基本原理として，通常は個々の粒子の動的つり合いを直接考えることによって紹介されるが，ここでは別の方法を用いることとする．土木技術者はマトリックス構造解析や有限要素解析の基礎理論に熟知しており，これらの解析では，一般的に大規模な線形方程式あるいは剛性マトリックスの系を作り，構造部材の変位はこの剛性マトリックスの逆行列を用いることによって求められる．一方，粒子 DEM では数値的不安定性（無条件安定ではなく条件付安定）の大きなリスクがある別の解法を用いている．この条件付安定の手法がなぜ粒子 DEM で好まれるのかを理解するために，まずマトリックス構造解析の視点から DEM を考えてみる．図 1.4 に示したように，粒子はマトリックス構造解析の自由度（すなわち，構造部材の端点）や有限要素メッシュの接点と類似している．この類似性を用いて，動的構造解析や連続体の有限要素解析，有限差分解析などの通常の支配方程式のように，系全体の支配方程式を表すことができる．

$$\mathbf{M}\ddot{\mathbf{u}} + \mathbf{C}\dot{\mathbf{u}} + \mathbf{K}(\mathbf{u}) = \Delta \mathbf{F} \tag{2.1}$$

ここで，$\mathbf{M}$ は質量マトリックス（より厳密には慣性質量と慣性モーメントを含む慣性マトリックス），$\mathbf{C}$ は減衰マトリックス，$\mathbf{u}$ は変位増分ベクトル（並進変位と回転変位を含む），$\Delta \mathbf{F}$ は力増分ベクトル（モーメントを含む）である．全体剛性マトリックス $\mathbf{K}$ は系の幾何学的形状，すなわち，粒子が接触している形状に依存している．変位増分はその時間ステップ内の粒子の運動であり，解析の目的はこれを解くことである．速度ベクトルと加速度ベクトルは $\dot{\mathbf{u}}$ と $\ddot{\mathbf{u}}$ によって表される．DEM モデルの粒子は有限要素解析の接点に類似している．しかし，粒子は回転できるので，2 次元 DEM の粒子は三つの自由度（二つの並進と一つの回転），3 次元 DEM の粒子は 6 自由度（三つの並進と三つの回転）をもつことになる．

式 (2.1) は系の運動方程式である．多接点系の運動方程式を解くためには，一般的に二つの手法が用いられ，これらは**陰解法**，**陽解法**とよばれる．陰解法では，系のすべての粒子図心の変位増分を表すために一つのベクトル $\mathbf{u}$ を作る．これは，有限要素解析ですべての接点変位を表すのに一つのベクトルを用いることと同様である．すなわち，

$$\mathbf{u} = \begin{pmatrix} u_x^1 \\ u_y^1 \\ u_z^1 \\ u_x^p \\ u_y^p \\ u_z^p \\ u_x^{N_p} \\ u_y^{N_p} \\ u_z^{N_p} \end{pmatrix} \tag{2.2}$$

となり，u_x^p, u_y^p, u_z^p は，それぞれ粒子 p の三つの座標方向における並進変位増分であり，N_p 個の粒子がある（ここでは，単純化して回転は考慮していない）．力増分ベクトル $\Delta \mathbf{F}$ も同様に表される．全体の質量 $\mathbf{M}$，剛性 $\mathbf{K}$，減衰 $\mathbf{C}$ の各マトリックスは，有限要素法や構造解析と同じように組み合わされる．全体剛性マトリックスの作成についてはここでは詳しく述べないので，興味があれば Zienkiewicz and Taylor (2000a) や Sack (1989) など，有限要素解析や構造解析の本を参照されたい．Ke and Bray (1995) は，陰的粒子 DEM アルゴリズムである DDAD（円盤粒子による不連続変形解析）の剛性マトリックスの作成について示している．

運動方程式（式 (2.1)）を解くために，剛性マトリックスの作成を含むアルゴリズム

2.1 はじめに

を用いる場合は，有限要素法と同様に大規模な連立1次方程式となり，かなり疎な剛性マトリックスの逆行列が必要となる．1,000個の粒子の比較的小さな3次元の系に対して，剛性マトリックスは各粒子が6自由度であることから零の値の項も含めて36×10^6個の成分をもつ．線形方程式の疎な系を解くための効率的なアルゴリズムを用いる場合でさえも，演算回数と必要なメモリ容量によって計算コストは高くなる．この種の手法についてさらに2.5節で述べるが，地盤力学のほとんどの研究者は，Cundall and Strack (1979a, b) が最初に示した別の**陽解法**を用いている．

Cundall and Strack (1979a, b) の個別要素法あるいは分子動力学法では，全体の方程式系を連立させて解くことを避けるために，個々の粒子の動的つり合いを考えている．この手法によって，大規模な全体剛性マトリックスの作成や記憶を省略することができ，Potyondy and Cundall (2004) が示しているように，かなりの粒子数に対して比較的少ないコンピュータメモリで済む．そのプログラミングは，有限差分の連続体解析で用いられるプログラミングと類似している．Zhu et al. (2007) を引用して，質量m_pをもつ粒子pの並進動的つり合いを支配する式の最も一般的な形式は，

$$m_p \ddot{\mathbf{u}}_p = \sum_{i=1}^{N_{c,p}} \mathbf{F}_{pi}^{\mathrm{con}} + \sum_{j=1}^{N_{nc,p}} \mathbf{F}_{pj}^{\mathrm{non-con}} + \mathbf{F}_p^{\mathrm{f}} + \mathbf{F}_p^{\mathrm{g}} + \mathbf{F}_p^{\mathrm{app}} \tag{2.3}$$

となる．ここで，$\ddot{\mathbf{u}}_p$は粒子pの加速度ベクトル，$\mathbf{F}_{pi}^{\mathrm{con}}$は粒子$p$と他の粒子あるいは境界との間に$N_{c,p}$個の接触がある場合の接触$c$による$i$番目の接触力，そして，$\mathbf{F}_{pj}^{\mathrm{non-con}}$は粒子$p$と$N_{nc,p}$個の他の粒子（あるいは境界）との間の$j$番目の非接触力である．地盤力学の視点から，最も非接触力の可能性がある要因は不飽和土における毛管現象力である．$\mathbf{F}_p^{\mathrm{f}}$は粒子$p$に作用する流体相互作用力，$\mathbf{F}_p^{\mathrm{g}}$は重力（物体力），$\mathbf{F}_p^{\mathrm{app}}$は所定の載荷力（たとえば，これは，5.4節で述べるように"応力制御型メンブレン"を用いる場合に起こり得る）．式 (2.1) と式 (2.3) を比較すると，式 (2.3) では減衰を陽に考慮しておらず，接触力の計算の中に減衰による寄与が含まれている（後述の2.7節と3章で述べる粘性ダッシュポットを参照）．

各接触点で生じるトルクは，接触力と粒子の中心から接触点へのベクトルのクロス積として計算され，動的回転つり合いは次式によって表される．

$$I_p \frac{d\boldsymbol{\omega}_p}{dt} = \sum_{i=1}^{N_{\mathrm{mom}}} \mathbf{M}_{pi} \tag{2.4}$$

ここで，$\boldsymbol{\omega}_p$は角速度ベクトル，$\mathbf{M}_{pi}$は粒子pのi番目のモーメントを伝達する接触力によって作用するモーメントであり，N_{mom}個のモーメントを伝達する接触がある．3章で詳細に述べるように，各接触点では接触法線方向の接触力成分と，接触に沿っ

たあるいは接線方向に作用する別の成分がある．接線方向の力はつねにモーメントを作用させるが，法線方向力については，その作用線が粒子の図心を通らなければ（すなわち，粒子が非円形あるいは非球形である場合），モーメントが作用する．また，回転ばねモデルや並列結合モデル*（Parallel Bond Model）などのモーメント伝達接触モデルも提案されている．

粒状体の変形時には，粒子の位置や粒子に作用する力は連続的に変化する．一方，DEM シミュレーションでは時間を離散化してその系を所定の時点で捉えており，連続的に変化する実際の物理系が厳密には捉えられていないということを意味する．1章の図 1.8 で示したように各時間ステップで主要な二つの計算があり，接触力は粒子の最新の更新位置に基づいて計算される．これは，式 (2.3) と式 (2.4) の力とトルクがわかることを前提としていることを意味している．それゆえ，式 (2.3) と式 (2.4) によって粒子の並進と回転の加速度 $\ddot{\mathbf{u}}_p$ と $\dot{\boldsymbol{\omega}}_p$ を容易に求めることができる．すなわち，つり合い式として各粒子に対して 2 組の常微分方程式を作ることになる．

2.2 ■ 粒子位置の更新

粒子に作用する合力がわかれば，粒子の運動方程式から粒子 p の加速度を計算することができる．もし，粒子の並進運動が独立しているなら，この方程式は次式によって簡単に表される．

$$\mathbf{m}_p \mathbf{a}_p^t = \mathbf{F}_p^t \tag{2.5}$$

ここで，$\mathbf{m}_p$ は質量（慣性）マトリックス，$\mathbf{a}_p^t = \ddot{\mathbf{u}}_p$ は時間 t の加速度ベクトル，$\mathbf{F}_p^t$ は合力ベクトルである．加速度ベクトル $\mathbf{a}_p^t$ は並進の自由度のみを考えており，2 次元で 2 成分，3 次元で 3 成分であることに注意．力のベクトル $\mathbf{F}_p^t$ もまた，2 次元で 2 成分，3 次元で 3 成分をもつ．2 次元の場合，質量（慣性）マトリックスは次式で表される．

$$\mathbf{m}_p = \begin{pmatrix} m_p & 0 \\ 0 & m_p \end{pmatrix} \tag{2.6}$$

ここで，m_p は粒子密度と体積との積で計算される粒子質量である．3 次元では，質量マトリックス $\mathbf{m}_p$ は対角項が m_p で，対角項以外は零の 3×3 の行列である．

次の解析段階としては，これらの加速度を用いて変位増分を求めることによって粒子位置を更新することである．数値解析において，時間に関する 1 階と 2 階の導関数を与えるパラメータを更新する（すなわち，加速度から変位を求める）手法は時間積

---

* またはパラレルボンドモデル（Itasca (2008)）で用いている名称

分法とよばれ，数多くの時間積分アルゴリズムがある（とくにこの問題に関心があれば，Wood（1990b）を参照することを勧める）．なお，一般的な3次元粒子では，並進運動よりも回転運動の解析がかなり複雑になることに留意する必要がある．

ほとんどの DEM プログラムでは，時間増分 Δt の中央差分法と同様な時間積分法を用いている．この手法は，次のような加速度ベクトルと速度ベクトルの関係によって，最も簡単に理解することができる．

$$\mathbf{a}_p^t = \frac{1}{\Delta t}(\mathbf{v}_p^{t+\Delta t/2} - \mathbf{v}_p^{t-\Delta t/2}) \tag{2.7}$$

ここで，$\mathbf{v}_p^{t-\Delta t/2}$ と $\mathbf{v}_p^{t+\Delta t/2}$ は，それぞれ，粒子 p の時間 $t-\Delta t/2$ と $t+\Delta t/2$ の速度ベクトルである．Rapaport（2004）は，速度と変位を $\Delta t/2$ の時間遅れで計算することから，この時間積分法を"蛙跳び（leap-frog）"法と名付けた．他の研究者ら（たとえば，Munjiza（2004））は位置ベルレ（Verlet）時間積分法とよんでいる．$\mathbf{F}_p$ や $\mathbf{a}_p$ と同様に，ベクトル $\mathbf{v}_p$ は 2 次元で 3 成分，3 次元で 6 成分をもつ．時間 $t+\Delta t/2$ の速度は次のように計算される．

$$\mathbf{v}_p^{t+\Delta t/2} = \mathbf{v}_p^{t-\Delta t/2} + \Delta t \mathbf{m}_p^{-1} \mathbf{F}_p^t \tag{2.8}$$

時間 $t+\Delta t/2$ の速度は，時間 t から $t+\Delta t$ の間の平均速度に等しいとみなされ，結局，最新の粒子位置 $\mathbf{x}_p^{t+\Delta t}$ を次のように計算することができる．

$$\mathbf{x}_p^{t+\Delta t} = \mathbf{x}_p^t + \Delta t \mathbf{v}_p^{t+\Delta t/2} \tag{2.9}$$

ここで，粒子の位置ベクトル $\mathbf{x}_p$ は，粒子のデカルト座標と主軸（3次元での軸）周りの回転量を表す．

2次元個別要素シミュレーションでは回転は1自由度である．このことは，粒子の回転速度あるいは角速度が，以下の角運動方程式によって計算できることを意味している．

$$I_{p,z}\dot{\omega}_{p,z} = M_{p,z} \tag{2.10}$$

ここで，$\omega_{p,z}$ は粒子の中心をとおり，解析面に直交する軸周りの角速度である．円形あるいは円盤の粒子では，慣性モーメント $I_{p,z}$ は $\rho\pi r_p^4/2$ に等しい．ここで，r_p は粒子の半径，ρ は粒子密度である．この式を増分的に解くために，次のように中央差分時間積分法を用いることができる．

$$\omega_{p,z}^{t+\Delta t/2} = \omega_{p,z}^{t-\Delta t/2} + \Delta t \frac{M_{p,z}^t}{I_{p,z}} \tag{2.11}$$

この角速度は接触力の接線成分を計算するために用いられる（3.7節を参照）．また，非球形粒子の辺の位置を更新し，粒子の回転量を計算するためにも用いられる（回転は材料内部の局所化の指標として重要である（8章））．ここで解析者にとって重要なことは，シミュレーションの時間増分 Δt の値を決めることである．

2.3 ■ 時間積分および個別要素法の精度と安定性

Cundall and Strack（1979a）は，計算上効率的な中央差分型の陽的な時間積分法を個別要素法で用いることを提案した．この手法の限界は条件付安定であることであり，非常に小さな時間増分を用いる必要がある．しかし，数値安定性の考察による時間増分の大きさに関する制約はさほど問題ではない．対象とする系の本質的な非線形性（変化する接触状態および非線形接触挙動）をうまく捉えるためには，所定の時間ステップ内での粒子位置や接触力の変化を小さくする必要がある．これは，系の非線形性を把握するために結果的に時間増分を小さくするという制約になっている．理想的には，所定の時間ステップ内で，その粒子の運動が十分小さく，隣の粒子だけに影響するように，DEMシミュレーションの時間増分を小さくしなければならない．Cundall and Strack（1978）は，DEMの基本的な考えは，単一の時間ステップにおいて遠くの円盤からの外乱が伝達しないように，時間増分を十分小さくすることであると述べている．

数値アルゴリズムとは，その系の挙動をモデル化するために開発した計算手順である．DEMでは，粒子の現在の配置状況の情報を用いて系の将来の状態を予測するが，これは厳密な予測ではなく近似である．数値モデルの限界や近似について慎重に考えることは重要であり，DEMでは，とくに時間積分アルゴリズムの精度，安定性，頑健性が重要になる．Sutmann（2002）はこれらの問題を分子動力学法の視点から考察している．DEMシミュレーションの各ステップにおいて，集合体の各粒子に対する運動方程式を解く場合，その微分方程式系は実際の物理系の仮想化であり，厳密な予測には限界があることから明らかに近似誤差が生じることになる．コンピュータ計算で生じる丸め誤差については1.9節で簡単に述べた．また，粒子の加速度から変位増分を計算する近似式の結果として，打切り誤差とよばれる別の大きな誤差が生じる．

過渡的あるいは動的な系の挙動をシミュレーションするいずれの数値モデルでも，各時間ステップで打切り誤差が生じる．打切り誤差はテイラー（Taylor）級数展開によって理解することができる．たとえば，時間 $t+\Delta t$ の位置 $\mathbf{x}^{t+\Delta t}$ は，時間 t の位置とその時間微分によって次のように表される．

$$\mathbf{x}_p^{t+\Delta t} = \mathbf{x}_p^t + \Delta t \left(\frac{d\mathbf{x}_p}{dt}\right)^t + \frac{\Delta t^2}{2!}\left(\frac{d^2\mathbf{x}_p}{dt^2}\right)^t + \frac{\Delta t^n}{n!}\left(\frac{d^n\mathbf{x}_p}{dt^n}\right)^t + O(\Delta t^{n+1}) \tag{2.12}$$

項 $O(\Delta t^{n+1})$ が打切り誤差である．これは，時間 t の $\mathbf{x}_p$ の最初の n 項の時間微分のみを考慮することによる近似値 $\mathbf{x}_p^{t+\Delta t}$ の誤差である．すなわち，この打切り誤差は，粒子の運動を表す微分方程式の厳密解と近似解との差であり，Δt^{n+1} に比例する．n の値が大きいほど近似に含まれる導関数の階数が大きくなり，Δt は非常に小さい数字，すなわち，$\Delta t \ll 1$ であるので誤差は小さくなる．また，より小さな Δt の値を用いるなど，打切り誤差を減らすことができるであろう．過渡的シミュレーションで $\mathbf{x}^t$ の値を計算する場合，誤差は各時間増分で生じる"局所的"な打切り誤差の合計となる．

地盤力学で用いられるほとんどの DEM プログラムは，中央差分型時間積分アルゴリズムあるいは中央差分法の修正版である．Wood (1990b) が示しているように，中央差分時間積分法にはいくつかの式がある．たとえば，DEM で用いられるベルレの式は次のように表される．

$$\begin{aligned}\mathbf{v}_p^{t+\Delta t/2} &= \mathbf{v}_p^{t-\Delta t/2} + \Delta t \mathbf{a}_p^t \\ \mathbf{x}_p^{t+\Delta t} &= \mathbf{x}_p^t + \Delta t \mathbf{v}_p^{t+\Delta t/2}\end{aligned} \tag{2.13}$$

また，別の中央差分法の式では，変位増分を時間 t の粒子の加速度から直接計算している（Wood, 1990b）．

$$\Delta \mathbf{x}_p^{t \to t+\Delta t} = \Delta \mathbf{x}_p^{t-\Delta t \to t} + \Delta t^2 \mathbf{a}_p^t \tag{2.14}$$

ここで，$\Delta \mathbf{x}_p^{t \to t+\Delta t}$ は t から $t+\Delta t$ までの時間増分間の変位増分，すなわち，$\Delta \mathbf{x}_p^{t \to t+\Delta t} = \mathbf{x}_p^{t+\Delta t} - \mathbf{x}_p^t$ であり，そして，$\Delta \mathbf{x}_p^{t-\Delta t \to t} = \mathbf{x}_p^t - \mathbf{x}_p^{t-\Delta t}$ である．よって，加速度は次のように表される．

$$\mathbf{a}_p^t = \frac{\mathbf{x}_p^{t+\Delta t} - 2\mathbf{x}_p^t + \mathbf{x}_p^{t-\Delta t}}{\Delta t^2} \tag{2.15}$$

どちらの式でも，中央差分アルゴリズムは 2 次精度の手法で，変位の計算値の精度は時間増分の 2 乗 Δt^2 に依存する．この時間積分法は動的構造解析でもプログラミングされて用いられており，この方法を理解する手助けとして Chopra (1995) を参照することを勧める．Cleary (2000) は，打切り誤差に起因する精度の問題について，各衝突を解くためには 20 から 50 の時間増分を必要とし，この方法では結果として非常に小さい時間増分を必要とすることを示した．

粒子の加速度を積分して座標を更新する計算手法を選ぶ場合，その手法は**一貫性**と

収束性があることが重要である．ステップ i の局所的丸め誤差を τ として，すべてのステップに対して順に $\lim_{\Delta t \to 0} |\tau| = 0$ であるなら，この手法は一貫性があるといえる．$\mathbf{x}^t_{\text{exact}}$ が時間 t の粒子の運動を表す微分方程式の厳密解で，x^t が同じ時間の計算（近似）値とすると，$\lim_{\Delta t \to 0} |\mathbf{x}^t_{\text{exact}} - \mathbf{x}^t| = 0$ なら収束性がある．打切り誤差は解析が進むにつれて大きくなる．すなわち，時間 $t = n\Delta t$ で誤差が n 倍に拡大する．

また，アルゴリズムは"安定"である必要がある．数値解析法に関連して"安定"が何を意味するかを説明する方法がいくつかある．一般に安定な系では，モデルに入力する最初のデータに小さな変化があると，出力の結果の変化もまた小さい．ここで，所定の時点での誤差を E_0 として，n 回の計算後の誤差 E_n を全体の誤差とする．Burden and Faires (1997) が示しているように，全体の誤差を求めることは容易ではないが，局所的誤差と全体誤差との間には密接な相関性がある．一般的に，全体誤差の線形増加は避けられず，ある時点での局所的誤差が E_0 なら，n 回の時間増分後の誤差は累積効果によって $E_n = CnE_0$ となる．ここで，C は定数である．局所と全体の打切り誤差の関係が $E_n = CnE_0$ であるなら，そのアルゴリズムは一般に安定である．しかし，$E_n = C^n E_0$ で $C > 1, n > 1$ なら誤差は指数関数的に増加し，この手法は不安定とみなされる．また，力学の問題において，系の全エネルギーを計算することによって数値モデルの安定性を観察することがある．全エネルギーの成分には，接触ばねに蓄えられるひずみエネルギーや粒子の動的エネルギーなどがある（2.6節を参照）．数値積分が安定している場合にはこのエネルギーの変動はないが，不安定な系ではエネルギーが不自然に増加してエネルギーが保存されない．

2.4 ▪ 中央差分時間積分法の安定性

中央差分時間積分法の安定性については，多くの基礎的な数値解析の本に示されている（たとえば，Burden and Faires (1997)）．いずれの時間積分の基本的な考えも，物体の位置と加速度がわかれば，その将来の変形を予測することができるということである．一般的に数値解析や計算力学において，その概念は剛性 k をもつ単純な弾性ばねの上の，質量 m の粒子の自由振動によって示されることが多い．1自由度系の運動方程式は $ma = -kx$ によって表される．ここで，$a = \ddot{x}$ である．この単純な系に対して中央差分法を用いる場合，最大時間増分は $\Delta t = T/\pi$ となる．ここで，T はその系の自由振動の周期であり，$T = 2\pi\sqrt{m/k}$ として計算される．この限界値を超える時間増分を用いる場合，その結果はすぐに物理的に妥当でなくなり，その解析は不安定であるとみなされる．この単純な1自由度系に中央差分法を用いた場合に起こる時間増分の制約は，DEM の多自由度のシミュレーションにもあてはまることである．

2.4 中央差分時間積分法の安定性　31

　安定な解析のための限界時間増分は，**増幅行列**による線形安定性解析を用いて計算することができる（Zienkiewicz and Taylor, 2000a）．一般に，増幅行列 $\mathbf{A}$ は $\mathbf{x}^{t+\Delta t} = \mathbf{A}\mathbf{x}^t$ となるように定義される．$\mathbf{A}$ のいずれかの固有値 μ_i の絶対値が 1 を超えるなら（すなわち，$|\mu_i| > 1$ なら），初期のどんな小さな誤差でも限界なしに増加して，その解析は不安定になる．ここで，$\mathbf{A}$ のスペクトル半径 $\rho(\mathbf{A})$ は，$\mathbf{A}$ の固有値の最大値，すなわち，$\rho(\mathbf{A}) = \max(|\mu_i|)$ であることに留意．Munjiza（2004）は，別の手法を用いて位置 x の 1 自由度系に対する増幅行列 $\mathbf{A}^*$ を次式のように定義した．

$$\begin{pmatrix} \dot{x}^{t+\Delta t}\Delta t \\ x^{t+\Delta t} \end{pmatrix} = \begin{pmatrix} 1 & -\dfrac{\Delta t^2 k}{m} \\ 1 & 1 - \dfrac{\Delta t^2 k}{m} \end{pmatrix} \begin{pmatrix} \dot{x}^t \Delta t \\ x^t \end{pmatrix} = \mathbf{A}^* \begin{pmatrix} \dot{x}^t \Delta t \\ x^t \end{pmatrix} \tag{2.16}$$

　Munjiza（2004）は，$\Delta t^2 k/m \leq 4$ の場合に $\mathbf{A}^*$ のスペクトル半径 $\rho(\mathbf{A}^*)$ は 1 になるが，$\Delta t^2 k/m > 4$ の場合にはスペクトル半径は 1 を超えて増加して，その 1 自由度系のシミュレーションは不安定になることを示した．このように，安定性解析は非減衰の運動方程式を考慮することによって行われる．Wood（1990b）は，この仮定は単純なアルゴリズムにおいて妥当であることを示している．

　中央差分法におけるこの限界を認識して，DEM 解析の多自由度系に対する安定性の限界を調べることが必要である．DEM の系は単純な 1 自由度系よりもかなり複雑である．各粒子は複数の接触と複数の接触ばねをもっており，各接触では接触の法線方向と接線方向に作用する二つの直交するばねがある．また，粒子はさまざまな慣性の値をもつ．O'Sullivan and Bray（2004）は，個別要素と有限要素の枠組みの類似性を指摘することによって，DEM シミュレーションの限界時間増分を求める手法を提案した．図 2.1 に示すように，個別要素の粒子は有限要素の接点に，粒子間の接触は有限要素に，それぞれ対応している．全体剛性マトリックスは，有限要素解析と同様に，粒子 i と粒子 j との接触によって作られる"要素"剛性マトリックス $\mathbf{K}^e_{ij}$ と，粒子の慣性を含む質量マトリックスによって作成することができる．Itasca（2008）では，並進および回転の運動を考慮した接触点の剛性を，別の誘導によって示している．

　動的 FEM（有限要素法）や動的構造解析では，線形の系に対する限界時間増分は全体剛性マトリックスを考慮することによって考察することができる．この線形安定性解析を非線形の場合に対しても適用できるなら，安定な時間増分の最大値 Δt_{crit} は現在の剛性マトリックスの固有値の関数となり（たとえば，Belytschko（1983）），線形非減衰系の関係は次式によって表される．

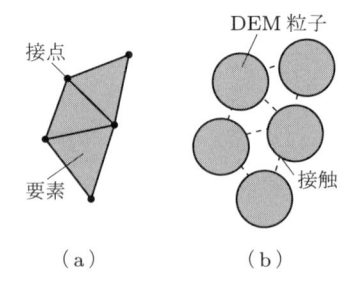

図 2.1 有限要素メッシュと DEM モデルの類似性

$$\Delta t_{\text{crit}} = \frac{2}{\omega_{\max}} \tag{2.17}$$

最大周波数 $\omega_{\max}$ は次のように行列 $\mathbf{M}^{-1}\mathbf{K}$ の最大固有値 $\lambda_{\max}$ に関連している.

$$\omega_{\max} = \sqrt{\lambda_{\max}} \tag{2.18}$$

大規模な行列の固有値を計算することは不経済である.このため,陽な有限要素解析では次の関係を用いることが多い(これはレイリー(Rayleigh)の定理の拡張であり,その証明は Belytschko(1983)によって示されている).

$$\lambda_{\max} \leq \lambda_{\max}^{e} \tag{2.19}$$

ここで,$\lambda_{\max}^{e}$ は要素 "e" の行列 $\mathbf{M}^{e^{-1}}\mathbf{K}^{e}$ の最大固有値,また,$\mathbf{M}^{e}$ は要素質量マトリックス,$\mathbf{K}^{e}$ は要素剛性マトリックスである.$\lambda_{\max}^{e}$ がわかれば,式 (2.17) と式 (2.18) を用いることによって限界時間増分を推定することができる.

O'Sullivan and Bray(2004)は,接触している二つの DEM 粒子を構造解析の圧縮部材と比較している.図 2.2 を参照して,半径 r の二つの円盤粒子間の接触の有効剛性[*]は,(並進と回転の自由度を考えて)圧縮材の軸に平行および直交な座標系によって次式で表される.

$$\mathbf{K}^{e,\text{local}} = \begin{pmatrix} K_n & 0 & rK_s & -K_n & 0 & -rK_s \\ 0 & K_s & 0 & 0 & -K_s & 0 \\ rK_s & 0 & r^2K_s & -rK_s & 0 & -r^2K_s \\ -K_n & 0 & -rK_s & K_n & 0 & rK_s \\ 0 & -K_s & 0 & 0 & K_s & 0 \\ -rK_s & 0 & -r^2K_s & rK_s & 0 & r^2K_s \end{pmatrix} \tag{2.20}$$

---

[*] または等価剛性

(a)　　　　　　　　　(b)

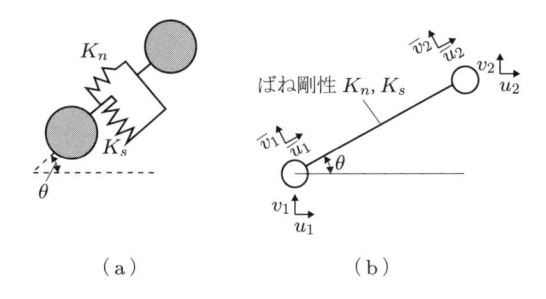

図 2.2 DEM モデルと FEM メッシュの類似性

図 2.2 において，局所座標系の粒子接点変位は $(\bar{u}_1, \bar{v}_1)$ と $(\bar{u}_2, \bar{v}_2)$ によって表される．この剛性マトリックスを全体系の固有値解析で用いるためには，この局所剛性マトリックスを次の変換行列を用いて全体のデカルト座標系に回転する必要がある．

$$\mathbf{T} = \begin{pmatrix} \cos\theta & -\sin\theta & 0 & 0 & 0 & 0 \\ \sin\theta & \cos\theta & 0 & 0 & 0 & 0 \\ 0 & 0 & 1 & 0 & 0 & 0 \\ 0 & 0 & 0 & \cos\theta & -\sin\theta & 0 \\ 0 & 0 & 0 & \sin\theta & \cos\theta & 0 \\ 0 & 0 & 0 & 0 & 0 & 1 \end{pmatrix} \tag{2.21}$$

全体座標系において圧縮材要素の剛性は次式で表される．

$$\mathbf{K}^{e,\text{global}} = \mathbf{T}^{-1} \mathbf{K}^{e,\text{local}} \mathbf{T} \tag{2.22}$$

この式は次のように静的に理解することができる．

$$\mathbf{K}^{e,\text{global}} \Delta \mathbf{d} = \Delta \mathbf{F} \tag{2.23}$$

ここで，$\Delta \mathbf{d}$ は変位増分ベクトルである．

$$\Delta \mathbf{d} = \begin{pmatrix} \Delta u_1 \\ \Delta v_1 \\ \Delta \phi_1 \\ \Delta u_2 \\ \Delta v_2 \\ \Delta \phi_2 \end{pmatrix} \tag{2.24}$$

$\Delta u_1, \Delta v_1, \Delta u_2, \Delta v_2$ は図心の（並進）変位増分，$\Delta \phi_1, \Delta \phi_2$ は円盤 1 と 2 の図心周り

の回転増分である．これらの回転増分によって，粒子1と2に作用するさらなる力を生じる．さらに，

$$\Delta \mathbf{F} = \begin{pmatrix} \Delta F_{x,1} \\ \Delta F_{y,1} \\ \Delta M_1 \\ \Delta F_{x,2} \\ \Delta F_{y,2} \\ \Delta M_2 \end{pmatrix} \qquad (2.25)$$

であり，$\Delta F_{x,1}$ は粒子1に作用する力増分の x 成分，ΔM_1 は粒子1に作用するモーメント増分などを表している．

この手法によって，接触している円盤の局所剛性マトリックスを求めて全体座標系へ回転させることができる．系の固有値を計算するためには質量マトリックスを必要とする．図2.2において，接点は慣性をもたず質量が接点に分配されている圧縮材とは対照的に，DEMの円盤は慣性をもっており，他の多くの接触とも関連しているであろう．簡単な方法として，各円盤の質量をそのすべての接触に均一に分配すると仮定することができる．この仮定を用いると，粒子 i と j との間の接触の要素質量マトリックスは，

$$\mathbf{M}^{e,\text{local}} = \begin{pmatrix} \dfrac{M_i}{N_{c,i}} & 0 & 0 & 0 & 0 & 0 \\ 0 & \dfrac{M_i}{N_{c,i}} & 0 & 0 & 0 & 0 \\ 0 & 0 & \dfrac{I_i}{N_{c,i}} & 0 & 0 & 0 \\ 0 & 0 & 0 & \dfrac{M_j}{N_{c,j}} & 0 & 0 \\ 0 & 0 & 0 & 0 & \dfrac{M_j}{N_{c,j}} & 0 \\ 0 & 0 & 0 & 0 & 0 & \dfrac{I_j}{N_{c,j}} \end{pmatrix} \qquad (2.26)$$

となる．ここで，M_i は粒子 i の質量，I_i は粒子 i の図心を通る軸周りの慣性モーメント，$N_{c,i}$ は粒子 i の接触点数である．なお，$\mathbf{M}^{e,\text{local}} = \mathbf{M}^{e,\text{global}} = \mathbf{M}^e$ であることに注意されたい．

行列 $\mathbf{M}^{e^{-1}} \mathbf{K}^{e,\text{global}}$ の固有値の計算は以下のように簡略化できる．$\mathbf{M}^e$ は対角行列なので $\mathbf{M}^{e^{-1}}$ も対角行列であり，

$$\mathbf{M}^{e^{-1}} \mathbf{K}^{e,\text{global}} = \mathbf{M}^{e^{-1}} \mathbf{T}^{-1} \mathbf{K}^{e,\text{local}} \mathbf{T} = \mathbf{T}^{-1} \mathbf{M}^{e^{-1}} \mathbf{K}^{e,\text{local}} \mathbf{T} \qquad (2.27)$$

となる **T** は次のように直交行列である．

$$\mathbf{T}^{-1} = \mathbf{T}^T \tag{2.28}$$

よって，$\mathbf{M}^{e^{-1}}\mathbf{K}^{e,\text{local}}$ と $\mathbf{T}^{-1}\mathbf{M}^{e^{-1}}\mathbf{K}^{e,\text{local}}\mathbf{T}$ の行列は相似であり，同じ固有値をもつ（Golub and Van Loan, 1983）．その場合，各接触要素の $\mathbf{M}^{e^{-1}}\mathbf{K}^{e,\text{local}}$ の固有値の計算は，$\mathbf{M}^{e^{-1}}\mathbf{K}^{e,\text{global}}$ の固有値を計算することと等価である．この等価性を認識して，法線とせん断方向のばね剛性が等しい（すなわち，$K_n = K_s = K$）と仮定すれば，均一な円盤や球による対称配置の固有値を計算することができる．限界時間増分は前述の手法を用いて求められる．これらの計算の詳細は，O'Sullivan and Bray (2004) によって示されている．その重要な結論は，粒子あたりの接触数が増えると N_c が増えて，要素の質量マトリックスの成分の大きさが小さくなり，このようにして，最大周波数が大きくなって限界時間増分 Δt_{crit} が小さくなるということである．

解析の安定性の限界を調べるために，簡単な平面ひずみ圧縮を受ける均一な球の（面心立方の格子状充填をもつ）規則配置の集合体の場合を考えてみよう．Thornton (1979) は，粒子間摩擦に対する集合体のピーク強度の解析解を示しており，それはDEM の妥当性を確認するために適している（11 章でさらに述べる）．対象の供試体は図 2.3 に示すように 150 個の球をもち，その入力パラメータを表 2.1 に示す．異なる時間増分でシミュレーションを行ったその結果を，理論的強度とともに図 2.4 に示す．ここで時間増分の値 Δt は比 $\sqrt{m/K}$ によって正規化している．ここで，m は粒子の質量，K はばね剛性である．すなわち，

$$\Delta t = \frac{\Delta t_{\text{sim}}}{\sqrt{m/K}} \tag{2.29}$$

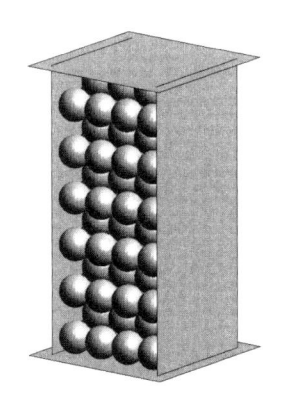

図 2.3 平面ひずみシミュレーションのための面心立方配置の供試体

表 2.1 感度解析の解析パラメータ（M：質量の単位，L：長さの単位，T：時間の単位）

パラメータ	値
法線ばね剛性	$1.0 \times 10^{11}\ M/T^2$
せん断ばね剛性	$1.0 \times 10^{11}\ M/T^2$
密度	$2,000\ M/T^3$
半径	$20\ L$
摩擦係数	0.3

となり，ここで Δt_{sim} はシミュレーションの時間増分である．図 2.4 を参照すると，$\Delta t = 0.75$ のシミュレーションは明らかに不安定であるが，一方，$\Delta t = 0.45$ の結果も正しいとはいえず，このように理論解がない場合にはその結果が誤っているかどうかを判断することが難しい．$\Delta t = 0.05$ と $\Delta t = 0.35$ の場合には，ピーク強度の計算値は理論解に近く，$\Delta t = 0.35$ は，並進および回転が可能な面心立方充填の場合の，最小の限界時間増分よりも大きいことに注意する必要がある（O'Sullivan and Bray, 2004）．しかし，ここで示す格子状配置では粒子は大きな回転ができず，おそらく，それが不安定性にならない理由であろう．

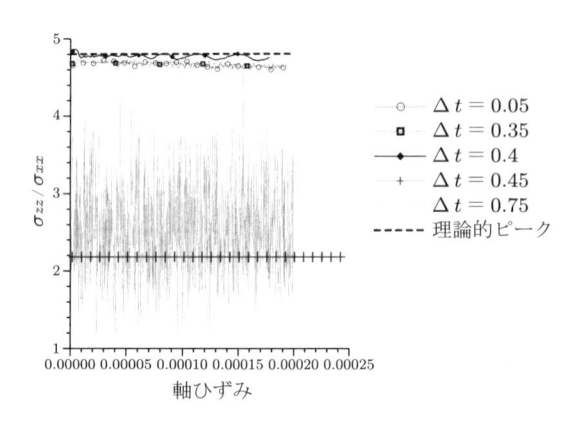

図 2.4 供試体の挙動に関する時間増分のパラメータスタディ

Belytschko et al.（2000）が示しているように，数値不安定性に起因して見かけのエネルギーが生じるために，エネルギー保存則を満たしていないことから，エネルギー収支を調べることによって陽解法のシミュレーションにおける不安定性を確認することができる．分子動力学の視点から，Rapaport（2004）も DEM シミュレーションの信頼性を保証するために，エネルギーの変動について考察する必要性を述べ，角運動量やエネルギー保存に関する考察が計算の正当性についての部分的な検証になることを示した．O'Sullivan and Bray（2003b）は，不安定なシミュレーション結果は系のエネルギー収支の過剰な誤差に関係しているということを明らかにした（DEM の系におけるエネルギーの種々の成分の計算については，2.6 節で述べる）．

DEM の数値安定性の問題について，DEM の文献ではあまり述べられていない．Itasca（2008）では，数値安定性について詳細に考察し，接触する球の集合体の安定限界を求める別の手法を示している．Tsuji et al.（1993）などは，エネルギーの考察から，2 次元のシミュレーションに対して $\Delta t_{\mathrm{crit}} = (\pi/5)\sqrt{m/k}$ としている．非線形接触モデルを用いる（すなわち，剛性が変化する）場合にはさらに難しくなる．Itasca

(2004) は，ヘルツ–ミンドリン（Hertz–Mindlin）接触モデルを用いる場合，"急激に変化する条件下"で時間増分に関する安全係数を減らすことを提案している．ヘルツ接触モデルでは，接触の剛性を連続体のせん断剛性に関連付けており，それについては3章で説明する．Thorntonら（たとえば，Thornton (2000) や Thornton and Antony (2000)）は，最小粒径およびレイリー波の速度を用いてシミュレーションの時間増分を求めている．せん断剛性 G，密度 ρ の弾性材料のレイリー波の速度 v_r は（たとえば，Sheng et al. (2004)），

$$v_r = \alpha\sqrt{G}\rho \tag{2.30}$$

となる．α は次式の根によって表され，

$$(2-\alpha^2)^4 = 16(1-\alpha^2)\left\{1 - \frac{1-2\nu}{2(1-\nu)}\alpha^2\right\} \tag{2.31}$$

その近似値は，$\alpha = 0.1631\nu + 0.876605$ となる．ここで，ν は材料のポアソン比である．球を用いたヘルツ接触モデルによる DEM シミュレーションの限界時間増分は，次式によって表される（Sheng et al., 2004）．

$$\Delta t_{\mathrm{crit}} = \frac{\pi r_{\min}}{\alpha}\sqrt{\rho}G \tag{2.32}$$

ここで，$r_{\min}$ は最小粒子半径である．Li et al. (2005) は最小粒子半径ではなく平均的な粒子半径を用いており，式 (2.32) とは別の式を示している．

DEM ユーザーの視点から，本節の主要な論点は次のとおりである．

1. 限界時間増分はばね剛性の関数である．ばねが剛であるほど，許容できる時間増分は小さくなる．
2. 限界時間増分は粒子の質量あるいは密度の関数である．密度が大きいほど，許容できる時間増分は大きくなる．
3. 限界時間増分は接触数の関数である．接触数が多いほど系全体の有効剛性が大きくなり，許容できる時間増分が小さくなる．
4. 非線形接触モデルを用いる場合は，シミュレーション中の剛性の変化を考慮する必要がある．すなわち，現在の接線方向の剛性によってその時間増分の安定性が左右される．
5. 不安定性の変化を観察する一つの方法は，系のエネルギー収支について考察することである．詳細については O'Sullivan and Bray (2004) を参照されたい．

2.4.1 密度増加

限界時間増分は粒子の質量に比例する．それゆえ，粒子の質量を人工的に大きくす

るために粒子密度を大きくすれば，その結果，より大きな計算時間を用いることができる．この手法は"質量増加"あるいは"密度増加"とよばれる．Belytschko et al.（2000）は，一般的な計算力学の視点からこの選択肢について考察し，高周波数の影響が重要でない問題に対してのみ質量増加の方法を用いることができることを示した．すなわち，質量増加を用いる場合には，系の挙動が慣性にあまり影響されないことが前提とされている．質量増加あるいは密度増加は，Thornton（2000）などのDEM解析でよく用いられている．Itasca（2004）は，時間増分が1になるように粒子の質量を増加させる密度増加係数を提案している．一般的に，この手法は注意して用いなければならず，最後の定常状態の解のみが妥当であるとされている．地盤力学では材料の挙動は経路依存性である（すなわち，その最終的な解はその点に到達するまでの詳細な状態に依存している）ことから，この手法は一般的には適していない．DEMシミュレーションにおいて，境界に力や変位を作用させるとその系を伝播して広がり，この"攪乱"の伝達速度はその系の特性，とくに接触ばね剛性，粒子質量，接触密度の関数になっている．

Thornton and Antony（2000）は，準静的変形状態を"合理的"なシミュレーション時間で得るために粒子密度を大きくした場合，速度や加速度が影響を受けるが，準静的で物体力が作用していないシミュレーションでは，接触力や変位が密度の値にほとんど影響されないことを示した．

一般に，密度増加については注意して用いなければならないので，つねに薦められる方法ではない．シミュレーションの計算時間を減らすためには，供試体の内部応力を注意深く計測することによって，シミュレーションが準静的であることを保証しながら，シミュレーションの変形速度を最大限にすることが望ましい．

2.5 ■ 個別要素アルゴリズムにおける陰的時間積分法

中央差分時間積分アルゴリズムや蛙跳びアルゴリズムの条件付き安定による制約を考えれば，無条件安定である陰的時間積分法をDEMに用いたくなるであろう．陰的DEMアルゴリズムの考え方は新しいものではない．Cundall and Strack（1978）は，最初に粒子DEMの開発について示した米国国立科学財団（National Science Foundation, NSF）の報告書で，陰的DEMを開発したSerrano and Rodriguez-Ortiz（1973）の初期の研究を引用している．他にも陰解法は，Ai（1985），Ke and Bray（1995），Zhuang et al.（1995）Tamura and Yamada（1996），Holtzman et al.（2008）によって述べられている．本節ではこの陰解法について述べる．

まず，減衰のない場合には，どのDEMアルゴリズムも以下の個々の時間間隔のつ

り合い方程式を解くことになる．

$$\mathbf{Ma} + \mathbf{Ku} = \mathbf{f} \tag{2.33}$$

ここで，$\mathbf{M}$ は（全体の）質量マトリックス，$\mathbf{a}$ は加速度ベクトル（全自由度を考慮），$\mathbf{K}$ は（全体の）剛性マトリックス，$\mathbf{f}$ は力ベクトル，$\mathbf{u}$ は変位ベクトルである．剛性マトリックスの成分は主に接触点のせん断方向のばねと法線方向のばねからなり，全体剛性マトリックスの"要素"の部分行列が前述の行列 $\mathbf{K}^{e,\text{global}}$ である．系が非線形であることから $\mathbf{K}$ は解析中に変化する．

前述の必要メモリ容量の問題に加えて，Cundall and Strack（1978）は，接触が形成されたり壊れたりするたびに，その接触剛性を表すマトリックスを再構築する必要があることに着目した．その幾何学的形状の変化を厳密に捉えるためには，時間増分を非常に小さくしなければならないという制約がある．しかも，新しい接触の形成，既存の接触の破断，すべりの開始のすべてを捉える必要がある．考慮すべき別の点は，接線変位増分，すなわちせん断力に寄与する粒子の回転の線形化によって，小さな時間増分を用いる場合に累積せん断変位の計算の精度が改善されるということである．なお，非線形接触モデルの場合にも小さな時間増分を用いる必要がある．すなわち，時間増分を小さくするこれらの制約は，時間積分が陰的か陽的かには関係がない．

式（2.33）を解いて所定の解析時間の粒子の変位履歴を求めるためには，時間ステップ法が必要になる．式（2.33）の系は，変位，速度，加速度を未知数とする連立方程式を作ることによって解くことができる．簡単のために1自由度系を考えてみよう．時間 t と $t+\Delta t$ の粒子の変位，速度，加速度の関係を得るためにニューマーク（Newmark）の方程式を用いる．

$$\begin{aligned}\mathbf{x}^{t+\Delta t} &= \mathbf{x}^t + \Delta t \mathbf{v}^t + \frac{\Delta t^2}{2}(1-2\beta)\mathbf{a}^t + \Delta t^2 \beta \mathbf{a}^{t+\Delta t} \\ \mathbf{v}^{t+\Delta t} &= \mathbf{v}^t + \Delta t(1-\gamma)\mathbf{a}^t + \gamma \Delta t \mathbf{a}^{t+\Delta t}\end{aligned} \tag{2.34}$$

ここで，Δt は時間増分，$\mathbf{x}^t$ と $\mathbf{x}^{t+\Delta t}$ は，時間 t と $t+\Delta t$ のそれぞれの変位ベクトル，$\mathbf{v}^t$ と $\mathbf{v}^{t+\Delta t}$ は速度ベクトル，$\mathbf{a}^t$ と $\mathbf{a}^{t+\Delta t}$ は加速度ベクトルである．パラメータ β と γ でその時間ステップの加速度の変化を規定することによって，その手法の安定性と精度が決まる．ニューマーク型の線形系に対してつねに安定であるための必要条件は次式である．

$$2\beta \geq \gamma \geq 0.5 \tag{2.35}$$

たとえば，Ke and Bray（1995）を参照すると，陰解法によるプログラム DDAD

で用いている時間積分法は次のようである．

$$\begin{aligned}\mathbf{x}^{t+\Delta t} &= \Delta t \mathbf{x}^t + \frac{\Delta t^2}{2}\mathbf{a}^{t+\Delta t} + \mathbf{x}^t \\ \mathbf{a}^{t+\Delta t} &= \frac{2}{\Delta t^2}(\mathbf{x}^{t+\Delta t} - \mathbf{x}^t) - \frac{2}{\Delta t}\mathbf{v}^t\end{aligned} \qquad (2.36)$$

式 (2.36) を式 (2.34) の形式にすると，DDA の時間積分法のパラメータは $\beta = 0.5$ と $\gamma = 1.0$ になる．これは時間ステップの終了時の加速度を用いてその時間ステップで一定とすることに等しい（すなわち，$\mathbf{a}^t = \mathbf{a}^{t+\Delta t}$）．これは陰解法であり，時間 $t + \Delta t$ の変位を計算するために，時間 t の力を必要とすることを意味している．それゆえ，大規模な線形方程式を，各時間増分で少なくとも 1 回は解くことが必要になる．線形安定性解析を用いてこの手法は無条件安定であることが示すことができる．したがって，理論的には大きな時間増分を用いることができる．なお，この線形安定性については，非線形の場合でも妥当であるとみなされている．

DDA アルゴリズムにおいて，Thomas (1997) は，DDAD の剛性マトリックスの対角優位性および解法の収束性を保証するために，時間増分を $\sqrt{8}\sqrt{m/k}$ までに制限することを提案している．DDA と DEM のアルゴリズムを比較すると，両方の手法の計算コストを等しくするためには，おそらく，限界時間増分を 1 オーダーだけ異なるようにする必要がある．陰解法で重要なことは，時間増分の終了時の剛性マトリックスを決める必要があることである．時間増分の開始時の剛性マトリックスは，最初の推定値として用いられ，その予測値は粒子の変位に基づいて修正される．これは，陰解法では，剛性マトリックスを確定させるために，全体の方程式を各時間ステップで反復過程によって何度も解く必要があるということを意味している．その収束基準を確立することは容易ではない．DEM シミュレーションの非線形性に対しては，ニュートン–ラフソン（Newton–Raphson）法を用いて収束させることは実用的ではない．Shi (1988) は，DDA において複雑なオープンクローズ繰返し計算を用いることを提案している．なお，物体数が比較的少ない場合にはブロック DEM に DDA を適用できるが，数万の粒子をもつ粒子系に対しては適用することができない．

ここで述べる陰解法の制約を考えると，Cundall and Strack (1979a) によって提案されている陽的個別要素法アルゴリズムが，DEM にとって最も一般的に用いられる手法であるということが理解できる．高度に非線形な問題をモデル化するために，DEM だけが陽的時間積分を用いているということではない．Belytschko et al. (2000) は，陽的時間積分は安定性の必要条件から時間増分が小さいので，動的な接触や衝撃問題によく適していることを示した．それゆえ，接触や衝撃による不連続性はほとんど問題にならず，線形化や非線形解法は必要でない．一般的な計算力学の視点から，陽解

法は陰解法よりもプログラミングが容易である．なお，この陽解法では要素ごと（あるいは，DEMの場合，粒子ごと）に計算しているので，保存・記憶が必要な全体の剛性マトリックスを必要としない．陽的アルゴリズムでは，各時間増分において各粒子があたかも接触していないかのように，最初にそれらの運動方程式が個々に計算される．互いに連成していないそれらの粒子の最新の情報によって，その時間増分の終了時に物体のどの部分が接触しているかがわかり，それから，その接触条件が課せられることになる．それゆえ，陰解法で必要とされる各時間ステップでの反復は避けられる．これらの考察に基づき，実際の粒状体のシミュレーションでは数百万の小さな粒子を必要とすることを理解すれば，粒子に基づく個別要素プログラムで陽的時間積分法が用いられることが納得できるであろう．したがって，Cundall and Strack (1979a) が提案しているDEMアルゴリズムが，現在，地盤力学における個別要素法の最も優位な手法である．

個別要素法に特有な時間積分法の問題点に関する包括的な考察については，Wang et al. (1996), Bardet (1998), O'Sullivan (2002), Munjiza (2004) を参照することができる．Wood (1990b) は，時間積分に関連した広範囲な内容の一般書である．Doolin (2002) は，DDAの時間積分アルゴリズムについて詳細に示している．

結論として，2.4節で述べた数値安定性の問題を克服するために陰的DEMの式を作ることは可能であるが，陰解法はプログラミングが容易ではない．また，収束が重要であり，それに全体剛性マトリックスがまばらで非常に大きい場合には，計算コストの高い反復計算が必要になる．陰解法あるいは陽解法のどちらを用いるにしても，変化する接触状態を捉えて，粒子の回転によって引き起こされるせん断力増分を厳密に計算するためには，個別要素シミュレーションの時間増分を小さくする必要がある．

2.6 ■ エネルギー

いかなる物理系の解析においても，系のエネルギーあるいはエネルギー保存を考慮することは重要である．DEMシミュレーションのエネルギー項の計算に関するガイダンスとしては，Itasca (2004), Kuhn (2006), Bardet (1994), O'Sullivan and Bray (2004) がある．シミュレーションでは，エネルギーは境界力や物体力（たとえば，重力）を介して入力され，すべりや接触ばねの破壊によって散逸する．このとき，接触ばねのひずみエネルギーが運動エネルギーに連続的に移動，あるいは転換する．逆も同様である．

粒子系の任意の領域での並進運動エネルギー W_{kin} は次式で表される．

$$W_{\text{kin}} = \frac{1}{2} \sum_{p=1}^{N_p} \mathbf{v}^p m_p \mathbf{v}^p \tag{2.37}$$

ここで，N_p は領域内の粒子数，$\mathbf{v}^p$ は粒子 p の速度ベクトル，m_p は粒子 p の質量である．

個々のばねの累積ひずみエネルギーは，力・変位曲線の下の面積によって与えられる．それゆえ，線形の力・変位関係を用いる場合，各接触点で蓄えられるひずみエネルギーは次式で表される．

$$W_{\text{strain}} = \frac{(F_n^c)^2}{2K_n} + \frac{(F_s^c)^2}{2K_s} \tag{2.38}$$

ここで，F_n^c は接触点 c の接触力の法線成分，F_s^c は接触力の接線あるいはせん断成分で，法線および接線方向の剛性は，それぞれ，K_n と K_s で表される．非線形接触構成モデルを用いる場合には適切な積分が必要である．系の全ひずみエネルギーは，各接触で蓄えられるひずみエネルギーの総和となる．

接触の摩擦強度を超えると，エネルギーはすべりによって散逸する．摩擦エネルギーの散逸は，次式のように増分的に計算される．

$$W_{\text{friction}}^t = W_{\text{friction}}^{t-\Delta t} + F_s^c \Delta s^{c, t-\Delta t \to t} \tag{2.39}$$

ここで，$W_{\text{friction}}^{t-\Delta t}$ と W_{friction}^t は，それぞれ時間 $t - \Delta t$ と t までに散逸した摩擦エネルギーであり，$\Delta s^{c, t-\Delta t \to t}$ は時間 $t - \Delta t$ と t の間のすべり接触での接線変位増分である．

これらの合計 $W_{\text{strain}} + W_{\text{friction}}$ は，系の全内部エネルギー W_{int} を表す．運動エネルギーがひずみエネルギーに変換するとともに，摩擦によっても散逸するかあるいは減少する．W_{strain} は正であり W_{friction} は負となる．また，二つの粒子が接触を失う場合，その接触点で蓄えられていた弾性ひずみエネルギーが解放されることにも注意されたい．

系のエネルギーは，外部エネルギー W_{ext} の入力によってのみ増えることができる．外部エネルギーとしては，主に物体力 $W_{\text{bodyforce}}$，外部作用力 $W_{\text{appliedforce}}$，剛壁境界での相互作用による境界力 $W_{\text{rigidwall}}$ がある．外部エネルギーのこれらの個々の成分は増分形で表すことができる．時間 t までの物体力による全エネルギー $W_{\text{bodyforce}}^t$ は，次式によって表される．

$$W_{\text{bodyforce}}^t = W_{\text{bodyforce}}^{t-\Delta t} + \sum_{p=1}^{N_p} m_p \mathbf{b}_p \Delta \mathbf{x}_p^{t-\Delta t \to t} \tag{2.40}$$

ここで，$\mathbf{b}_p$ は粒子 p に作用する物体力（加速度を適用），$\Delta\mathbf{x}_p^{t-\Delta t \to t}$ は時間 $t-\Delta t$ から t までの粒子 p の変位増分である．

同様に，外力によって時間 t までに入力される全エネルギーは，次式によって表される．

$$W_{\text{appliedforce}}^t = W_{\text{appliedforce}}^{t-\Delta t} + \sum_{p=1}^{N_p} \mathbf{f}_p^{\text{app}} \Delta\mathbf{x}_p^{t-\Delta t \to t} \tag{2.41}$$

ここで，$\mathbf{f}_p^{\text{app}}$ は粒子 p に作用する力であり，このような外力は 5 章で述べる応力制御型メンブレンなどに起因する．エネルギーは力と粒子の変位の積，すなわち仕事として計算される．

また，剛壁境界の運動により入力されるエネルギー $W_{\text{rigidwall}}^t$ は，時間 $t-\Delta t$ と t の間に壁に作用する力 $\mathbf{F}_w$ と，壁 w の変位増分 $\Delta\mathbf{x}_w^{t-\Delta t \to t}$ の積による仕事増分として計算される．すなわち，

$$W_{\text{rigidwall}}^t = W_{\text{rigidwall}}^{t-\Delta t} + \sum_{\text{w}=1}^{N_{rw}} \mathbf{F}_w \Delta\mathbf{x}_w^{t-\Delta t \to t} \tag{2.42}$$

となり，ここで，N_{rw} は剛壁の数である．

DEM シミュレーションにおける入力エネルギー，蓄積エネルギー，散逸エネルギーに関するここでの考察は，包括的なものではない．変形時にエネルギーを散逸する法線方向接触力モデルをシミュレーションに用いることができ，また，DEM モデルでは陽には考慮されないエネルギー散逸を模擬的に再現するための数値減衰を取り入れることもできる．減衰については 2.7 節で述べる．前述の数値安定性の問題を避けるためには，DEM シミュレーションでのエネルギー収支を理解することが重要である．Belytschko et al.（2000）や O'Sullivan and Bray（2004）を参照すると，エネルギー収支の必要条件は次のようになる．

$$W_{\text{kin}} + W_{\text{int}} - W_{\text{ext}} \leq \varepsilon_{\max}(W_{\text{kin}}, W_{\text{int}}, W_{\text{ext}}) \tag{2.43}$$

ここで，$\varepsilon_{\max}$ は許容誤差である．Alonso-Marroquín and Wang（2009）は，シミュレーションの精度を調べるための手段として，エネルギー収支を用いる方法について示している．また，地盤力学の視点からも，系のエネルギー成分を詳細に観察することによって材料挙動の理解を深めることができる．たとえば，Tordesillas（2007）は，粒状体の挙動を支配する強応力鎖内の座屈のメカニズム（8 章を参照）を検討するために，粒子間接触で蓄積されたひずみエネルギーについて考察している．

2.7 ■ 減 衰

降伏以前の弾性状態にある接触モデルでは，粒状体の物理系で生じるエネルギー散逸はない．ここでは，降伏とは，接触法線方向の接触ばねの破断あるいは接線方向の粒子間すべりの開始を意味するものとしている．Cavarretta (2009) や Cavarretta et al. (2010) が考察しているように，実際の粒子間接触では，接触によって生じる表面の隆起の損傷や塑性降伏がある．隆起が損傷した後でも接触の挙動は主に弾性的であるが，3章で述べるように応力が増え続けると塑性ひずみが固体である粒子材料内に生じる（これは，Thornton and Ning (1998) が提案している接触モデルでは捉えられている）．この損傷や降伏によってエネルギー散逸を生じることを考えると，DEMで接触法線方向の挙動を表すために頻繁に用いられている弾性接触モデルは非現実的である．Munjiza (2004) は，これを粒子DEMの"材料減衰"の欠落とみなしている．DEMシミュレーションにおいて，接触の分離やすべりによる降伏がないなら，粒子は非常に複雑に連結した弾性ばね系のように絶えず振動することになる．この不自然な現象を避けるために，シミュレーションに数値減衰あるいは人工減衰を用いることが多い．

DEMシミュレーションにおける粒子の振動についての基本的な理解を得るために，図 2.5 に示す粒子を考えてみよう．この球・壁系のシミュレーションにおいて，水平境界面上に静止している 1 kg の球に，DEM解析の開始時間 $t = 0$ で重力を作用させ，その結果を図 2.6 に示す．図 2.6 では三つの接触構成モデルを考えている．線形弾性接触モデル（$K = 100\,\mathrm{N/m}$），非線形弾性（ヘルツ）接触モデル（$G = 100\,\mathrm{N/m}$，$\nu = 0.3$），線形弾塑性ウォルトン–ブラウン（Walton–Braun）モデル（$K_1 = 100\,\mathrm{N/m}$，$K_2 = 1{,}000\,\mathrm{N/m}$）である．これらの個々の接触モデルについては3章で述べる．三つすべてのモデルは最初のうちは非常に似た挙動をしている．減衰がない場合の線形弾性モデルと非線形弾性モデルは，外力によって接触状態が変わらない限り，同じ周期および同じ振幅で振動する．一方，降伏後の非線形モデルでは，振動の周波数が増えて振動する変位が小さくなっている．しかし，その系はなお振動していて力の大きさは変化していないということに注意する必要がある．図 2.7 に示す系のエネルギー

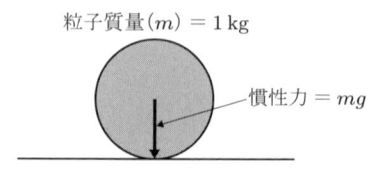

図 **2.5** ■ 1自由度系の水平境界面上に静止する球

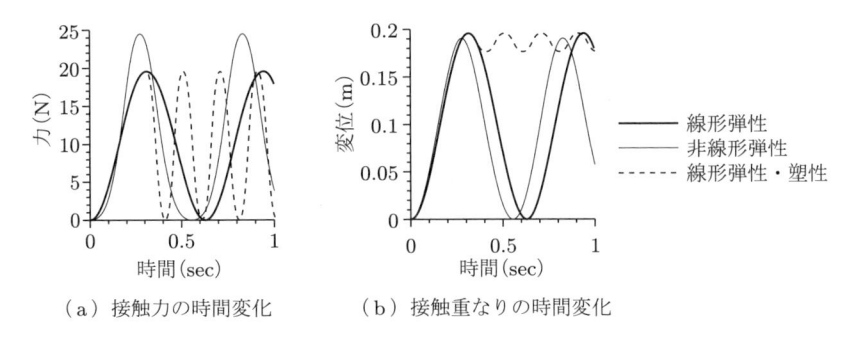

(a) 接触力の時間変化　　(b) 接触重なりの時間変化

図 2.6　1 自由度系の水平境界面上に静止する球

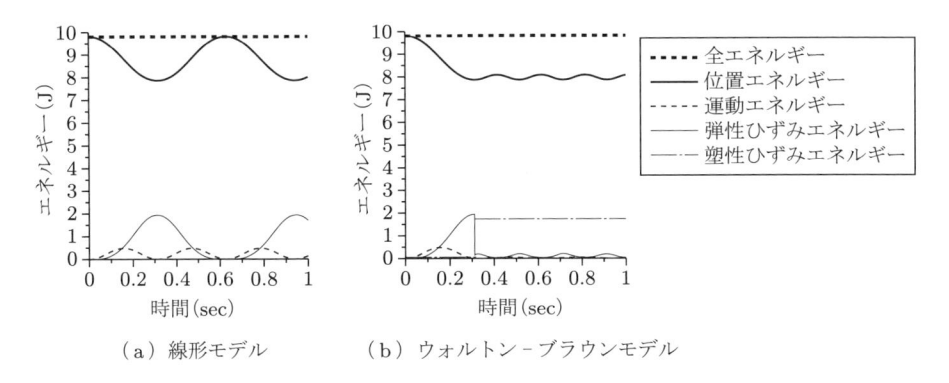

(a) 線形モデル　　(b) ウォルトン-ブラウンモデル

図 2.7　1 自由度系の水平境界上に静止する球に関するエネルギー的考察

成分について考察すると，降伏後に位置エネルギー，運動エネルギー，弾性ひずみエネルギーの減少が観察されるが，これらのエネルギー成分はさらにそれ以上は減少しない．DEM ではこれらの不自然な振動を減衰させるために減衰パラメータを考慮している．ここでは，減衰に対する最も一般的な二つの手法，すなわち質量減衰と"非粘性"減衰について考えてみる．粘性減衰については 3 章で述べる．

質量減衰

Cundall and Strack (1979a) は，"各粒子と地面とを結ぶダッシュポットによる作用の集まりとみなせる"ような全体減衰系を提案した．各粒子が"受ける"この減衰の大きさは，その質量に比例する．この質量比例減衰を DEM 解析でプログラミングするための式は，次のようである (Bardet, 1998)．

$$\mathbf{M}\mathbf{a}^t + \mathbf{C}\mathbf{v}^t = \mathbf{F}^t \tag{2.44}$$

ここで，$\mathbf{M}$ は質量マトリックス，$\mathbf{a}^t$ は時間 t の加速度ベクトル，$\mathbf{C}$ は減衰マトリッ

クス，$\mathbf{v}^t$ は時間 t の速度ベクトル，$\mathbf{F}^t$ は力ベクトルである．時間増分 Δt としてベルレの時間積分法を用いて，

$$\mathbf{a}^t = \frac{1}{\Delta t}(\mathbf{v}^{t+\Delta t/2} - \mathbf{v}^{t-\Delta t/2})$$
$$\mathbf{v}^{t-\Delta t/2} = \frac{1}{\Delta t}(\mathbf{x}^t - \mathbf{x}^{t-\Delta t}) \qquad (2.45)$$
$$\mathbf{v}^t = \frac{1}{2}(\mathbf{v}^{t+\Delta t/2} + \mathbf{v}^{t-\Delta t/2})$$

となり，ここで，$\mathbf{x}^t$ は時間 t の変位ベクトルである．

式 (2.45) を式 (2.44) に代入すると次式が得られる．

$$\frac{\mathbf{M}}{\Delta t}(\mathbf{v}^{t+\Delta t/2} - \mathbf{v}^{t-\Delta t/2}) + \frac{1}{2}\mathbf{C}(\mathbf{v}^{t+\Delta t/2} + \mathbf{v}^{t-\Delta t/2}) = \mathbf{F}^t \qquad (2.46)$$

減衰マトリックスは質量マトリックスに比例すると仮定して，

$$\mathbf{C} = \alpha \mathbf{M} \qquad (2.47)$$

その場合，式 (2.46) は次のようになる．

$$\mathbf{v}^{t+\Delta t/2}\left(1 + \frac{\alpha \Delta t}{2}\right) = \mathbf{v}^{t-\Delta t/2}\left(1 - \frac{\alpha \Delta t}{2}\right) + \Delta t \mathbf{M}^{-1}(\mathbf{F}^t) \qquad (2.48)$$

これは次式と同じである．

$$\mathbf{v}^{t+\Delta t/2} = \mathbf{v}^{t-\Delta t/2}\frac{1 - \alpha \Delta t/2}{1 + \alpha \Delta t/2} + \frac{\Delta t}{1 + \alpha \Delta t/2}\mathbf{M}^{-1}(\mathbf{F}^t) \qquad (2.49)$$

Bardet (1998) が示しているように，式 (2.49) は動的緩和法の式と等価である．Cundall (1987) は，質量比例減衰の限界について次のように指摘している．

1. この形式の減衰は，相対的に速度が大きな領域では誤った物体力をもたらして，破壊モードに影響する場合がある．
2. 最適な比例定数 α は 剛性マトリックスの固有値に依存する．
3. 減衰はすべての接点に同じ値が適用される．しかし，実際には異なる大きさの減衰を適用するほうが適切である．

■ 局所非粘性減衰

Cundall (1987) は，振動モードを定常運動ではなく減衰させるために，各接点の減衰力がその不つり合い力の大きさに比例し，符号をもつ別の減衰系を提案した．そ

の"不つり合い力"は，粒子に作用する非零の合力であり，それによって加速度を生じさせる．Itasca（2004）を参照すると，減衰力は次式によって与えられる．

$$F_d^p = -\alpha^* |\mathbf{F}^p| \mathrm{sign}(\mathbf{v}^p) \tag{2.50}$$

ここで，F_d^p は粒子 p の減衰力，α^* は減衰定数（デフォルト値 0.7），$\mathbf{F}^p$ は粒子 p に作用する合力あるいは不つり合い力，$\mathbf{v}^p$ は粒子 p の速度ベクトルである．F_d^p は $\mathbf{v}^p$ と逆方向に作用する．$\mathrm{sign}(\mathbf{v}^p)$ はベクトル $\mathbf{v}^p$ の符号を表す．

Itasca（2004）が示しているように，この形式の減衰は加速させようとする運動のみを減衰するという利点をもつ．それゆえ，誤った減衰力が定常の運動から生じることはない．また，減衰定数は無次元であり周波数に依存しない．Itasca（2004）が示しているように，この手法の利点は，1 サイクルあたりのエネルギー損失がその載荷速度に依存しないので履歴減衰と類似しているということである．

図 2.8 は，前述と同様の線形接触モデルで，$K = 100\,\mathrm{N/m}$ の球・境界系の 1 自由度の挙動を示し，非減衰の挙動を質量減衰および粘性減衰の挙動と比較している．どちらの手法でも，接触力と変形は一つの値に収束していることがわかる．

減衰が，DEM シミュレーションで用いる接触構成モデルの不自然さを克服する一つの手段ではあるが，物理的に意味のある減衰の値を選ぶことや減衰のアルゴリズムを物理現象に関連付けることは，容易ではない．実際に，粒子が相互に作用し合う場

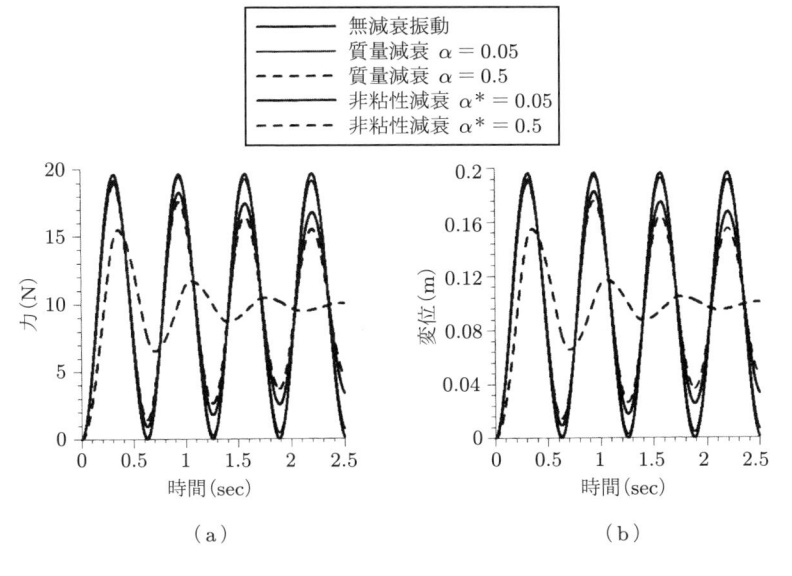

図 2.8 1 自由度系の水平境界面（線形ばね）上に静止する球に関する質量減衰および非粘性減衰による挙動の比較

合の DEM シミュレーションでは，顕著なエネルギー散逸はすべりと接触破壊により生じる．減衰を変化させると挙動に影響を与えるため，非常に小さなあるいは零の減衰パラメータによる DEM シミュレーションが望ましい．しかし，一方では 7 章で述べるように減衰を用いて供試体作製することが多い．また，準静的シミュレーションの過減衰の影響については，11 章で述べるように全体としての系がつり合い状態にあることを調べることで避けることができる．

2.8 ■ 非球形 3 次元剛体の回転運動

2.2 節で述べたように，2 次元 DEM シミュレーションにおいて粒子の回転を考慮することは簡単であるが，3 次元解析ではより複雑になる．一般的な場合，並進と回転の自由度は連成しており，さらに三つの回転の自由度間でも連成している．回転の基準点を物体の質量中心に選ぶ場合，並進と回転の間の連成はなくなり，ニュートン–オイラー（Newton–Euler）法を用いてそれぞれ計算することができる．3 次元粒子の回転運動の計算に関連する論文がいくつかあり，より詳細な説明を与えている Kremmer and Favier（2000）を参考文献として勧める．

3 次元の粒子の慣性テンソルは次式で表される．

$$\mathbf{I} = \begin{pmatrix} I_{xx} & -I_{xy} & -I_{xz} \\ -I_{yx} & I_{yy} & -I_{yz} \\ -I_{zx} & -I_{zy} & I_{zz} \end{pmatrix} \quad (2.51)$$

このテンソル内の成分は次式で表される．

$$\mathbf{I} = \begin{pmatrix} \int y^2 dm + \int z^2 dm & -\int xy dm & -\int xz dm \\ -\int yz dm & \int x^2 dm + \int z^2 dm & -\int yz dm \\ -\int zx dm & -\int zy dm & \int x^2 dm + \int y^2 dm \end{pmatrix} \quad (2.52)$$

ここで，dm は微小質量である．積分は局所デカルト座標軸系に関して行われ，その軸は全体デカルト座標軸に平行であるが，その原点は粒子の質量中心にある．対角要素 I_{xx}, I_{yy}, I_{zz} は粒子の慣性モーメントである．一方，非対角要素 $I_{xy}, I_{xz}, I_{yx}, I_{yz}, I_{zx}, I_{zy}$ は慣性相乗モーメントとよばれる．このテンソル $\mathbf{I}$ の固有値によって主慣性モーメント $I_{x'}, I_{y'}, I_{z'}$ が，また固有値ベクトルによってデカルト座標軸に対するそれらの方向が，それぞれ与えられる．

Itasca（2008）では，球の集合体からなる非球形粒子に対して，その粒子の図心に原点が位置する局所座標軸系を用いて回転の動的つり合いについて考える場合，この

慣性テンソルを直接用いている．連立支配方程式は次式で表される．

$$\mathbf{M} - \mathbf{W} = \mathbf{I}\dot{\boldsymbol{\omega}} \tag{2.53}$$

ここで，$\mathbf{M}$ は局所デカルト座標軸周りのモーメント，すなわち，

$$\mathbf{M} = \begin{pmatrix} M_x \\ M_y \\ M_z \end{pmatrix} \tag{2.54}$$

であり，また，

$$\mathbf{W} = \begin{pmatrix} \omega_y\omega_z(I_{zz} - I_{yy}) + \omega_z\omega_z I_{yz} - \omega_y\omega_y I_{zy} - \omega_x\omega_y I_{zx} + \omega_x\omega_z I_{yx} \\ \omega_z\omega_x(I_{xx} - I_{zz}) + \omega_x\omega_x I_{zx} - \omega_z\omega_z I_{xz} - \omega_y\omega_z I_{xy} + \omega_y\omega_x I_{zy} \\ \omega_x\omega_y(I_{yy} - I_{xx}) + \omega_y\omega_y I_{xy} - \omega_x\omega_x I_{yx} - \omega_z\omega_x I_{yz} + \omega_z\omega_y I_{xz} \end{pmatrix} \tag{2.55}$$

である．

角加速度ベクトル $\dot{\boldsymbol{\omega}}$ は三つの軸周りの回転速度 ω の1階の時間微分であり，次式となる．

$$\dot{\boldsymbol{\omega}} = \begin{pmatrix} \dot{\omega}_x \\ \dot{\omega}_y \\ \dot{\omega}_z \end{pmatrix} \tag{2.56}$$

それゆえ，式 (2.53) は六つの未知数をもつ三元連立方程式系を表している．Itasca (2008) では，この連立方程式を解くために反復法を用い，最初に，角速度 $\boldsymbol{\omega}$ を前の時間ステップで計算した速度に等しいと仮定して角加速度 $\dot{\boldsymbol{\omega}}$ を計算しており，一般的に反復4回以内で収束に達することが示されている．

この Itasca (2008) の手法が PFC (Particle Flow Code) プログラムによって多くの地盤力学の研究で用いられているが，非球形粒子をプログラミングしている他の DEM プログラムでは別の手法が用いられている．この別の手法では三つの座標軸系の定義を必要とする．まず，全体デカルト座標系である．次に，(Itasca (2008) で用いられているように) 全体デカルト座標軸に平行な軸をもつ粒子の図心と原点が一致するような，各粒子の局所デカルト座標系である．最後に，原点が粒子の図心にありその軸が粒子の慣性の主軸と一致しているような局所回転座標系である．

非球形粒子の表面上に，全体座標系の座標 x_i^p をもつ任意の点を考えてみよう．そ

の場合，局所デカルト座標系の座標 x_i^{pb} は，$x_i^{pb} = x_i^p - x_i^c$ によって得られる．ここで，粒子の図心座標は x_i^c である．局所デカルト座標系は軸 (x_b, y_b, z_b) によって定義される．局所粒子座標系の軸は局所デカルト座標系に対して回転している．局所デカルト座標系に対して粒子慣性の主軸 (x_b', y_b', z_b') の方向を定義する方向余弦が，$(n_{x_b'x_b}, n_{x_b'y_b}, n_{x_b'z_b})$, $(n_{y_b'x_b}, n_{y_b'y_b}, n_{y_b'z_b})$, $(n_{z_b'x_b}, n_{z_b'y_b}, n_{z_b'z_b})$ で表されるなら，これらの方向余弦を組み合わせることによって以下の直交行列が得られる．

$$T_{ij} = \begin{pmatrix} n_{x_b'x_b} & n_{x_b'y_b} & n_{x_b'z_b} \\ n_{y_b'x_b} & n_{y_b'y_b} & n_{y_b'z_b} \\ n_{z_b'x_b} & n_{z_b'y_b} & n_{z_b'z_b} \end{pmatrix} \tag{2.57}$$

局所回転座標系の座標 $x_j'^{pb}$ は，局所座標系で表される点の座標 x_i^{pb} を $x_j'^{pb} = T_{ij}x_i^{pb}$ によって回転させて求めることができる．すなわち，局所座標系の座標が粒子の端部を示しているなら，これらの端部の座標にこの行列を掛けることによって，形状や体積を変化させずに回転させることができる．

任意の形状の物体に対して，その粒子の図心周りに作用する合モーメントと回転運動との関係は，次のようにオイラー方程式によって表される．

$$\begin{pmatrix} M_{x'} \\ M_{y'} \\ M_{z'} \end{pmatrix} = \begin{pmatrix} I_{x'}\dot{\omega}_{x'} + (I_{z'} - I_{y'})\omega_{z'}\omega_{y'} \\ I_{y'}\dot{\omega}_{y'} + (I_{x'} - I_{z'})\omega_{x'}\omega_{z'} \\ I_{z'}\dot{\omega}_{z'} + (I_{y'} - I_{x'})\omega_{y'}\omega_{x'} \end{pmatrix} \tag{2.58}$$

ここでの下付き添字 x', y', z' は，粒子の図心を原点とした慣性主軸と共軸な三つの直交軸による局所座標系である．粒子の三つの慣性主軸周りの合モーメントを $M_{x'}, M_{y'}, M_{z'}$ と表す．三つの回転速度を $\omega_{x'}, \omega_{y'}, \omega_{z'}$ として表して，$\dot{\omega}_{x'}, \dot{\omega}_{y'}, \dot{\omega}_{z'}$ はこれらの回転速度の時間微分（すなわち，加速度）である．最も単純な球形粒子の場合は，$I_{x'} = I_{y'} = I_{z'}$ なので式（2.58）は次式のように簡単になる．

$$\begin{pmatrix} M_{x'} \\ M_{y'} \\ M_{z'} \end{pmatrix} = \begin{pmatrix} I_{x'}\dot{\omega}_{x'} \\ I_{y'}\dot{\omega}_{y'} \\ I_{z'}\dot{\omega}_{z'} \end{pmatrix} \tag{2.59}$$

前述のとおり，中央差分法を用いて式（2.59）を容易に積分できることは明らかである．これは，3次元シミュレーションの球形粒子の優位性の一つである．しかし，一般的な場合（式（2.58））には三つの回転自由度間の連成があることから，別の手法が必要となる．

加速度の式を得るために，式（2.58）を次のように並べ替えることができる．

$$\begin{pmatrix} \dot{\omega}_{x'} \\ \dot{\omega}_{y'} \\ \dot{\omega}_{z'} \end{pmatrix} = \begin{pmatrix} \dfrac{M_{x'} - (I_{z'} - I_{y'})\omega_{z'}\omega_{y'}}{I_{x'}} \\ \dfrac{M_{y'} - (I_{x'} - I_{z'})\omega_{x'}\omega_{z'}}{I_{y'}} \\ \dfrac{M_{z'} - (I_{y'} - I_{x'})\omega_{y'}\omega_{x'}}{I_{z'}} \end{pmatrix} \tag{2.60}$$

このように，式の複雑さは式 (2.53) と比較して減少するが，三つの方程式に分散している六つの未知数の問題は残っている．中央差分型のベルレ法あるいは蛙跳び法を用いることができないことは明らかである．Vu-Quoc et al. (2000) は，式 (2.60) に ω の初期算定値を代入して加速度 $\dot{\omega}$ を計算し，そして ω を更新する予測子修正子法について示している．Kremmer and Favier (2000) は別の線形化法を用いており，次のように時間 t のモーメントと時間 $t-\Delta t/2$ の回転速度に基づいて，時間 $t+\Delta t/2$ の加速度を計算している．

$$\begin{pmatrix} \dot{\omega}_{x'}^{t+\Delta t/2} \\ \dot{\omega}_{y'}^{t+\Delta t/2} \\ \dot{\omega}_{z'}^{t+\Delta t/2} \end{pmatrix} = \begin{pmatrix} \dfrac{M_{x'}^t - (I_{z'} - I_{y'})\omega_{z'}^{t-\Delta t/2}\omega_{y'}^{t-\Delta t/2}}{I_{x'}} \\ \dfrac{M_{y'}^t - (I_{x'} - I_{z'})\omega_{x'}^{t-\Delta t/2}\omega_{z'}^{t-\Delta t/2}}{I_{y'}} \\ \dfrac{M_{z'}^t - (I_{y'} - I_{x'})\omega_{y'}^{t-\Delta t/2}\omega_{x'}^{t-\Delta t/2}}{I_{z'}} \end{pmatrix} \tag{2.61}$$

この場合，時間 t の回転加速度は $\dot{\omega}^t = (\dot{\omega}^{t+\Delta t/2} + \dot{\omega}^{t-\Delta t/2})/2$ によって計算される．Kremmer and Favier (2000) は，反復法と比較してこの直接法の精度には限界があることを示した．そのため，Lin and Ng (1997) は軸対称の粒子を対象として，別の少し異なる積分法によってそれらの系の複雑さをさらに減らしている．また，Munjiza et al. (2003) は4次のルンゲ–クッタ (Runge–Kutta) 法に基づいた方法を提案した．

Johnson et al. (2008) が示しているように，これらの手法を用いて，直接，主軸の方向を更新すれば正規直交性を失う，すなわち，それらが相互に直交しない危険性がある．3次元の非球形粒子の時間積分によって起こる問題を処理するためには，四元法が最も適切な手法であるという合意が得られつつある．四元法は，Zienkiewicz and Taylor (2000b), Sutmann (2002), Rapaport (2004) によって用いられている．Johnson et al. (2008) は四元数を完全に積分する時間積分法を開発し，一方，Pöschel and Schwager (2005) と Vu-Quoc et al. (2000) は前述の線形手法を用いて回転速度を計算後，四元法を用いて主軸方向を更新している．

アイルランド人の数学者ハミルトン (Hamilton) が最初に四元数を提案した．複素

数は実数部と虚数部の和 $a+b\cdot i$ によって表されるが,四元数も同様に,四つの項の和 $H=a+b\cdot i+c\cdot j+d\cdot k$ として表される.四元数代数学の基本式は次のように表される.

$$i^2 = j^2 = k^2 = ijk = -1 \tag{2.62}$$

Weisstein (2010) は,四元数を用いた例題を数多く示している.

粒子の慣性主軸の方向は,各座標軸周りの三つの角度 Φ, Θ, Ψ によって連続して回転させて,局所デカルト座標軸(粒子図心に原点)に関連付けることができる.これらの角度は,Pöschel and Schwager (2005) によってオイラー角とよばれている.対応する四元数は次式で表される.

$$\begin{aligned}
q_0 &= \cos\left(\frac{\Theta}{2}\right)\cos\left(\frac{\Phi+\Psi}{2}\right) \\
q_1 &= \sin\left(\frac{\Theta}{2}\right)\sin\left(\frac{\Phi-\Psi}{2}\right) \\
q_2 &= -\sin\left(\frac{\Theta}{2}\right)\sin\left(\frac{\Phi-\Psi}{2}\right) \\
q_3 &= -\cos\left(\frac{\Theta}{2}\right)\cos\left(\frac{\Phi+\Psi}{2}\right)
\end{aligned} \tag{2.63}$$

これらの四元数の時間微分は,以下のように主軸周りの回転に関係している.

$$\begin{pmatrix} \dot{q}_0 \\ \dot{q}_1 \\ \dot{q}_2 \\ \dot{q}_3 \end{pmatrix} = \begin{pmatrix} q_1 & q_2 & q_3 \\ -q_0 & -q_3 & q_2 \\ q_3 & -q_0 & -q_1 \\ -q_2 & q_1 & -q_0 \end{pmatrix} \begin{pmatrix} \omega_{x'} \\ \omega_{y'} \\ \omega_{z'} \end{pmatrix} \tag{2.64}$$

ベクトル ω が既知であれば,四元連立常微分方程式の解を得ることは比較的簡単である.四元数の式から逆にオイラー角を求めることができる.

一般的にシミュレーションでは,相互作用している粒子の位置が全体デカルト座標系で考えられている.オイラー方程式を用いた前述のすべての手法は,局所軸に対する回転速度を計算しており,この局所軸は各粒子に対して異なっている.その場合,DEMプログラムによって各粒子の局所軸の方向の履歴を追う必要がある.剛な球によるクラスター[*]粒子では,構成要素である球のこの局所座標系に対する座標を更新して,(直交回転テンソルを用いて)全体の座標系に関連付けている.相対的な粒子回転

---

[*] 群れ

により生じる接触点の接線変位増分を計算する場合や，回転方向の値をせん断帯や局所化の解析で用いる場合には注意が必要である．

3次元の剛体回転に関して，ここでの目的は並進運動と比較して回転運動が複雑であることを示すことである．非球形粒子の3次元DEMのプログラミングに関する詳細については，本節で引用している文献に示されている．とくに，Munjiza (2004) は適用可能ないくつかの手法について示し，Johnson et al. (2008) は異なる手法について定量的に比較している．

2.9 別の時間積分法

ベルレの時間積分法は，粒子DEMで最も一般的に用いられている方法であるが，別の陽的時間積分法も重要である．たとえば，Cleary (2000, 2008) は超2次曲面粒子の2次元シミュレーションで，2次の予測子修正子法を用いている．そして，Clearyは各衝突を約15回の時間ステップで正確に解くことができるように時間増分を選んでいる．Xu and Yu (1997) も，その時間ステップで過大な粒子運動にならないように予測子修正子法を用いている．Munjiza (2004) はいくつかの時間積分法について考察し，それらの精度，安定性，効率性を比較している．

予測子修正子法による時間積分法は，多重ステップの時間積分法である（たとえば，Burden and Faires (1997)）．DEMでよくプログラミングされている中央差分法は基本的に単一ステップ法である．時間tの粒子位置によって時間tの加速度が与えられ，時間$t+\Delta t$の位置を計算するためにこれらの加速度を二重に積分する．Munjiza (2004) が示しているように，この手法は2次精度の時間積分法である．すなわち，その精度は，時間増分の2乗に反比例する．

多重ステップ法では，時間tだけでなく，それよりも前の時間の系の状態に関する情報を用いて，時間$t+\Delta t$の粒子位置を予測する．Burden and Faires (1997) は種々の多重ステップ法について考察しており，それらの多くは次の一般的な式で表される．

$$\mathbf{x}_p^{t+\Delta t} = \mathbf{x}_p^t + c_1\mathbf{v}_p^{t+\Delta t} + c_2\mathbf{v}_p^t + c_3\mathbf{v}_p^{t-\Delta t} + c_4\mathbf{v}_p^{t-2\Delta t} + c_{n+2}\mathbf{v}_p^{t-n\Delta t} \quad (2.65)$$

ここで，（粒子DEMシミュレーションの視点から）$\mathbf{x}_p^{t+\Delta t}, \mathbf{x}_p^t, \mathbf{x}_p^{t-n\Delta t}$ はそれぞれ時間$t+\Delta t, t, t-n\Delta t$の粒子位置，$\mathbf{v}_p^{t+\Delta t}, \mathbf{v}_p^t, \mathbf{v}_p^{t-n\Delta t}$ は$t+\Delta t, t, t-n\Delta t$の粒子速度である．パラメータ$c_1, c_2, c_{n+2}$はテイラー級数展開を用いて得られる定数である．パラメータc_1が零の場合は陽解法となる．すなわち，時間$t+\Delta t$の変位の値を，それよりも前の時間の値を考慮するだけで予測することができる．パラメータc_1が零でない場合は陰解法となる．一般的に，同じステップ数（すなわち，同じnの値）なら陽

解法よりも陰解法によってより厳密な解が得られる．前述のとおり，陰的時間積分を個別要素シミュレーションで用いる場合には問題が多いが，陽解法を用いて計算あるいは"予測した" $\mathbf{x}_p^{t+\Delta t}$ の値を，改善あるいは"修正する"ために，陰的多重ステップ法を用いることができる．Burden and Faires（1997）が示しているように，多重ステップ法の安定性を評価するためには，その特性方程式について考察しなければならない．

種々の予測子修正子法がある．Pöschel and Schwager（2005）はギア（Gear）のアルゴリズムを選んでおり，この方法は Munjiza（2004）や Garcia-Rojo et al.（2005）によっても用いられている．この手法では，予測の段階でテイラー級数展開を用いて，時間 $t+\Delta t$ の粒子位置とそれらの導関数を計算している．n 回前までの時間ステップの粒子速度ではなく，時間 t の変位の高階の導関数を考え，5階の場合には d^4/dt^4 までの時間微分をテイラー展開で考慮している．

$$\begin{aligned}
\mathbf{x}^{t+\Delta t} &= \mathbf{x}^t + \frac{d\mathbf{x}^t}{dt}\Delta t + \frac{d^2\mathbf{x}^t}{dt^2}\frac{\Delta t^2}{2!} + \frac{d^3\mathbf{x}^t}{dt^3}\frac{\Delta t^3}{3!} + \frac{d^4\mathbf{x}^t}{dt^4}\frac{\Delta t^4}{4!} \\
\frac{d\mathbf{x}^{t+\Delta t}}{dt} &= \frac{d\mathbf{x}^t}{dt} + \frac{d^2\mathbf{x}^t}{dt^2}\Delta t + \frac{d^3\mathbf{x}^t}{dt^3}\frac{\Delta t^2}{2!} + \frac{d^4\mathbf{x}^t}{dt^4}\frac{\Delta t^3}{3!} \\
\frac{d^2\mathbf{x}^{t+\Delta t}}{dt^2} &= \frac{d^2\mathbf{x}^t}{dt^2} + \frac{d^3\mathbf{x}^t}{dt^3}\Delta t + \frac{d^4\mathbf{x}^t}{dt^4}\frac{\Delta t^4}{2!} \\
\frac{d^3\mathbf{x}^{t+\Delta t}}{dt^3} &= \frac{d^3\mathbf{x}^t}{dt^3} + \frac{d^4\mathbf{x}^t}{dt^4}\Delta t \\
\frac{d^4\mathbf{x}^{t+\Delta t}}{dt^4} &= \frac{d^4\mathbf{x}^t}{dt^4}
\end{aligned} \tag{2.66}$$

予測した粒子座標を用いて時間 $t+\Delta t$ の各粒子に作用する接触力や合力を計算し，これらの力から加速度 $d^2 x^{t+\Delta t}/dt^2$ を計算することができる．その加速度の計算値を用いて，前に予測した導関数の値を次式によって修正あるいは調節する．

$$\begin{aligned}
\mathbf{x}^{t+\Delta t} &= \mathbf{x}^{t+\Delta t} + C_1 \frac{\Delta t^2}{2}\frac{d^2\mathbf{x}^{t+\Delta t}}{dt^2} \\
\frac{d\mathbf{x}^{t+\Delta t}}{dt} &= \frac{d\mathbf{x}^{t+\Delta t}}{dt} + C_2 \Delta t^2 \frac{d^2\mathbf{x}^{t+\Delta t}}{dt^2} \\
\frac{d^2\mathbf{x}^{t+\Delta t}}{dt^2} &= \frac{d\mathbf{x}^{t+\Delta t}}{dt} + C_3 \Delta t^2 \frac{d^2\mathbf{x}^{t+\Delta t}}{dt^2} \\
\frac{d^3\mathbf{x}^{t+\Delta t}}{dt^3} &= \frac{d\mathbf{x}^{t+\Delta t}}{dt} + C_4 \Delta t^2 \frac{d^2\mathbf{x}^{t+\Delta t}}{dt^2}
\end{aligned} \tag{2.67}$$

$$\frac{d^4\mathbf{x}^{t+\Delta t}}{dt^4} = \frac{d\mathbf{x}^{t+\Delta t}}{dt} + C_5 \Delta t^2 \frac{d^2\mathbf{x}^{t+\Delta t}}{dt^2}$$

ここで，C_1, C_2, C_3, C_4, C_5 は定数である．ギアのアルゴリズムをプログラミングする場合，考慮する最も高階の導関数に応じて異なる階数の手法を用いることができる（Munjiza, 2004）．前述の手法は 4 階の手法である．もし，異なる階数の手法を用いる場合には，修正子段階（式 (2.67)）の係数は変わるであろうし，また，初期化に対する考慮も必要である．

予測子修正子法では，各時間ステップの粒子位置を求めるための計算が複雑で，一つ以上前の時間ステップの粒子位置に関する情報を必要とするので，計算コストがかかることになる．しかし，Pöschel and Schwager (2005) は，各繰返し計算の中で接触力の計算よりも粒子位置を更新する計算時間のほうが少ないということを示し，また，予測子修正子法による計算時間の増加については，ベルレの時間積分法と比べた場合に，同じ精度を達成するために大きな時間増分を用いることができることを示している．しかし，2.3 節で述べた精度の考察に関連して，時間 t の個々の高階の導関数の項を正確に計算することはそれほど簡単ではないことに留意する必要がある．

3章

接触力の計算

3.1 ▪ はじめに

　粒子 DEM では，相互に作用する，または，相互に作用する可能性のある多数の物体について考える．接触力あるいは粒子間反力を得るためには，最初に，どの粒子が接触しているかを特定して，次に接触力を計算する．この 2 段階は，それぞれ，解析の**接触判定**と**接触処理**の段階とよばれる（たとえば，Hogue（1998））．これらは主に幾何学的な計算である．接触判定における難しさは，接触している，または，接触しそうな粒子を追跡して"隣接表"を作るための効率的なアルゴリズムを開発することにある．接触処理には，粒子間の重なりや離れ，それに，接線方向の相対的運動による接触の幾何学的配置や力学の厳密な計算を必要とするが，場合によっては，その粒子間の重なりの面積や体積を考慮する場合もある．この接触を比較的簡単に記述した接触構成モデルが，接触力を計算するために用いられる．接触力の算定に伴う計算は，間違いなく DEM シミュレーションの中で最も時間がかかり，Sutmann（2002）は，これらの計算が DEM シミュレーション時間の 90 %を占めるとみなしている．接触処理に要する解析時間の割合は，その系の充填密度に依存する．すなわち，間隙比が小さい場合，粒子あたりの接触数が増えて接触処理に要する解析時間が増える．

　計算の効率性のためには，比較的簡単な接触力の解析式が必要である．接触する二つの土粒子の荷重・変形挙動は，実際にはかなり複雑である．Zhu et al.（2007）が示しているように，接触応力（あるいはトラクション）の分布は，粒子の運動のみならず粒子形状や材料特性に依存しているので，粒子間の接触を厳密に表すことは非常に難しい．粒子以下のレベル[*]において，最初に粒子の表面の隆起が接触して，これらが変形あるいは撓んだ後に，（一般的に小さな）有限領域において粒子が相互に作用し合う．これらの幾何学的形状の解析的な記述を容易にするために，DEM 粒子の表面は滑らかであるとみなし，ほとんどの DEM モデルでは接触を 1 点として簡略化している．接触する粒子のひずみやそれによって生じる不均一な応力分布は，DEM シミュレーションでは陽に考慮されないが，その代わりに剛な粒子間の重なりによって変形

---

[*] あるいはサブパーティクルスケール

を表すものとして考慮されている．

　DEM モデルの接触力は，接触に沿って作用する実際の応力やトラクションの積分を表している．粒子間力の合力は，直交する二つの成分，すなわち接触点の法線と接線方向に分解される．その場合，接触での力・変位の挙動は，それぞれ，法線および接線方向に作用する直交性の二つのレオロジーモデルを用いて表される．これらのレオロジーモデルは，一般に，ばね，スライダー，ダッシュポットの組合せからなり，接触構成モデルあるいは接触モデルとよばれる．この単純な接触の解析手法を用いることは，DEM の重要な特徴の一つである．それによって非常に数多くの粒子間の相互作用を効率よく考慮することができる．接触ばね間の非線形の力・変位関係をより精巧に規定するか，あるいは，ばねやダッシュポットをさまざまに組み合わせることによって，接触モデルをより実際のレベルに向上させることができる．

　本章では，地盤力学の応用で用いられている一般的な接触モデルを紹介する．現在までに研究されている相互作用モデルは，ここで対象としているモデルよりも発展しており，今後，数年で DEM において有意義な研究分野になる可能性がある．地盤力学以外での接触力の解析に関心のある読者は，Zhu et al. (2007) を参照のこと．この分野における難しさの一つは，室内実験において粒子レベルの力を厳密に計算することである．このための研究が Cavarretta et al. (2010) などの研究者によってなされており，Yu (2004) は精度のよい微視的な特性評価が DEM モデルを改良するために重要であるとしている．

3.2 ■ 粒子 DEM シミュレーションの接触のモデル化

　粒子 DEM では，図 3.1 に示すように一般的に接触点に "仮想" ばねを導入することによって接触力を計算する．DEM シミュレーションの粒子は完全に剛であるが，本章の後半で示すように，実際には圧縮が作用する粒子は接触点で変形する．DEM モデルでは，この変形は接触点での粒子間の小さな重なりによって模擬的に再現される．ばねは線形弾性であることに制限されてはいない．接触ばねの力・変形関係を定義する式は**接触構成モデル**とよばれる．力の法線方向の成分と接線方向の成分の計算はそれ

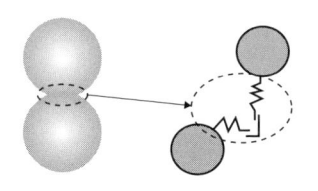

図 3.1 ■ DEM における接触のモデル化

ぞれ独立であるとみなして別々に計算される．すなわち，直交する二つのレオロジーモデルによって接触点での力の成分を計算する．これらのレオロジーモデルでは，ばね，スライダー，ダッシュポットの種々の複雑な組合せを用いている．図 3.2 に示すように，接触の法線方向のスライダーによって，粒子間の引張り力を生じさせないかあるいは制限し，また，接線方向のスライダーによって，接触の摩擦の強度を超える場合（クーロン（Coulomb）摩擦を用いて計算される）には粒子が相対的に動くことを可能にしている．接触力の法線成分を表すために記号 F_n が用いられ，接線成分は F_t で表される．モーメントもまた粒子に伝達されて回転を生じさせる．粒子形状に関わらず，接触力の接線成分によってモーメントが作用し，法線応力の分布が接触点中心に関して対称でない場合にもモーメントが生じる．モーメントが作用する軸は接触法線に直交している．粒子の接触でのモーメント伝達に関する詳細については 3.9 節で述べる．

図 3.3 は，DEM シミュレーションにおける二つの円盤間の接触の幾何学的な特徴を示している（この図は接触する二つの球を通る断面とみなすこともできる）．図 3.3 において，接触の法線を定義するベクトルは，接触する二つの円盤が円形であることから，それらの図心を結ぶベクトルと同じ方向をもつ．接触面は接触の法線と直角を

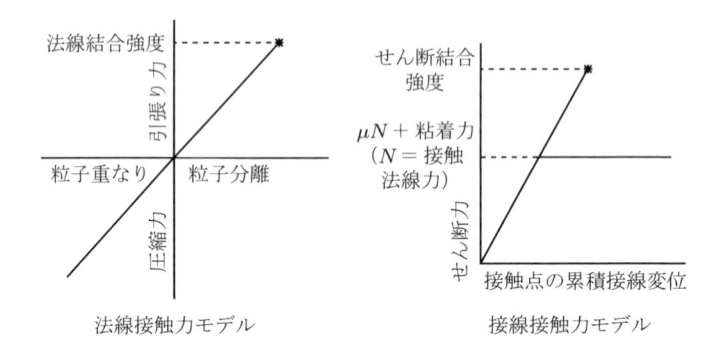

図 3.2 DEM における法線および接線方向の接触力モデル

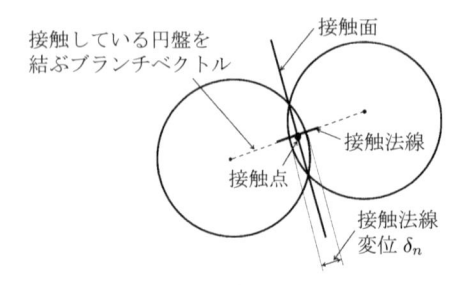

図 3.3 円盤間の接触の幾何学的配置図

なし，接触の座標は接触の中央にあるとみなされる．もし，接触の法線方向がベクトル $\mathbf{n} = (n_x, n_y)$ によって表されるなら，接触の接線方向は $\mathbf{t} = (-n_y, n_x)$ によって与えられる．接触の法線方向と接触点の座標がわかれば，接触面（2次元では接触線）の式は容易に求めることができる．

接触力が零でない場合は，接触している両方の粒子に力が作用しており，これらは大きさが等しく方向が反対である．圧縮の場合，粒子の重なりから計算される粒子間の法線方向の接触力が，接触している二つの粒子を互いに反発させるように作用する．もし，粒子間が少し離れており，限界引張り力を超えていなければ，引張り力が互いに引きつけ合うように作用する．地盤力学ではほとんどの場合，限界引張り力を零に仮定する，すなわち，粒子間引張りを認めないことが多い．接線方向の力によって相対的な回転および並進が生じる．非円形あるいは非球形の粒子では，法線方向の接触力によって粒子を回転させることができ，かつ，回転に抵抗することができる．

粒子 DEM で用いられる一般的手法は，ペナルティ法に分類することができる．計算力学において接触をモデル化するためにペナルティ法を用いる場合には，接触点に非常に硬いばねを導入する．接触点での小さな貫入量によって接触する両物体に比較的大きくて等しい（しかし，反対方向の）力をもたらす．Munjiza（2004）が示しているように，ペナルティ法の定式化には二つの選択肢がある．一つの選択肢は，その力が重なりの大きさ（すなわち，最大の重なりの距離）にペナルティばねの剛性を掛けたものに等しいとすることである．もう一つの選択肢は，接触の重なりの面積あるいは体積を接触力と関係付けることである．これは分布接触力の場合には適切であろう．しかし，粒子 DEM のほとんどのプログラミングでは，法線方向の接触力を計算するために重なりの大きさを用いている．

数値解析で一般的に用いられている他の手法（たとえば，有限要素法）の接触のモデル化について知っておくことも必要である．Zienkiewicz and Taylor（2000b）は，接触をモデル化するために三つの方法を考えている．すなわち，ラグランジュ（Lagrange）の未定乗数法，ペナルティ法，拡張ラグランジュ法である．Munjiza（2004）はこれに最小2乗法を加えている．Munjiza（2004）が示しているように，ラグランジュの未定乗数法を用いる場合には，その力を直接解くために全体のつり合い方程式に付加項が加えられる（修正運動方程式を誘導するために変分法を用いている Munjiza（2004）や Zienkiewicz and Taylor（2000b）を参照）．Munjiza は，ペナルティばね法と比べてラグランジュの未定乗数法では，未知数の増加と，貫入しないという制約が陽解法では近似的にしか満足しない，という二つの重要な欠点があることを示している．なお，1章ですでに述べたように，Jean（2004）が提案した接触力学法では，接触点で貫入させない別の手法を用いている．

3.3 ■ 接触力学の概要

粒子 DEM で用いている接触構成モデルの式を示す前に，二つの弾性球間の接触に関する理論について述べよう．これは粒子 DEM に関連する接触力学の基本概念を示している．固体間の接触点での力・変位挙動や，接触点周辺の応力分布について理解を深めたければ，まず Johnson（1985）の接触力学に関する一般書を参照することが望ましい．

Johnson（1985）は，**適合**接触と**非適合**接触とに区別している．適合接触では，変形する前の表面はぴったりと合わさっている．非適合接触では，相互に作用する二つの表面は異なる輪郭をもち 1 点でのみ接触している．図 3.4(a) に示すように，二つの円盤あるいは二つの球の間の接触は非適合である．接触が非適合である場合，接触域は粒子の大きさに比べて小さく，応力はその接触域に極度に集中している．また，その応力は接触域から離れた物体の形状には大きくは影響されない．ほとんどの DEM モデルでは，球あるいは円盤を基本的な粒子として用いている．それゆえ，模擬的に再現した接触は非適合であり，その接触モデルは点接触に基づいて開発されている．地盤力学で最も一般的に用いられている接触モデルの一つ，ヘルツ接触モデルは，非適合である球に対する弾性理論に基づいて開発されている．

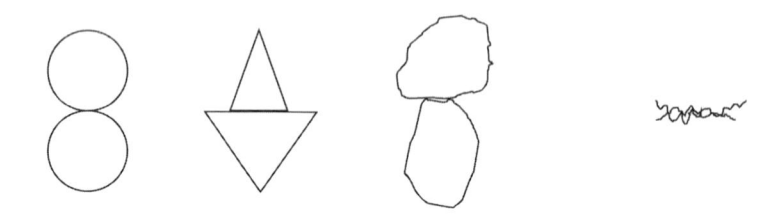

（a）非適合接触　（b）適合接触　（c）土粒子の接触　（d）土粒子表面の隆起の接触

図 3.4 ■ 接触の種類

理論的に完全な適合接触を図 (b) に示す．実際の粒子が接触する場合には，図 (c) からわかるように，それらのモルフォロジー*の複雑さによって一つ以上の粒子間接触をもつ複雑な接触状態になる．Fonseca et al.（2010）が示しているように，自然の土では多くの適合接触を含むさまざまな接触の種類がある（10 章も参照）．実際の接触は 3 次元であり，接触形状がさらに複雑になる．地盤力学で対象となる粒子の表面には多くの隆起がある．図 (c) に示すように，接触した当初は二つの表面の隆起間は非適合接触であり，隆起がへこむにつれて適合接触になっていく．

---

* 微細構造

接触力によって生じる接触面の圧力はトラクションとよばれる．"トラクション"は，境界に沿って作用する単位面積あたりの表面力を表すために力学でよく用いられている．ここでは，記号 f_n と f_t を，それぞれ，表面のトラクションの法線および接線成分として用いている．接触力は，次のように接触域 A_c 上のトラクションの積分によって得られる．

$$F_n = \int_{A_c} f_n dA$$
$$F_t = \int_{A_c} f_t dA \tag{3.1}$$

図 3.5(a) に，二つの滑らかな球粒子間の接触におけるトラクションを示している．トラクションは接触の中心に関して対称である．粒子が滑らかで凸状であるということは，接触点で回転抵抗が作用しないことを意味し，それゆえ，モーメントを伝達することができない．図 (b) は，適合接触の接触面法線のトラクションの分布を示している．この場合，粒子形状によって回転に対する抵抗を示し，法線方向の圧縮力だけでなくモーメントも伝達する．なお，トラクション分布の非対称性はモーメントの作用による結果である．

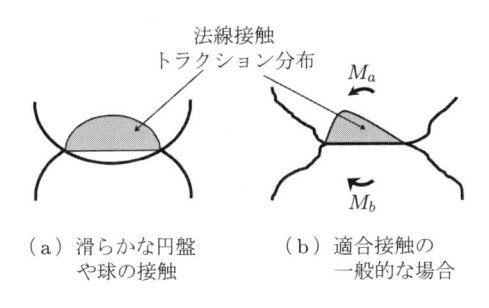

（a）滑らかな円盤や球の接触　　（b）適合接触の一般的な場合

図 3.5 法線方向のトラクション分布

3.4 線形弾性に基づく接触挙動

3.4.1 法線方向の弾性接触挙動

浅い基礎の設計などについての地盤工学の学部課程を修了していれば，誰もが基礎下の応力分布の複雑さについて理解しているであろう．浅い基礎の解析では，半無限弾性体の表面における点荷重に対するブーシネスク（Boussinesq）式を積分して，基礎下での応力の式を誘導して用いることが多い．実際の土の挙動は非常に非線形であ

るが，線形弾性挙動のこの仮定は，実際の応力分布の理解を深める教育に役に立っている．同様に，弾性連続体を用いることは，圧縮力が二つの粒子間で伝達される接触の挙動について理解するのにも役立つ．

弾性理論を用いて，接触する二つの粒子内の応力分布および変形の式を誘導することができる．これらの式によって，ヘルツが提案した接触力学理論に基づいて，二つの非適合な連続体間の接触の力・変位挙動を表すことができる．ヘルツの接触力学では最初に固体間の点接触を仮定して，接触域の進展や表面トラクションの変化，表面の変形，粒子内の応力の式を表している．この手法では，接触する固体は線形弾性の半無限体で接触域が楕円形状であると仮定して，境界値問題を解いている．

地盤力学におけるヘルツ接触力学の実用性を確立するためには，その基礎となる仮定を理解することが重要である．まず，接触している粒子の表面の性質を極端に理想化している，すなわち，表面の隆起を無視し（すなわち，接触している表面は完全に滑らかであると仮定する），球は摩擦がないものと仮定している．接触域も接触している物体の大きさに対して小さいと仮定し，材料挙動が線形弾性であるようにひずみは十分に小さいと仮定する．また，力が作用している接触領域以外での相互作用（すなわち，引張り力）はないものと仮定する．

ヘルツ理論を用いて誘導した二つの球 s_1 と s_2 の間の接触の関係は，有効粒子半径 r^*，有効ヤング率 E^* を用いて表される．これらの二つのパラメータは次式によって与えられる．

$$\frac{1}{r^*} = \frac{1}{r_{s_1}} + \frac{1}{r_{s_2}} \tag{3.2}$$

$$\frac{1}{E^*} = \frac{1-\nu_{s_1}^2}{E_{s_1}} + \frac{1-\nu_{s_2}^2}{E_{s_2}} \tag{3.3}$$

ここで，r_{s_1} と r_{s_2} は，それぞれ，球 s_1 と s_2 の半径であり，ヤング率は E_{s_1} と E_{s_2}，ポアソン比は ν_{s_1} と ν_{s_2} である．

この理論によって，接触を定義する円の半径は次のように得られる．

$$a = \left(\frac{3F_n r^*}{4E^*}\right)^{1/3} \tag{3.4}$$

最大接触トラクション $f_n^{\max}$ は，

$$f_n^{\max} = \left\{\frac{6F_n (E^*)^2}{\pi^3 (r^*)^2}\right\} \tag{3.5}$$

接触点での変形，すなわち，接触する二つの粒子の図心の接近増分は，次式によって

与えられる．

$$\delta = \left\{ \frac{9F_n{}^2}{16r^*(E^*)^2} \right\}^{1/3} \tag{3.6}$$

図 3.6 はヘルツ理論を用いて計算した接触応答を示している．この結果を得るためのパラメータは，Thornton(2000) を参考にして選んだ．すなわち，$r_a = r_b = 0.258\,\mathrm{mm}$，$E_a = E_b = 70\,\mathrm{GPa}$，$\nu_a = \nu_b = 0.3$．図 (a) は接触変形に対する法線方向の接触力の変化を示している．材料の挙動を線形弾性と仮定しているにも関わらず，接触力が増加するにつれて接触の有効剛性が増えて非線形の力・変形挙動が観察されている．この非線形性は，力が増加するにつれて接触域が変化していることを考えることで理解ができる．変形が進むにつれて変形による表面積の増加率は減少する．図 (b) は，三つの荷重レベル（10 N, 50 N, 100 N）における接触面の半径を示している．接触面の中心と粒子の図心を結ぶ線上の粒子内の応力変化（100 N の荷重）を，図 (c) に示している．粒子内の法線応力 σ_z はこの線と同じ方向で，半径方向の応力 σ_r はこの線に直交する．なお，応力状態はこの線に対して対称である．

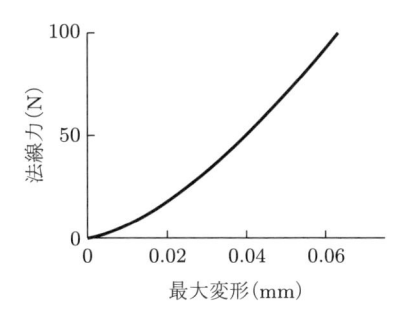

（a）接触変形 δ に対する法線力 F_n の変化

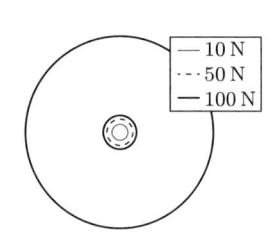

（b）F_n の増加に対する接触範囲の変化

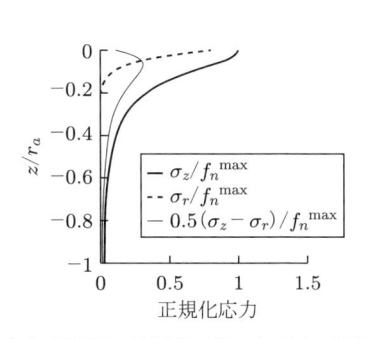

（c）接触下の粒子軸に沿った応力の変化

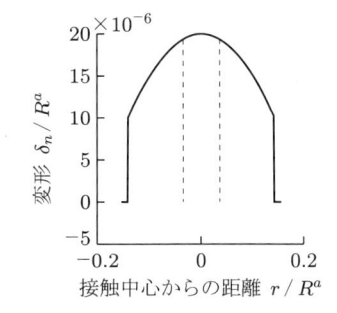

（d）接触域の法線方向の変形の変化

図 3.6 法線方向の接触力・変形の関係

接触面で σ_z と σ_r は最大値から単調的に減少するが，偏差応力 $\sigma_z - \sigma_r$ はより複雑である．固体粒子材料に用いることができるフォンミーゼス（von Mises）やトレスカ（Tresca）の破壊基準では，偏差応力が用いられているので，これについて考察することは重要である．フォンミーゼスの破壊基準は次式で表される．

$$\frac{1}{6}\left\{(\sigma_1 - \sigma_2)^2 + (\sigma_2 - \sigma_3)^2 + (\sigma_1 - \sigma_3)^2\right\} = \frac{Y^2}{3} \tag{3.7}$$

また，トレスカの破壊基準は次式で表される．

$$\max\left(|\sigma_1 - \sigma_2|, |\sigma_1 - \sigma_3|, |\sigma_2 - \sigma_3|\right) = Y \tag{3.8}$$

ここで，Y は材料の降伏応力である．これらの式によって粒子の降伏や塑性変形の始まりが得られる．Thornton（1997a）や Thornton and Ning（1998）は，載荷初期ではヘルツ弾性論によって接触の法線方向の圧力分布を適切に表すことができるが，載荷が進むにつれて，切頭型*ヘルツ圧力分布の"塑性"段階になることを示している．また，塑性の力・変位関係は線形である（Thornton and Liu, 2000）．なお，実際の土粒子では，粒子に瑕やクラックがある不均質な応力状態になり，（全体的な）粒子の破壊モードは一般的に脆性破壊となる．

3.4.2　接線方向の弾性接触挙動

接触力の法線成分と比較すると，接触表面に沿う，あるいは接する（すなわち，接触の法線に直交する）接触の挙動について理解することは容易ではない．これに関する一般書としてJohnson（1985）があるが，Thornton（1999）（粒状体力学の視点からその力学を考えている）によって示されている挙動の記述はより明快である．ここで示す接線方向の接触挙動についてはこれらの出典から引用しており，DEM シミュレーションで用いられる接触モデルの本質的な仮定については，これらによって理解を深めることができる．

Mindlin（1949）や Mindlin and Deresiewicz（1953）の研究は，DEM シミュレーションで用いられる接線挙動に対するモデルの最も重要な基礎をなしている．この手法の中心となる仮定は，前述のヘルツの挙動に従って，接線トラクションは法線トラクション分布に影響しないということである．この仮定は二つの同じ弾性球の接触に対してのみ正しい．Mindlin（1949）は，法線方向力 F_n が変化せずに接線力が作用する場合，接触域の一部は"すべり"となり，また，"固着"したまま接触していて相対的運動がない接触域があることを示している．ヘルツ理論から接触域は円形である．

---

* 先端を切った

3.4 線形弾性に基づく接触挙動

その場合，すべり域は中央の"付着"や"固着"の円形領域の周りの環状の領域である．Johnson (1985) が示しているようにすべりは不可逆であり，したがって，接触状態（すなわち，力と変位の関係）は載荷履歴に依存するのでさらに複雑になる．

アモントン−クーロン（Amontons–Coulomb）が提案する摩擦則では，すべり域での法線と接線のトラクション間の関係を次のように表している．

$$f_t(r) = \mu f_n(r) \tag{3.9}$$

ここで，ヘルツの法線接触の場合と同様に，r は円形の接触域の中心からの距離，f_n と f_t は，それぞれ，法線と接線のトラクションである．これは，$0 \leq r \leq a$ において接触すべりが起ころうとしている限界状態で，図 3.7(a) に示される．ここで，a は接触の半径であり，接線トラクションの分布は，単純に法線トラクションに摩擦係数 μ を掛けることによって計算される．その場合，接触域のすべての範囲がすべっているとみなされる（図 (b)）．しかし，"塑性破壊"以前の接線挙動のモデル化は簡単ではな

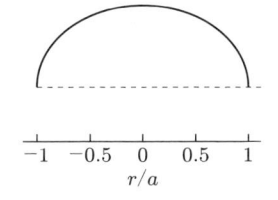

(a) 正規化接線トラクション：
初期載荷, 完全すべり接触

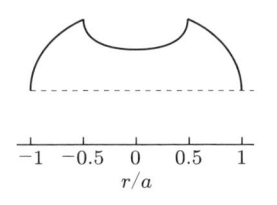

(b) すべりを受ける領域の範囲：
初期載荷, 完全すべり接触

(c) 正規化接線トラクション：
初期載荷, 部分すべり接触

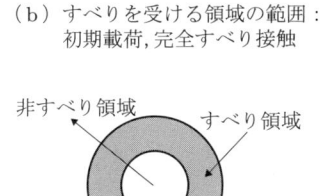

(d) すべりを受ける領域の範囲：
初期載荷, 部分すべり接触

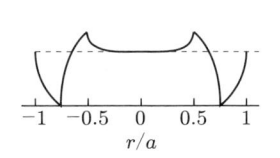

(e) 正規化接線トラクション：
除荷, 部分すべり接触

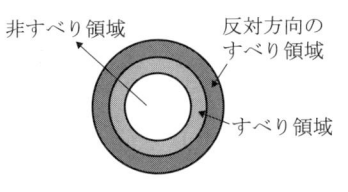

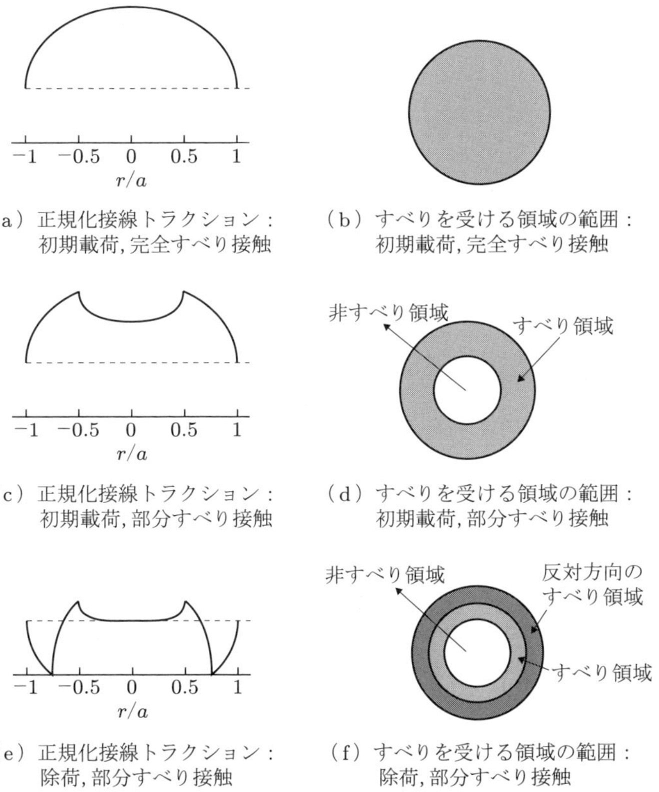

(f) すべりを受ける領域の範囲：
除荷, 部分すべり接触

図 3.7 接線方向のトラクション分布および二つの球に対するすべり領域の範囲

く，その挙動は，初めて接線方向に載荷されるのか，あるいは接触力の方向変化をすでに経験しているのかに依存している．

初期接線載荷

初期接線載荷では，法線力 F_n を受ける接触において零から F_t まで（単調に）接線力が増加すると仮定する．粘着域あるいは固着域の半径が b で，前のように a を全体の接触域の半径とすると，接触域の中心から距離 r での接線トラクションは次式によって与えられる．

$$\begin{aligned} f_t(r) &= \frac{3\mu F_n}{2\pi a^3}\sqrt{a^2-r^2} & (b \leq r \leq a) \\ f_t(r) &= \frac{3\mu F_n}{2\pi a^3}\left(\sqrt{a^2-r^2}-\sqrt{b^2-r^2}\right) & (0 \leq r \leq b) \end{aligned} \quad (3.10)$$

$b = 0.5a$ と仮定して得られる接線トラクションの分布を図 (c) に示す．図 (d) を参照して，"固着"モードの領域に対するすべり域の範囲を推定することができる．

Mindlin (1949) は，接触する二つの球の相対接線変位を次のように示している．

$$\delta_t = \frac{3\mu F_n}{16G^*a}\left(1-\frac{b^2}{a^2}\right) \tag{3.11}$$

ここで，

$$\frac{1}{G^*} = \frac{2-\nu_{s_1}}{G_{s_1}} + \frac{2-\nu_{s_1}}{G_{s_2}} \tag{3.12}$$

ここで，G_{s_1} と G_{s_2} は，それぞれ，接触する球 s_1 と s_2 のせん断弾性率である．

接線力は次の積分によって求めることができる．

$$F_t = 2\pi \int_0^a f_t(r)rdr = \mu F_n\left(1-\frac{b^3}{a^3}\right) \tag{3.13}$$

接線力が増加するにつれてすべり域の範囲が増加する．すなわち，b が減少し，すべり域が内側に進行する．結局，接触域のすべてがすべって，その時点で，$0 \leq r \leq a$ に対して $F_t = \mu F_n$ や $f_t(r) = \mu f_n(r)$ となる．単調に増加する載荷中は，固着域の半径 b と接触半径 a との間の関係は次式によって表される．

$$\frac{b}{a} = \left(1-\frac{F_t}{\mu F_n}\right)^{1/3} \tag{3.14}$$

接線力 F_t の除荷・反転

すべりの過程はエネルギーの散逸であり，載荷方向が反転してもそのすべり域は縮

小しないが，その代わりに接触の端部で微小すべりあるいは反対方向のすべりが始まる．その場合，表面での挙動は三つの領域に分けられる．すなわち，非すべり域，すべり域，反対すべり域である．Thornton (1999) が示しているように，"環状性反対すべり (annulus of counterslip)" を生じるのに必要なエネルギーは，最初のすべり域を生じさせるために必要とされるエネルギーの 2 倍である．次式は，接触表面のトラクションの分布を表している．

$$f_t(r) = -\frac{3\mu F_n}{2\pi a^3}\sqrt{a^2 - r^2} \qquad\qquad c \leq r \leq a$$

$$f_t(r) = -\frac{3\mu F_n}{2\pi a^3}\left(\sqrt{a^2 - r^2} - 2\sqrt{c^2 - r^2}\right) \qquad b \leq r \leq c \quad (3.15)$$

$$f_t(r) = -\frac{3\mu F_n}{2\pi a^3}\left(\sqrt{a^2 - r^2} - 2\sqrt{c^2 - r^2} + \sqrt{b^2 - r^2}\right) \quad 0 \leq r \leq b$$

式 (3.15) のトラクションの式の積分によって，接触での接線力が次式のように得られる．

$$F_t = \mu F_n\left\{1 - \left(\frac{b}{a}\right)^3\right\} - 2\mu F_n\left(\frac{c}{a}\right)^3 \tag{3.16}$$

接線方向の単調載荷後に 180°逆転させて除荷する場合の，接触の 1 サイクルの力・変位挙動を図 3.8 に示している．

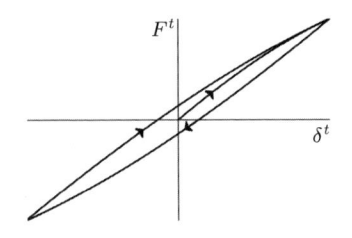

図 3.8 ■接線方向載荷の 1 サイクルのヒステリシス[*]

Thornton ら (たとえば，Thornton and Yin (1991)) による接触構成モデルを除いて，ほとんどの接線載荷の DEM モデルでは，接線の接触応力分布を考慮しておらず，接線方向の載荷，除荷，再載荷を区別していない．本書の他の箇所で述べているように，DEM シミュレーションや実験によって，粒状体の挙動は法線方向の接触力によって支配されており，DEM 接触モデルでは詳細な接線応力分布を無視できる場合があることが示されている．しかし，比較的単純な弾性球の場合でさえ，接線方向

---
[*] 力・変位曲線が往路と復路で一致しない現象

の挙動が複雑であることを示すために，ここではその説明を付け加えた．

3.4.3　土に対するヘルツ接触力学の適用性

ヘルツ接触モデルは，DEM における実用的な接触モデルの開発に対して理論的な基礎を与えた．しかし，ヘルツ理論を実際の土に応用するには，表面形状が非常に理想化して仮定されているという限界がある．Cavarretta et al.（2010）は，比較的単純な人工材料でさえ，実際の粒子の接触は弾性理論に従わず，むしろ，弾性ヘルツ挙動以前に隆起が塑性降伏することを示している．ヘルツ・ミンドリン接触モデルでは，小ひずみでの剛性の圧力依存性を正しく再現できないことが，実際の土の挙動の実験データによって示されている．Goddard（1990），McDowell and Bolton（2011），Yimsiri and Soga（2000）が示しているように，砂の接触挙動がヘルツ理論に従うなら，土の微小ひずみせん断剛性 $G_{\max}$ は $p^{1/3}$ に比例する．ここで，p は平均応力である．しかし，McDowell and Bolton（2011）などが示しているように，実験データは $G_{\max}$ はおおよそ $p^{1/2}$ に比例することを示している．ヘルツ挙動とのずれは，粒子が非球形であることや粒子表面の滑らかでないことが理由であろう．

3.5 ▪ レオロジーのモデル化

粒子 DEM の接触の詳細なモデル化について示す前に，連続体力学の"レオロジー的[*]"あるいは"現象学的"モデルについて示す．モデル化には基本モデルがあって，さまざまな種類の材料挙動を捉えるためにこれらを組み合わせることができる．このモデル化の枠組みを，DEM 接触モデルの接触点での力・変位の式を開発するために用いることが多い．個々の基本モデルは図 3.9 に示すような図形で示されており，地盤力学関連の DEM の論文でもこれらの表示がよく用いられている．連続体力学では，これらのモデルは応力とひずみを関係付ける構成挙動を表している．しかし，ここでは接触変位 δ を接触力 F に関連付けるために用いられる．

図 3.10 は，個々の基本的なレオロジーモデルによって捉えられる力・変位の挙動を示している．図 3.9 と図 3.10 のそれぞれの (a), (b) は弾性挙動を示し，ばねはこの種のモデルを表すために用いられる．非線形弾性ばね（図 3.9(b)）では，力・変形挙動が解析式によって表される（すなわち，$F = f(\delta)$．ここで，$f(\delta)$ は非線形の関数）．非線形弾性モデルはエネルギーを散逸しない，あるいは塑性挙動を示さない．すなわち，載荷と除荷の経路が一致する．図 3.10(c) に示す粘性挙動では力は変形の割合あ

---

[*] 流動学的

3.5 レオロジーのモデル化

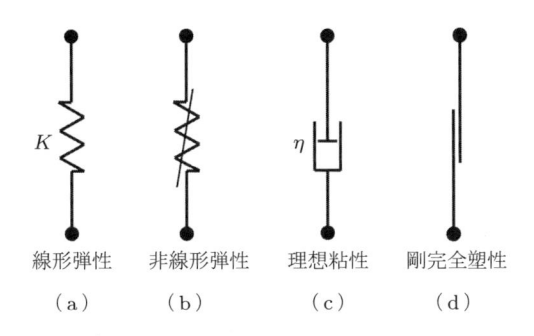

線形弾性	非線形弾性	理想粘性	剛完全塑性
(a)	(b)	(c)	(d)

図 3.9 基本的なレオロジーモデル

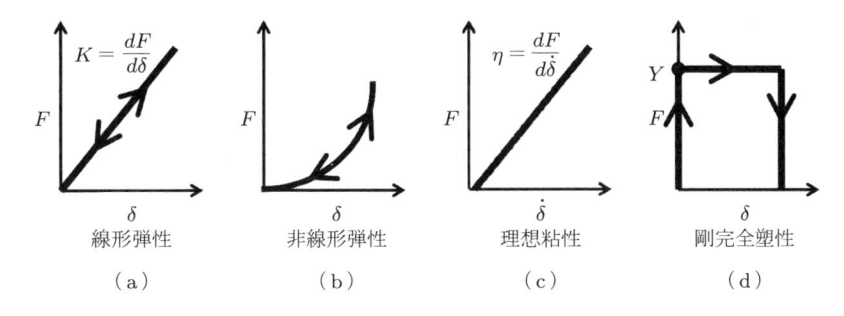

線形弾性	非線形弾性	理想粘性	剛完全塑性
(a)	(b)	(c)	(d)

図 3.10 基本的なレオロジーモデルの力・変位挙動

るいは変形速度に関連している．図 3.9(c) に示すように，このモデルは粘性 η をもつダッシュポットによって表される．図 3.10(d) に示す剛完全塑性挙動では，降伏点 ($F = Y$) に達するまでは変形せず（変形の割合 $\dot{\delta}$ が零），降伏点後は一定荷重 ($\dot{F} = 0$) のままで変形し続ける．このモデルは，降伏点に達すると作用するスライダーで表示される（図 3.9(d)）．

これらの各モデルで観察される力・変位挙動は，次のように解析的に表すことができる．

$$\begin{aligned}
&F = K\delta & &\text{線形弾性，ばね剛性 } K \\
&F = f(\delta) & &\text{非線形} \\
&F = \eta\dot{\delta} & &\text{粘性，減衰 } \eta \\
&\dot{\delta} = 0 \quad F < Y & & \\
&\dot{F} = 0 \quad F = Y & &\text{剛完全塑性}
\end{aligned} \tag{3.17}$$

より複雑な挙動特性を捉えるために，図 3.9 に示す基本的なレオロジーモデルを組み合わせることができる．ほとんど無限の組合せが可能だが，一般的な標準の組合せ

モデルがあり，これらを図3.11に示す．図(a)に示す線形マックスウェル（Maxwell）モデルは，直列のばねとダッシュポットからなる．この配置の場合，どちらの構成要素も同じ力を受けて異なる変形を示し，全体の変形としてはその二つの成分の合計となる．その逆の状況が線形ケルビン（Kelvin）モデル[*]である（図(b)）．すなわち，ばねとダッシュポットは等しい変形になるように異なる力を受け，全体の力としては二つの力の合計となる．図(c)に示す最後のモデルはバーガー（Burger）モデルであり，バーガー流体モデルあるいは4要素流体ともよばれる．このモデルは，直列に配置した線形マックスウェルモデルと線形ケルビンモデルからなる．

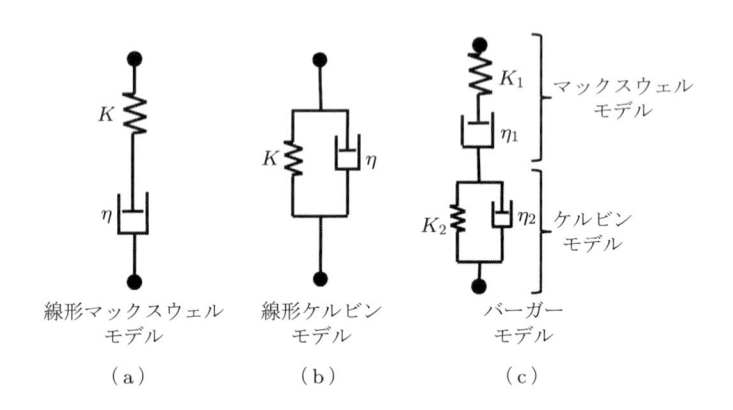

図 3.11 複合レオロジーモデル

これらの各モデルの挙動は以下の式 (3.18) で与えられ，明確に示すために最も簡単な形式で表されている．しかし，陽的DEMのプログラミングのためには，力を変位の関数として示さなければならない．すなわち，$F = f(\delta)$ の形式でなければならない．

$$\begin{aligned}
\dot{\delta} &= \frac{\dot{F}}{K} + \frac{F}{\eta} & \text{線形マックスウェルモデル} \\
F &= \eta\dot{\delta} + E\delta & \text{線形ケルビンモデル} \\
K_1\eta_1\eta_2\ddot{\delta} &+ K_1K_2\eta_1\dot{\delta} = \eta_1\eta_2\ddot{F} + \\
&(K_1\eta_2 + K_2\eta_1 + K_1\eta_1)\dot{F} + K_1K_2F & \text{バーガーモデル}
\end{aligned} \quad (3.18)$$

ここで，$\dot{\delta}$ と $\dot{F}$ は変形と力の変化の割合（すなわち，時間に関する1階導関数），$\ddot{\delta}$ と $\ddot{F}$ はそれに対応する2階導関数である．

ケルビンモデルによって力・変位挙動のヒステリシスを表すことができる．図3.12

---

[*] あるいはフォークトモデルやケルビン–フォークトモデル

図 3.12 ケルビンモデルの力・変位挙動

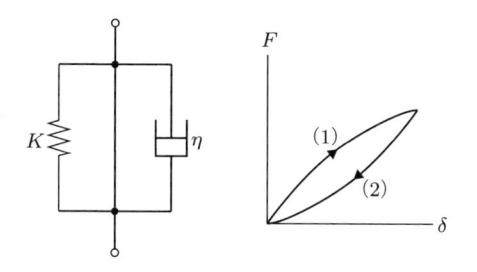

を参照すると，載荷および除荷の力・変位挙動は一致せず，それゆえ，エネルギーが散逸する．後述のとおり，多くの DEM モデルでは，接触点での塑性変形によるエネルギー散逸を模擬的に再現するために，この種のモデルが用いられている．

これらの組合せモデルの重要な特徴は，粘性ダッシュポットがモデルに含まれているので，時間とともに変化する挙動を捉えることができることである．道路舗装のアスファルト結合材の粘性をモデル化することだけでなく，土のクリープを調べることは地盤力学の関心事である．図3.11に示したモデルの時間・変形挙動を図3.13に模式的に示す．図3.13(a) は，一定荷重 F_0 の下での線形マックスウェルモデルの変形を示す．そのモデルは時間とともに線形増加する変形，すなわち線形クリープを示す．線形ケルビンモデルのクリープ挙動は図 (b) に示す．この場合，一定荷重 F_0 の下で変形は F_0/K の値に単調的に収束する．図 (c) に示すバーガーモデルは，これら2種類の組合せである．時間 $t = 0$ の作用荷重 F_0 に対するこれら三つのモデルによって捉えられる時間・変形挙動の解析式は，式 (3.19) で与えられる．

$$\delta(t) = F_0 \left(\frac{1}{K} + \frac{t}{\eta} \right) \qquad \text{線形マックスウェルモデル}$$

$$\delta(t) = \frac{F_0}{K} \left\{ 1 - e^{-\left(\frac{K}{\eta}\right)t} \right\} \qquad \text{線形ケルビンモデル} \qquad (3.19)$$

$$\delta(t) = F_0 \left\{ \frac{1}{K_1} + \frac{t}{\eta_1} + \frac{1}{E_2} \left(1 - e^{\frac{-tE_2}{\eta_2}} \right) \right\} \quad \text{バーガーモデル}$$

力・変形や時間・変形の挙動を得るために用いられる手法だけでなく，ばね・ダッシュポットの組合せからなるレオロジー（流動学的）モデル，あるいは現象学的モデルによって捉えることのできる挙動範囲の論評については，Shames and Cozzarelli (1997) を参照されたい．本書では，比較的単純なばね・ダッシュポットの組合せに限定しているが，Shames and Cozzarelli (1997) が示しているように，ここで示すモデルにさらなる構成要素を追加することによって，より複雑な挙動を捉えることがで

3章 接触力の計算

(a) 線形マックスウェルモデル
(b) 線形ケルビンモデル
(c) バーガーモデル

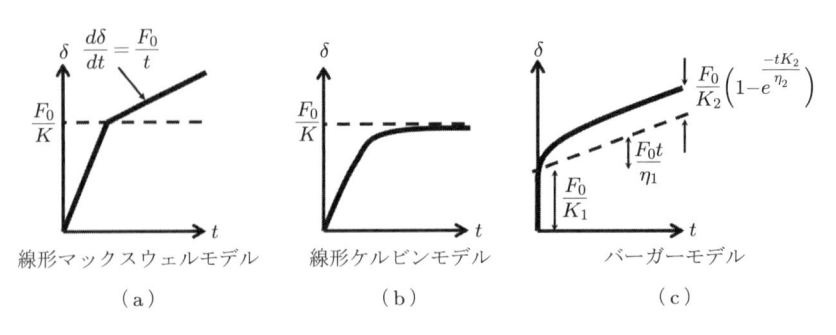

図 3.13 複合レオロジーモデルの時間・変位挙動

きる．

Itasca（2004）では，接触挙動を捉えるバーガーモデルの DEM プログラミングについて示しており，力・変位挙動（式（3.19）を参照）を表す 2 階微分方程式を解くために中央差分による時間積分法を用いている．

3.6 ■ 法線方向の接触モデル

3.6.1 線形弾性接触ばね

粒子 DEM で，法線方向の力・変位挙動を模擬的に再現する接触モデルの最も簡単な種類は，線形弾性ばねである．このモデルを用いる場合，法線方向の接触力は次のように計算される．

$$F_n = K_n \delta_n \tag{3.20}$$

ここで，K_n は法線方向の接触剛性，δ_n は接触点での法線方向の重なりである．力学での剛性は一般的にひずみに対する応力の比であり，応力の単位（kPa）となる．しかし，ここでは剛性の単位は力/長さ（たとえば，N/mm）である．また，その力は接触面の法線方向に作用する．円盤，球，あるいは円盤や球の凝集体を用いる場合，この力の方向は接触している二つの粒子の中心を結ぶ線の方向と同じである．

地盤力学で線形弾性ばねが普及していることを考えれば，Itasca の PFC では各粒子に対するばね剛性をユーザーが指定することは注目に値する．接触している二つの粒子 a と b に対して，法線方向に，それぞれ，二つのばね剛性を k_n^a と k_n^b，接線あるいはせん断方向に k_s^a と k_s^b とする．その結果，接触点での有効剛性 K_n^{contact} と K_s^{contact} は次式で得られる．

$$K_n^{\text{contact}} = \frac{k_n^a k_n^b}{k_n^a + k_n^b}$$
$$K_s^{\text{contact}} = \frac{k_s^a k_s^b}{k_s^a + k_s^b} \tag{3.21}$$

非固結あるいは非結合の材料の場合には，粒子の接触で引張り力は伝達しないと仮定する．すなわち，粒子間に隔たりがある場合には，接触は破断あるいは切断しているとみなされる．

線形弾性モデルのばね定数を，固体粒子の材料特性に直接関連付けることは容易ではない．それゆえ，このモデルを用いる場合には，概念的に"ペナルティばね"として機能するものとみなさなければならない．3.2 節で述べたように，これらは接触点で生じる重なりの大きさを最小化することを役割とする剛なばねである．しかし，12 章で述べるように，粒子集合体の実験結果と合うように，DEM モデルを較正してこれらの接触ばねの剛性を調節することは可能である．Latzel et al.（2000）は，2 次元解析に対して線形接触モデルを用いることは妥当であることを示している．すなわち，3 次元材料を 2 次元モデルによって簡略化した場合，より複雑なモデルを用いることにはほとんど価値がないことを意味する．ただし，この妥当性については対象とする問題や材料挙動の種類に依存する．線形接触モデルを用いた材料挙動についての地盤力学の論文には，Chen and Ishibashi（1990），Calvetti et al.（2004），Rothenburg and Kruyt（2004）などがある．

3.6.2　簡易ヘルツ接触モデル

線形ばね剛性の不自然な性質を改善するために，ばねのパラメータを球の材料特性に関係付けたモデルが開発されてきた．前述の 3.3 節の弾性接触のヘルツ理論を用いて，二つの球の間の相互作用の割線接触剛性の式を得ることができる．ヘルツ接触モデルは非線形接触の一つの定式化である．これは，接線力を表す近似モデルとして Mindlin and Deresiewicz（1953）を引用しているので，ヘルツ－ミンドリン接触モデルともよばれ，3.7 節で述べる．法線方向の接触剛性は次式によって与えられる．

$$K_n = \frac{2\langle G \rangle \sqrt{2\tilde{r}}}{3(1 - \langle \nu \rangle)} \sqrt{\delta_n} \tag{3.22}$$

法線方向の接触力は次のように計算される．

$$F_n = K_n \delta_n \tag{3.23}$$

ここで，δ_n は球の重なりである．球・球の接触に対する係数 $\tilde{r}, \langle G \rangle, \langle \nu \rangle$ は次式によっ

て得られる．

$$\begin{aligned}
\tilde{r} &= \frac{2r_a r_b}{r_a + r_b} \\
\langle G \rangle &= \frac{1}{2}(G_a + G_b) \\
\langle \nu \rangle &= \frac{1}{2}(\nu_a + \nu_b)
\end{aligned} \tag{3.24}$$

そして，球・境界の接触に対する係数は，$\tilde{r} = r_{\text{sphere}}$，$\langle G \rangle = G_{\text{sphere}}$，$\langle \nu \rangle = \nu_{\text{sphere}}$ によって得られる．ここで，G はせん断弾性剛性，ν はポアソン比，r は球の半径，そして，下添字 a と b は接触している二つの球を表す．この種の接触モデルは，Chen and Hung (1991), Lin and Ng (1997), Sitharam et al. (2008), Yimsiri and Soga (2010) など，多くの DEM シミュレーションで用いられている．なお，前述のとおり，砂の実験での平均応力と微小ひずみ領域での剛性の関係は，ヘルツ理論を用いて予測した結果とは異なっている．

3.6.3　降伏を考慮した法線接触モデル
ウォルトン–ブラウン（Walton–Braun）線形モデル

弾性接触モデルでは，線形か非線形かに関わらず，接触力と変形の間にユニークな関係があり，エネルギーが保存される．すなわち，載荷中に蓄えられるひずみエネルギーは，除荷時に解放されるひずみエネルギーに等しい．これに対して，Walton and Braun (1986) は，粒子の相互作用は非保存系であり，衝突ごとに運動エネルギーが散逸されることを示して，エネルギーを散逸する線形接触モデルを提案した．そのモデルはヒステリシス型であり，初期載荷時の法線力は次式によって得られる．

$$F_n = K_{1,n} \delta_n \tag{3.25}$$

一方，除荷あるいは再載荷時の法線力は次式で得られる．

$$F_n = K_{2,n}(\delta_n - \delta_n^e) \tag{3.26}$$

ここで，δ_n は接触点での法線方向の重なり，δ_n^e はその弾性変形である．この弾性変形は過去の最大の法線力 $F_n^{\max}$ に依存する．すなわち，$\delta_n^e = F_n^{\max}/K_{2,n}$ である．除荷時の剛性は載荷時よりも大きい．すなわち，$K_{2,n} > K_{1,n}$ であり，$K_{2,n}$ はユーザー指定か，$F_n^{\max}$（最大法線力）の関数，すなわち，$K_{2,n} = K_{1,n} + SF_n^{\max}$ として表される．この方法を理解することは容易で，プログラミングは比較的簡単であるが，線形弾性ばねと同様に，適切な $K_{1,n}$ と $K_{2,n}$ の選択が必要である．このモデルを用いるに

は，前述の純粋な弾性モデルよりも各接触点で記憶すべきさらなる情報（$F_n^{\max}, \delta_n^e$のいずれか，あるいは両方）を必要とする．Zhu et al. (2007) はこれを"半ラチェット"ばねモデルとよんでいる．このモデルは市販のPFCで用いられており，履歴減衰モデルとよばれている（Itasca, 2004）．

二つの物体の衝突をシミュレーションする場合，反発係数を用いて衝突前後の物体の相対速度を考慮することによって，衝突がモデル化される．これは1章で述べた事象推進シミュレーションの手法である．反発係数 e は衝突中に失われるエネルギーを定量化するものであり，完全弾性衝突ではエネルギー損失はなく，$e = 1$ である．衝突前に接触の法線方向の速度 v_n^a と v_n^b，衝突後で $v_n'^a$ と $v_n'^b$ をもつ二つの粒子 a と b を考えてみよう．反発係数 e は，これら二つの速度を次のように関連付ける．

$$e = \frac{v_n'^b - v_n'^a}{v_n^b - v_n^a} \tag{3.27}$$

2章で述べたように，弾性ばねに蓄えられるエネルギーは力・変位曲線の下の面積に等しい．載荷時に粒子の運動エネルギーがひずみエネルギーに変換され，蓄えられたひずみエネルギーは除荷時に運動エネルギーに変換される．それゆえ，運動エネルギーの減少は力・変位曲線によって計算することができる．ウォルトン–ブラウンモデルを用いる場合，図3.14を参照して，反発係数は，三角形ABCとAOCの面積（それぞれ，A_{ABC} と A_{AOC}）の比の平方根によって得られる．すなわち，

$$e = \sqrt{\frac{A_{\mathrm{ABC}}}{A_{\mathrm{AOC}}}} \tag{3.28}$$

となり，これは次式と等価である

$$e = \sqrt{\frac{K_{1,n}}{K_{2,n}}} \tag{3.29}$$

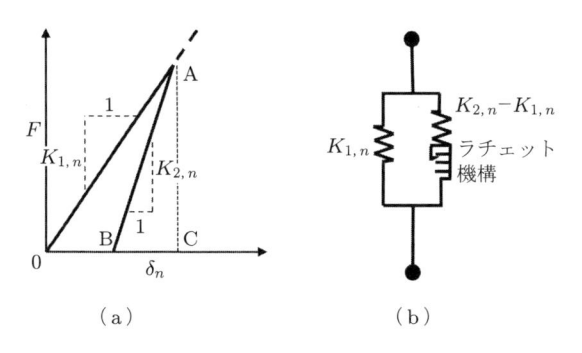

図 3.14 ウォルトン–ブラウン接触モデル

ウォルトン–ブラウンモデルに対するエネルギー収支については，2.7 節で 1 自由度系について考察した．

Thornton and Ning（1998）が提案したヒステリシス型の法線接触モデルはウォルトン–ブラウンモデルと似ているが，ソーントン–ニン（Thornton–Ning）モデルでは，固体粒子材料の降伏応力によって得られる弾性から塑性挙動への降伏点をもつヘルツ接触力学に基づいた非線形の力・変位関係を用いている．Thornton and Ning（1998）は，材料のヤング率，降伏応力，粒子の半径および密度，それに粒子の衝突速度に依存する反発係数の式を示している．

ばね・ダッシュポットモデル

ばね・ダッシュポットモデルでは，接触点での塑性変形によるエネルギー散逸を考慮するために，接触点に散逸性の粘性ダッシュポットを用いている．このモデルは，3.5 節で述べたケルビンレオロジーモデルと等価である．その力・変形関係は次式で表される．

$$F_n = K_n \delta_n + C_n \dot{\delta}_n \tag{3.30}$$

ここで，C_n は散逸のパラメータである．この手法を接触解析で用いた例としては，Cleary（2000）と Iwashita and Oda（1998）などがある．Delaney et al.（2007）は，エネルギー散逸の大きさは速度に依存し，大きな衝撃速度での衝突はエネルギー散逸が少ないことを示している．また，接触力が次式によって表される別のダッシュポットの式も提案されている．

$$F_n = K_n \delta_n^{3/2} + C_n^* \dot{\delta}_n \delta_n^{3/2} \tag{3.31}$$

ここで，C_n^* はダッシュポットの修正パラメータである．式（3.30）の線形ばねあるいは式（3.31）のヘルツ型非線形ばねと一緒に，粘性ダッシュポットが用いられることに注意されたい．

ウォルトン–ブラウンモデルの場合と同様に，粘弾性パラメータを接触の反発係数に関連付けることができる（Pöschel and Schwager, 2005）．

$$e = \exp\left\{ \frac{-\dfrac{\pi C_n}{2\langle m \rangle}}{\sqrt{\dfrac{K_n}{\langle m \rangle} - \left(\dfrac{C_n}{2\langle m \rangle}\right)^2}} \right\} \tag{3.32}$$

ここで，$\langle m \rangle$ は衝突粒子の有効質量で，次式で得られる．

$$\langle m \rangle = \frac{m_a m_b}{m_a + m_b} \tag{3.33}$$

Pöschel and Schwager（2005）は，このように反発係数を用いることの物理的意味について示している．

なお，この場合，所定の反発係数を与える接触のパラメータを逆問題によって決めることが必要である．Cleary（2000）が示しているように，特定の e の値が必要な場合，ダッシュポット定数 C_n を次のように選ぶことができる．

$$C_n = 2\gamma\sqrt{\langle m \rangle K_n} \tag{3.34}$$

ここで，C_n は粘性ダッシュポット係数，K_n は法線方向（線形）ばね剛性，パラメータ γ は以下のように反発係数の関数である．

$$\gamma = -\frac{\ln(e)}{\sqrt{\pi^2 + \ln(e)^2}} \tag{3.35}$$

3.7 ■ DEMの接線力計算

Pöschel and Schwager（2005）が示しているように，DEMシミュレーションで接触力をモデル化する一般的な手法には，基本的な矛盾がある．法線力に対するヘルツモデルでは，球粒子の表面は完全に滑らかであると仮定される．完全に滑らかな二つの球粒子間の接触では，理論的には摩擦抵抗は生じない．しかし，すべり摩擦パラメータはほとんどすべてのDEMプログラムで用いられており，摩擦抵抗は粒子の粗い表面上の隆起の噛み合わせに起因すると仮定されている．

接触表面に沿う，すなわち，接触法線に直交する方向に作用する力の成分を"せん断力"あるいは"接線力"とよび，互換的に用いられていることが多い．接線接触モデルは，全体としてすべる以前（すなわち，少なくとも"固着"している接触表面がある場合）の材料挙動と，接触がすべっている場合の挙動を表すことが必要である．降伏，すなわち，全体のすべりの開始を定義する最も簡単な手法は，クーロンの摩擦モデルを仮定することである．その場合，降伏基準は摩擦係数 μ に基づいて定義され，これはつねに正数，すなわち，$0 \leq \mu$ で，通常は $\mu \leq 1$ である．F_t を接線力，F_n を法線力とすると，つねに $|F_t| \leq \mu F_n$ になる．$|F_t| < \mu F_n$ である場合，接触は"固着している"が，$|F_t| = \mu F_n$ の場合にすべりが始まり，接線力 μF_n はすべりの方向と反対に作用する．接線力に対する破壊基準に粘着の項が付け加えられる場合もある．この場合，$|F_t| < \mu F_n + c$ である間は"固着"のままであり，ここで c はユーザーが指定する粘着力である．

接触していると初めて判定された場合には，その接線力と接触累積接線変位が零に設定される．接触が"固着"している限り，接触力は接線方向の累積変位と接線ばね剛性との積である．累積変位は，接触時から各時間増分間で生じる接触点での粒子の相対変位増分の合計である．簡単のために非粘着性接触を考えると，数学的には，

$$F_t = -\min\left\{|\mu F_n|, F_t\left(\delta_t, \dot{\delta}_t\right)\right\}\frac{\dot{\delta}_t}{|\dot{\delta}_t|} \tag{3.36}$$

となる．ここで，$F_t(\delta_t, \dot{\delta}_t)$ は接触構成モデルを用いて計算されるすべり以前のせん断力である．パラメータ δ_t は接触点の累積相対接線変位を表し，接触点の接線方向の相対速度は $\dot{\delta}_t$ によって表される．すべっていても固着していても，各粒子に作用する接線力は，見かけの接線すべり速度 $\dot{\delta}_t$ の反対の方向につねに作用する．接触点で接線変位が存在するためには，それらの粒子が異なる速度で動く必要がある．そして，その見かけの接線すべり速度（あるいは，接触点での粒子の相対速度）は各粒子で反対の方向となる．接触点のこの相対速度は，粒子図心の相対的並進および粒子の相対的回転による結果である．

ほとんどのDEMシミュレーションで，すべり挙動のモデル化のために一つの摩擦係数が用いられているが，すべりを始めるために必要とされる初期の接線力は，すべりが始まってからの接線力よりも大きいことが，さまざまな境界面のすべりの試験データによって示されている．法線力に対する初期の接線力の比は静摩擦係数を，法線力に対する滑動時の接線力の比は動摩擦係数を与える．二つの土粒子間の摩擦係数を厳密に計測することは非常に難しい．その主たる難しさは粒径が小さいことと接触の非適合性に起因している．粒子間摩擦を計測するために2〜3の装置が開発されているものの（たとえば，Skinner (1969)，Cavarretta et al. (2010))，砂粒子間の接触での接線挙動についての理解はまだ限定的である．

最も基本的な接触モデルでは，接線方向接触力とすべる前の累積接線変位との間に線形関係を仮定している．接触点での累積変形は接触点での粒子の相対速度を積分することによって計算される．剛性 K_t をもつ線形ばねでは，すべる前の時間 t のせん断力は次式によって与えられる．

$$F_t\left(\delta_t, \dot{\delta}_t\right) = K_t \int_{t_c^0}^{t} \dot{\delta}_t dt \tag{3.37}$$

ここで，t_c^0 は二つの粒子が初めて接触する時間である．DEMモデルでは式(3.37)の積分を総和によって近似しており，すなわち，$\int_{t_c^0}^{t} \dot{\delta}_t dt \approx \sum_{t_c^0}^{t} \dot{\delta}_t \Delta t$ となる．この場合，離散化に伴い Δt に比例する誤差が生じる．これは，接触点の接線方向の相対速度に基づいた力増分・変位増分モデルである．Vu-Quoc et al. (2000) や O'Sullivan and

Bray (2004) は，接触力の接線成分を計算するために，接線方向の累積変位を用いることの必要性について示している．すべりが始まってからのすべり力を計算する便利な方法は，次式を用いることである．

$$F_t = |\mu F_n| \frac{F_t^*}{|F_t^*|} \tag{3.38}$$

ここで，F_t^* は式 (3.37) を用いて計算される．

Itasca (2004) を参照して，2次元の場合，すべっているときの粒子 b に対する粒子 a の相対接線速度 $\dot{\delta}_t$ は次式によって与えられる．

$$\dot{\delta}_t = \left(v_i^b - v_i^a\right) t_i - \omega_z^b |x_i^c - x_i^a| - \omega_i^a |x_i^c - x_i^b| \tag{3.39}$$

ここで，t_i は接触の接線方向の単位ベクトル，v_i^a と v_i^b は，それぞれ，粒子 a と b の i 方向の並進速度であり，粒子図心の位置は $\mathbf{x}^a$ と $\mathbf{x}^b$，接触の座標は $\mathbf{x}^c$ によって表される．回転速度 ω_z^a と ω_z^b は，解析面（x–y 平面と仮定）に直交して粒子の図心を通る軸周りの回転である．

3次元の場合はやや複雑であり（Itasca, 2008），最初に接触点での相対速度 $\dot{\delta}_i$ を考えてみる．

$$\dot{\delta}_i = \left\{v_i^b + e_{ijk}\omega_j^b \left(x_k^c - x_k^b\right)\right\} - \left\{v_i^a + e_{ijk}\omega_j^a \left(x_k^c - x_k^a\right)\right\} \tag{3.40}$$

ここで，e_{ijk} は交代テンソルであり1章で定義が示されている．回転速度は粒子図心に原点をもつ局所デカルト座標系で考慮される．接線成分は，相対速度ベクトルから法線成分を引くことによって計算される．

$$\begin{aligned}\dot{\delta}_i^t &= \dot{\delta}_i - \dot{\delta}_i^n \\ \dot{\delta}_i^t &= \dot{\delta}_i - \dot{\delta}_j n_j n_i\end{aligned} \tag{3.41}$$

法線方向の接触力を計算するための変形については，相対変位増分の総和をとることによっても求めることができるが，接触の幾何学的配置に基づいて法線力を計算することが最善の方法である．Itasca (2004) は，幾何学的配置を考慮することによって法線方向の接触力を計算することが，数値丸め誤差（"数値的ドリフト"）を少なくする唯一の方法であることを示した．

3.7.1 ミンドリン–デレシビッツ（Mindlin–Deresiewicz）接線モデル

Mindlin and Deresiewicz (1953) の研究は，接線方向の接触ばねの剛性が，現在

の法線方向と接線方向の荷重，荷重履歴，それに，接線荷重が増加しているのか減少しているのか，あるいは荷重逆転後の増加なのか（すなわち，載荷，除荷あるいは再載荷）に依存することを示した（Thornton (1999), Thornton and Yin (1991), Di Renzo and Di Maio (2004), Vu-Quoc et al. (2000) を参照されたい）．また，接線方向の力・変位関係の経路依存性については，すでに 3.4.2 項で述べた．Vu-Quoc et al. (2000) や Thornton and Yin (1991) は，粒子 DEM のプログラミングのために，接線荷重による挙動の荷重履歴依存性を捉えることができる接触構成モデルを提案している．

■ ブクオック（Vu-Quoc）モデル

Vu-Quoc et al. (2000) は，このモデルをミンドリン–デレシビッツモデルの"簡略"版であるとしている．時間 $t+\Delta t$ の接線力 $F_s^{t+\Delta t}$ は次のように計算される．

$$F_s^{t+\Delta t} = F_s^t + K_s^t \delta_s \tag{3.42}$$

ここで，時間 t の接線剛性 K_s^t は次式によって表される．

$$K_s^t = \begin{cases} K_s^0 \left(1 - \dfrac{F_s^t - F_s^*}{\mu F_n^t - F_s^*}\right)^{1/3} & F_s \text{ 増加時} \\ K_s^0 \left(1 - \dfrac{F_s^* - F_s^t}{\mu F_n^t + F_s^*}\right)^{1/3} & F_s \text{ 減少時} \end{cases} \tag{3.43}$$

ここで，K_s^0 は初期接線剛性，μ は摩擦係数である．F_s^* は最後の方向逆転時の接線力の値である．K_s^0 の値は，次のようにウォルトン–ブラウン接触法線モデルのパラメータ $K_{1,n}$ に関連付けることができる．

$$K_s^0 = K_{1,n} \frac{2(1-\nu)}{2-\nu} \tag{3.44}$$

ここで，ν は固体粒子材料のポアソン比である．

■ ソーントン–イェン（Thornton–Yin）モデル

Thornton and Yin (1991) は，斜めに接触する球の相互作用のためのモデルを提案した．このモデルのプログラミングの完全版では粒子表面の粘着力も考慮しているが，ここでは，粘着力なしのモデルを考える．このモデルを用いて接線方向の接触力を求め，一方，法線方向の接触力についてはヘルツ理論を用いて計算する．Thornton and Yin (1991) は，Mindlin and Deresiewicz (1953) の実験的研究に基づいてモデルを提案している．法線力 F_n で載荷・除荷・再載荷の繰返しを行ったときの接線力

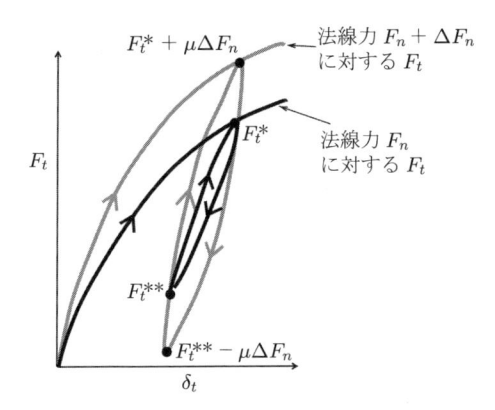

図 3.15 粘着力なしの斜め接触のための接線モデル
(Thornton and Yin, 1991)

F_t と接線変位 δ_t の関係を図 3.15 に示している.

図 3.15 に示すように, このモデルの接線方向の剛性は非線形であり, 現在の法線力 F_n, 接線力, 載荷履歴, それに, 接触が接線方向の載荷, 除荷あるいは再載荷のどの状態にあるかに依存している. それゆえ, このモデルは接線方向の完全なすべりの開始以前に, エネルギーを散逸している.

剛性 K_t は次式によって表される.

$$K_t = 8G^*\theta\delta_n \pm \mu(1-\theta)\frac{\Delta F_n}{\Delta \delta_t} \tag{3.45}$$

ここで, 負の符号は除荷時に用いられる.

パラメータ G^* は, 以下のように接触している球のせん断剛性 (G_1, G_2) に関係している.

$$\frac{1}{G^*} = \frac{2-\nu_1}{G_1} + \frac{2-\nu_2}{G_2} \tag{3.46}$$

接触点の法線変位は δ_n によって表され, パラメータ θ は接触の載荷状態に依存し, 次式となる.

$$\theta^3 = 1 - \frac{F_t + \mu\Delta F_n}{\mu\Delta F_n} \quad \text{(載荷)} \tag{3.47}$$

$$\theta^3 = 1 - \frac{F_t^* - F_t + 2\mu\Delta F_n}{2\mu\Delta F_n} \quad \text{(除荷)} \tag{3.48}$$

$$\theta^3 = 1 - \frac{F_t - F_t^{**} + 2\mu\Delta F_n}{2\mu\Delta F_n} \quad \text{(再載荷)} \tag{3.49}$$

図 3.15 に示すように, パラメータ F_t^* と F_t^{**} は荷重逆転の点を示す. 法線力が変化

するにつれて，その逆転を $F_t^* = F_t^* + \mu\Delta F_n$ や $F_t^{**} = F_t^{**} - \mu\Delta F_n$ と連続的に更新する必要があることを説明するために，$F_n + \Delta F_n$ の法線力に対する別の曲線を図3.15 に示している．このモデルをプログラミングするには，法線力の小さな増加に伴う小さな変位増分を考慮することが必要であり，詳細については Thornton and Yin (1991) に示されている．

　ミンドリン–デレシビッツ接線モデルのプログラミングはとくに新しいものではなく，線形ヘルツ–ミンドリン接触モデルは，地盤力学の DEM でよく用いられている接線接触モデルである．なお，すべる前の接線挙動の非線形性を捉えることの重要性は，対象とするシミュレーションのひずみレベルに依存している．たとえば，微小な荷重逆転が起こる場合には（たとえば，せん断波伝播），この接触挙動の特徴を捉えることは非常に重要であるように思える．また，Di Renzo and Di Maio (2004) は，鋳鉄製の台への 1 個の球の斜め衝突のシミュレーションについて，三つの異なる接線力のプログラミングを用いて比較している．

3.8 ■ 引張り力伝達のシミュレーション

　概念的には，クーロンの摩擦抵抗に加えて，固結[*]によって接触法線方向の引張り抵抗や接線方向の粘着力が与えられる．ここでは，上述のとおり，法線方向の引張り強度と接線方向の粘着力（あるいは所定のせん断強度）を指定することによって，モデルに結合による強度を取り入れることができる（図 3.16）．通常，どちらの強度も力の単位で表される．

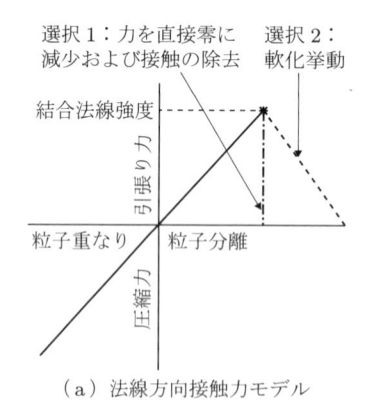

図 3.16 DEM の基本的な結合モデル

(a) 法線方向接触力モデル
(b) 接線方向接触力モデル 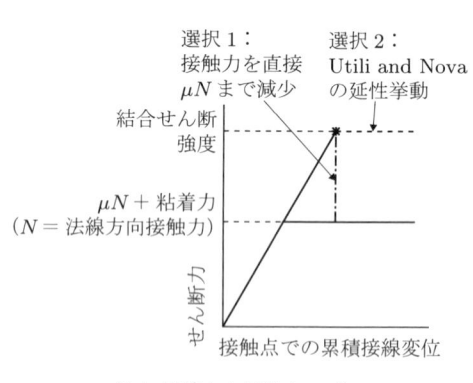

---

[*] セメンテーション

図 3.16 を参照して，引張り力の場合に作用するスライダーの機能（接触の破断）を制限することによって，粒子間の引張り力の伝達を許容するように線形ばねモデルを容易に拡張することができる．引張り許容接触モデルを用いる場合，$|\delta_n| < \delta_n^{t,\max}$ ならこの接触が有効であるとみなされる．ここで，$\delta_n^{t,\max}$ は，接触の引張り強度 $F_n^{t,\max}$ が作用している場合の離間距離である．簡単な線形引張りモデルでは，結合強度を $F_n^{t,\max}$ とするなら，その場合，$\delta_n^{t,\max} = F_n^{t,\max}/K_n$ となる．地盤力学では，通常，この基準は既存の接触に対してのみ用いる．すなわち，すでに接触していない二つの粒子に対して $|\delta_n| < \delta_n^{t,\max}$ なら，引張り力は伝達されない．引張り強度を超える場合には接触は取り除かれる．もし二つの粒子が再び接触する場合には，新しい接触が形成され，その接触の引張り強度は零となり，引張り強度零の基本的な摩擦接触モデルによってその挙動が左右されることになる．

引張り許容接触モデルの改良が提案されている．たとえば，（接触法線方向に対して）図 3.16(a) に示すように，変位の増加とともに法線引張り接触力が線形的に減少する変位軟化挙動を表すことができる．この種のモデルのプログラミングの例としては PFC のひずみ軟化モデルがある（Itasca, 2004）．あるいは，Utili and Nova（2008）は，接触接線方向に対して図 (b) に示すように降伏後の延性型モデルを用いている．Utili and Nova（2008）の接触でのせん断強度は，法線力の関数であり，$c + \mu F_n$ に等しい．ここで，c は粘着力である．延性の場合，降伏後に接触力が変化するが，脆性の場合にはすぐに μF_n まで減少する．また，ひずみ軟化モデルの別の例として，Hentz et al.（2004）の研究がある．

地盤力学における DEM では，線形引張りモデルが数多く用いられている．たとえば，Cook et al.（2004）による出砂の 2 次元シミュレーション，McDowell and Harireche（2002）や Cheng et al.（2003）による粒子破砕の 3 次元シミュレーション，Kulatilake et al.（2001）による固結砂挙動の 3 次元シミュレーションなどがある．Camborde et al.（2000）もこの引張り力をモデル化した簡単な手法によって，圧縮での接触挙動を非円形粒子および非線形のヒステリシス型モデルを用いてシミュレーションしている．

3.8.1 並列結合モデル

自然固結砂や人工固結砂の微視的構造の走査型電子顕微鏡（Scanning Electron Microscope, SEM）画像によって，粒子の接触域の固結は，有限の体積をもち粒子表面の有限の面積を覆っていることが示されている（たとえば，Gutierrez（2007））．それゆえ，固結強度は接触での固結の体積に依存すると仮定することは妥当であろう．さらに，有限な固結面積において接触法線方向にモーメントを伝達することができ，回転に対して抵抗することになる．前述の単純な引張りモデルでは，これらの接触挙動

の特徴を捉えることができなかったが，Potyondy and Cundall（2004）の並列結合モデルによってこれらの欠点は克服される．Itascaの市販のPFC2DおよびPFC3Dには，このモデルがプログラミングされている．

並列結合モデルを用いる場合は，各固結接触において，前述の通常の零引張り接触ばねと同時に1組の並列の線形ばねを導入する（図3.17）．単純な結合モデル[*]と対比すると，並列結合モデルではモーメントが法線および接線方向の接触によって粒子に伝えられる．図3.18に示すように並列結合は有限の大きさをもち，結合の半径が $R_{pb} = \alpha r_{\min}$ になるように，並列結合半径係数 α を用いて結合の面積を特定する．ここで，$r_{\min}$ は接触している二つの粒子の小さい方の半径であり，$0 \leq \alpha \leq 1$ である．結合の面積 A_{pb} は，2次元では単位厚さに対して $A_{pb} = R_{pb}$，一方，3次元では $A_{pb} = \pi R_{pb}^2$ によって表される．

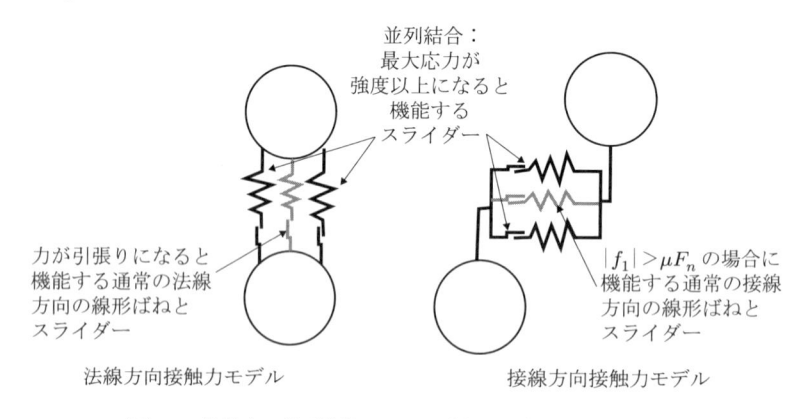

図 3.17 従来の線形接触モデルと並行して作用する並列結合

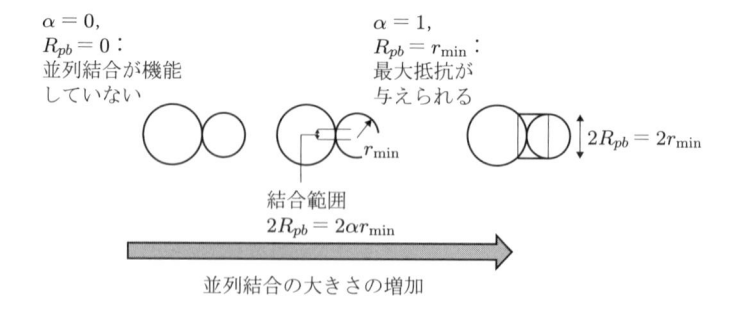

図 3.18 α に対する並列結合の大きさの変化

---

[*] ボンドモデル

結合の大きさは概念的に固結の程度を表しており，大きなαはより固結していて結合の範囲や程度が大きいことを示しているが，その固結の数量は理論的には決められず，それに，その材料の間隙比は並列結合の大きさには影響されない．並列結合モデルを用いたシミュレーションでは試験データに対してよく較正されているが（12章参照），固結の数量をα値と直接結び付けることは非常に難しいであろう．結合の大きさが零である場合には並列結合は実際上作用せず，αが増加するにつれて強度およびモーメント伝達に対する抵抗が増加する．

前述の単純な線形の接触結合と比較すると，並列結合の剛性は応力/変位の単位，最大強度は応力の単位が用いられる．通常の線形接触剛性モデルで必要とされるパラメータに加えて，並列結合モデルを表すために必要とされる入力パラメータには，並列結合の大きさα，結合の法線方向剛性K_n^{pb}，接線あるいはせん断方向剛性K_t^{pb}，法線方向引張り強度（符号正）$\sigma_n^{\max}$，せん断強度$\tau^{\max}$などがある．

法線方向および接線方向に並列結合によって伝えられる力F_n^{pb}とF_t^{pb}は，次式によって表される．

$$\begin{aligned}F_n^{pb} &= K_n^{pb} A_{pb} \delta_n \\ F_t^{pb} &= K_t^{pb} A_{pb} \sum \Delta \delta_t\end{aligned} \quad (3.50)$$

ここで，δ_nは法線方向変位，$\sum \Delta \delta_t$は累積接線方向変位である．結合の最大引張り応力あるいは最大せん断応力の計算値が，定義した強度を超える場合に結合が壊れる．

2種類のモーメント，すなわち，スピンモーメントあるいはねじりモーメントM_{spin}^{pb}および曲げモーメントM_b^{pb}が並列結合によって伝達される．スピンモーメントは，接触法線軸周りの相対的な回転によって引き起こされるモーメントになるので，3次元のプログラミングでのみの計算となる．粒子の回転増分によって引き起こされるモーメント増分（$\Delta M_{\text{spin}}^{pb}$と$\Delta M_b^{pb}$）は，次式によって表される．

$$\begin{aligned}\Delta M_{\text{spin}}^{pb} &= K_t^{pb} I_{pb} \Delta \theta_n \\ \Delta M_b^{pb} &= K_n^{pb} I_{pb} \Delta \theta_s\end{aligned} \quad (3.51)$$

ここで，I_{pb}は並列結合の慣性モーメントであり，2次元の円盤の単位厚さに対して$I_{pb} = 2R_{pb}^3/3$，3次元の球に対して$I_{pb} = R_{pb}^4/4$である．接触法線軸周りの累積回転は$\sum \Delta \theta_n$によって表され，一方，接触法線に直角に交わる累積回転は$\sum \Delta \theta_s$によって表される．その接触力によって，その接触合力と接触から粒子の図心に向いたベクトルのクロス積によって得られるモーメントがさらに加わることになる．

破壊基準，すなわち，並列結合の法線方向および接線方向のばねの破壊を引き起こす応力は，それぞれ，最大引張り応力および最大せん断応力によって示される．最大

法線応力 $\sigma_n^{\max}$ および最大せん断応力 $\tau^{\max}$ の式は，梁の曲げ理論によって次のように得られる．

$$\sigma_n^{\max} = \frac{-F_n^{pb}}{A_{pb}} + \frac{\left|M_b^{pb}\right|}{I_{pb}} R_{pb} \tag{3.52}$$

$$\tau^{\max} = \frac{\left|F_t^{pb}\right|}{A_{pb}} R_{pb} + \frac{\left|M_{\mathrm{spin}}^{pb}\right|}{J_{pb}} R_{pb} \tag{3.53}$$

ここで，J_{pb} は3次元シミュレーションでのみ必要とされる並列結合の極慣性モーメントであり，$J_{pb} = \pi R_{pb}^4 / 2$ によって表される．

法線方向の $\sigma_n^{\max}$ が結合強度を超えれば，結合が引張り破壊したものとみなしてその接触を除去する．その後，これらの粒子が再び接触すれば，粒子間の接触は引張り強度零の通常の接触モデルによってその挙動が左右される，すなわち，その粒子は非結合材料の性質をもつことになる．もし法線方向の力が引張りなら，せん断方向で $\tau^{\max}$ を超える場合には結合は除去され，一方，$\tau^{\max}$ を超えない場合にはその接触の挙動は前述の引張り強度零の接触モデルに戻り，接触点での粒子の相対的なすべりや移動が可能になる．

Cheung（2010）は，並列結合と通常の接触モデルの力の分布を理解するために単純な2粒子について解析した．引張りの場合，並列結合がすべての引張り力を受けるが，圧縮の場合には，接触モデルと並列結合とで分担し，各時間ステップで，接触する二つの粒子に作用する並列結合による合力と合モーメントを計算している．モーメントは，結合の慣性モーメントおよび接触する二つの粒子の相対回転速度の関数である（Itasca（2008）を参照）．固結砂で一般的に観察される脆性挙動を捉えるためには，並列結合モデルと粒子・粒子モデルとの間での相対的な剛性，すなわち，荷重分担について注意深く考慮する必要があることを Cheung（2010）が示している．市販の DEM プログラム PFC2D はこのモデルをもち，2次元（Wang et al.（2003），Fakhimi et al.（2006））および3次元（Potyondy and Cundall（2004）や Cheung（2010））での岩盤や固結砂の挙動を解析するために用いられている．この接触モデルを用いた岩盤挙動のシミュレーションについては，12章で述べる．

並列結合モデルと同様な手法を用いて，Pöschel and Schwager（2005）は，梁理論に基づく接触モデルを用いた2次元三角形粒子の接合を提案した．この手法では，接触している二つの三角形粒子の図心を，完全固定端部の弾性梁を用いて接合している．この梁の変形は伸び，曲げ，せん断による変形の組合せであり，弾性の重ね合わせを仮定すると全体の変形はこれら三つの変形の総和になる．

Weatherley（2009）が提案する回転結合は，並列結合モデルと似ており，曲げモー

メントのみならずねじりを伝える．それゆえ，このモデルでは，四つのばね剛性のパラメータを，法線，接線，曲げ，ねじりの挙動に対して設定する必要がある．破壊基準は以下の総和によって規定される．

$$\frac{|F_n|}{F_n^{\max}} + \frac{|F_t|}{F_t^{\max}} + \frac{|M_b|}{M_b^{\max}} + \frac{|M_t|}{M_t^{\max}} \quad (3.54)$$

ここで，F_n と F_t は現在の接触力の法線および接線成分である．曲げおよびねじりモーメントは，それぞれ，M_b と M_t によって表され，その上付き添字 "max" は破壊時の力およびモーメントを示す．

3.9 ■ 転がり抵抗

3.9.1　接触点の転がり抵抗に関する総論

粒子 DEM の基本的な式は，接触点で回転に対して抵抗を示さない，非適合接触である滑らかな球や円の粒子に基づいて得られている．しかし，実際の土粒子が接触する場合には，非凸状で粗な表面の適合接触であることが多く，接触点では回転に対して抵抗することになる．たとえば，図 3.4(b)，(c) を参照すると，これらの適合接触においては粒子は回転できないということは明らかであろう．この現象を表すために，"転がり抵抗" や "転がり摩擦" が用いられている．

図 3.19 に示すように 2 種類の回転が起こり得る．接触する二つの粒子が転がる場合には，それらに共通する接平面に平行な軸周りに相対的な角運動が生じる（すなわち，並列結合モデルでの曲げモーメント）．また，粒子は接触点でスピンする場合がある，すなわち，接触面に直交する接触法線軸の周りに回転する．接触点での転がり抵抗を考慮する接触構成モデルが提案されているが，スピン時のエネルギー散逸やスピン運動に対する抵抗については，DEM モデルではほとんど考慮されていない．前述の並列結合モデルではこれらを考慮しているものの，曲げモーメントとスピンモーメントに対する抵抗は，粒子間の固結によって得られると仮定している．ここでは，非結合

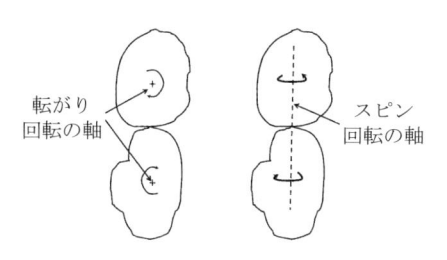

図 3.19 ■ 転がり回転とスピン回転

材料の幾何学的形状に起因する転がり抵抗のシミュレーションについて述べる．

粒子接触に起因して粒子に作用するトルクにはいくつかの要因がある．すなわち，力の接線方向成分，（接触が有限な面積であるなら）法線応力（トラクション）分布の非対称性，それに接触法線ベクトルがブランチベクトル（ブランチベクトルは接触する二つの粒子の図心を結ぶベクトル）と共軸でない場合の法線方向の接触力である．接線方向の接触力によるモーメントは粒子間摩擦や接線（せん断）の粘着力で起こり得る．また，モーメントに対する法線成分の寄与を求めることは容易ではなく，この成分は，"転がり摩擦トルク"ともよばれる．

接触している粒子がすべらずに互いに回転できるという極端な場合には，歯車のように図心位置は固定されたままで動き，一つの要素の動きが次の要素に伝わっていく（図 3.20）．このメカニズムのためには，接触点でモーメントを伝達する必要がある．基本的な仮想の DEM 粒子（円盤や球）の凸状の形状では，明らかにこのモーメントを伝えることができないことから，このメカニズムを再現するためには，接触構成モデルに対しての修正が必要となる．対照的に，他の極端な仮想の場合として，接触している粒子が接線力のない状態で相対的に動く自由転がりが考えられる．また，Greenwood et al. (1961) は（ゴムに関連した）転がり摩擦について，解析的視点および実験的視点から詳細に考察している．

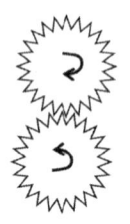

図 3.20 すべりがない転がり

Johnson (1985) は，転がり抵抗のエネルギー散逸の原因として，接触面における微小すべり，摩擦，接触している粒子材料の非弾性挙動，それに，転がり表面の粗度に伴うエネルギー散逸などを挙げている．微小すべりは，接触する材料が異なる弾性定数をもつか，あるいは，その二つの接触物体の曲率に違いがある場合に起こる．エネルギー散逸は，転がりおよびスピンにおける微小すべりによって起こり得る．力学の視点からは，転がりに対する抵抗は接触圧力分布の非対称性により生じる偶応力[*]に関係している．二つの粒子が一緒に転がる場合，接触の前面では背面よりも大きな圧力になる．接触の前面での圧力が非常に高くなると，接触粒子内（表面だけでなく）で

---

[*] モーメント応力

非弾性変形を生じる．この種の塑性域が発達すると転がり抵抗が増加する（Johnson, 1985）．

表面の隆起はエネルギー散逸に重要な役割を果たしている．初期載荷では，公称（全体的）応力が弾性限界内にあっても，その隆起によって実際の接触圧力が強まるために，接触で塑性変形が起こり得る．その接触が繰返し載荷を受ける場合，隆起は初期載荷によって塑性的に変形して，その後の載荷ではその接触挙動はより弾性的になる．また，表面の隆起の粗度によって抵抗が生じることから，そのでこぼこを"乗り越える"ためのエネルギーが必要である．Johnson（1985）は，玉石の舗装道路を荷馬車の車輪が転がる場合のエネルギーについて比較している．

Johnson（1985）は，平らな表面上を角速度 ω で転がる半径 r の円柱形を考え，仕事率をエネルギー散逸率と同一視することによって転がり抵抗係数 μ_r を定義した．合モーメント M_r が円柱形に作用する場合の仕事率は $M_r\omega$ である．接触の半径が a で表面に作用する法線力が F_n の場合，エネルギー散逸率は $2\alpha F_n a\omega/3\pi$ である．ここで，α はヒステリシス現象によるひずみエネルギーの散逸率である．その場合，転がり抵抗は次式によって表される．

$$\mu_r = \frac{M_r}{F_n r} = \alpha \frac{2a}{3\pi r} \tag{3.55}$$

転がりのメカニズムは粒状体の巨視的挙動にとってかなり重要であることを，Oda et al.（1982）などが示している．光弾性の楕円形粒子に関する実験に基づいて，接触での変形の三つの可能なモード，すなわち，純粋転がり，純粋すべり，それに転がりとすべりが同時に起こっているモードを明らかにした（図 3.21）．これらの 2 次元の実験によって，粒状体では接触点で著しい転がりがあることが明らかにされており，微視力学的モデルはこの接触変形のモードを考慮しなければならない．

転がりがないすべり　　　すべりがない転がり　　　転がりとすべり

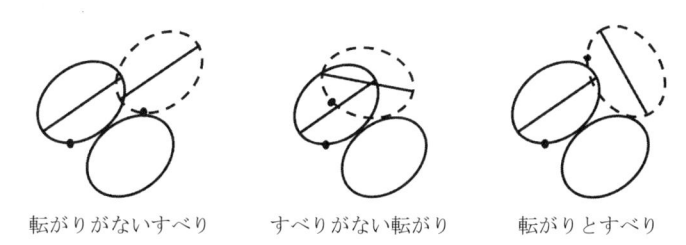

図 3.21 粒状体のすべりと転がり（Oda et al.（1982）から引用，一部改変）

3.9.2　岩下-小田の回転抵抗モデル

円盤や球の粒子を用いる場合には，DEM プログラムの複雑さやシミュレーション

の計算コストを最小化することができる．幾何学的に単純な球や円盤を用いて，粒子DEMに転がり抵抗を考慮するための二つの手法が提案されている．Iwashita and Oda (1998) が提案した手法では，法線方向の接触ばねと平行に回転ばね・スライダー系を付け加えている．Iwashita and Oda (1998) がこのモデルを2次元で開発し，この3次元版が粒子DEMプログラムのYADE (Belheine et al., 2009) にプログラミングされている．この接触モデルを模式的に図3.22に示す．粒子が相対的に回転すると，複合ばね・ダッシュポット・スライダー系によって，次式で表されるモーメント M_r が接触している粒子に伝えられる．

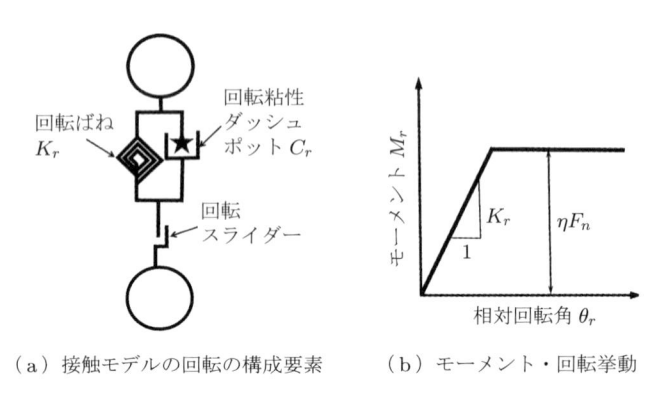

図3.22 転がり抵抗モデル（Iwashita and Oda, 1998）

（a）接触モデルの回転の構成要素　（b）モーメント・回転挙動

$$M_r = -K_r \theta_r - C_r \frac{d\theta}{dt} \tag{3.56}$$

ここで，K_r は回転ばねの剛性，C_r は回転粘性ダッシュポット係数，θ_r は二つの接触粒子の相対回転角である．Iwashita and Oda (1998) が詳細に示しているように，時間増分間の接触法線方向の変化だけでなく，粒子回転増分を考慮することによって相対回転増分を計算する．M_r の限界値（すなわち，その点を超えたら回転抵抗が増加しない降伏値）は ηF_n によって表される．ここで，F_n は（圧縮の）法線方向の接触力，パラメータ η は転がり摩擦係数である．Belheine et al. (2009) は，3次元のプログラミングにおいて，接触している二つの粒子の平均半径と η との間に線形関係を提案した．どちらのプログラミングにおいても，回転抵抗剛性 K_r を線形の接線方向の接触ばね剛性 K_s に関連付けている．

この転がり摩擦モデルを用いる場合には，接線方向の接触力によるモーメントに転がり抵抗モーメントを付け加える．したがって，粒子 p の角運動方程式は次のようになる．

$$\mathbf{I}_p \frac{d\boldsymbol{\omega}_p}{dt} = \sum_{c=1}^{N_{ct}} \mathbf{F}_t^c r_p + \sum_{c=1}^{N_{cm}} \mathbf{M}_r^c \tag{3.57}$$

ここで，$\boldsymbol{\omega}_p$ は粒子の回転速度，慣性テンソルは $\mathbf{I}_p$ によって表され，粒子半径は r_p である．接線力 $\mathbf{F}_t^c$ と回転抵抗によるモーメント $\mathbf{M}_r^c$ が，それぞれ，N_{ct} 個と N_{cm} 個の接触において作用している．Iwashita and Oda（1998）は，巨視的挙動および微視的挙動に及ぼす回転抵抗の影響を調べるために，2次元のパラメータスタディでこのモデルを用いた．Belheine et al.（2009）による三軸試験のシミュレーション結果は，Labenne 砂の三軸試験の試験データとよい相関性を示している．

3.9.3 ジアン（Jiang）らの回転抵抗モデル

Jiang et al.（2005）は，（法線方向および接線方向の接線ばねと同様に）回転抵抗が接触域に依存することから，岩下・小田の回転モデルを拡張した転がり抵抗モデルを提案した．ジアンらのモデルもまた粘性減衰をもつ．Jiang et al.（2009）では表面の粗さを考慮するためにこのモデルをさらに拡張している．

どちらのモデルも，法線とせん断方向のばねが並行に機能する系によって接触挙動を模擬的に再現する，概念的なモデルに由来している（図 3.23）．Jiang et al.（2005）による最初のプログラミングでは，法線力およびモーメントは接触点の回転に依存して，接触法線のトラクションの非対称分布がモデル化されている．法線方向の接触剛性 k_n は，接触面上の点での法線応力と変位とを関係付けている．その場合，法線力 F_n は次式によって表される．

$$F_n = \int_{-B/2}^{B/2} \left\{ k_n \left(\delta_n + \theta z \right) + \nu_n \left(\dot{\delta}_n + \dot{\theta} z \right) \right\} dz \tag{3.58}$$

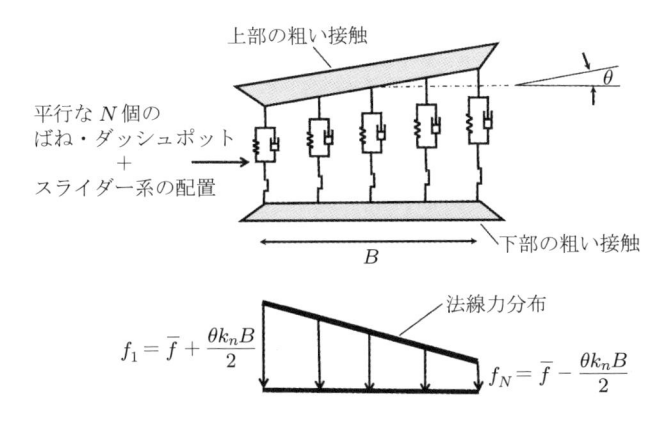

図 3.23 並列結合系とその法線力分布（Jiang et al, 2005）

ここで，接触の範囲は $z = -B/2$ から $z = B/2$ で，接触の重なりは接触の中心（ここでは $z = 0$）で δ_n，回転は θ，粘性減衰パラメータは ν_n である（ここで，接触の重なりは圧縮を正とし，反時計周りの回転を正とする）．B の値は粒子の形状に依存する．すなわち $B = \alpha \langle r \rangle$．ここで，$\alpha$ は無次元の幾何学的形状パラメータ，$\langle r \rangle = 2r_1 r_2 / (r_1 + r_2)$ で，r_1 と r_2 は接触する二つの粒子の半径である．法線接触トラクションによる接触点でのモーメントも次のように積分形で表すことができる．

$$M_n = -\int_{-B/2}^{B/2} \left\{ k_n \left(\delta_n + \theta z \right) + \nu_n \left(\dot{\delta}_n + \dot{\theta} z \right) \right\} z dz \tag{3.59}$$

Jiang et al.（2009）による粗い接触に対する2次元の式では，前述の幾何学的パラメータ α に加えて，さらに，接触点数や隆起が接触域で均質に分布すると仮定して，それらを表すために別のパラメータを用いている．個々の隆起は，それ自体ばね剛性 k_n をもつ別々の"小接触（sub-contact）"点を形成していて，法線方向の全接触力と全モーメントの式は隆起での力の総和によって得られる．粒子の相対的な回転による接触点でのモーメントを計算するために，二つの概念が提案されている．最初の場合（図3.24のモデル1）では，回転の限界値を設定して，回転がこの値を超えるとすべての隆起が押し潰されて回転抵抗が消滅すると仮定する．第2の場合（図3.24のモデル2）は，弾完全塑性モデルとよばれ，限界回転値を超えるとモーメントは一定になると仮定する．Jiang et al.（2005 と 2009）が提案するどちらのモデルも接触の幅を明確に考慮しているので，岩下・小田の手法に優る利点をもっており，実際の物理的な状況をよく表している．

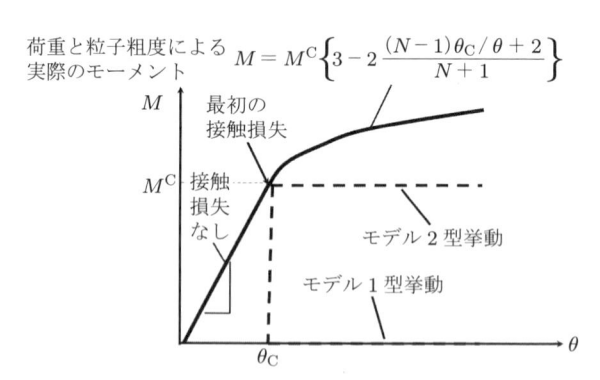

図 3.24 モーメント・回転関係（Jiang et al., 2005）

3.10 時間依存性挙動

ばねとダッシュポットの組合せによって，前述のレオロジーモデルを用いて時間依

存性の粘弾性挙動をモデル化することができる．たとえば，PFC では，土のクリープをシミュレーションするためにバーガーモデルを選択できる（図 3.13(c)））．また，Wang et al.（2008）は，マックスウェル接触モデルの 2 次元 DEM を用いて経時変化による劣化をシミュレーションしている．

　土（砂を含む）の挙動の時間依存性は，微視的視点から研究に値する複雑な現象ではあるが（たとえば，Di Benedetto et al.（2005）），土のクリープに関する DEM シミュレーションはまだ比較的少ない．初期の例としては Kuhn and Mitchell（1992）の 2 次元の研究があり，速度過程理論＊（Rate Process Theory）によって得られた接触点でのすべり速度 $\dot{\delta}_t$ の式を用いている．

$$\dot{\delta}_t = \lambda \frac{2kT}{h} \exp\left(-\frac{\Delta F}{RT}\right) \sinh\left(\frac{1}{2kT}\lambda n_1 \mu\right) \tag{3.60}$$

ここで，k はボルツマン（Boltzman）定数，h はプランク（Planck）定数，R は一般気体定数，T は絶対温度，λ は作用力方向に連続している平衡位置間の距離，n_1 は法線方向の接触力の単位あたりの結合数，ΔF は作用力である．Kwok and Bolton（2010）が示しているように，これは粒子間摩擦の影響や接触隆起に対する損傷を考慮しない熱活性クリープモデル（Thermally Activated Creep Model）である．Kwok and Bolton（2010）は，球粒子の 3 次元 DEM にクーン–ミッチェル（Kuhn–Mitchell）モデルをプログラミングしている．三軸圧縮試験におけるクリープをシミュレーションして，その結果がさまざまな土の実験で観察される挙動と定性的に類似していることを示した．

　岩盤の時間依存性挙動については，Potyondy（2007）が提案する並列結合応力腐食モデルとよばれる並列結合モデルの修正版が用いられている．これは，水を含む珪石で起こる応力依存性腐食作用をシミュレーションするために開発されたモデルであり，閾値の応力を超えると指数関数を用いて並列結合の半径を縮小している．

　時間依存性接触モデルを開発するさらなる動機として，瀝青質のアスファルトのシミュレーションがある．骨材，フィルター，瀝青質，空気相を含むこの多相系材料は DEM を用いた精密なモデル化がまだ確立されていない．しかし，Collop et al.（2007）は，土粒子間のアスファルト母材の粘性挙動は，アスファルト相を陽にシミュレーションするのではなく，バーガー接触モデルを用いることによってシミュレーションできることを示し，球粒子を用いたその 3 次元シミュレーションによって，時間に伴うひずみの進展が実験と定量的に一致していることを示した．Abbas et al.（2007）も，アスファルト路床の挙動についての 2 次元シミュレーションでバーガー接触モデルを用いている．

＊　粘性破壊が対象となる

3.11 ■ 不飽和土の挙動

　地盤工学技術者にとっての粒状体は，単に2相系（粒子・間隙）材料というだけではなく，粒子間の間隙が乾燥している，完全に飽和している，あるいは空気と水が混合している場合に分けられる．また，石油工学における間隙流体には石油と水の両方の相がある．流体が間隙を満たしている飽和系のDEMシミュレーションについては，6章で述べる．不飽和土あるいは部分飽和土の挙動は，地盤工学技術者にとってとくにやっかいである．不飽和土挙動の基本的なメカニズムについての研究が，DEMによって数多くなされてきた．空気・水の境界面や水・石油の境界面で表面張力が生じて個々の粒子に毛管力が働き，これらの粒子レベルの力は材料挙動に対して著しく影響する．DEMでは異なる流体間の境界面をモデル化するのではなく，材料挙動に及ぼす不飽和土の毛管力の影響を接触構成モデルによってモデル化している．

　空気と水によって間隙が占められている状況に限ると，飽和度 S_r は水相によって占められる間隙体積の割合として定義される．飽和度は，土の土壌水分保持曲線（Soil Water Retention Curve, SWRC）によってマトリックサクション（すなわち，土中の空気と水の圧力の差）に関連付けられる．土質力学の符号規約では，土が部分飽和の場合に水圧は負，完全飽和の場合に正としている．Likos（2009）は，微視的力学の視点から不飽和土の概念について紹介している．土への水の供給状態はその飽和度に依存しており，低い飽和度（約 20 % 未満）の場合は**懸垂（pendular）状態**とよばれる．この場合，水は粒子表面上で薄い膜となり，液架橋が粒子間に形成される．飽和度が増加するにつれて，$20\% < S_r < 90\%$ で液架橋網によって部分的に満たされた間隙を形成し，水で飽和した間隙が点在する**索状（funicular）状態**が発達する．S_r が100 %に近づくにつれて，空気相が孤立した泡として存在する．不飽和土の懸垂域を対象として，粒子間の液架橋によって働く引張り力を求めるために，DEM の接触構成モデルが開発されている．Gili and Alonso（2002），Jiang et al.（2004），Richefeu et al.（2008），El Shamy and Gröger（2008），Scholts et al.（2009）は，部分飽和土の毛管力に起因する粒子間の引張り力や粘着力を表すための接触モデルを提案している．Zhu et al.（2007）は，粒子間に存在する非接触力の一つとして毛管力を挙げており，また，地盤力学以外の不飽和材料の挙動に対する接触モデルのプログラミングの概要を示している．

　どの接触力の式も，図 3.25 に示す液架橋と類似な形状を考えている．液架橋自体は，主曲率半径が r_1 と r_2 で，離間距離 a の環状形をもつと仮定されている．角度 β は点弧角度の半分，θ は接触角度，そして，液架橋の体積は r_1, r_2, β, θ の関数である．半点弧角度は飽和度に関連付けることができ，El Shamy and Gröger（2008）は，粒

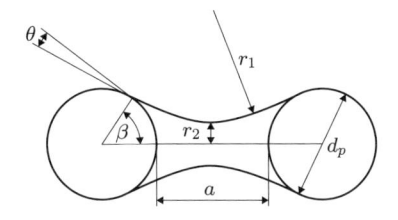

図 3.25 懸垂状液架橋（El Shamy and Gröger（2008）の表記法を用いて）

子レベルでの液架橋の体積と a および θ の関数である β を決めるために反復手法を用いている．液架橋の頭部に作用する表面張力とマトリックサクションあるいは毛管圧を考慮することによって，引張り力の式を得ることができる．その式には少し違いがあるが，El Shamy and Gröger（2008）を参照すると，引張り液架橋力は次式によって表される．

$$F_l = \pi r_2 T_s \frac{r_1 + r_2}{r_1} \tag{3.61}$$

ここで，T_s は液架橋に作用する表面張力である．この表面張力は次のようにマトリックサクションに関連付けることができる．

$$P_c = T_s \left(\frac{1}{r_1} - \frac{1}{r_2} \right) \tag{3.62}$$

ここで，マトリックサクション P_c は，$P_c = u_a - u_w$ のように空気圧 u_a と水圧 u_w に関係している．

Gili and Alonso（2002）が示しているように，粒子間の重なりがある場合には力は圧縮接触力の反対方向に作用し，粒子が離れる場合には表面張力が作用する．液架橋が壊れる離間距離について考慮する必要があり，さまざまな選択肢がある．Richefeu et al.（2008）や El Shamy and Gröger（2008）は不飽和土の3次元プログラミングについて示し，2次元プログラミングについては Gili and Alonso（2002）や Jiang et al.（2004）によって示されている．Jiang et al.（2004）のプログラミングでは，飽和度が増えて隣接する間隙が水であふれる場合に，隣接する液架橋の併合を考慮している．

3.12 接触判定

3.12.1 隣接粒子の特定

ここまで，接触判定および接触力の計算に焦点をあてて考察してきた．図 1.7 を参

照して，接触力を計算する最初のステップは，接触している粒子あるいは現在の時間増分で接触しそうな粒子を特定すること，すなわち，系の接触の一覧表を作成することである．接触判定のためにさまざまな手法を用いることができるが，それらの手法に関わらず，個々の粒子に対する"隣接"表，すなわち，接触している粒子か，その時間増分間で接触しそうである粒子の一覧表を作成する必要がある．これらの隣接する粒子は，図1.8に示したように接触力の計算ループの中で考慮される．

隣接する粒子の組を特定するためには，許容誤差 δ_n^{near} を指定する必要がある．対象の二つの粒子間の最も短い距離を計算するが，この距離を計算する手法は粒子の幾何学的配置に依存している．粒子が接触している場合，この距離は接触法線方向の重なり δ_n に等しい．重なりの距離を正として，粒子が離れていて $\delta_n < 0$ で $|\delta_n| \leq \delta_n^{\mathrm{near}}$ の場合，a と b は接触する可能性があり，この接触の組は次の時間増分で考慮する必要がある．二つの粒子が以前に接触していても，$\delta_n < 0$ で $|\delta_n| > \delta_n^{\mathrm{near}}$ ならそれらの接触は終わっており，接触処理を考慮する必要はない．Pöschel and Schwager (2005) は後述のように**ベルレ距離**を定義しており，2粒子間の距離がこのベルレの距離よりも短いなら，その粒子は，接触しているあるいは接触の可能性がある粒子として，ベルレの一覧表に付け加えられる．

図3.26を参照して，粒子が非常にでこぼこした形状である場合，接触の形状を詳細に分析するのではなく，接触判定時に二つの外接円（3次元で球），あるいは二つの外接長方形（3次元で直方体）が交差しているかどうかを判定するほうがより効率的である（Hogue (1998), Munjiza (2004), Vu-Quoc et al. (2000) も参照）．外接する箱の範囲については，$x = x_{\min}$, $x = x_{\max}$, $y = y_{\min}$, $y = y_{\max}$, $z = z_{\min}$, $z = z_{\max}$ によって示される四つの線（2次元），あるいは，六つの面（3次元）によって定義されているので，外接球を決めるより簡単である．ここで，$x_{\min}$ は粒子表面の最小の x

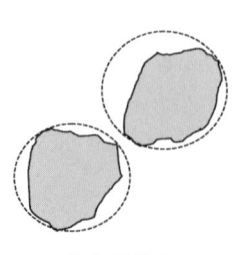

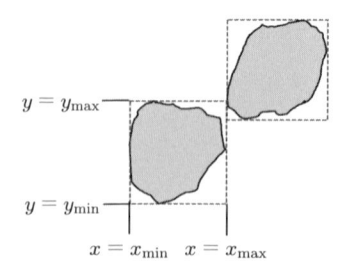

（a）境界球　　（b）でこぼこした形状をもつ粒子間の潜在的接触を評価するための境界直方体

図 3.26 接触判定のための粒子の境界

座標，x_{max} は粒子表面の最大の x 座標などである．あるいは，粒子の図心間の距離によっても考慮することができる．それが限界（**ベルレ距離**とよばれる）以内なら，これらの粒子は接触するのに十分接近していると判定される．

3.12.2 接触判定法

プログラミングの視点からみて最も簡単な接触判定は，各時間増分で各粒子を他のすべての粒子に対してチェックすることであろう．この方法は単純だが計算コストが著しく高い．この手法を用いる場合，接触判定のコストは $(N_p)^2$ に比例する．ここで，N_p は系の粒子数である．このように，粒子数が増えるにつれてシミュレーション時間は著しく増える．Munjiza（2004）が示したように，DEM では最小の CPU やメモリで済む接触判定アルゴリズムを開発することが重要である．Munjiza（2004）は，接触判定アルゴリズムのために必要なものとして，堅牢性（すなわち，信頼性），プログラミングの容易さ，CPU 効率性，RAM 効率性を挙げている．比較的プログラミングが容易であることから，格子に基づく手法が一般に用いられている．ここでは，格子に基づく DEM の基本的な考えを簡単に示す．接触判定アルゴリズムのプログラミングの詳細については，Pöschel and Schwager（2005），Munjiza（2004），Munjiza and Andrews（1998）を参照されたい．Bobet et al.（2009）も DEM 接触判定アルゴリズムに関する文献を数多く示している．

ビニング（binning）* アルゴリズム

対象領域を網羅するような構造格子を設定し，"ビニングアルゴリズム" によって接触している粒子を特定する．その場合，最も大きな粒子が完全に入ることができるように，格子セルの寸法を十分に大きくしなければならない．隣接表の作成時には，各粒子を格子の所定のセルに対応付けして，その粒子と現在のセルの他の粒子との間の距離，および隣接する 8 個のセル（2 次元）あるいは 26 個のセル（3 次元）を特定する．図 3.27 を参照して，セル 1 内の粒子についてセル 1 からセル 9 までの他の粒子との接触を調べる．これらの粒子が十分に接近していて，これまでに接触していると判別されていない場合には，次の接触力計算のための新しい接触とする．

この調査を省略して，隣接するセルのすべての粒子を接触の可能性のある一覧表（すなわち，隣接表）に加えることは可能である．一般的に，すべての粒子に整数の識別番号（ID 番号）を割り当てる．対象とする粒子の ID 番号が i で，i との接触の可能性がある粒子の ID 番号を j とするなら，その場合，接触に関する情報の重複を避け

---

* 階級生成

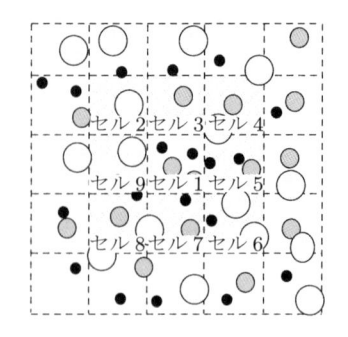

図 3.27 2次元の接触判定のための格子

るために，たとえば，j が i よりも小さい場合のみに隣接表を更新することが一般的には行われている．

現在の粒子の座標を格子の大きさで割ることによって，粒子を格子内の行，列，層に容易に配置することができる．セル寸法が $\Delta x \times \Delta y \times \Delta z$ である $n_x^{\max}$ 行，$n_y^{\max}$ 列，$n_z^{\max}$ 層の格子を考えよう．図心位置 x_i, y_i, z_i をもつ粒子 i に対して，

・列番号：$n_x = \mathrm{int}\left(\dfrac{x_i}{\Delta x}\right)$　　ここで，関数"int"は実数を整数に変換する

・行番号：$n_y = \mathrm{int}\left(\dfrac{y_i}{\Delta y}\right)$

・層番号：$n_z = \mathrm{int}\left(\dfrac{z_i}{\Delta z}\right)$

・セル番号：$(n_z - 1)\, n_x^{\max} n_y^{\max} + (n_y - 1)\, n_x^{\max} + n_x$

となる．各セルはそこに対応付けられる粒子の一覧表をもち，各粒子は特定のセルに対応付けられる．

ビニングに続いて，接触情報データの効率的な探索が可能なデータ構造を選ぶ必要がある．これについては，Munjiza（2004）や Pöschel and Schwager（2005）を参照されたい．一つの選択肢としては，（前述の手順を用いて接触計算の重複を避けて）各粒子に関連する接触の一覧表を作ることである．あるいは，接触の一覧表は，接触の座標（あるいは，接触の座標の近似値）を考慮して計算される ID 番号をもつ箱に対応付けることができる．

所定の時間ステップ数の後，あるいは最後の対応付けから所定の変形量が生じた場合に，粒子を適切なセルに再び対応付ける．たとえば，Vu-Quoc et al.（2000）や Pöschel and Schwager（2005）は，接触の可能性のある一覧表を更新するために次の基準を提案している．

$$\sum_{t=t_i}^{t_j} \delta_{\max}^t \geq \frac{r_{nb}}{2} \tag{3.63}$$

ここで，t_i は一覧表を最後に更新した時間，$\delta_{\max}^t$ は時間ステップ t の最大の粒子移動量，r_{nb} はその球を囲む球状の"隣接"域の半径である．

図 3.27 に示したビニングアルゴリズムは，広い粒度分布の場合には効率が悪くなる．格子セルは最も大きな粒子と少なくとも同じ大きさである必要がある．粒度分布が広い場合には一つのセル内に多くの小さな粒子があるため，潜在的な隣接粒子が増えることになる．広い粒度分布（Particle Size Distribution, PSD）の系では，粒子のビニングのために階層的な大きさの箱を用いることが適切であろう（たとえば，Peters et al.（2009））．この手法をプログラミングする場合には，分子動力学法の相互作用について示している Rapaport（2004）を参照することを勧める．Pöschel and Schwager（2005）は，この問題に対処するために別の手法を提案している．それは，格子セルが最大粒子よりも大きいということではなく，各格子セルは多くとも一つの粒子図心だけをもつということを必要条件としている．その場合，セルの大きさとしては最も小さな粒子の半径に基づくことになり，図 3.28 を参照すると，提案するセルの大きさは $\Delta x = \Delta y = r_{\min}$ である．各粒子の格子座標値は前述の提案する手法を用いて求められ，検索距離は最も大きな粒子の半径に基づいて決められる．この方法では非常に多数のセルを必要とするが，所定のセル内の最大粒子数は 1 である．

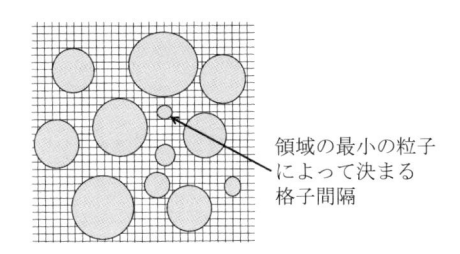

図 3.28 最小粒子に基づく格子（Pöschel and Schwager, 2005）

DEM プログラムで，粒子，接触，格子セルのそれぞれの間の対応付けだけでなく，粒子とそれらに関連する接触との間での対応付けを作ることが必要である．DEM の重要な課題は変化する接触状態である．すなわち，シミュレーションにおいて接触が形成され，除去される．それゆえ，接触に伴うメモリの組織化および管理について考慮することが必要である．Alonso-Marroquín and Wang（2009），Vu-Quoc et al.（2000），Munjiza（2004），Pöschel and Schwager（2005）などが，これに伴う問題点について DEM プログラムの開発の視点から考察している．

4章 粒子の種類

　粒子個別要素法の重要な特徴は，1章で述べたように粒子自体を仮想化しているということである．すべての数値モデルはその物理的な実態の簡略化であり，ユーザーはその簡略化の程度を知り，それらが意味することを認識しなければならない．粒子DEMでは，粒子は剛と仮定され，それらの幾何形状は解析的に定義できる形状に限られている．剛な粒子を用いる場合，粒子図心の並進と粒子の剛体回転のみを支配つり合い方程式で考慮すればよい．すなわち，2次元の粒子に対して3自由度，3次元の粒子に対して6自由度となる（三つの慣性主軸周りの回転を考慮する）．もし粒子の変形も考慮するなら，支配微分方程式に粒子の変形（ひずみ）を含む必要がある．それは，系の自由度数と計算コストを増加させることになる．この剛体の仮定によって粒子数の多いシミュレーションを可能にしている．もし，粒子の相対的な運動が，個々の粒子の変形よりも全体挙動に大きな影響を及ぼすと仮定されるなら，剛体の仮定を用いることは妥当な手法である．岩盤力学での応用に用いられるブロックDEM（たとえば，UDECやDDA）ではブロックが変形することが可能であり，Shi (1996) やItasca (1998) を参照されたい．

　二つの粒子が接触する場合，現実には接触点で変形が生じる．DEMシミュレーションでは，粒子の接触点で生じるその重なりによってこの変形を模擬的に再現している．1章で述べたように"軟体球"の用語が用いられるのはこの重なりのためである．この場合，接触力は重なりの大きさに非常に敏感であり，それゆえ，接触の幾何形状を非常に厳密に求める必要がある．このことが，解析的に容易に表される粒子形状に限定している動機付けになっている．最も単純な幾何形状の種類は，円盤（2次元で）あるいは球（3次元で）で，DEMで用いられる一般的な粒子形状である．Hogue (1998) はDEMの粒子形状の選択に関する問題について明瞭に述べ，また，Houlsby (2009) はより簡潔に考察している．粒子の種類を選択する場合に，複雑さや計算コストが増える幾何学的および数値解析上の課題を考慮して，より複雑な粒子を用いることによって得られる有益性を判断する必要がある．本章では，DEMシミュレーションで用いているさまざまな種類の粒子について要約する．

4.1 ■ 円盤粒子および球粒子

　円盤および球は，それぞれ 2 次元および 3 次元の DEM シミュレーションで，最も一般的な粒子の種類である．これらの粒子は，接触しているかどうかを判別することが非常に容易であるので好まれている．これらの粒子が接触あるいはほとんど接触している（引張り力を伝達する場合）ことがわかれば，接触の重なりあるいは離間距離を含めた接触点の幾何形状を，容易かつ厳密に求めることができる．1 章で述べたように，DEM シミュレーションの各時間増分において，各接触点での幾何学的配置を個別に求める．DEM シミュレーションでは粒子数よりも多くの接触があり，接触処理が DEM アルゴリズムの中で最も計算コストがかかる部分である．この段階がより効率的であればあるほど，より多くの粒子数を含むことができる．実際の粒子数を用いた計算を可能にすることは，11 章で述べるように実際の境界値問題をシミュレーションする場合にはとくに重要である．

　円盤粒子や球粒子を用いる場合，2 粒子 a と b の間の接触の重なりは次のように簡単に計算される．

$$\begin{aligned}\delta_n &= r_a + r_b - \sqrt{(x_a-x_b)^2+(y_a-y_b)^2} & \text{（2 次元）}\\ \delta_n &= r_a + r_b - \sqrt{(x_a-x_b)^2+(y_a-y_b)^2+(z_a-z_b)^2} & \text{（3 次元）}\end{aligned} \quad (4.1)$$

ここで，r_a と r_b は粒子の半径であり，その図心座標は，それぞれ (x_a, y_a, z_a) と (x_b, y_b, z_b) によって表される．重なり δ_n が正ならこの接触は圧縮力を伝達し，それ以外では（引張りを伝達しないなら）接触していないとみなされる．粒子が接触する可能性があるかどうかを判断する接触判定の段階でも，この計算が用いられる．

　接触位置 x_i^c を接触の重なりの中点であると仮定すると（図 3.3 を参照），円形粒子や球形粒子では，次式のように接触する二つの粒子のどちらかの相対的な位置を考慮することによって，接触位置の座標を求めることができる（例，Itasca (2004)）．

$$x_i^c = x_i^a + \left(r^a - \frac{\delta_n}{2}\right) n_i \quad (4.2)$$

ここで，$\mathbf{x}^c$ は接触点の座標を表すベクトルであり，粒子の座標は $\mathbf{x}^a$ によって表される．接触の法線方向 $\mathbf{n}$ は，a と相対的な b の位置を考慮することによって定義される．

$$n_i^c = \frac{x_i^b - x_i^a}{|x_i^b - x_i^a|} \quad (4.3)$$

　式 (4.1) と式 (4.2) によって，接触の重なりおよび接触点位置を計算することは簡単である．すなわち，反復計算は必要なく，接触の重なりの計算の精度は用いるコン

ピュータの精度（浮動小数点演算の丸め誤差）によってのみ決まる．しかし，これはより一般的な場合には該当しない．球形粒子の回転を更新する中央差分法の適応性が，3次元DEMシミュレーションにおける球の優位性に貢献している．さらに，地盤力学のDEMシミュレーションにおいて円盤と球が広範囲に用いられている理由として，地盤工学技術者の間でのItascaのPFC2DやPFC3DのDEMプログラムの普及が挙げられる．PFCを用いて行った研究の例として，Chengらによる粒子破砕に関する研究（たとえば，Cheng et al. (2003)）(PFC3D)，Lobo-Guerrero et al. (2006) による粒子破砕の機能を組み込んだ2次元シミュレーション（PFC2D），Powrie et al. (2005) による粒子形状の影響に関する研究（PFC3D）などがある．Itascaのこれらのプログラムは，円盤（PFC2D）と球（PFC3D）に限定されているが，剛な粒子クラスターを作ることができ，また，4.2節で述べるように，破砕性凝集体を形成するために粒子を互いに結合させることもできる．

接触に沿って作用する接線方向の接触力を求めるためには，各接触点での相対接線変位増分が必要となる．円盤粒子や球粒子を用いる場合にはこれも比較的簡単である．最初に，接触点での二つの粒子の相対速度を求める必要がある．接触 c の速度ベクトル $\mathbf{v}^c$ は次式によって表される．

$$v_i^c = \dot{x}_i^{a,c} - \dot{x}_i^{b,c} \tag{4.4}$$

ここで，$\dot{x}_i^{a,c}$ は粒子 a の接触点 c の速度ベクトル，$\dot{x}_i^{b,c}$ は粒子 b の接触点 c の速度ベクトルである．なお，この速度は，粒子の並進速度および回転速度からの成分を含む．

2次元での $\dot{x}_i^{a,c}$ と $\dot{x}_i^{b,c}$ の計算は，回転が一つの平面内すなわち解析面に直交する軸周りにのみ生じるので比較的簡単である．粒子 a と b の角速度を，それぞれ ω_3^a と ω_3^b として反時計回りを正にとれば，その接触点の速度は次式によって表される．

$$\begin{pmatrix} v_1^c \\ v_2^c \end{pmatrix} = \begin{pmatrix} (\dot{x}_1^a - \omega_3^a r_a) - (\dot{x}_1^b - \omega_3^b r_b) \\ (\dot{x}_2^a - \omega_3^a r_a) - (\dot{x}_2^b + \omega_3^b r_b) \end{pmatrix} \tag{4.5}$$

ここで，$\dot{x}_1^a, \dot{x}_2^a, \dot{x}_1^b, \dot{x}_2^b$ は粒子図心の速度である．

球形粒子表面上の点の速度の式を表す場合，交代テンソル e_{ijk} を用いることができる（1.6節を参照）．粒子表面の接触点 c の速度は次式で表される．

$$\dot{x}_i^{a,c} = \dot{x}_i^a + e_{ijk}\omega_j^a(x_k^c - x_k^a) \tag{4.6}$$

ここで，$\dot{x}_i^a$ は粒子 a の図心の i 方向の速度，x_i^a は粒子 a の図心位置，ω_j^a は j 軸（三つのデカルト軸に平行で，その図心を通る方向 j の局所軸）周りの回転速度，x_k^c は接触 c の位置である．同等の式が粒子 b に対しても得られ，接触点での相対速度は次の

ようになる．

$$v_i^c = \{\dot{x}_i^a + e_{ijk}\omega_j^a(x_k^c - x_k^a)\} - \{\dot{x}_i^b + e_{ijk}\omega_j^b(x_k^c - x_k^b)\} \tag{4.7}$$

次のステップは，相対速度を接触点の法線に沿う成分と直交する成分に分解することである．

$$v_i^{c,t} = v_i^c - v_i^{c,n} = v_i^c - v_j^c n_j n_i \tag{4.8}$$

ここで，$v_i^{c,t}$ は相対接線速度の方向 i の成分である．

円盤や球の質量 m_p と慣性モーメント I_p は，半径がわかれば以下のように容易に計算することができる．

$$\begin{aligned} m_p &= \rho \pi r_p^2 \quad (2\,次元) \\ I_p &= \frac{1}{2} m_p r_p^2 \quad (2\,次元) \\ m_p &= \rho \frac{4}{3} \pi r_p^3 \quad (3\,次元) \\ I_p &= \frac{2}{5} m_p r_p^2 \quad (3\,次元) \end{aligned} \tag{4.9}$$

球の対称性は，図心を通るいかなる軸周りの慣性モーメントも同じであることを意味する．

地盤力学の研究で円盤粒子や球粒子を用いることの欠点は，粒子の回転が，同等な荷重条件下での実際の土粒子の回転よりもはるかに大きいということである．転がり抵抗あるいは転がり摩擦の問題に関して，すでに 3.9 節で回転抵抗を模擬的に再現する接触モデルの概要について述べた．円盤や球の場合に生じる過度な回転は，接触力の法線成分によるモーメントを粒子に伝達させないことが理由で起こる．図 4.1 に示す二つの円盤間の接触と，図 4.2 に示す二つの楕円間の接触を比較してみよう．二つの円盤が接触する場合，ブランチベクトル（それらの図心を結ぶベクトル）と接触の法線は同一線上にあり（図 4.1(a)），接触力の法線成分は円盤の図心を通ることから円盤にモーメントは作用しない（図 4.1(b)）．一方，二つの楕円が接触する場合，ブランチベクトルと接触法線は同一線上になく（図 4.2(a)），法線力の作用線は円盤の図心を通らないので，法線方向の接触力によって円盤にモーメントが作用することになる．ブランチベクトルと接触ベクトルのこの非共線性は，図 4.2(b) に示す粒子 a が反時計回りに回転する場合に作用する接線力の増分よりも，回転に対する大きな抵抗が作用するので，それは法線方向の接触力が増加することを意味する．

図 4.1 二つの円盤間の接触

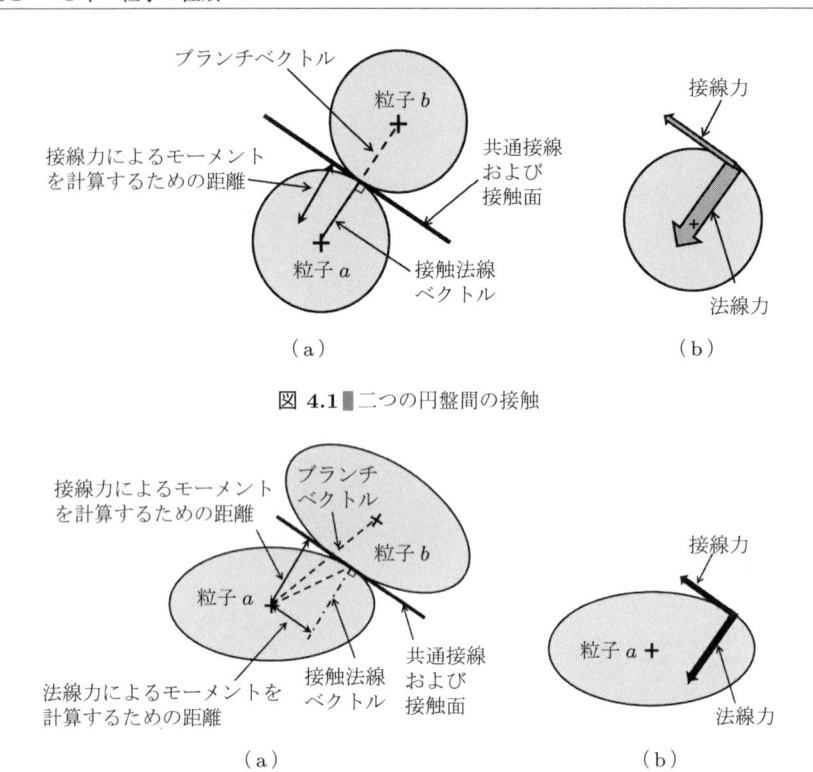

図 4.2 二つの楕円間の接触

楕円や楕円体は円盤粒子や球粒子よりも利点をもっているが，ざらざらででこぼこした土粒子とは対照的に，楕円や楕円体の形状は滑らかで凸である．図 4.3(a) に示すように，実際の砂粒子間では複数の接触点が生じ，その二つの法線力の合作用は，図 4.3(b) に示すように同等なモーメントと合力として表すことができる．図 4.3 のでこぼこな粒子 a と b の間の接触では，粒子 a の時計回りおよび反時計回りの回転に対して抵抗が作用する．一方，図 4.2 の楕円粒子間の接触では，粒子 a の時計回り方向の回転に対しては抵抗しない．O'Sullivan and Bray（2002）が示しているように，非凸状の粒子を用いる場合には1粒子あたり多くの接触点をもつ可能性があり，結果として凸状の粒子と比較すると強度および剛性が大きい．粒子レベルでのこれらの回転挙動の違いは，材料挙動に対して重要な意味をもつことになる．球形粒子や円形粒子によって実際の材料をモデル化する限界として，せん断強度，せん断時の膨張挙動，間隙空間分布（球形や円形の粒子は実際のでこぼこな粒子よりも充填しやすい）などの違いがある（Cleary, 2007）．

3章で紹介した回転抵抗モデルは，非円形粒子や非球形粒子を用いる場合にかかるさ

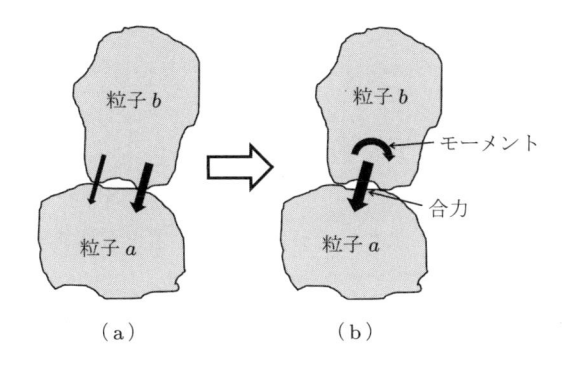

図中: 粒子b、粒子a、モーメント、合力、(a)、(b)

図 4.3 実際の土粒子間の粗い非凸状の接触

らなる計算コストを必要とせずに，転がり抵抗をシミュレーションに組み込むことができる手段である．接触モデルのこれらのパラメータを実際の砂粒子の特性に結び付けることは難しいが，何はともあれ，これらのモデルによって，回転が巨視的挙動に及ぼす影響についてのパラメータスタディが行われている．Calvettiらは，極端な条件を考えて完全に回転を拘束した球粒子を用いた（たとえば，Calvetti et al. (2004))．粒子間摩擦と接触剛性の適切な値が得られれば，このモデル化を用いたシミュレーション結果は実際の砂の挙動とよく一致するので，Calvettiらはさまざまな砂の実験の挙動を捉えるために非回転球モデルをうまく較正して用いている（Calvetti, 2008)．ただし，このように回転を完全に拘束する場合，幾何形状によって回転が拘束される実際の土粒子の接触状態を厳密にはモデル化していないことになる．粒子レベルの相互作用を考察するためには，この限界について注意しなければならない．なお，人為的に回転を完全に拘束する場合，静止している粒子は回転のつり合いの状態にはない．したがって，個々の粒子の応力テンソル（9.4.2項で述べる手法を用いて計算）は必ずしも対称ではない．

4.2 ■ 円盤や球の剛なクラスターあるいは凝集体

　球や円の接触判定および接触処理は簡単であるが，一般的な粒子形状の場合には計算はかなり複雑になる．解析的に表すことができる比較的単純な幾何形状である楕円体を考える場合でさえ，接触処理においてシミュレーションの計算コストが増える非線形方程式を用いなければならない．また，接触変位の計算精度についても注意する必要がある（詳細については，Favier et al. (2001) や Hogue (1998) を参照されたい）．もし，実際の幾何形状をもつ粒子を作るために円盤や球を基本要素として用いる

ならば,これらの問題を回避することができる.

剛なクラスターを作るために円盤粒子や球粒子を"結合させること"によって,滑らかでなくかつ凸状でない非球形のさまざまな幾何形状をモデル化することができる.それらの円盤や球は接触しているかあるいは重なっている.Thomas and Bray(1999)は,2次元シミュレーションにおいて接触している円盤を考えた(図4.4).粒子が重ならないようにした場合には,基本粒子が重なっているクラスターと比較すると,幾何形状が限られてくるという制約がある.Favier et al.(1999)やO'Sullivan(2002)は,軸対称に配置した球を重ね合わせた単純な組合せ(図4.5に示す形状と同様)を提案した.Vu-Quoc et al.(2000)も,楕円体粒子の形状を近似するためにオーバーラップ型[*1]球クラスターを用いている.

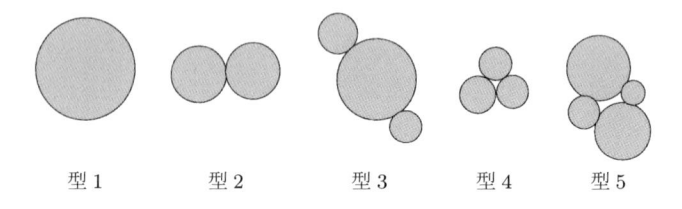

型1　　　型2　　　型3　　　型4　　　型5

図 4.4 接触型円盤クラスター(Thomas and Bray, 1999)

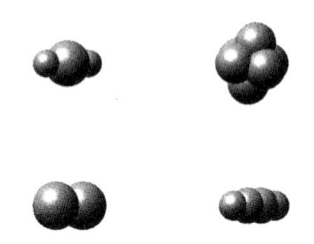

図 4.5 オーバーラップ型球クラスター(O'Sullivan(2002),Favier et al.(1999))

最近では,オーバーラップ型クラスターの手法が洗練化されてきており,実際の砂粒子のデジタル画像からクラスター粒子を作る種々のアルゴリズムが提案されている.たとえば,Das et al.(2008)のアルゴリズムを図4.6に示す.この手法では,粒子"輪郭"を定義するために粒子の二値画像[*2]に画期的なアルゴリズムを用いている.その場合,最も大きな面積を占める円盤を粒子の外形に内接させて,次に残りの粒子領域を最大限占めるように,順次,粒子を付け加えていく.粒子の形状を精度よく捉えるために必要とする円盤の数は,その複雑さに依存する.一般的には粒子形状を2次元で

[*1] 重なり型
[*2] 白色と黒色の画素値が0か1のみで表される画像

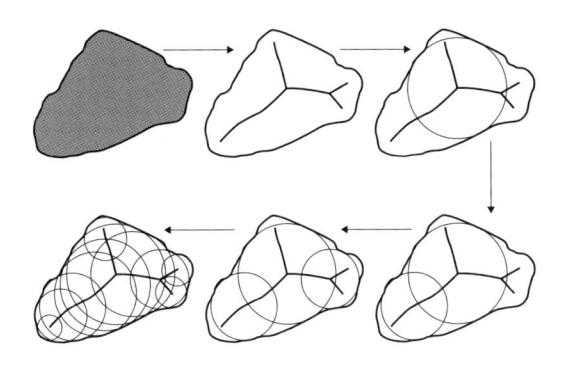

図 4.6 オーバーラップ型円盤クラスターの作成法（Das et al.（2008），B. Sukumaran により提供）

評価しているが，光学顕微鏡法やマイクロコンピュータ断層撮影（Micro-Computed Tomography, μCT）の進歩によって，現在は 3 次元モルフォロジーによる粒子形状の評価が可能である．球のクラスター粒子を作る 3 次元のアルゴリズムは，Das et al.（2008）や Garcia et al.（2009）などの多くの研究者によって開発されてきた．

粒子が重なっていようがなかろうが，クラスターは剛体とみなされる．もし，これらの基本粒子が別々の自由度をもつと仮定すると，クラスターを構成する円盤や球の間の重なりによって著しい粒子間圧縮力が生じるが，クラスター内の接触力については計算しない．クラスターの図心を中心とする局所デカルト軸周りの慣性モーメント $\mathbf{I}^{\text{cluster}}$ に対する各基本粒子の寄与を計算するために，次式に示されるように平行軸の定理[*]が用いられる．

$$I_{ij}^{\text{cluster}} = \sum_{p=1}^{N_p}(I_{ij}^p \delta_{ij} + m_p a_i^p a_j^p) \tag{4.10}$$

ここで，そのクラスターは N_p 個の基本の円盤や球で構成されている．各基本粒子は質量 m_p と円盤あるいは球の局所デカルト座標系に対する慣性 $\mathbf{I}^p$ をもつ．δ_{ij} はクロネッカーのデルタである．ベクトル $\mathbf{a}^p$ は $a_i^p = x_i^p - x_i^{\text{cluster}}$ によって得られ，$\mathbf{x}^p$ と $\mathbf{x}^{\text{cluster}}$ は，それぞれ基本粒子とクラスター図心を表すベクトルである．

円盤や球の重なりがない場合には，全体の質量は構成する円盤や球の質量の合計である．一方，図 4.5 のように重なりがあってクラスターの形状が比較的単純である場合には，その重なりの面積あるいは体積は積分によって解析的に得られ，それによって質量および慣性の値を求めることができる．また，Garcia et al.（2009）や Ku and

---

[*] 質量中心を通る任意の軸の周りの慣性モーメントと，この軸に平行な任意の軸の周りの慣性モーメントを関連付ける定理

McDowell (2008) が示しているような複雑な形状に対しては，重なっている体積について注意深く考慮する必要がある．Garcia et al. (2009) は格子状のセルにクラスターを配置する手法を用いている．セルに一つ以上の球を配置する場合は，クラスターの質量と慣性モーメントを計算するために，その球の質量と位置が用いられる．Lu and McDowell (2008) や Ashmawy et al. (2003) は，基本球の密度が次式の値 ρ_{scaled}^b をもつように縮尺を変える簡単な手法を示している．

$$\rho_{\text{scaled}}^b = \frac{\rho_p V_p}{\sum_{i=1}^{N_p} V_i^b} \tag{4.11}$$

ここで，ρ_p はクラスター粒子の所定の密度，V_i^b は基本球 i の体積，N_p はクラスターの基本球の数，V_p はクラスター粒子の体積である．

構成する円盤や球に作用する接触力の合計を用いることによって，粒子の運動を計算する．合モーメントは各接触力と接触点からクラスター図心への方向のベクトルとのクロス積によって計算される．基本粒子に物体力や外力が作用する場合には，クラスターの並進および回転のつり合い方程式でこれを考慮しなければならない．しかし，完全に球である粒子とは異なり，接触法線と接触点からクラスター図心までのベクトルは共線でないので，法線力によってモーメントが作用することに注意が必要である．また，1個の円盤や球の粒子の場合と同様にせん断力によってトルクが作用し，この接線力によるモーメントのてこ長も球の半径には等しくならない．

この手法を用いる場合，クラスターは剛で各クラスターが3自由度（2次元で）あるいは6自由度（3次元で）をもち，それ自体で1個の粒子となる．2.8節で述べた非球形粒子の回転運動を計算する手法が必要となる．Das et al. (2008) が示しているように，安定した解析のための限界時間増分を計算する場合，基本粒子の質量ではなくクラスター粒子の質量を用いなければならない．もし，基本粒子の質量を用いると，解析の安定性のためにはかなり小さな時間増分になる．また，次の時間増分に移っていく前に，クラスター図心の位置や回転を更新して基本粒子の新しい位置を計算する．なお，各クラスター粒子がもつ接触数は円盤や球の粒子の接触数よりも多いことから，クラスターを用いる場合には球を用いた同等なシミュレーションと比較して，シミュレーション時間が増えることになる．

4.3 ■ 破砕性凝集体

粒子の破砕や損傷が，地盤力学での重要な研究領域になってきている（たとえば，

Coop et al. (2004)).また，地盤力学以外でも，破砕は多くの製造工程での重要な課題であり，Cleary (2000) は，破砕解析が生産工学やプロセス工学において DEM を導入する主たる動機の一つであるとしている．単粒子の破砕でさえ非常に複雑であるが，DEM を用いて，その破砕の現象を研究するために概念的には単純なモデルを開発することができる．

　粒子破砕をシミュレーションする一つの手法は，前述のクラスター内の粒子間を結合させることによって，円盤や球の破砕性凝集体を作ることである．その場合，円盤や球が凝集体内の基本単位あるいは基本構成となる．これらの凝集体を作るために，接触するかわずかに重なるように基本の円盤や球の座標を設定する．これらの基本粒子間の接触に，引張り結合や粘着性結合を導入する．基本粒子間の力によって結合が破断されるまでは，その合成した凝集体は一つの物体として挙動する．いくつかの結合が破断すれば，その凝集体は二つ以上の小さな凝集体に分解する．粒子破砕の限界（すなわち，破砕し得る最小の大きさ）は基本粒子の大きさである．図 4.7(a) は単粒子破砕試験のシミュレーションの概念図である．前述の剛なクラスターと対照的に各凝集体はそれ自体が多自由度系であり，各基本粒子は 6 自由度である．それゆえ，剛なクラスターの動的つり合いではクラスターとしての慣性を考えるが，結合凝集体の系では個々の基本粒子について考える．これらの各基本粒子に作用する接触力には，元の凝集体内の他の球や円盤との間の接触のみならず，隣接する凝集体の球の接触からの寄与などがある．非球形剛体としての回転運動については考慮する必要はない．

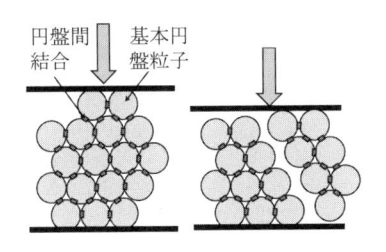

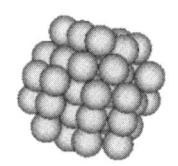

（a）DEM 破砕性凝集粒子　　　（b）破砕性粒子(Cheng et al., 2003)

図 4.7 ■ 破砕性 DEM 凝集粒子

　Thornton and Liu (2004) や Kafui and Thornton (2000) は，粉体プロセス工学での応用として衝撃や衝突による凝集体の破砕をシミュレーションするためにこの手法を用いている．Robertson (2000) や McDowell and Harireche (2002) は，これらを用いて土粒子を基本の球粒子の結合凝集体として模擬的に再現した．Cheng et al. (2003, 2004) は，土の挙動に及ぼす粒子破砕の役割を理解するために，凝集体粒子の試料の等方圧縮試験およびせん断試験のシミュレーションを行った．

図 4.7(b) に，Cheng et al.（2003）による典型的な破砕性凝集体を示す．この凝集体は Robertson（2000）が最初に提案した手法に従って作られている．最初に，57 個の粒子が重なることのない六方最密充填（Hexagonal Close Packing, HCP）の規則的な集合体を作る．そして，実験で観察される挙動を再現して強度や形状の変動性を表すために，確率論的アルゴリズムによって約 20%の球を取り除いている．このように凝集体から球を取り除くことによって，クラスターの内部に割れ目を生じさせている．Cheng et al.（2003）は，単粒子の圧縮実験結果の荷重・変形挙動に対して，粒子接触パラメータを較正することによって等方圧縮試験の DEM シミュレーション結果が実験結果とよく一致することを示した．Lu and McDowell（2006, 2007）は，鉄道道床の粒子を表すために，粒子表面に付け加えた小さな球によって表面の隆起の摩耗を模擬的に再現する並列結合粒子を提案した．Pöschel and Schwager（2005）は，小さな粒子が大きな粒子よりも実際に剛であるということについて着目した．このことは，大きな粒子は多数の変形しやすい隆起および内部欠損をもつことを意味している．

Lobo-Guerrero and Vallejo（2005）は，粒子破砕をモデル化するのに別の手法を用いた．最初に円盤粒子を用いて全体系をモデル化し，あらかじめ定義した降伏応力を円盤粒子が受ける場合には，各円盤は図 4.8 に示す 8 個の円盤粒子によって置き換えられる．この手法では系全体の質量は保存されない．Pöschel and Schwager（2005）は破砕基準を設定するのに同様な方法を用いており，元の粒子は取り除かれて，元の円盤や球の粒子の位置によって定義される包絡線内にその破砕物がランダムに配置される．このモデルでは，$\sum_{i=1}^{N_{p,f}} r_{fi}^2 = r^2$（2 次元）と $\sum_{i=1}^{N_{p,f}} r_{fi}^3 = r^3$（3 次元）とすることによって質量保存を満たしていることから，Lobo-Guerrero（2005）の提案モデルとは異なる．ここで，r は元の半径であり，$N_{p,f}$ 個の粒子破片の円盤あるいは球の半径は r_{fi} によって表される．最初は粒子破片の円盤や球が重なっており，圧縮の接触力の合力によって粒子を互いに反発させ，"実際的でない"エネルギーを系に生じさせている．破片粒子の粒度分布を調整する手法や破砕基準の詳細については，Pöschel and Schwager（2005）を参照されたい．

Ben-Nun and Einav（2010）は，破砕性粒子をモデル化するのにまた別の手法を

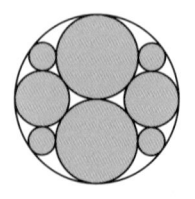

図 4.8 破砕性粒子（Lobo-Guerrero and Vallejo, 2005）

提案している．彼らは，隆起のない仮想の粒子（円盤）に作用する力に基づいて粒子の破砕基準も提案した．各粒子に作用する接触力は，接触法線と接触力とのダイアド積の総和をとり，2階のテンソル s_{ij} を得ることによって考慮されている．ここで，$s_{ij} = \sum_{k=1}^{N_{p,c}} n_i^k F_j^k$ である．n_i^k と F_j^k は接触 k での法線ベクトルと接線力ベクトルで，粒子 p には $N_{p,c}$ 個の接触がある．せん断力 S および法線力 N を計算するために，テンソル s_{ij} の固有値を用いている．

$$\begin{aligned} N &= \frac{s_1 + s_2}{2} \\ S &= \frac{s_1 - s_2}{2} \end{aligned} \quad (4.12)$$

ここで，s_1 と s_2 は固有値（$s_1 > s_2$）である．$2S - N \geq F_{\text{crit}}$（限界力）であるなら，粒子は破壊したとみなされる．その基準は岩盤力学で用いられる圧裂試験と同様である．粒子が破壊したと判断されれば，元の粒子の位置と半径によって定義される包括線内にぴったり合う凝集体粒子で置き換えられる．その場合，その凝集体粒子は不自然に大きな接触力を含まずに質量が保存されるように回転，拡大される．この調整がされている間は系を"凍結"させておく必要がある．DEM シミュレーションの粒子破砕の基準に関心がある読者には，圧縮によって粒子内に生じる応力を粒子破壊に関連付けている Russell et al.（2009）を参照することを勧める．

4.4 超2次曲面粒子およびポテンシャル粒子

円盤，楕円，球，楕円体は，すべて超2次曲線（2次元で）や超2次曲面（3次元で）とよばれる一般的な関数の部分集合である．これらの幾何形状の関数形は次式によって表される．

$$\begin{aligned} f(x,y) &= \left(\frac{x}{r_a}\right)^{m_a} + \left(\frac{y}{r_b}\right)^{m_b} & \text{（2次元）} \\ f(x,y,z) &= \left(\frac{x}{r_a}\right)^{m_a} + \left(\frac{y}{r_b}\right)^{m_b} + \left(\frac{z}{r_c}\right)^{m_c} & \text{（3次元）} \end{aligned} \quad (4.13)$$

ここで，主軸の長さは $2r_a, 2r_b, 2r_c$ によって表され，球の場合には半径は $r_a = r_b = r_c$ である．粒子の"直角度"あるいは"角型度"は，指数 m_a, m_b, m_c によって調節される．超2次曲面の幾何形状の例を図4.9に示す．

円盤と球を対象から外すと（接触の計算が簡単なので），地盤力学で最もよく用いられる DEM の超2次曲線あるいは超2次曲面は，楕円（2次元）と楕円体（3次元）である．これらは凸状で，1対の楕円あるいは楕円体において1点でだけ接触するこ

$r_a = r_b = r_c$
$m_a = m_b = m_b = 2$

$r_a = r_b = r_c$
$m_a = m_b = m_b = 3$

$r_a = r_b = r_c$
$m_a = m_b = m_b = 4$

$r_a = r_c ; r_b = 1.5 r_a$
$m_a = m_b = m_b = 2$

$r_a = r_c ; r_b = 1.5 r_a$
$m_a = m_b = m_b = 3$

$r_a = r_c ; r_b = 1.5 r_a$
$m_a = m_b = m_b = 5$

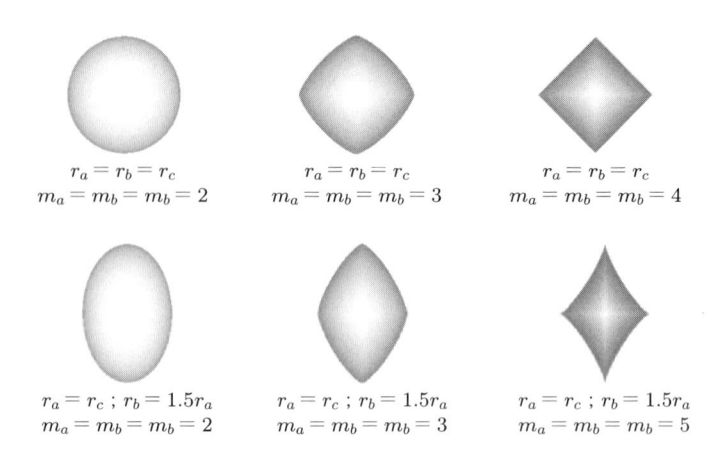

図 4.9 超 2 次曲面形状の例

とができる．しかし，その法線とブランチベクトルの非共線性によって，法線方向の接触力によるモーメントが作用し，結果的に，球や円盤と比較すると回転に対して大きな抵抗を示す．Rothenburg and Bathurst（1991）や Ting（1993）は，2 次元解析のための楕円形粒子を提案した．Ng は地盤力学で楕円体を最初に用いた研究者であり，軸対称粒子をシミュレーションする手法が Ng and Dobry（1995）や Lin and Ng（1997）によって示されている．材料挙動の基本的な理解を深めるためにこの手法を用いた例としては，Ng（2001）による材料挙動に及ぼす粒子の大きさの感度についてのパラメータスタディなどがある．また，Ng（2004b）は，（3 次元の応力状態を考慮して）土に対して提案されている異なる破壊基準について調べた．地盤力学において，より一般的な超 2 次曲線や超 2 次曲面の粒子を用いることは少ない．地盤力学以外でこれらの幾何形状を用いた研究としては，Mustoe and Miyata（2001）や Cleary（2008）によるプロセス工学の 2 次元のシミュレーション例がある．

　Houlsby（2009）や Ng and Dobry（1995）は，表面が解析的に表される滑らかな凸状の粒子間の接触判定について示している．対象領域内のある点 $o(x_0, y_0, z_0)$ は，粒子 p の表面の関数 f_p によって調べることができる．もし，$f_p(x_0, y_0, z_0) = 0$ であるならその点は粒子表面上にあり，$f_p(x_0, y_0, z_0) < 0$ なら粒子の内側にあり，$f_p(x_0, y_0, z_0) > 0$ なら粒子の外側にある．表面が二つの関数 f_{p_1} と f_{p_2} によって表される 2 粒子 p_1 と p_2 の間の接触は，ラグランジュの未定乗数法を用いて計算することができる．p_2 に最も近い p_1 上の点 $(x_{p_{1,2}}, y_{p_{1,2}}, z_{p_{1,2}})$ は，その $f_2 + \Lambda f_1$ を最小化することによって求められる．ここで Λ はラグランジュの乗数である．この最小化は微分によって得られ，Houlsby（2009）はその最小点を求めるためにニュートン–ラフソン反復法を用いて

いる．もし，$f_{p_2}(x_{p_{1,2}}, y_{p_{1,2}}, z_{p_{1,2}}) < 0$ なら，その二つの粒子は重なっており，接触していることになる．そして，接触力の計算のために p_2 に最も近い p_1 上の点が求められる．Hogue（1998）は，接触判定および接触処理に対する別の手法を示した．この場合は，一つの粒子の表面を離散化した各点を，隣接する粒子の表面を定義する関数によって調べる．超 2 次曲線や超 2 次曲面の間での接触判定は，幾何形状の非線形性が増加するにつれて計算コストが増える．Hogue（1998）は，さまざまな超 2 次曲面の接触判定の計算コストを定量的に比較している．

円盤や球の粒子の組合せによって複雑な幾何形状をもつクラスターを作ることと同様に，高次の複合粒子を作ることもできる．たとえば，Kuhn（2003b, 2006）は，球の"キャップ"と回転体の中央の部分からなる"卵形体"とよばれる複合 3 次元凸状粒子を提案した．Pournin et al.（2005）は，接触の幾何形状を求める繰返し計算を避けるために，同様な考えによって各端部に球を挿入した円柱形による"球面円柱"幾何形状を用いることを提案した．

Houlsby（2009）は，（2 次元で）"ポテンシャル粒子"の概念を導入して非常に柔軟性のある手法を提案した．Harkness（2009）は，この手法を 3 次元でプログラミングしている．ポテンシャル粒子では前述した滑らかな凸状粒子に対する接触判定を用いている．この手法の画期的な面は，"ポテンシャル粒子"によって解析的に表される複雑な幾何形状を作るために，マッコーリー（McCauley）の括弧とヘヴィサイド（Heaviside）の階段関数[*]を用いることである．Harkness（2009）が示した図 4.10(a) を参照することによって，この手法を説明することができる．ここで，固結砂における長めの接触をシミュレーションするために，平坦な部分をもつ円からなる幾何形状を必要とする．複合の形状は，円の方程式

$$f_c = x^2 + y^2 - r_c^2 \tag{4.14}$$

と線（あるいは"平面"）の式によって表される．

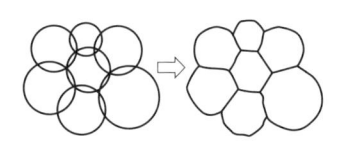

（a）粒子形状の作成　　　（b）粒子の 3 次元集合体の画像

図 4.10 ポテンシャル粒子（Harkness, 2009）

---

[*] 正負の引数に対して 1 か零かを返す階段関数

$$f_{\text{flat}} = a_i x + b_i y + c_i \tag{4.15}$$

k 個の平面をもつ球を表すポテンシャル関数は次式で表される．

$$f(x,y) = (1-k)\left\{\left\langle\sqrt{x^2+y^2}-r_c\right\rangle^2 + \sum_{i=1}^{N_{\text{flat}}}\left\langle\frac{a_i x + b_i x + c_i}{\sqrt{a_i^2+b_i^2}}\right\rangle^2 - s^2\right\}$$
$$+ k(x^2+y^2-r^2) \tag{4.16}$$

ここで，k は円形度を示し，全体で N_{flat} 個の平面があり，s^2 は定数である．マッコーリーの括弧 $\langle\ \rangle$ は，$x > 0$ なら $\langle x \rangle = x$，$x \leq 0$ なら $\langle x \rangle = 0$ を意味する．図 4.10(b) はこの概念の拡張で，平面をもつ球の 3 次元粒子を示している．

4.5 ■ 多角形粒子および多面体粒子

1章で述べたように，"ブロック"個別要素法では変形することができる多角形のブロックを用いている．同様に，粒子 DEM でも剛な 2 次元多角形粒子（たとえば，Mirghasemi et al. (1997, 2002)，Matsushima and Konagai (2001)）や 3 次元多面体粒子（Nezami et al., 2007）を用いているプログラムがある．多角形を用いる場合，その幾何形状は隅角部の座標，辺や粒子の方向によって定義される．粒子図心の座標を運動方程式を用いて更新し，クラスター粒子と同様に（回転増分を考慮して）隅角部の座標を更新する．粒子を表すために必要なデータ量は隅角部の数におおよそ比例する（Hogue, 1998）．特定の形状に限定することによって，その情報を図心位置，粒子の方向，形状指数だけに減少させることができる（図 4.11，Nezami et al. (2007)）．

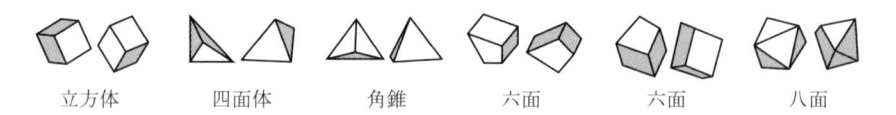

| 立方体 | 四面体 | 角錐 | 六面 | 六面 | 八面 |

図 4.11 3 次元多面体粒子（Nezami et al., 2007）

多角形粒子や多面体粒子の接触判定については，さらに Cundall (1988b) を参照することができる．Cundall (1988b) は，3 次元の多面体粒子の場合に起こり得る 6 種類の接触として，隅角部・隅角部，隅角部・辺，隅角部・表面，辺・辺，辺・表面，表面・表面に分類した．2 次元の多角形粒子の場合には，隅角部・隅角部，隅角部・辺，辺・辺に限られることになる．2 次元の辺の接触法線方向は辺に直交する．Cundall (1988b) は，接触判定のために "共通平面 (Common Plane)" 法を提案している．この手法では二つの多面体間の空間を二分する面を最初に決めて，個々の粒子と共通平

面との間の接触について考慮している．一方，Pöschel and Schwager（2005）は，三つの接触が考えられる2次元三角形粒子の接触判定について包括的に考察した．

最近，Alonso-Marroquín and Wang（2009）が多角形粒子について興味ある提案をした．この手法では，多角形や円盤のミンコフスキー（Minkowski）和を用いている．すなわち，図4.12に示すように多角形の辺に沿って円盤により"掃いた"幾何形状を作ることと等価である．その重なりの距離は次式によって表される．

$$\delta = r_a + r_b - \delta_{\text{polygon}} \tag{4.17}$$

ここで，r_aとr_bは接触している二つの粒子の円盤の半径，δ_{polygon}は二つの多角形間で最も短い距離である（たとえば，頂点・辺の距離）．

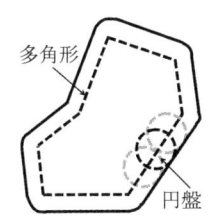

図 4.12 ミンコフスキー和を用いた多角形
（Alonso-Marroquín and Wang, 2009）

4.6 実際的な幾何形状

いままでの幾何形状は解析的に表される形状に限られているが，実際の砂粒子は著しくでこぼこである．粒子の形状が砂の力学的挙動に影響を及ぼすことは，多くの研究によって示されている．たとえば，Cho et al.（2006）は，限界状態の摩擦角や粘着力，それに限界状態線の勾配に形状が影響することを示している．また，Duttine and Tatsuoka（2009）は，粒子形状が砂の粘着性挙動にどのように影響するかを示している．これらの研究などによって，砂の挙動を厳密かつ定量的に予測するためには，DEMにおいて砂粒子のモルフォロジーを厳密に捉える必要があることが指摘されている．Hogue（1998）は広い範囲のモルフォロジーを模擬的に再現することを考慮して，さまざまな粒子種類を表すために離散関数を用いている．この手法では粒子の中心に対するそれぞれの頂点や隅角部を極座標や球面座標によって定義し，これらの頂点の間の辺は補間によって得ることができる．Hogue（1998）は，接触判定を容易にするために，これらの粒子の周りに境界球を設定する予備的な方法について示しており，また，厳密な接触処理のための対象領域を定義するために，これらの境界球の交

差点の位置を用いることができる．

Zienkiewicz and Taylor（2000b）は，有限要素法の視点から，でこぼこな形状の粒子間の接触判定の方法について示している．それらの辺は接点によって定義され，接点間の表面は補間関数（すなわち，形状関数）によって定義される．その場合，接触判定は，次の関数を最小化する値 $\xi = \xi_c$ を見つけることに基づいている．

$$f(\xi) = \frac{1}{2}(\mathbf{x}_s^T - \mathbf{x}^T)(\mathbf{x}_s - \mathbf{x}) \tag{4.18}$$

ここで，$\mathbf{x}_s$ は接点の位置ベクトル，$\mathbf{x}$ は $\mathbf{x}_s$ に接触する可能性のある表面を定義している．その最小化にはニュートン–ラフソン法を用いる．表面の式は次のように定義される．

$$\mathbf{x} = N_s(\xi)\mathbf{x}_s \tag{4.19}$$

関数 $N_s(\xi)$ は線形または非線形である．表面上の接触点の位置は $\mathbf{x}_c = N_s(\xi_c)\mathbf{x}_s$ によって表される．

マイクロコンピュータ断層撮影や画像技術が進歩し，これらを用いて粒状体の特性を評価することが普及するにつれて，DEM 解析において複合三角形粒子がより一般的になるであろう．その場合，三角形要素の幾何形状は，画像データに対して 1.8 節で述べた三角分割法を用いることによって作られる．Pöschel and Schwager（2005）は，変形可能なばねの梁で結び付けた三角形を用いることを提案した．連続体 FEM 解析で進められている自動メッシュ作成の研究を，この手法に利用できる可能性がある．また，マイクロコンピュータ断層撮影走査から得られる画素（3 次元画素）に立方体の基本粒子を，直接，関連付けることができるので，この種の基本要素を用いて粒子を作ることはあり得るであろう．この手法は，生体医工学においての連続体モデルを作るためにも用いられている（たとえば，Dobson et al.（2006））．

Zienkiewicz and Taylor（2000a）は，"疑似剛体"である物体系のモデル化について示し，この種の解析で用いる"ファセット*形状"を有限要素離散化から直接に作ることを提案した．"疑似剛体"系とは，比較的小さい粒子を数多く含み，個々の粒子は大きな変形が可能で，かつ，均一な変形の制約がある系として定義される．なお，ブロック DDA や UDEC（Shi（1988），Itasca（1998））は疑似剛体 DEM の例である．粒子の変形を考慮する場合には，全体のつり合い方程式に自由度（すなわち，ひずみ）が加わり，計算コストが増えることになる．

＊ 小面のある

4.7 ■ 実際の土と仮想DEM粒子の関連

　図4.13は実際の土（砂）の画像を示しており，これらの形状は前述のDEM粒子の幾何形状よりも明らかに著しく複雑である．実際の粒子の力学的挙動は，幾何形状あるいはモルフォロジーのみならず，材料特性（強度，剛性）によって決まる．すなわち，粒状体の個々の粒子の力学的挙動は，その材料特性と粒子形状の両方に依存している（Cavarretta, 2009）．たとえば，Cavarretta（2009）は，接触での剛性に及ぼす表面の粗度の影響について示している．一方，粒子DEMの材料の挙動は，粒子間接触モデルによって得られるか，あるいは破砕性粒子の場合には基本粒子の相互作用による接触モデルによって得られる．

（a）Huisinish 砂の SEM 画像　　（b）Monterey No.16 砂

図 4.13 ■ 実際の土（砂）の幾何学的な複雑さを示す画像

　モルフォロジーの視点から，実際の材料のシミュレーションを考える場合，それらの粒子の大きさおよび形状を考慮しなければならない．粒子の相互作用のモデル化および実際の挙動を得るために必要とされる複雑さの程度は，粒子の慣性力に依存する．もし，粒子が十分に大きく表面力の大きさが粒子の慣性力に比較して無視できるなら，これらの表面の相互作用は粒子の運動にあまり影響しない．表面の相互作用力をモデルに含まないとするなら，直径が100 μmを超える粒子に限定することが妥当であろう．一般に，土質力学ではシルトと砂の境界を直径60 μmとしている．より一般的には，Duran（2000）が100 μmより小さな粒子を粉体，100 μmよりも大きな粒子を粒状体とみなすことを提案している．Painter et al.（1998）は，"粒状"とみなす材料のエネルギー的な条件を以下のように定義した．

$$mgd \gg k_B T \tag{4.20}$$

ここで，mは質量，gは重力，dは粒径，k_Bはボルツマン定数，Tは絶対温度である．この式は重力のエネルギーmgdと比較して，温度のエネルギー$k_B T$は十分に小

さいということを示している．Duran（2000）は，また，粒子の大きさが小さくなるにつれて，粒子体積に対する表面積の比が大きくなることを示している．したがって，周囲の液体や気体との化学的相互作用のために用いられる粒子の，単位質量あたりの面積は著しく大きくなる．モデルがより複雑になる粉体系のDEMもこの例外ではない．Zhu et al.（2007）は，DEMシミュレーションにおける粒子間のファンデルワールス（van der Waals）力[*]や静電気力の解析式を示している．最も小さな粒径の土粒子，すなわち，粘土粒子を考える場合には，化学的な相互作用力の厳密な評価だけでなく，比較的複雑な粒子形状を模擬的に再現することも必要になる．

　地盤力学における実際の粒子形状は非常に複雑であり，この複雑さの程度は種々のスケールにおいて定量化することができる．幾何学的な特徴を考える場合，"形状"とは粒子全体の形状を表すために用いられる．しかし，粒子形状のより詳細な計測，たとえば，粒子表面の粗度を考慮することが実際には必要であろう．慣例上，地盤工学技術者の目視検査によって，その土が角ばっている，やや角ばっている，丸い，やや丸いと定性的に表してきた．Krumbein and Sloss（1963）は，球形度や円形度に対する定量的な値を求めるためのチャート図を提案した．球形度は，実際の表面積に対して同じ体積をもつ球の表面積の比として定義される．円形度は，粒子の2次元画像の各隅角内に内接円を描き，粒子の輪郭内に内接している最も大きな円の半径に対するこれらの円の平均半径の比をとることによって計算される．Cho et al.（2006）は，粒子の力学的挙動とそれらの特性（球形度や円形度の平均）を関連付けるために，このチャート図を用いた．

　画像解析技術の確立および内蔵デジタルカメラをもつ光学顕微鏡の進歩によって，形状を定量的かつ客観的に自動計測することができる多くの手法が開発されてきた（たとえば，Bowman et al.（2001））．また，二値画像を記録し，統計学的に代表的な数の粒子に対して形状を定量化する内蔵型装置もある．たとえば，シンパテック社（Sympatec）クイックピック（QICPIC）装置は，重力下で落下する粒子をレーザーでスキャンして，ランダムな方向を向く輪郭を記録する．クイックピック装置によって得られた画像を図4.14に示す．粒子形状を計測して定量化する実験技術は発展を続けており，ここに示す議論も必ずしも包括的なものではない．しかし，明らかなことは，実際の土粒子の幾何形状をDEMで用いる場合，解析者には二つの選択肢があるということである．まずデジタル画像から直接DEM粒子を作る場合である．この手法は，前述のとおりKu and McDowell（2008）やDas et al.（2008）によって用いられている．別の方法は，実際の土粒子の球形度や円形度を捉えることができる解析的な形状（たと

---

[*] 電子の位置の変動や他の帯電した粒子による磁界の変化などによって，瞬間的双極性が生じて粘土粒子間に働く引力

えば，ポテンシャル粒子）を用いる場合である．しかし，Coop et al.（2004）が検討した非常に複雑なカーボネイト砂や，あるいは前の図 4.13(b) のような場合にはとくに難しくなる．

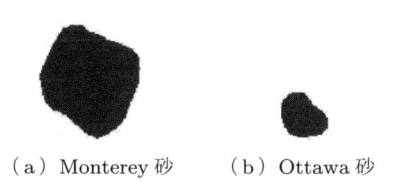

（a）Monterey 砂　　（b）Ottawa 砂

図 4.14 クイックピック粒子解析器を用いた出力結果の例

5章 境界条件

5.1 ■ DEM境界条件の概要

　連続体の数値解析法において境界条件の選択は重要な役割を果たしており，同様にDEMにおいても境界は重要である．DEMシミュレーションを始める際に重要な選択の一つが，対象とする空間領域を決めることである．この領域に対する境界をDEMモデルにおいて数値的に記述する必要がある．

　連続体解析では，変位を拘束あるいは規定する変位境界条件と，応力を規定するトラクション境界条件がある．DEMシミュレーションでは，特定した粒子の座標を固定あるいは規定することによって変位境界条件を得ることができる．同様に，特定した粒子に対して規定の力を用いることによって荷重境界条件を設定することができる．この外力を粒子に作用する接触力に加えて，その合力を粒子の加速度や変位増分を計算するために用いる．荷重境界条件については，特定した粒子にこれらの力の条件を適用する必要があるので，数千の粒子系に直接的に用いることは容易ではない．DEMは大変形の問題に適しており，系が変形するにつれて異なる粒子に力を加える必要がある．したがって，境界の粒子を選ぶアルゴリズムが必要となる．ここでは，よく用いられている順に4種類の境界条件，剛壁（5.2節），周期境界条件（5.3節），メンブレン境界（5.4節），軸対称境界（5.5節）について述べる．

5.2 ■ 剛　壁

　最も広く用いられている境界の種類は剛境界である．これらの剛境界は，解析的に簡単に表される平面あるいは曲面である．剛壁の境界条件を用いた要素試験のDEMシミュレーションの例を，図5.1と図5.2に示す．粒状体と相互に作用し合う物体や機械を模擬的に再現するためにも，剛境界を用いる場合がある．たとえば，KinlockandO'Sullivan（2007）は，杭打設やコーン貫入試験のシミュレーションで貫入を表すために剛壁境界を用いている（図1.2を参照）．これらの境界自体には慣性はない．すなわち，粒子・境界の接触で得られる接触力は，粒子の位置のみを更新するために用いられる．このように，いくつかの点でこれらの剛境界はFEM解析で用いる変位

（a）二軸圧縮試験　　　　　（b）三軸圧縮試験

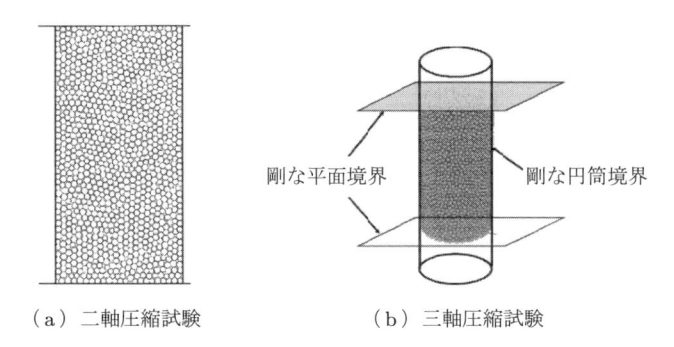

図 5.1 土質力学の要素試験をシミュレーションするための剛境界

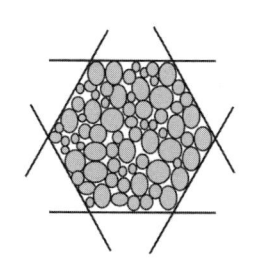

図 5.2 主応力方向の回転の制御を容易にする境界（Li and Yu, 2009）

境界条件と類似している．壁に作用する粒子からの力は壁の運動に影響を与えないが，壁の速度を陽に指定することによって壁の動きを制御することができる．また，何らかの基準に従って壁を動かすアルゴリズムを開発することによって，間接的に壁の速度を指定することができる．たとえば，後述するように壁の速度を現在の応力状態に関連付けることができる．いずれにしても，壁を動かす場合，壁・粒子の接触によって壁から粒子の集合体に変形や力が作用する．一般的な DEM シミュレーションでは，交差あるいは接触する壁と壁の間に接触はないとする．

粒子と比較すると剛壁境界を表すための情報はほとんど必要としない．平面状の剛壁は，空間の中でその位置を固定する点の座標と剛壁のその法線ベクトルによって表すことができる．同様に，円形，円筒形あるいは球形の壁は，その対称軸と半径を指定することによって表すことができる．ただし，解析者はその粒子が境界の外側あるいは内側のどちらで接触するかを設定する必要がある．Weatherley (2009) が示しているように，より複雑な幾何形状を考慮するためには，2次元では一連の線分を，また，3次元では複雑な面を表す三角形メッシュをそれぞれ用いて拡張することができる．

法線方向の接触力は，壁の法線方向に粒子の図心から壁までの距離を考慮することによって計算される．壁の方向を定義する法線ベクトルが (a, b, c) によって表される

なら，壁の式は $ax + by + cz + d = 0$ となる．ここで，$d = -ax_w - by_w - cz_w$ で，(x_w, y_w, z_w) は壁上の既知の点の座標である．一般的に，粒子の図心 (x_p, y_p, z_p) と壁との距離は3次元で次のように計算される．

$$D = \frac{ax_p + by_p + cz_p + d}{\sqrt{a^2 + b^2 + c^2}} \tag{5.1}$$

この距離 D は符号付きであることに注意されたい．したがって，壁には作用側と，非作用側，あるいは"死角"側がある．一部の DEM プログラムでは，壁の法線方向を陽に入力せずに，その平面を定義するために3次元で三つ以上の座標をユーザーが指定する．その場合，それらの点を入力する順番に法線方向が依存するので留意する必要がある．すなわち，反時計回りではなく，時計回りにその点を入力するなら，まさしくそれらは反対の方向を向く法線になる．粒子が壁の非作用側に位置しているなら，その粒子はその壁を"気づいて"いないことになる．すなわち，粒子と壁との間に接触を生じることはなく，壁によって妨げられることなく容易に動くことができる．壁の剛性が非常に小さいか，あるいは，壁に隣接する粒子の速度が時間増分と比較して非常に大きいなら，時間ステップ内で粒子の図心が壁の作用側から非作用側に動いて壁を通り"抜ける"ことになる．せん断力については，接触点での壁と粒子の接触法線に直交する相対変位によって計算される．なお，これらの剛境界は三軸試験の上盤や底盤をモデル化するのに適している．

三軸や直接せん断試験のような要素試験をシミュレーションするために，DEM 解析で自動制御型剛境界がよく用いられている（たとえば，Cheng et al. (2003)）．自動制御型剛境界を図 5.3 に模式的に示す．試料の代表応力を計測し，この計測した内部応力 $\sigma_{ii}^{\mathrm{meas}}$ がユーザーによって指定された応力 $\sigma_{ii}^{\mathrm{req}}$ と異なる場合には，方向 i にその直交する壁をゆっくりと動かす．すなわち，$\sigma_{ii}^{\mathrm{meas}}$ が $\sigma_{ii}^{\mathrm{req}}$ より大きい場合（圧縮応力が正）は壁を外側に動かし，$\sigma_{ii}^{\mathrm{meas}}$ が $\sigma_{ii}^{\mathrm{req}}$ より小さい場合は壁を内側に動かす．応力 σ_{ii} を計測あるいは定量化するには二つの手法がある．一つは，境界に沿う接触力を加算（積分）して，境界のその面積（2次元では長さ）で割る手法である．もう一つは，内部の体積を指定して，9章で述べる方法を用いてその領域内の平均応力を計算する手法である．どちらの手法でも，壁の速度は応力の差の大きさに比例させる．すなわち，$v_i^{\mathrm{wall}} = \alpha |\sigma_{ii}^{\mathrm{meas}} - \sigma_{ii}^{\mathrm{req}}|$ とする．ここで，比例定数 α はユーザー指定である．パラメータ α は制御工学で増幅度とよばれている．$|\sigma_{ii}^{\mathrm{meas}} - \sigma_{ii}^{\mathrm{req}}| \leq \varepsilon$ の場合には，壁の速度を零に設定することができる．ここで，ε はユーザー指定の許容誤差である．所定の応力が得られていることを保証するために適切な増幅度パラメータを選ぶことが重要であるが，とくに，粒子破砕をモデル化する場合（たとえば，Carolan (2005)）には，最適な α の値を見つけることは容易ではない．いずれにしろ，自動制

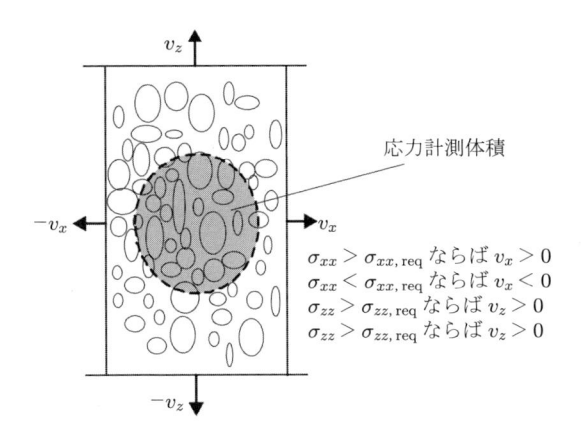

$\sigma_{xx} > \sigma_{xx,\text{req}}$ ならば $v_x > 0$
$\sigma_{xx} < \sigma_{xx,\text{req}}$ ならば $v_x < 0$
$\sigma_{zz} > \sigma_{zz,\text{req}}$ ならば $v_z > 0$
$\sigma_{zz} > \sigma_{zz,\text{req}}$ ならば $v_z > 0$

図 5.3 DEM 解析の自動制御型剛境界（この場合，試料内の部分体積の代表応力 σ_{ij} を計測）

御型剛境界の成否について慎重に検討することが求められる．

図 5.1 と図 5.2 の境界条件の例は，"自動制御"法とともに DEM の要素試験シミュレーションで用いることができる．図 5.1(a) は 2 次元の二軸試験の境界条件を示している．ひずみ制御型二軸圧縮試験では，剛な側方境界を一定の水平応力を保つように調整すると同時に，上部の境界を下方に動かす．この手法を 3 次元の三軸試験のシミュレーションにも拡張することができる．その場合，試料は六つの平面の剛境界で囲まれ，四つの鉛直境界の位置を所定の水平応力に達するように調整する．これらの六つの平面境界を用いて，3 次元の完全な異方応力状態 $\sigma_{11} \neq \sigma_{22} \neq \sigma_{33}$ にすることが可能である．図 5.1(b) は，三軸圧縮試験で一般的である軸対称応力状態を保つための，剛な円筒形境界について示している．この場合，鉛直の円筒形は剛境界で，半径方向の所定の拘束圧を保つために円筒の半径を調節する．図 5.2 は，主応力方向の回転を可能にするために Li and Yu（2009）が用いた六角形形状の剛壁を示している．この形状によって荷重方向を 15° 増分で変えることができる．

Pöschel and Schwager（2005）は，粒子を用いて剛境界を作る別のプログラミングを提案した．それによってでこぼこな形状の壁を作ることができる利点がある．これらは主要な DEM 計算の中には取り入れられておらず，それらの位置は固定されるか，あるいはそれらの移動はユーザー指定の境界速度を用いて得られる．Marketos and Bolton（2010）は，平面境界を用いた DEM シミュレーションについて詳細に述べ，その粒子境界の近傍における充填の幾何形状の違い，およびこれが接触力網とひずみの計算に及ぼす影響について示している．

5.3 ■ 周期境界

DEMシミュレーションで一般的に用いられるもう一つの境界の種類は，周期境界である（図5.4）．地盤力学におけるDEMシミュレーションの多くで，周期境界条件が用いられている（たとえば，Thornton（2000），Ng（2004b））．周期境界は広く用いられているものの，その概念を理解することは容易なことではない．周期セルとよばれる所定の部分領域のみを考慮した周期境界を用いることによって，非常に大きな粒子の集合体のシミュレーションを可能にしている．この周期セルは，その同じ複製によって囲まれている．これは，各粒子およびその粒子周りの局所的な幾何配置が，x方向にL_xの間隔，y方向にL_yの間隔，z方向にL_zの間隔で繰返され，壁紙や織物の模様の複写と同様である．それゆえ，周期境界を用いる場合，実質上，粒状体は無限の広がりとなる．DEMシミュレーションでは，繰返される同一の代表要素の挙動によって無限の空間を満たし，その材料挙動を表していると仮定する．この場合，各周期セルはその材料の代表体積要素（Representative Volume Element，RVE）である（RVEの概念についてはさらに9章で述べる）．したがって，セルの大きさよりも大きなスケールで観察すると，対象とするその系は均質である．

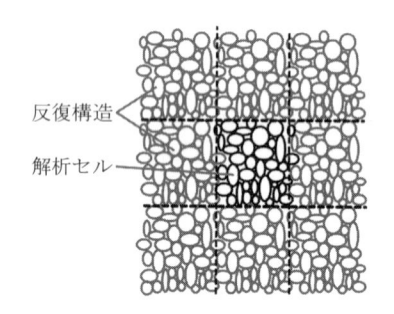

図 5.4 ■ 周期境界

DEMシミュレーションの周期空間の概要については，Cundall（1988a）によって示されており，Thornton（2000）による解説も参考になる．分子動力学の観点からのRapaport（2004）の周期境界に関する考察は，粒子DEMにも適用することができる．Pöschel and Schwager（2005）による事象推進シミュレーションにおける周期境界に関する知見もまた参考になる．11.5節ではシミュレーション結果に及ぼすセルの大きさの影響について考察する．3.12節の接触判定に戻って，隣接表を得るためにセルに基づく探索法を用いる場合にも，周期境界を容易に適応させることができる（Rapaport（2004）も参照）．

5.3.1 周期セルの形状

周期セル，あるいは"周期解空間"（Cundall, 1988a）は，ほとんどの場合，2次元で平行四辺形，3次元で平行六面体である．周期セルはこれらの形状に厳密に限定されることはなく，空間を満たすいかなる凸状領域も周期セルとして用いることができる（Rapaport, 2004）．たとえば，2次元で六角形を用いることによって広範囲な主応力方向を考慮することが可能になる（Li and Yu (2009) の剛壁の手法と同様である）．周期セルの反対側の面とは数値解析的に関係しており，これによって，あたかも各周期セル面の法線方向にそのセル自体が無限に繰返されるような材料挙動をする．数値解析的なその関係によって，粒子が周期境界を横断して接触でき，また，その境界を通って移動することができる．ここではこれらについて考察する．周期境界（2次元の場合）の説明図を図5.4に示した．Rapaport (2004) が示しているように，周期系はセル境界で囲まれた2次元領域の3次元の円環体へのトポロジーの写像であるとみなすことができる（3次元のセルは，可視化することが難しい概念である4次元の円環体相当への写像となる）．

周期空間では，境界付近の粒子はそれらに隣接する粒子と反対側の周期境界に近い粒子の両方に接触することができる．これらの境界を横断する可能性のある接触については，接触判定段階と接触力の計算のどちらにおいても考慮する必要がある．周期境界を横断して接触する粒子間の距離を計算する場合，その接触が周期境界を横断していると判定する手段が必要である．粒子間の距離が得られて，それが指定した距離（たとえば，接触判定で用いられる格子の大きさの倍数．3.12節を参照）を超える場合には，境界を横断する接触としてその距離を再計算する．たとえば，図5.5のような2次元のシミュレーションにおいて，図心 x_A, y_A, x_B, y_B，半径 r_A, r_B の二つの粒子AとBを考えると，x方向の粒子間距離は次式で表される．

$$l_x = x_A - x_B \tag{5.2}$$

$|l_x|$ が指定した限界を超える場合，その周期セルの境界が面 $x=0$ と $x=x_{\max}$ によって表されるなら，その接触点での重なりは次式で表される．

$$\delta_n = \sqrt{\left(x_A - x_B - \frac{l_x}{|l_x|}x_{\max}\right)^2 + (y_A - y_B)^2} - (r_1 + r_2) \tag{5.3}$$

y方向（それに，3次元でz方向）の式も同様である．なお，粒子に作用するモーメントに対するせん断力による寄与分を求める場合には，接触点から粒子図心までの距離の計算にも注意する必要がある．

粒子の運動や周期境界の移動の結果として，シミュレーション中に粒子が周期セル境

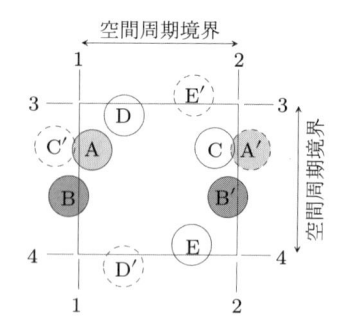

図 5.5 周期セルにおける境界（Cui（2006）により提供）

界の外に出ようとする場合がある．それらの粒子は，反対側の周期境界面の対応する位置からセルに再び入るように"再配置"される．この再配置の判断基準は粒子の図心座標によって考慮される．粒子の図心が境界面 1-1 の外に出ていると判断されれば，その粒子は境界面 2-2 の同じ高さに入れられる（図 5.5 参照）．再配置に伴う計算は簡単である．たとえば，粒子 A に対して x_A が $x_{\max}^{\text{cell}}$ を超える場合，x_A は $x_A = x_A - x_{\max}^{\text{cell}}$ となるように調整される．粒子が境界面に近い場合には，粒子が実際にその面を横切る状況がないまま，その面から飛び出る場合もある．接触力の計算では，"実際の"粒子から $x_{\max}^{\text{cell}}$ の距離だけ離して，反対側の周期境界面にこの粒子の"虚像"を移動する．

周期境界自体が変形して，その供試体の体積を変化させることもでき，ひずみ速度を指定することによって簡単に変形できる（すなわち，ひずみ制御試験）．周期セルの境界の位置は，用いたひずみ場に従って調整される．一般的に $x = 0$, $y = 0$, $z = 0$ の三つ側面，および，$x = x_{\max}^{\text{cell}}$, $y = y_{\max}^{\text{cell}}$, $z = z_{\max}^{\text{cell}}$ の三つの側面が周期セルの境界となる．それらの面 $x = x_{\max}^{\text{cell}}$, $y = y_{\max}^{\text{cell}}$, $z = z_{\max}^{\text{cell}}$ の座標は，次のように調整される．

$$\begin{aligned}
x_{\max}^{\text{cell}} &= x_{\max}^{\text{cell}} + x_{\max}^{\text{cell}} \dot{\varepsilon}_{11}^{\text{grid}} \Delta t \\
y_{\max}^{\text{cell}} &= y_{\max}^{\text{cell}} + y_{\max}^{\text{cell}} \dot{\varepsilon}_{22}^{\text{grid}} \Delta t \\
z_{\max}^{\text{cell}} &= z_{\max}^{\text{cell}} + z_{\max}^{\text{cell}} \dot{\varepsilon}_{33}^{\text{grid}} \Delta t
\end{aligned} \quad (5.4)^*$$

ここで，$\dot{\varepsilon}_{11}^{\text{grid}}, \dot{\varepsilon}_{22}^{\text{grid}}, \dot{\varepsilon}_{33}^{\text{grid}}$ は，それぞれ，周期境界で指定された x, y, z 方向の軸ひずみ速度であり，Δt は時間増分である．

ほとんどの DEM シミュレーションは，簡便三軸あるいは真の三軸状態について考察しているが，Barreto（2010）が示しているように単純せん断で供試体を変形させることもできる．$\dot{\varepsilon}_{13}^{\text{grid}}$ のひずみ速度で供試体を変形させる場合，セルの累積せん断変

---

* イコールはプログラミングの式の書き方で，左辺は右辺の計算の結果を代入する

形は $\Delta x_{\max}^{\text{cell,shear}} = \Delta x_{\max}^{\text{cell,shear}} + z_{\max}^{\text{cell}} \dot{\varepsilon}_{13}^{\text{grid}} \Delta t$ によって計算される*1. 接触を計算して，もともと $x = 0$ の面に平行を境界，それに $z = z_{\max}$ の周期境界を横断する粒子を再配置する場合に調整が必要となる．このプログラミングでは接触判定のために長方形の格子系を修正することが不要となる．また，Zhuang et al. (1995) は，供試体がせん断下で変形するにつれて，接触判定のために，すべてのセルが変形する別の手法を用いた．

周期セル内の応力については，前述の剛体壁のシミュレーションと同様な"自動制御"を用いることによって調整することができる．すなわち，所定の応力状態になるようにひずみ速度を調節する．一般的には，部分体積を抽出するのではなく，周期セルの全体積を考慮して平均応力を計算している．所定の応力状態を得るためのひずみ速度は，(たとえば，x 方向について) 次式で表される．

$$\dot{\varepsilon}_{11}^{\text{serv}} = \dot{\varepsilon}_{11}^{\text{serv}} + \alpha(\sigma_{11}^{\text{req}} - \sigma_{11}^{\text{meas}}) \tag{5.5}*2$$

ここで，σ_{11}^{req} は x 方向の所定の軸応力，$\sigma_{11}^{\text{meas}}$ は x 方向の軸応力の計測値，α は自動制御の増幅度である (応力の計算方法の詳細については 9 章を参照)．このようにして，指定した応力経路についての試験をすることができる．系のひずみ速度は，自動制御によるひずみ速度とユーザー指定のひずみ速度の和となり，$\dot{\varepsilon}_{ij}^{\text{grid}} = \dot{\varepsilon}_{ij}^{\text{user}} + \dot{\varepsilon}_{ij}^{\text{serv}}$ となる．

5.3.2 周期セル内の粒子の運動

周期セルにひずみ場を用いる場合，粒子と周期セル境界の両方に速度が与えられる．各時間増分の粒子の速度は，その粒子の運動方程式の解と格子のひずみ速度の寄与分からなっている．格子の運動による位置 x_i の点の変位増分 Δu_i^{grid} は次式で得られる．

$$\Delta u_i^{\text{grid}} = \dot{\varepsilon}_{ij} x_j \Delta t \tag{5.6}$$

これらの格子による変位は，その時間ステップの各粒子の動的つり合いを考慮した後に計算される．Cundall (1988a) は，衝突が起きてその粒子がその周期空間に対する相対速度を得るまでは，その粒子は"持ち運ばれて"，周期セルの変形と"同期して"動くとしている．

Cundall (1988a) は，接触力を計算するための粒子の相対的な運動に及ぼす，周期セルの変形速度の影響についても考慮する必要があることを述べている (3.7 節を参照)．周期セルが変形する場合，その相対運動は，動的つり合いから得られる速度 (Cundall

---

*1,2 式 (5.4) と同じ書き方である．

（1988a）はこれらを実速度とよぶ）と周期空間に対する相対速度の合計による．二つの粒子 a と b との間の相対速度 $\dot{\delta}_i^{a,b}$ は，次式によって表される．

$$\dot{\delta}_i^{a,b} = \dot{u}_i^b - \dot{u}_i^a + \dot{\varepsilon}_{ij}(x_j^b - x_j^a) \tag{5.7}$$

ここで，粒子 a と b の実速度ベクトルと位置ベクトルは，それぞれ，$\dot{u}_i^a, \dot{u}_i^b$ と x_i^a, x_i^b によって表される．

5.3.3 周期セルの適用

　周期セルの体積はその材料の代表体積としてみなされ，周期セルのひずみはその体積の平均的なひずみに等しい．三軸試験でのひずみ軟化挙動は，局所化領域の形成やせん断帯，すなわち，不均一なひずみに関連している．ひずみ軟化挙動は周期セルを用いたシミュレーションで観察されているが（たとえば，Cundall（1988a），Thornton（2000）），周期セルの幾何学的性質によって特有なせん断帯の形成が妨げられている．図 5.6(a) に示すように，局所化領域が供試体を横切って形成される場合，周期境界と交差することになる．これは，図 (b) に示すように，周期境界を横切る幾何学的連続性を保つためには，別の局所化領域が試料に導入されるということを意味している．Kuhn（1999）は，二軸圧縮の個別要素シミュレーションにおいて，単独のせん断帯ではなくて微小なせん断帯群を観察している．Kuhn（1999）の微小せん断帯とは，すべり変形が集中的している一連の小領域（間隙セル）であり，どのようにしてこれらの微小せん断帯が周期境界の供試体に巻き付き，幅と高さが矛盾しないようにそれら自身に結び付くのかについて述べられている．

　三軸応力状態を得るために周期境界が用いられているが（たとえば，Thornton(2000)），周期セルシミュレーションでは実際の三軸試験における応力の不均質性を妨げる傾向があるので，周期シミュレーション結果を三軸試験の結果と直接的に比較する場合には注意しなければならない．

　Thornton and Antony（2000）は，応力制御試験のシミュレーションで周期セル

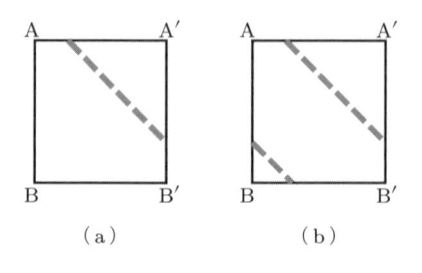

図 5.6 ■ 周期セルの局所化

境界を用いる方法について示している．所定の等方応力 p_d を得るためのひずみ速度 $\dot{\varepsilon}$ は，次式で表される．

$$\dot{\varepsilon} = \dot{\varepsilon}_x = \dot{\varepsilon}_y = \dot{\varepsilon}_z = g(p_d - p_c) \tag{5.8}$$

ここで，p_c は等方応力の計算値である．Thornton and Antony（2000）は，最初に初期のひずみ速度 $\dot{\varepsilon}$ を指定して次式のように計算することによって増幅度パラメータ g を決めている．

$$g = \left(\frac{\dot{\varepsilon}}{p_d - p_c} \right)_{\text{initial}} \tag{5.9}$$

Thornton and Antony（2000）は，拘束応力 p_d の値を段階的あるいは増分的に増加させる方法について示している．たとえば，目標の等方応力が 100 kPa であるなら，p_d の値は 2, 5, 10, 20, 50, 90 kPa であろう．試料が目標の応力レベルに近づくにつれて，各 p_d 値に対するひずみ速度は減少していく．配位数（すなわち，粒子あたりの平均接触点数）や間隙比を計測し，それらのパラメータが変化しなくなるまで繰返し計算を続けることによって，各応力レベルで系が安定していることを確かめている．Thornton and Anthony（2000）は，せん断時のひずみ制御型シミュレーションについても示している．その場合は，ひずみ速度 $\dot{\varepsilon}_z$ を指定し，ひずみ速度 $\dot{\varepsilon}_x$ と $\dot{\varepsilon}_y$ を式（5.8）と式（5.9）から計算している．

5.4 ■ メンブレン境界

　土質力学の室内要素試験として，強度や剛性のパラメータを求めるために三軸試験が最も一般的に用いられているが，DEMでは三軸試験装置の軸対称応力状態のシミュレーションが一般的である．要素試験のDEMシミュレーションでは，応力を制御する自動制御システムと剛壁境界を組み合わせて用いることが多いが（たとえば，Cheng et al.（2004）），一方，Thornton（2000）や Lin and Ng（1997）などは周期セルを用いて三軸試験の応力状態をシミュレーションしている．周期境界と比較すると，剛壁境界の供試体のほうが実際の試験に近い．図5.7を参照すると，三軸セル[*]の供試体は鋼板によって上下で接しており，鋼板を前述の剛壁境界を用いてモデル化することができる．一方，供試体の側方境界は，三軸セル内の圧力を試料に伝えることができて，かつ，側方への変形を拘束しない可撓性ラテックス製メンブレンを用いている．その場合，試料は膨張することができ，局所化領域やせん断帯を形成することができ

---

[*] 三軸室

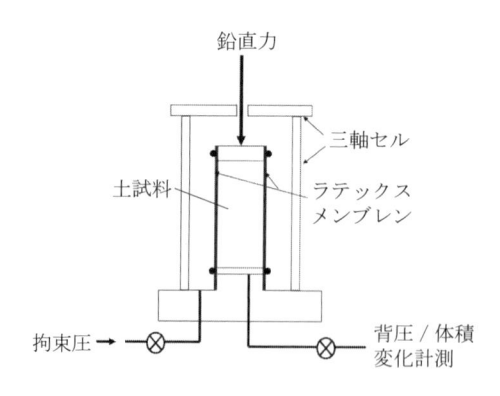

図 5.7 三軸セル

る．剛境界を用いてシミュレーションする場合には，前述の自動制御を用いることによって応力状態を得ることができるが，自然な局所化領域の発達が剛壁によって妨げられて，境界付近には応力の著しい不均一性が生じることになる．よって，別な選択肢として，試料を密閉するラテックスメンブレンを模擬的に再現するような，"応力制御型メンブレン"を開発することが考えられる．

三軸試験シミュレーションにおける可撓性メンブレンをモデル化するために，二つの手法がある．どちらもメンブレンに接触する最も外側の粒子を特定する必要がある．最初の手法では，これらの最も外側の粒子を結び付けるために大きな引張り強度をもつ可撓性接触ばねを挿入する．その場合には，拘束圧と代表長の積に等しい力をこれらのメンブレン粒子に作用させる．Mulhaus et al. (2001), Oda and Kazama (1998), Wang and Leung (2008) などがこのモデル化について示している．2 番目の手法では，所定の応力レベルになるように最も外側の粒子に加える力を計算する．これらの粒子間での接合はとくにない（図 5.8）．このようにメンブレンをモデル化する考えは，Cundall et al. (1982) によって最初に提案されたようである．このモデル化は多くの要素試験シミュレーションで用いられてきている（たとえば，Bardet (1994), Kuhn (1995), Powrie et al. (2005), O'Sullivan (2002), Cui (2006)）．

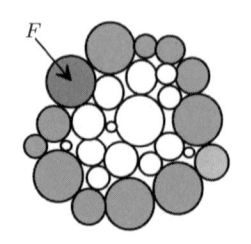

図 5.8 力に基づいたメンブレン

可撓性ばねの制約としては，個々の接触ばねの特性を連続的なメンブレンと関連付けることが非常に難しいということである．たとえば，Wang and Leung (2008) は，メンブレン粒子に，その他の粒子の 1/10 の接触剛性と $1 \times 10^{300}\,\mathrm{Pa}$ の引張り強度を用いている．また，局所的な大変形を示す実際の試験では新しい粒子がメンブレンに接触するが，可撓性メンブレン粒子の手法を用いる場合には，Tsunekawa and Iwashita (2001) が指摘しているように，実際上，これをシミュレーションすることはできない．しかし，有限な剛性をもつメンブレンをシミュレーションするためにこの手法が好んで用いられている．

　力に基づいた数値的メンブレンを用いる場合，メンブレンのアルゴリズムの基本となる二つの段階は，メンブレンとして働く円盤（2次元）や球（3次元）の特定と，必要とされる力の計算である．試料の側面の代表長さ（2次元で）や代表面積（3次元で）は，供試体の端部にある各粒子に関係している．これらの側面の各粒子に作用する力は，所定の拘束応力とそれに関連する長さや面積との積に等しい．外側の粒子を特定するため，および代表長さと代表面積を計算するために必要とされる数値アルゴリズムは，幾何学的な違いから2次元と3次元の場合では異なっている．一定応力条件下のメンブレンの重要な点は，室内および DEM シミュレーションのどちらでも，載荷中の供試体の変形を可能にしているということである．供試体が変形するにつれて，DEM シミュレーションでは，最も外側の粒子を再特定して等価な力を再計算する必要がある．メンブレンを更新するための基準についても本節で示す．

5.4.1　2次元のプログラミング

　試料の最も外側の粒子を特定するのに種々の手法がある．Thomas and Bray (1999) や O'Sullivan et al. (2002) は，粒子の位置のみを考慮するどちらかというと非効率的な手法を用いている．一方，Cheung and O'Sullivan (2008) はより効率的で着実な手法を開発して，円盤を基本とする DEM（PFC2D）にプログラミングしており，そのアルゴリズムでは，粒子の位置のみならず接触に関する情報を考慮している．メンブレンとして働く最も外側の粒子を特定する手順を図 5.9 に示す．最初のステップは，底部の境界に接触していてその図心の x 座標が最も小さい粒子を特定することである（図 (a)）．これが左側のメンブレンの最初の円盤である．そして，接触一覧表によってこの円盤に接触するすべての円盤を特定することができる（図 (b)）．この円盤の上にあり接触している最も外側の円盤を，左側メンブレンの次の円盤として特定する．メンブレンの新しい円盤についての接触を調べることによって，上部の境界との接触が得られるまでこの方法を繰返す．

　メンブレンとして働くすべての外側の粒子を特定したなら，所定の拘束圧になるよ

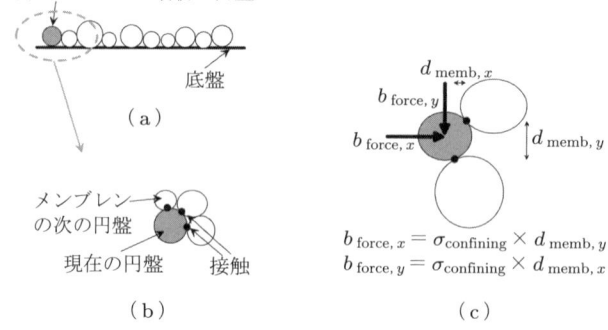

図 5.9 2次元応力制御型数値メンブレン

うにこれらの各円盤に外力を作用させる．各円盤に対して，下のメンブレン円盤との接触点と上のメンブレン円盤との接触点との間の鉛直および水平の距離 $d_{\mathrm{memb},x}$ と $d_{\mathrm{memb},y}$ を求める（図 (c)）．各円盤に加えられる水平および鉛直の力は，それぞれ，$d_{\mathrm{memb},y} \times \sigma_{\mathrm{confining}}$ と $d_{\mathrm{memb},x} \times \sigma_{\mathrm{confining}}$ によって得られる．ここで，$\sigma_{\mathrm{confining}}$ は所定の拘束圧である．鉛直力の向き（正あるいは負）は，その二つの接触を結ぶ線に垂直なベクトルの方向を考えることによって得られる（図 (c)）．水平力はつねに供試体の中心に向かう方向となる．なお，メンブレンとして働く円盤の回転は拘束される．

Kuhn（2006）は周期セルに基づく方法を用いている．"応力制御型密着粒子境界" とよばれるメンブレンを適用するために，まず周期境界を取り除く，または壊しておく．そして，周期境界を横断して粒子を結び付けていたブランチベクトルを用いて，力を作用させる．Kuhn（2006）のプログラミングでは境界に沿って変位制御の機能をもたせていることから，他のメンブレンのプログラミングよりもより一般的である．試料の変形に伴うこの境界に関する情報の更新頻度は，ユーザーが制御することができる．また，ユーザーによって境界力が指定できるようにもされている．

5.4.2 3次元のプログラミング

Cheung and O'Sullivan（2008）は3次元のメンブレンのプログラミングについて包括的に述べ，Cui et al.（2007）はその基本的な考えについて示している．その基本的な原理をここで簡単に示す．前節と同様に，アルゴリズムの主な二つの段階はメンブレン球の特定と作用力の計算である．Cheung and O'Sullivan（2008）は，球を基本とする市販のDEM（PFC3D）にそのアルゴリズムをプログラミングしている．

メンブレン球の特定

図 5.10 に、"メンブレン"の球を特定するための方法を示す。これらの粒子に外力が加えられることになる。この計算の最初のステップは"メンブレン領域"を特定することであり、この領域はメンブレンの一部をなす可能性のあるすべての粒子を含む領域のことである。メンブレン領域は図 5.10 に模式的に示すように厚さ d をもつ。メンブレン領域の厚さ d は球の平均径に比例し、平均径に等しければ十分である。

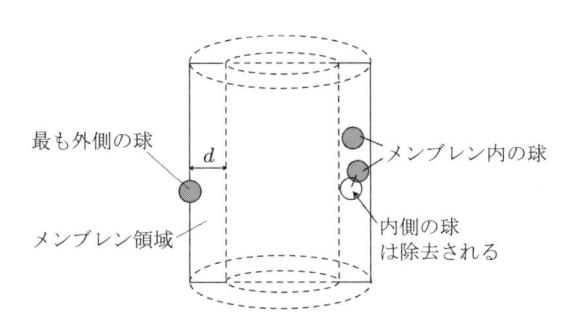

図 5.10 メンブレンの球を特定する手法（Cui, 2006）

第 2 のステップは、その球が実際のメンブレン*と接触することを妨げる他の球と接触しない場合にのみ、メンブレンの球であるとみなす（図 5.10）。すなわち、このような接触を妨げる他の球がこれらの球の外側にあれば、これらの球をメンブレンから除外する。

Wang and Tonon（2010）は、プログラミングが容易である別の数値メンブレンの手法を用いている。最初に剛壁を用いて円柱形の試料を作製する。それから、円柱形の壁の表面に沿って最小粒径より小さな格子セルを作る。図 5.11 に示すように、各格子セルで最も外側の粒子を特定する。Cheung and O'Sullivan（2008）や Cui et al.

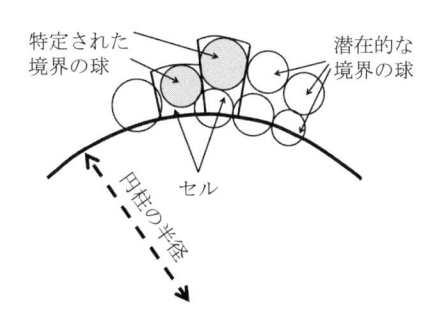

図 5.11 メンブレンの球を特定する手法（Wang and Tonon, 2010）

---

* モデルのメンブレン領域とは違い、実際のメンブレンは非常に薄く一番外側にあることに注意されたい

(2007) の手法の利点は，その粒子の投影面積が他の粒子の投影面積と重ならないということである．

■ 作用力の計算

メンブレンの球を特定したなら，これらのメンブレン球に計算した力を作用させることによって拘束圧が保たれる．これらの力は，メンブレン球の図心に基づいて作られる1組のボロノイ多角形の面積を求めることによって計算される（ボロノイ図の詳細については1.8節を参照）．（図5.12に示すように）メンブレン領域を広げたこの2次元の投影面上にメンブレン球の座標を投影させることによって，平面上にボロノイ図を作る．O'Sullivan (2002) が述べているように，平面境界のために，ボロノイ図がメンブレン粒子の中央を通る平面上に作られる．

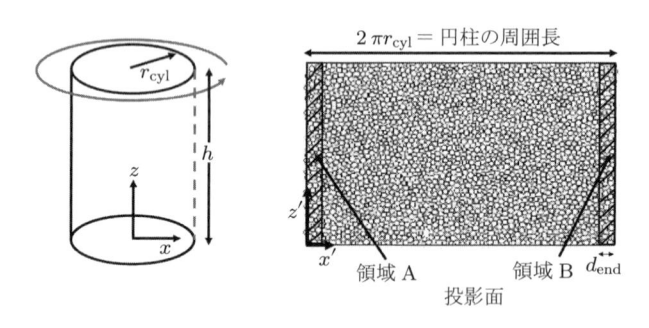

図 5.12 ボロノイ図作成のための投影図

ボロノイセルは各メンブレン粒子の図心に関連して，この多角形がその球に関連したメンブレンの領域を表している．その面積と所定の境界圧力との積によってその粒子の作用力の大きさが与えられる．そして，その力を球の図心と供試体の中心を結ぶベクトルに沿って作用させる．なお，O'Sullivan (2002), Cui et al. (2007) や Cheung and O'Sullivan (2008) が提案した3次元のプログラミングでは，鉛直成分を無視して水平力のみをメンブレン球に作用させている．メンブレン領域が完全に網羅されていて，ボロノイセルが境界を越えて広がっていないことを保証するためには，鉛直境界および水平境界に沿って注意が必要である．この詳細については，Cui and O'Sullivan (2006) や Cheung and O'Sullivan (2008) によって示されている．図5.13にメンブレンの例を示す．

DEMシミュレーションにおいて応力制御型メンブレンを用いる場合に留意すべきもう一つの点は，メンブレンを更新する間隔を指定する必要があることである．供試体が変形するにつれて，とくに局所化が進展する場合に，新しい円盤が供試体の外側に

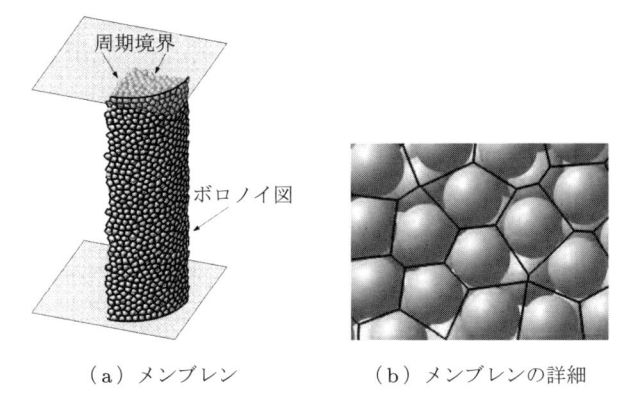

(a) メンブレン　　　　(b) メンブレンの詳細

図 5.13 3次元メンブレン（Cui et al., 2007）

向かって近づいていく．メンブレンを更新するための一つの適切な"トリガー[*1]"は，メンブレンの最後の更新からの各円盤の累積変形量を計測し，この値が指定の許容値を超えた場合である．また，さらに，メンブレンから離れるどのような粒子も"捉える"ために，シミュレーション中に指定した間隔で確認することもある．

5.4.3　剛境界とメンブレン境界の比較

Cheung and O'Sullivan（2008）は，剛壁と可撓性メンブレンを用いて，2次元の二軸試験および3次元の三軸試験のシミュレーションについて比較している．図 5.14 にこれらのシミュレーションで得られた巨視的挙動を示す．2次元シミュレーションでは，0.48 mm と 0.72 mm の間で均等に分布させた半径をもつ 2,377 個の円盤の供試体について考察している．粒子間摩擦係数は 0.5 で，境界では粒子・境界間の摩擦係数を 0.0 として完全に滑らかであると仮定している．どちらの場合も，自動制御型シミュレーションであり，供試体を $\sigma_1 = \sigma_2 = 1.0$ MPa の等方応力状態とした．剛境界では横（鉛直）の壁はそのまま用いられ，一方，メンブレンのシミュレーションでは，側壁を除去してメンブレンを挿入している．シミュレーション中は水平応力 $\sigma_3 = 1.0$ MPa 一定としている．3次元の三軸試験のシミュレーションでは，供試体は 0.88 mm と 1.32 mm の間で均等に分布させた半径をもつ 12,622 個の球で構成されている．この場合，3章で述べた並列結合を用いてセメンテーション[*2]をモデル化している．2次元の場合と同様に二つのシミュレーションを行った．最初のシミュレーションでは，三軸圧縮試験の間，円筒形の剛壁によって供試体が囲まれているのに対して，2番目の

[*1]　きっかけ
[*2]　こう（膠）結作用．間隙水中の懸濁物質などによって長期間にわたり，土粒子を化学的に結合させること

シミュレーションでは応力制御型メンブレンが用いられている．どちらのシミュレーションでも供試体を 10 MPa の等方応力状態にしている．図 5.14 は，2 次元および 3 次元のどちらも，供試体の全体挙動は境界条件にはあまり影響されないことを明らかに示している．

図 5.15 に示す 3 次元の供試体の変形パターンについて考察しよう．この図の濃淡は粒子の累積回転量を示しており，最も暗い色合いは回転の大きな粒子を示している．回転は供試体の局所化の位置を示すために用いられており，内部の変形パターンが境界条件から大きな影響を受けるということが明らかである．同様な結果が 2 次元でも得られている．図 5.16 では，2 次元シミュレーションの開始時と終了時における外部境界での力を比較している．剛境界を用いる場合，鉛直境界の作用力にかなり大きな変動があることが明らかである．これらの結果は，巨視的挙動は側方の境界条件によって大きな影響を受けないが，内部の材料挙動は大きな影響を受けていることを示している．

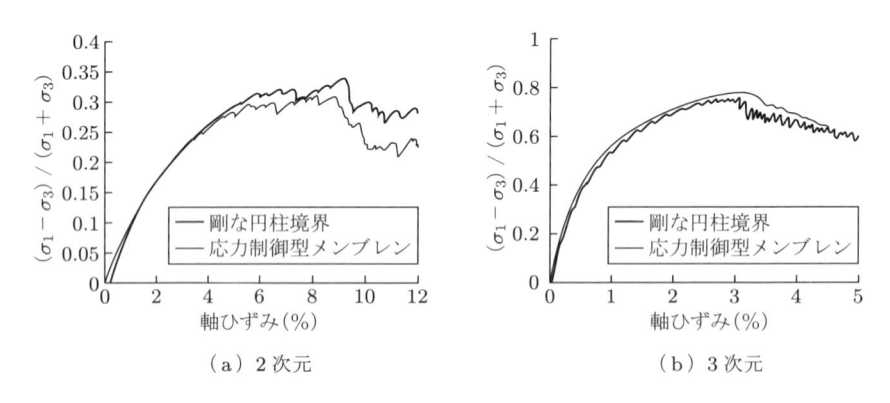

(a) 2 次元

(b) 3 次元

図 5.14 シミュレーションの巨視的挙動（Cheung and O'Sullivan, 2008）

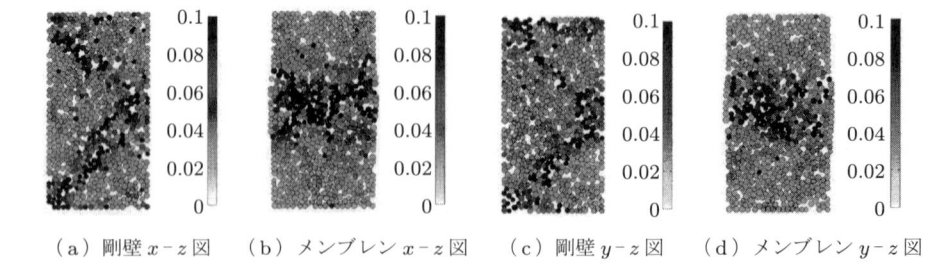

(a) 剛壁 x–z 図　(b) メンブレン x–z 図　(c) 剛壁 y–z 図　(d) メンブレン y–z 図

図 5.15 剛境界およびメンブレン境界の結合供試体の（3 次元）三軸試験における粒子回転．軸ひずみ 4.5％でのラジアン表示

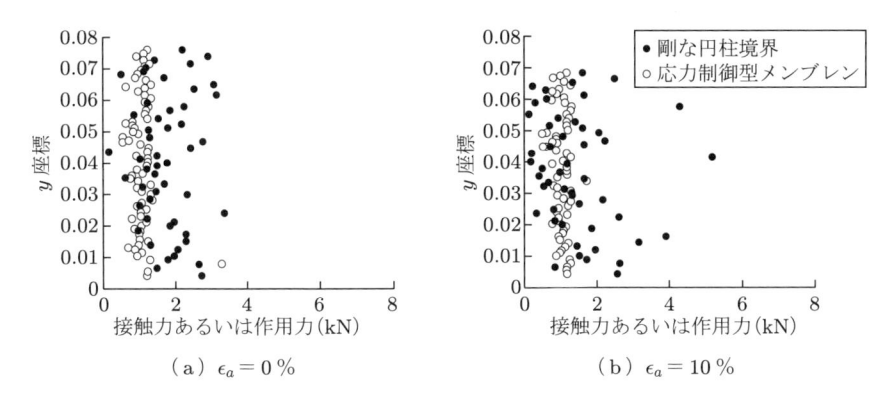

(a) $\epsilon_a = 0\,\%$　　(b) $\epsilon_a = 10\,\%$

図 5.16　2次元シミュレーションの作用外力と剛壁沿いの力の比較

5.5 ■ DEMにおける軸対称のモデル化

　地盤工学技術者にとって軸対称系の対象は数多くある．軸対称系を解析する場合には，供試体の一つの"断面"をモデル化することで十分であり，それによって計算効率が著しく向上する．同様に，3次元有限要素解析でも，軸対称の条件を用いることにより計算コストはかなり減る．Weatherley（2009）は，解析領域の四半分のみを模擬的に再現して，対称性を得るために摩擦のない剛壁を用いることを提案した．Cui et al.（2007）が示しているように"円周方向周期境界"によって，供試体全体の連続的な内部の粒子間接触の系を保ち，軸対称のシミュレーションを可能にしている．

　図 5.17(a) に示す円周方向の周期境界は，DEMシミュレーションで広く用いられている長方形の周期境界（たとえば，Thornton（2000））と概念的には同じである．ある円周方向の境界 Oa の外側に粒子の中心が出た粒子を，対応する他の円周方向の境界 Ob の位置に再び入れる（図 (b)）．接触力は各周期境界に隣接する粒子と他の周期境界の粒子間で生じる．その場合，接触力はその粒子間距離を計算して回転テンソルを用いて計算される（図 (c)）．

　Cui and O'Sullivan（2006）は，90°区分領域に対するプログラミングおよびその妥当性について示している．これらの境界を満たす最も簡単な方法は，z 軸を中心としてその系を置くことである．その場合，x 軸と y 軸は周期境界の組をなしている．周期境界付近の粒子の位置を，x–y 面の直交回転によって他の周期境界へ変換することができ，回転テンソル T は次式で表される．

$$\begin{pmatrix} x' \\ y' \end{pmatrix} = T \begin{pmatrix} x \\ y \end{pmatrix} = \begin{pmatrix} \cos\theta & -\sin\theta \\ \sin\theta & \cos\theta \end{pmatrix} \begin{pmatrix} x \\ y \end{pmatrix} \tag{5.10}$$

(a) 概念図

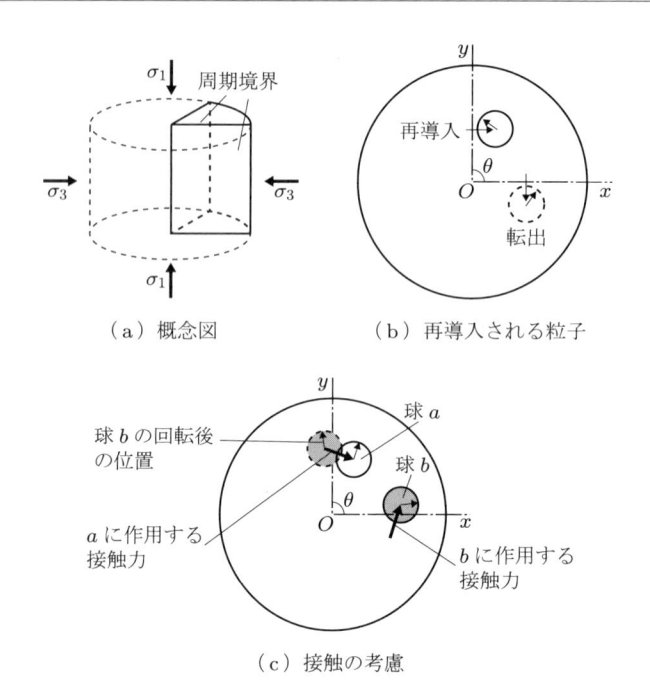

(b) 再導入される粒子

(c) 接触の考慮

図 5.17 周期境界（Cui and O'Sullivan, 2006）

ここで，x', y' は回転後の座標，x, y は回転前の座標，θ は現在の周期境界と変換後の周期境界との間の角度（反時計回りを正として）である．これらの境界のプログラミングにあたっては，原点に隣接している粒子についてとくに留意する必要がある．粒子が両方の境界 Ox と Oy からはみ出る場合，両側のその周期境界の力を考慮する必要がある．さらに，粒子の図心がちょうど z 軸上に位置する場合には，粒子は水平の x-y 面内で動くことはできない．これらの円周方向の周期境界のプログラミングについてのより詳細な説明は，Cui（2006）によって示されている．

"中空の"系，たとえば，中空円筒試験装置の軸対称境界のプログラミングについては比較的簡単である．問題は中空でない系の対称軸を通って系が連続である場合に起こる．その場合は，間隙比の局所的な減少を避けるために，中心の対称軸近傍に粒子を挿入する必要がある．

Cui and O'Sullivan（2005）は，面心立方充填による球の供試体の挙動をシミュレーションし，Rowe（1962）や Thornton（1979）が提案した理論的なピーク強度の式と比較することによって，このアルゴリズムの妥当性を解析的に検証している．その後，真空下でのクロム鋼ボールベアリングの供試体の三軸圧縮試験を，シミュレーションと実験によって検証している．さらに，均一粒径および粒度分布をもつ球の供試体に

対する，単調および繰返し三軸試験についても考察している（Cui et al.（2007）や O'Sullivan et al.（2008）を参照）．*

Cui et al.（2007）は，円周方向の周期境界や剛境界を用いてそのシミュレーションの挙動を比較している．図 5.18 に示すように挙動は異なっているが，その違いは，剛壁を用いた場合には供試体の接触力網が破断することに起因することを，材料の内部構造の解析によって明らかにしている．図 5.19 に示す接触力網を参照すると，周期境

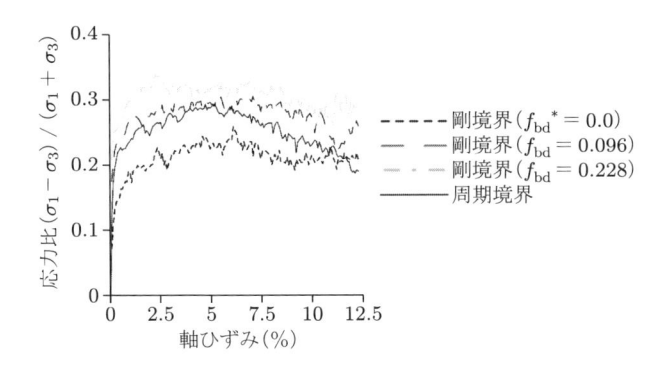

図 5.18 軸対称 DEM シミュレーションにおける鉛直境界の選択肢に対する巨視的挙動の感度

(a) 軸対称境界のシミュレーション
(b) 滑らかな鉛直剛境界のシミュレーション
(c) 摩擦のある鉛直剛境界のシミュレーション

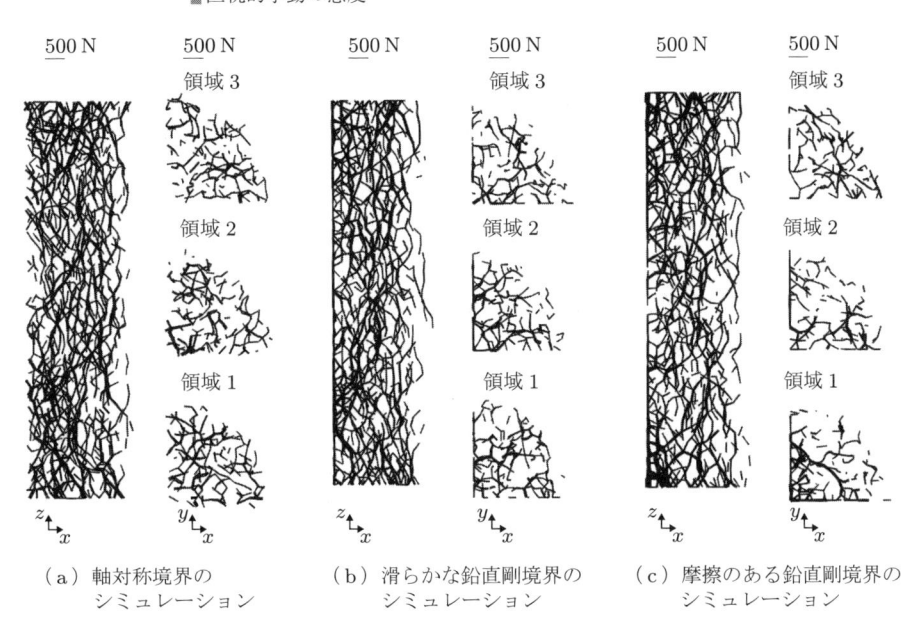

図 5.19 鉛直境界条件に対する接触力分布の感度

* 粒子・境界間摩擦係数

界を用いた場合には供試体の粒子間接触網が連続的であるが，剛壁境界を用いた場合には破断していることがわかる．

5.6 ■ 境界条件の併用

　シミュレーション結果を妥当な時間で得るための最も効率的な方法は，境界条件の併用，たとえば，剛壁とある方向のみの周期境界との組合せを用いることであろう（Weatherley, 2009）．Cheung（2010）は，ひずみ制御型三軸圧縮での並列結合の球の挙動を比較することによってこの可能性について検討している．剛境界で 2：1 のアスペクト比（高さ：直径）の供試体のシミュレーションで得られた挙動を，図 5.20(a) に示すように中心部で抽出した部分体積の挙動と比較している．抽出した断面の厚さは供試体高さの 20 %から 50 %の範囲である．応力・ひずみおよび体積ひずみの挙動に関して，すべての場合においてその断面の挙動は全体挙動に近いものであった．Zeghal and El Shamy（2004）は，液状化のシミュレーションでも周期境界と剛境界の併用を用いている．

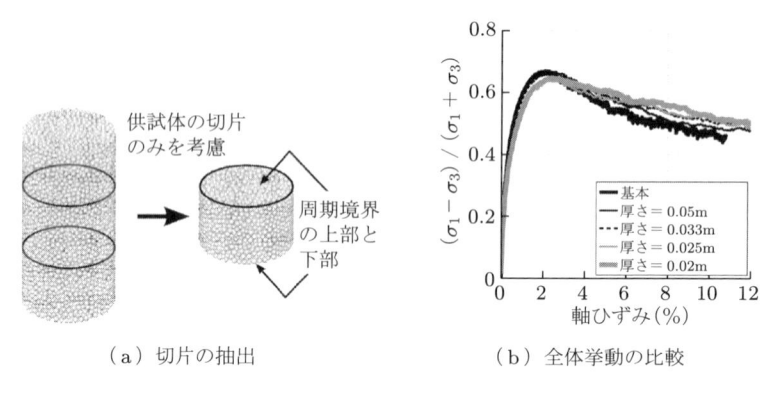

(a) 切片の抽出　　　　(b) 全体挙動の比較

図 5.20 ■ 異なる周期切片厚さを用いた三軸試験の挙動の比較

6章 流体・粒子連成DEM入門

6.1 ▪ はじめに

　Terzaghi (1936) によって提案された有効応力の原理は，土質力学における最も基本的な概念の一つで，次のように説明されている．土の要素が，所定の応力（三つの全主応力 $\sigma_1, \sigma_2, \sigma_3$ によって表される）を受け，かつ土の間隙が完全に水で満たされている場合，有効主応力 $\sigma_1', \sigma_2', \sigma_3'$ によって表される有効応力が土の挙動を支配している．これらの有効主応力は全応力と間隙水圧 u の差として求められる．すなわち，$\sigma_1' = \sigma_1 - u, \sigma_2' = \sigma_2 - u, \sigma_3' = \sigma_3 - u$ となる．応力状態の変化（圧縮，せん断，それにせん断抵抗の変化）に対する土の挙動は，もっぱら有効応力の変化によるものである．有効応力の変化に対する粒状体の挙動をDEMによって調べるためには，乾燥状態でモデル化することは妥当であり，その場合，全応力は有効応力に等しくなる．

　一方，流体・粒子相互作用が重要となる検討例が数多くある．たとえば，流体の全水頭の変化によって粒子の運動が引き起こされる場合である．それは，砂岩油層における出砂やダム内部および堤防下部における内部侵食の根底にあるメカニズムである．流体の流れは斜面の不安定性を誘発するのに大きな役割を果たすことがある．液状化（一般的には地震に関連する現象）は，ゆるい砂に荷重が急速に作用して流体圧力の増加と有効応力の減少を生じさせて，せん断強度の低下を引き起こす現象である．その結果として流動すべり破壊や大規模な永久変形などが起こる．

　工学での応用のためには，2相以上の系や相互に作用し合う下位系（sub-systems）の挙動を模擬的に再現する数値モデルが必要となる．ある相や系の挙動の解が，他の系や相との連立なしでは得ることができない場合に，その問題は"連成"であるとよばれる（Zienkiewicz and Taylor, 2000a）．その場合，系の各相の挙動は異なる式を用いて表され，それらの相を結び付ける，すなわち"連成"させる式がある．たとえば，地盤工学技術者の多くはビオ（Biot）の理論について熟知しており，これを用いて，土骨格の変形と間隙内の水の流れの両方を考慮したモデルを作ることができる．ビオの理論は土を連続体と考えている．Zienkiewicz and Taylor (2000a) は2種類の連成系に区別し，第1の種類では領域の境界で境界条件を強制することによって，第2の種類では領域を重ねることによって連成させており，どちらの手法も粒子DEMで用

いられている．

　粒子と流体の連成運動によるシミュレーションは，プロセス工学での応用においてより大きな影響を与えたようであり，Zhu et al.（2008）は，粒子・流体連成シミュレーションを用いることによって恩恵を得ているこの学問分野の，種々の応用の概要について示している．Curtis and van Wachem（2004）は，固気混相流のシミュレーションが重要である化学工学の視点から，粒子・流体連成の概要を示している．化学工学やプロセス工学での応用では，粒子の充填密度は一般に比較的小さく，乱流の流体流れの状態がよく起こる．しかし，地盤力学においては粒子の充填はより密であり，通常，その流れは層流であると仮定される．粒子の運動と流体の流れを連成させるアルゴリズムが，地盤力学以外の文献で数多く示されてきているが，ここでは，地盤力学でプログラミングされている粒子・流体連成系に限定する．すなわち，粒子の相互作用を通常の（軟体球）粒子 DEM（Cundall and Strack（1979a）が提案した手法）を用いてシミュレーションする．

　流体の挙動に間隙水圧が重要な影響を及ぼすとして，DEM によって流体をモデル化することができるのか，どのように粒子・流体を連成させるのかが，地盤工学技術者が知りたいことである．本章では，最初に多孔質体における流体の流れと流体・粒子の相互作用の基本的な概念を紹介することによって，この質問に答えることを目的としている．流体・粒子連成系をシミュレーションする地盤力学で用いられてきた，次の三つの手法について考察する．複雑さが増えていく順に，非排水載荷での定体積の仮定（6.4 節を参照），ダルシー（Darcy）則の適用（6.5 節），そして，粗格子*によるナビエ－ストークス（Navier–Stokes）方程式の数値解法（6.6 節）である．6.7 節では，流体・粒子連成系をシミュレーションする別の手法について考察している．ここで示す方法は完全に飽和な流れに対して適用することができる．3 章ですでに述べたように，土が部分飽和あるいは不飽和であるなら，水・空気の境界面で表面張力から生じるさらなる力が粒子に加えられることになる．

6.2 ■ 流体の流れのモデル化

　流体の流れの一般的な支配方程式を考えることから始めよう．流体内の位置ベクトル **x** をもつ微小要素の一般的な場合を考えると，その連続性から密度と速度は次式によって関連付けられる．

$$\frac{\partial \rho}{\partial t} + \nabla \cdot (\rho_f \mathbf{v}^f) = 0 \tag{6.1}$$

---

* または，粗流体格子

ここで，ρ_f は流体密度，$\mathbf{v}^f$ は流体速度である（テンソル表記の $(\rho_f v_i^f)_{,i}$ は $\nabla \cdot (\rho_f \mathbf{v}^f)$ と等価である）．もし，流体が非圧縮性で密度が不変であるとするなら，この方程式は次のように書き換えることができる．

$$\nabla \cdot \mathbf{v}^f = 0 \tag{6.2}$$

さらに，非圧縮性流体の運動量方程式はナビエ–ストークス方程式によって表されている．すなわち，

$$\rho_f \mathbf{g} - \nabla u + \mu \nabla^2 \mathbf{v}^f = \rho_f \frac{\partial \mathbf{v}^f}{\partial t} \tag{6.3}$$

ここで，$\mathbf{g}$ は物体力ベクトル，u は圧力，$\mathbf{v}^f$ は流体速度ベクトルである．この方程式はある簡単な問題に対しては，初期値境界値条件をふまえて解析的に解くことができる．しかし，一般的にはたとえば有限差分法や有限要素法を用いて数値的に解くことが多い．ナビエ–ストークス方程式を解くための数値手法の応用を**計算流体力学**（Computational Fluid Dynamics, CFD）とよぶ．

一般に，地盤力学では式 (6.2) と式 (6.3) を陽には考慮しない．それよりは，ダルシー則が適用できるものと仮定する．ダルシー則は，次式のように方向 j の流体速度と方向 j の全水頭の勾配を関連付けて，経験的に誘導した 1 次元の式である．

$$v_j^f = -k h_{,j} = -k i_j \tag{6.4}$$

ここで，k は透水係数，h は全水頭，i_j は方向 j の動水勾配である．"水頭"は，流体の単位体積重量あたりのエネルギーを示し，全水頭は圧力水頭，位置（ポテンシャル）水頭，速度水頭の合計である．実務では，透水係数 k を実験的に求めるか，あるいは土の粒度分布から推定している．材料内で連結した間隙からなる，でこぼこして曲がりくねった流路に沿って水が流れるために，エネルギー損失が生じる．透水係数は経験的あるいは現象論的パラメータであるが，透水係数を間隙比に関連付けたコズニー–カルマン（Kozeny–Carman）の式は，土を通る流れが毛細管の集合体を通る流れと相似であると仮定することによって誘導されている（詳細な誘導については Mitchell (1993) を参照）．

図 6.1 を参照すると，式 (6.4) と式 (6.3) の速度ベクトルは同じものではない．ナビエ–ストークス方程式においては流体の実速度が考慮されている．ダルシー則は**流出速度**を考慮している，言い換えれば，$\mathbf{v}^f$ は流量 $\mathbf{Q}\,(\mathrm{m}^3/\mathrm{s})$ を砂で充填した流れ領域の断面積 $A\,(\mathrm{m}^2)$ で割ったものである．すなわち，

$$\mathbf{v}^f = \frac{\mathbf{Q}}{A} \tag{6.5}$$

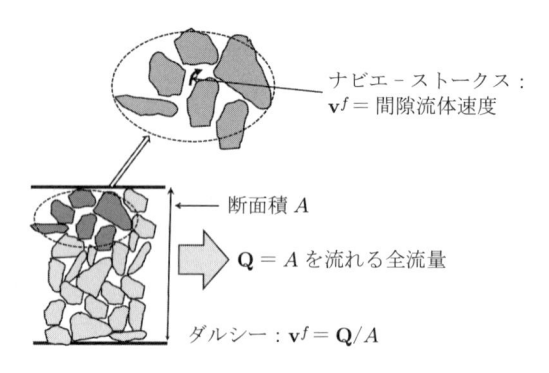

図 6.1 ダルシーおよびナビエ–ストークスの流体解析手法の違い

である.しかし,流体の流れは固体相を通らずに間隙(あるいは孔)を通ってのみ生じる.それゆえ,実流速はこのダルシー則の計算値よりも大きくなる.間隙内の平均流速の大きさは次式によって表される.

$$\mathbf{v}_s^f = \frac{\mathbf{v}^f}{n} \tag{6.6}$$

ここで,n は間隙率(厳密にいえば面積間隙率,すなわち間隙によって占められる断面積を全面積で割った間隙率)である.一般的にはこの平均流速は**浸透速度**とよばれている.しかし,流体流れの**実速度** $\mathbf{v}_r^f$ は実際の間隙の大きさに依存して変化しており,ナビエ–ストークス方程式で考慮されているのはこの実速度である.

2次元や3次元流れに対して,連続の式を式 (6.4) と組み合わせて,そして均質性を仮定すれば,流れは次式によって表されることを容易に示すことができる.

$$\begin{aligned} &k_1 \frac{\partial^2 h}{\partial x_1^2} + k_2 \frac{\partial^2 h}{\partial x_2^2} = 0 &\text{(2次元)} \\ &k_1 \frac{\partial^2 h}{\partial x_1^2} + k_2 \frac{\partial^2 h}{\partial x_2^2} + k_3 \frac{\partial^2 h}{\partial x_3^2} = 0 &\text{(3次元)} \end{aligned} \tag{6.7}$$

ここで,k_1, k_2, k_3 は,それぞれ x_1, x_2, x_3 方向の透水係数である.全水頭に対する速度水頭の項の寄与は通常無視できて,位置水頭は高さ x_3 によって単純に表されるので,式 (6.7) は圧力 u で表すことができる.

$$\begin{aligned} &k_1 \frac{\partial^2 u}{\partial x_1^2} + k_2 \frac{\partial^2 u}{\partial x_2^2} = 0 &\text{(2次元)} \\ &k_1 \frac{\partial^2 u}{\partial x_1^2} + k_2 \frac{\partial^2 u}{\partial x_2^2} + k_3 \frac{\partial^2 u}{\partial x_3^2} = 0 &\text{(3次元)} \end{aligned} \tag{6.8}$$

透水係数が等方的である(すなわち,$k_1 = k_2 = k_3$)場合,式 (6.7) と式 (6.8) は

ラプラス（Laplace）の方程式 $\nabla^2 h = 0$ と $\nabla^2 u = 0$ になる．

流体の流れは層流か乱流に分類されることが多い．管内の流れを考えて，もし層流状態であるなら流体の"粒子"は整然と動き，流れの境界となる管と相対的に同じ位置を保っている．逆に，もし流れが乱流なら，"粒子"の速度の大きさや方向がランダムな高周波変動になる．粒状体の流れの視点から，流れ領域を知ることは次の二つの理由によって重要である．第1にダルシー則は層流のみに適用することができる．第2に，6.3節で述べるように粒子に影響を与える抗力を計算する式の一つであるウェン－ユ（Wen and Yu, 1966）の式は，その流れ領域に依存する．流れ領域の分類は，流れのレイノルズ（Reynolds）数 Re を計算することによって判別することができる．レイノルズ数は流れの粘性力に対する慣性力の比である．Tsuji et al. (1993) を参照して，粒状体間の流れの（粒子）レイノルズ数は次式で計算することができる．

$$Re_p = \frac{n\rho_f d_p |\bar{\mathbf{v}}^p - \mathbf{v}^f|}{\mu_f} \tag{6.9}$$

ここで，n は間隙率，ρ_f は流体密度，μ_f は流体粘性，d_p は粒径，$\bar{\mathbf{v}}^p$ は平均粒子速度，$\mathbf{v}^f$ は流体速度である．

Cheung (2010) が示しているように，多孔質体の流れの Re_p 値の意味合いを理解しようとする場合には，Trussell and Chang (1999) が参考になる．流れを単に層流か乱流に分類するのではなく，図 6.2 に示すように四つの流れ領域に分類することができる．$Re_p < 1$ の値では，流れは層流で"クリーピング*"であり慣性の寄与は少ない．Re_p が増加すると流れはフォルヒハイマー（Forcheheimer）の流れ領域になる．ここでは，完全定常層流から，慣性効果が重要になってくる状態に徐々に移行する．そして，Re_p がさらに増加すると，完全層流と完全乱流の間の遷移領域になる．レイノルズ数が約 800 を超えると，完全乱流の領域に達する．

式 (6.3) と式 (6.8) はいずれも流体圧力の変化を表す偏微分方程式だが，主な違いは異なるスケールで考えられていることである．ナビエ－ストークス方程式（式 (6.3)）

	$Re_p = 1$	$Re_p = 100$	$Re_p = 800$
ダルシー領域	フォルヒハイマー領域	遷移領域	乱流領域
ほふく流，慣性の影響なし	層流，慣性の影響が増加	慣性流，ランダムで不規則流れが増加	全体的にランダムで不規則な流れ
$i = v/k$	$i = \alpha v + \beta v^2$		$i = \alpha_t v + \beta_t v^2$

図 6.2 多孔質体内の流れ領域（Trussell and Chang, 1999 から引用，一部改変）

---

* 非常に遅い流れや微粒子の周りの流れ

では流体の流れを厳密に考慮しており，粒状体の間隙内の流れをモデル化する場合に用いることができる．ダルシー則では，式（6.8）の透水係数 k_1, k_2, k_3 は巨視的パラメータであり，それは繋がった間隙の複雑な網状組織を通って水が流れる場合の摩擦損失を表しており，粒子集合体の平均的な挙動を表すために用いられている．

粒子と流体の相互作用の系を仮想的に模擬して再現する場合には，流体相はナビエ−ストークス方程式の数値解法によってモデル化され，また，粒子の運動は DEM によって求められ，それに流体・粒子の相互作用が考慮されることになる．問題は，複雑な幾何形状の多数の間隙および非常に狭い通路幅のために，粒子 DEM モデルにおいて多数の粒子を必要とするということである．ナビエ−ストークス方程式の解法では，間隙の幾何形状を厳密に把握することができるような，非常に細かく分割した格子あるいはメッシュが必要とされる．間隙以下のスケールの解像度のモデルを作ることはできるが，それらは複雑で計算コストが非常にかかる．したがって，地盤力学において連成系を模擬的に再現するためには，一般的に簡略化された手法が用いられている．

6.3 ■ 流体・粒子の相互作用

流体の中の粒子は流体と相互に作用し合うことから，粒子の運動は流体が存在することによって影響を受ける．異なる種類の力が粒子に作用し，それらは流体静力学あるいは流体動力学[*1]のどちらかの力に分類することができる (Zhu et al. (2007), Shafipour and Soroush (2008))．流体静力学の力とは粒子周りの圧力勾配による浮力であり，また，流体力学の力には抗力，仮想質量力，揚力がある．仮想質量力は粒子を囲んでいる流体を移動させるために必要とされる力で，その効果は各粒子に質量を加えることと等価であるので，仮想質量とよばれている．粘性効果によって境界層の発達に遅れを生じさせる場合があり，これはバセット（Basset）力[*2]によって考慮される．揚力は粒子の回転に寄因するもので，Morsi and Alexander (1972) などの研究によって，揚力は抗力よりもかなり小さいことが明らかにされている．Zhu et al. (2007) は，これらの個々の相互作用力について述べている主要な文献を示している．ここでは，粒子の運動と流体の流れに著しい影響を与える相互作用力の圧力勾配力と抗力に限定して示す．その他の相互作用力は，地盤力学で対象とする流体・粒子連成系にはあまり関係がない．

抗力は流体・粒子の相互作用の主要なメカニズムであり，それは抗力係数 C_d，粒

[*1] これ以降は単に流体力学とよぶ
[*2] 定常状態における流線からの非定常な粒子運動のずれの影響を表す力

子・流体の相対速度，粒径に依存する．流体中の単一粒子に対する抗力 $\mathbf{f}_d$ は次式で表される．

$$\mathbf{f}_d = C_d \pi \rho_f (d_p)^2 |\mathbf{v}^f - \mathbf{v}^p| \frac{\mathbf{v}^f - \mathbf{v}^p}{8} \tag{6.10}$$

ここで，C_d は抗力係数，ρ_f は流体密度，d_p は粒径，$\mathbf{v}^f$ は流体速度，$\mathbf{v}^p$ は粒子速度である（ここでは Kafui et al.（2002），Van Wachem and Sasic（2008），Zeghal and El Shamy（2008）が用いている符号規約を用いる）．流況は系の他の粒子によっても影響されるので，この抗力を粒子系にそのまま作用させることはできない．Zhu et al.（2007）が示しているように，他の粒子の存在によって流体のための空間が減り，これが流体速度の急勾配と粒子表面のせん断応力の増加という結果になっている．他の粒子の存在が抗力に及ぼす影響については，間隙率に依存する補正関数を用いて考慮することが多い．

通常，粒子の抗力は，エルガン（Ergun）の式あるいはウェン–ユの式を用いて計算される．Tsuji et al.（1993）は次式によって抗力を計算している．

$$\mathbf{f}_d = \beta \frac{\mathbf{v}^f - \mathbf{v}^p}{\rho_f} \tag{6.11}$$

ここで，$\mathbf{v}^p$ は DEM 粒子の速度，$\mathbf{v}^f$ は流体速度，ρ_f は流体密度である．間隙率が 0.8 より小さい場合，β は以下のエルガンの式（Ergun, 1952）によって得られる．

$$\beta = 150 \mu \frac{(1-n)^2}{(d_p)^2 n^2} + 1.75 \frac{(1-n)\rho_f |\mathbf{v}^f - \mathbf{v}^p|}{n d_p} \tag{6.12}$$

間隙率が 0.8 を超える場合，β はウェン–ユの式（Wen and Yu, 1966）によって得られる．

$$\beta = \frac{3}{4} C_d \frac{|\mathbf{v}^p - \mathbf{v}^f| \rho_f (1-n)}{d_p} n^{-2.7} \tag{6.13}$$

ここで，C_d はレイノルズ数に依存し，次式となる．

$$\begin{aligned} C_d &= \frac{24 \left\{ 1 + 0.15 (Re_p)^{0.687} \right\}}{Re_p} \quad (Re_p < 1{,}000) \\ C_d &= 0.43 \quad (Re_p > 1{,}000) \end{aligned} \tag{6.14}$$

Kafui et al.（2002）や Itasca（2008）は，流れ領域に依存するこの二つの抗力係数の式を用いるのではなく，Di Felice（1994）が提案している経験式，すなわち，さまざまな流れ領域に対して単一の抗力式を用いている．抗力の計算方法には少し違いが

あり，Xu and Yu (1997) が用いている式は以下のように表される．

$$\mathbf{f}_d = n\frac{1}{8}C_d^{\mathrm{DiF}}\rho_f\pi(d_p)^2|\mathbf{v}^f - \mathbf{v}^p|(\mathbf{v}^f - \mathbf{v}^p)n^{-\chi} \tag{6.15}$$

一方，Zhou et al. (2008)，Kafui et al. (2002)，Xu et al. (2000)，Zhu et al. (2007) は次式を用いている．

$$\mathbf{f}_d = n\frac{1}{8}C_d^{\mathrm{DiF}}\rho_f\pi(d_p)^2 n^2|\mathbf{v}^f - \mathbf{v}^p|(\mathbf{v}^f - \mathbf{v}^p)n^{-(\chi+1)} \tag{6.16}$$

間隙率の関数 $n^{-\chi}$ は，他の粒子の存在に対して補正するために含まれており，ここで，n はそのセルの間隙率である．この関数は流れに依存し，すなわち，

$$\chi = 3.7 - 0.65\exp\left\{-\frac{(1.5 - \log_{10}Re_p)^2}{2}\right\} \tag{6.17}$$

となる．また，抗力係数は次式で表される．

$$C_d^{\mathrm{DiF}} = \left(0.63 + \frac{4.8}{\sqrt{Re_p}}\right)^2 \tag{6.18}$$

ここで，粒子周りのレイノルズ数 Re_p は式 (6.9) を用いて求められる．Kafui et al. (2002) は，この式が間隙率 0.4 としてエルガンの式を用いて計算した抗力に対してよい相関関係を示し，そして，間隙率 0.8 としてウェン–ユの式を用いて計算した抗力とよく一致していることを明らかにした．ディフェリス (Di Felice) の式を用いると，抗力は間隙率の関数として滑らかに変化する．

抗力係数は，流れのレイノルズ数と液体の性質に依存する．低間隙率の材料に対して Ergun (1952) が提案した経験式は，実験結果に基づいて得られている．また，Zhu et al. (2007) が示しているように，粒子以下のレベルの解像度で流体流れを模擬的に再現する高解像度数値モデルによって，抗力係数を求めることもできる．Curtis and van Wachem (2004) は，相互作用をモデル化する経験的な抗力係数の精度が，粒子の球形度の低下とともに悪くなることを明らかにし，非球形粒子の抗力係数については Chhabra et al. (1999) を参照することを勧めている．Zhu et al. (2007) は，粒子形状を考慮するためにウェン–ユの式に対する修正を提案した．

流体静力学の力については，Kafui et al. (2002) によって詳細に示されている．Anderson and Jackson (1967) を引用して，流体の平均応力テンソルの式は次のように表される．

$$\zeta_{ij}^f = -u\delta_{ij} + \tau_{ij}^f \tag{6.19}$$

ここで，u は流体圧力，δ_{ij} は単位テンソル（1章で定義されている），$\boldsymbol{\tau}^f$ は粘性応力テンソル（偏差応力テンソルともよばれる）である．Kafui et al.（2002）半径 r_p のは粒子に働く流体静力学の力を以下のように二つの式で表している．

$$\mathbf{f}_{\text{hydrostatic}} = \frac{4}{3}\pi r_p^3 (-\nabla u + \nabla \cdot \boldsymbol{\tau}_f) \tag{6.20}$$

$$\mathbf{f}_{\text{hydrostatic}} = \frac{4}{3}\pi r_p^3 (\rho_f \mathbf{g} + \nabla \cdot \boldsymbol{\tau}_f) \tag{6.21}$$

Kafui et al.（2002）が示しているように，数値シミュレーションで用いられる式の選択は運動量方程式を解く方法に依存している．圧力勾配力モデルを用いるなら式（6.20）を，流体密度に基づいた浮力モデルを用いるなら式（6.21）を，それぞれ適用することができる．Kafui et al.（2002）は，Tsuji et al.（1993）が粘性応力を無視して流体静力学の力を次式で表していることを示している．

$$\mathbf{f}_{\text{hydrostatic}} = \frac{4}{3}\pi r_p^3 (-\nabla u) \tag{6.22}$$

Zeghal and El Shamy（2004）も粘性効果を無視して式（6.22）を用いている．

ここまで，抗力と浮力の影響を考慮する式を DEM モデルに取り込む方法について示してきた．もし，粒子速度，粒状体の間隙率，周りの流体の速度がわかれば，DEM の各粒子に作用する合力に抗力を付け加えることによって，粒子の運動に及ぼす流体の影響をシミュレーションすることができる．粒子速度は DEM を用いて計算することができるが，流体速度と圧力を求めるためにはなんらかの流れモデルが必要になる．

6.4 ■ 定体積による非排水挙動のシミュレーション

飽和土が非排水載荷を受ける場合，間隙流体の体積弾性係数は定体積の条件下で変形する土の体積弾性係数と比べて十分に大きいと仮定される．系が変形を受けても試料の体積を一定に保つ DEM シミュレーションによって，非排水の材料挙動をモデル化することができ，その場合，流体相を厳密に考慮することなく粒子・流体の混合系の挙動をシミュレーションすることができる．要するに流体相と粒子相は連成していない．流体の挙動のメカニズムを考慮せずに，粒子系挙動の計測結果から圧力を推測する．これは粒子・流体系をモデル化する最も単純な方法であることから，より複雑な連成シミュレーションの前に示しておく．この手法は完全非排水挙動にのみ限定され，それゆえ，実際には，室内要素試験での理想的な状態をシミュレーションするためにのみ適用することができる．

Ng and Dobry（1994）が示しているように，この種の DEM シミュレーションで

は，最初に三軸試料を $\sigma_{xx} = \sigma_{yy} = \sigma_{zz} = \sigma_0$ の等方応力状態に圧縮（圧密）する．せん断試験中は圧縮ひずみあるいはせん断ひずみを作用させる．試料は定体積の状態で変形することから，せん断中に試料の水平応力 $\sigma_r = \sigma_{xx} = \sigma_{yy}$ が変化することになる．その場合の過剰間隙水圧は $\Delta u = \sigma_0 - \sigma_r$ であるとみなされる．Yimsiri and Soga（2010）が示しているように，この手法の重要な仮定は，土の骨格あるいは接触している粒子の網状組織が粒子や間隙流体よりもかなり圧縮性であるということである．この手法を用いたシミュレーションの例としては，Ng and Dobry（1994），Sitharam et al.（2002，2009），Yimsiri and Soga（2010）がある．

　土の非排水挙動をシミュレーションするこの手法を評価する最も簡単な方法は，非排水単調試験のシミュレーションについて考察することである．Shafipour and Soroush（2008）は，定体積法を用いて 4,000 個の円盤の非排水二軸試験をシミュレーションしており，種々の間隙比について考察したその結果を図 6.3 に示す．Kramer（1996）や Mitchell and Soga（2005）を参照すると，砂の非排水試験で観察される基本的な特徴が明らかにされている．密な試料では，排水時に膨張して，非排水時に過剰間隙水圧の減少とともに平均有効応力の増加をもたらしている．ゆるい試料では，排水時で収縮から膨張への挙動の移行を示す変相点[*]が，非排水時の間隙比 0.240 の試料に対して最も顕著に認められる．Sitharam et al.（2002）もまた，多分散系の球形粒子の試料に対する非排水単調圧縮挙動の結果を示しており，ゆるい試料では正の過剰間隙水圧が生じ，一方，密な試料では負の過剰間隙水圧が生じている．

　地震による液状化発生の判定基準を理解するのに，（通常）偏差応力を繰返して液状化を生じさせるのに必要な繰返し回数を記録する，非排水室内試験による貢献が大きい．Ng and Dobry（1994）は，定体積法を用いて周期セルの球形試料に繰返しせん

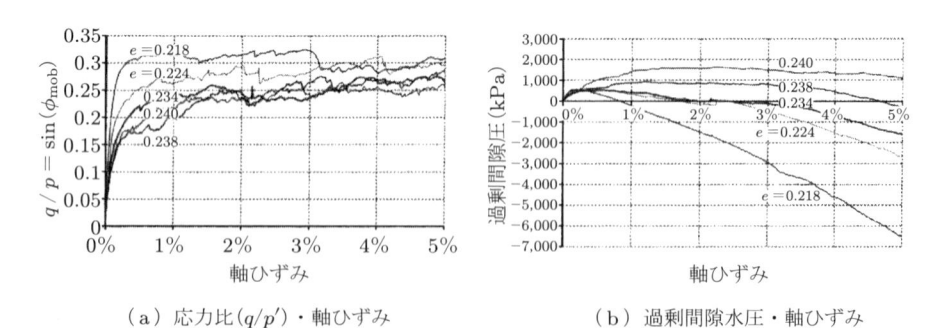

（a）応力比（q/p'）・軸ひずみ　　　　（b）過剰間隙水圧・軸ひずみ

図 6.3 非排水二軸圧縮試験の DEM シミュレーション結果（Shafipour and Soroush, 2008）

---

[*] 非排水試験で間隙水圧が増加から減少に転じる点．排水試験では，体積圧縮から膨張に変化する点に対応する

断ひずみを作用させて，既往の室内液状化試験の結果と定性的に一致することを示した．すなわち，繰返し荷重が進むにつれて過剰間隙水圧が蓄積し，応力が減少している．図 6.4 に示すように，Sitharam et al.（2009）による非排水繰返し三軸圧縮試験でも，室内実験で観察されたものと同様な挙動を得ている．

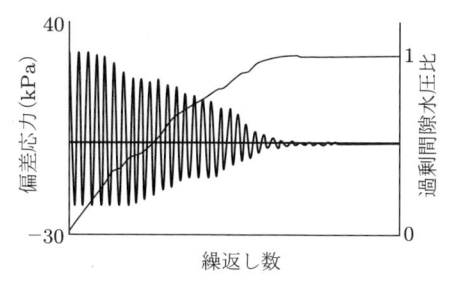

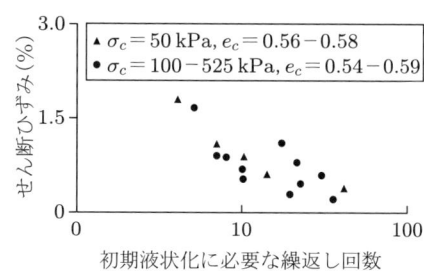

（a）繰返しひずみ振幅 0.6 %のシミュレーションに対する偏差応力と間隙水圧の変化

（b）初期液状化に対するせん断ひずみ振幅と繰返し回数の関係

図 6.4 DEM シミュレーション結果（Sitharam et al., 2009）

6.5 ダルシー則と連続性を考慮した流体相のモデル化

流体相を考慮する最も簡単な方法は，流体の流れをモデル化したダルシー則を用いることである．より基本的なプログラミングでは流れを 1 次元に限定することで，Calvetti and Nova（2004）が，斜面安定解析での浸透力を考慮するためにこの種の手法を提案している．この方法では傾き α の無限の斜面を考えて，浸透力 J は斜面に平行に作用すると仮定し，斜面の代表部分体積 V に作用する力は次式によって表される．

$$J = V\gamma_w i = V\gamma_w \sin\alpha \tag{6.23}$$

ここで，i は動水勾配，γ_w は水の単位体積重量である．この巨視的な浸透力，粒子に作用する等価な浸透力 J_p を求めるために用いられる．その等価な浸透力は次のように計算される．

$$J_p = C\gamma_w \sin\alpha \tag{6.24}$$

ここで，定数 C は $V = C\sum V_p$ になるように導入されるパラメータで，V_p は粒子の体積であり，体積 V 内のすべての粒子に対して総和をとる．$C = 1/(1-n)$ の場合にこの条件を満たしている．n は間隙率である．水圧はすべての方向に作用する．粒子に対する揚圧力は $f_{\text{uplift}} = \gamma_w V_p$ と表される．Calvetti and Nova（2004）は，回転

を拘束した円盤粒子による2次元解析において，このモデルを用いて得られる限界水位と解析解を比較して非常によく一致していることを示した．

Cheung（2010）は，粒子集合体の中央開口部あるいは井戸に流れる軸対称流れの簡単なモデルを提案した．そのモデルでは，図6.5に示す放射状の境界線を用いて領域を分割し，放射状方向の各経路に沿う流れの連続性を仮定している．原点に中心がある一連の輪によって流体セルの円周状の境界線を形成している．これらの各セルの間隙率 n_i について計算することができる．半径 R_cavity での流出速度 u_cavity が既知であるなら，各セルの平均流体速度は次式で表される．

$$u_i = \frac{1}{n_i} \frac{R_\text{cavity}}{r_i} u_\text{cavity} \tag{6.25}$$

一方，セル内の平均粒子速度と平均粒径は，DEMシミュレーション結果から得られる．セルの流体速度がわかれば，抗力は前述の6.3節で示したエルガン，ウェン–ユやディフェリスの式を用いて計算することができる．

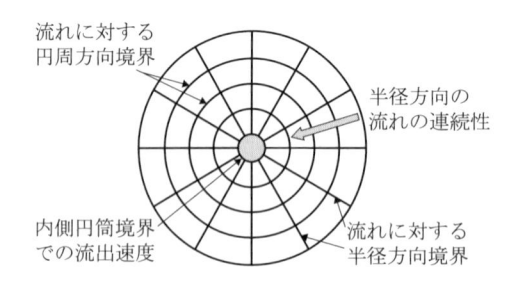

図 6.5 領域分割．流体の速度は連続性の仮定から計算（Cheung, 2010）

Jensen and Preece（2001）や Shafipour and Soroush（2008）は，ダルシーの流れモデルに基づいて流体・粒子連成手法を開発しているが，どちらも流体相を離散化したセルとして粒子に重ねることによって考慮している．Jensen and Preece（2001）は三角形要素メッシュを用い，Shafipour and Soroush（2008）は矩形格子を用いている．Shafipour and Soroush（2008）が提案したプログラミングでは，流体の流れをシミュレーションするのに3ステップを必要とする．まず粒子の運動による間隙体積の変化を計算し，次にこの間隙体積の変化によって，流体・粒子系の体積ひずみと体積弾性係数 B との積である過剰間隙水圧の増加を得る．飽和の場合，

$$\frac{1}{B} = \frac{1-n}{B_p} + \frac{n}{B_w} \tag{6.26}$$

となり，ここで，B_p は粒子の体積弾性係数，B_w は水（流体）の体積弾性係数である．そして，セル間の流れはダルシー則によって支配されるので，流体の流れによる圧力

増分は，セルに入る流体の体積に対応しているということを理解していれば，時間増分間の水の流れによる圧力変化を求める大規模連立 1 次方程式を作ることができる．Shafipour and Soroush (2008) のプログラミングは定体積のシミュレーションに用いられており，間隙比の変化に起因する透水係数の変化については無視している．

Shafipour and Soroush (2008) は，ダルシー則に基づく手法はナビエ－ストークス方程式よりもその単純さゆえに望ましいとしているが，そのプログラミングは複雑であり，粒子の運動による体積ひずみと流体の流れによる体積ひずみの加算は不自然であるように思える．また，巨視的な透水係数を用いることができるように，そのセルの大きさを粒径よりもかなり大きくする必要がある．これらの考察から，ダルシーの流れモデルを用いた格子に基づく手法は，地盤力学の流体・粒子連成系をシミュレーションするための有力な手段になりそうもないことを示している．Calvetti and Nova (2004) や Cheung (2010) が提案するようなより簡単な種類の流体モデルは，近似的なモデルではあるが，流体の流れに伴う大規模な境界値問題を効率的にシミュレーションすることができる．理想的には，これらのモデルにおける簡略化に伴う誤差を評価する方法が確立されなければならない．

6.6 ■ 平均ナビエ－ストークス方程式の解法

流体の運動を支配するナビエ－ストークス方程式を解く最も一般的なプログラミング手法は，Tsuji et al. (1993) が提案した粗格子による近似手法である．この手法では，粒状体の個々の間隙内の流体はモデル化されていない．図 6.6 を参照して，平均粒径の一般的に 5〜10 倍の規模に流体相を分割する．Zeghal and El Shamy (2008) は，セルの理想的な大きさは微視的スケールや粒子レベルに比べて大きく，対象とする境界値問題の巨視的な変化と比較して小さくなければならないと提案した（DEM におけるスケールの概念については，さらに 9, 10 章で述べる）．各流体セルの平均速度

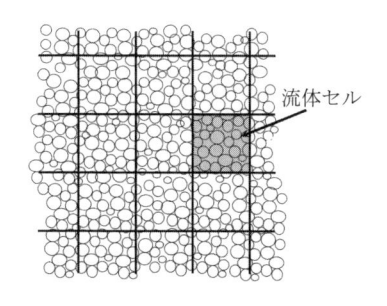

図 6.6 ■ 平均ナビエ－ストークス方程式を解く粗格子法

と圧力を計算する．これらの速度と圧力は粒子に作用する抗力および浮力を求めるために用いられるもので，この手法は，材料内の個々の間隙の経路に沿う流れをシミュレーションするものではない．各セルの平均的なパラメータが流体の流れを決める．Anderson and Jackson（1967）は，流体の連続の式と運動量方程式について局所的な平均値を用いて計算することができるという考えを初めて提案した．なお，この方法は流体の流れの範囲が粒子と重なっていることから，6.1 節で述べた連成の第 2 の区分に入る．

2 次元の安定した粒状体は比較的大きな充填密度をもち，その材料ではほとんどの間隙が閉じており，流体が流れることができる経路はほとんどない．しかし，粗格子平均ナビエ–ストークス方程式の解法では，その流体モデルは粒子と間隙を一緒にした連続的な多孔質体であるとみなしているため，この方法を 2 次元でも用いることができる．Tsuji et al.（1993）は流動層の 2 次元シミュレーションでこの手法の有効性を最初に示しており，この手法の他の例としては，Kafui et al.（2002），El Shamy and Zeghal（2005），Zhou et al.（2008）などがある．Kafui et al.（2002）や Zhu et al.（2007）は，そのプログラミングに関する考察について示している．

二つの偏微分方程式，すなわち，平均ナビエ–ストークス方程式の連続の式と運動量方程式によって流体の挙動は支配されている．平均化された連続の式は次のように表される（Tsuji et al., 1993）．

$$\frac{\partial n}{\partial t} + \nabla(n\mathbf{v}^f) = 0 \tag{6.27}$$

ここで，n は位置 $\mathbf{x}$ での局所間隙率，t は時間，$\mathbf{v}^f$ は位置 $\mathbf{x}$ の時間 t の流体速度ベクトルである．ここでは流体の圧縮性を考慮していない．圧縮性流体に対する連続の式（Kafui et al., 2002）は次式で表される．

$$\frac{\partial(n\rho_f)}{\partial t} + \nabla \cdot (n\rho_f \mathbf{v}^f) = 0 \tag{6.28}$$

地盤力学では，平均ナビエ–ストークス方程式として式（6.28）を用いることが多い．

Kafui et al.（2002）や Zhu et al.（2007）によって，運動量方程式として二つの式が与えられている．これらの式は，Gidaspow（1994）によって "モデル A" と "モデル B" とよばれている．モデル A では，圧力低下は流体相と固体粒子相の間で分担されると仮定し，それは Kafui et al.（2002）によって圧力勾配力（Pressure Gradient Force, PGF）モデルとよばれている．

$$\frac{\partial(n\rho_f \mathbf{v}^f)}{\partial t} + \nabla \cdot (n\rho_f \mathbf{v}^f \mathbf{v}^f) = -n\nabla u + \nabla \cdot (n\boldsymbol{\tau}_f) - \mathbf{f}_{fp}^{A} + n\rho_f \mathbf{g} \tag{6.29}$$

ここで，$\boldsymbol{\tau}_f$ は粘性応力テンソルあるいは偏差応力テンソルである．Zeghal and El

Shamy (2004) は粘性応力を無視，すなわち，$\nabla \cdot (n\boldsymbol{\tau}_f)$ の項を除外してこの式を用いている．モデル B では，Kafui et al. (2002) によって FDB（Fluid Density-based Buoyancy，流体密度に基づく浮力）モデルとよばれており，圧力低下は流体相でのみ生じ，運動量方程式は次式で表されると仮定している．

$$\frac{\partial (n\rho_f \mathbf{v}^f)}{\partial t} + \nabla \cdot (n\rho_f \mathbf{v}^f \mathbf{v}^f) = -\nabla u + \nabla \cdot (n\boldsymbol{\tau}_f) - \mathbf{f}_{fp}^{B} + n\rho_f \mathbf{g} \quad (6.30)$$

なお，体積あたりの流体・粒子相互作用力 $\mathbf{f}_{fp}^{A}$ と $\mathbf{f}_{fp}^{B}$ は，二つのモデルで異なる．モデル A では，

$$\mathbf{f}_{fp}^{A} = \overline{N}_p n \mathbf{f}_d \quad (6.31)$$

ここで，$\overline{N}_p$ は単位体積あたりの粒子数，$\mathbf{f}_d$ は単一粒子に作用する抗力である（たとえば，式 (6.16) を用いて計算される）．$\mathbf{f}_{fp}^{A}$ は粒子に作用する力の体積あたりの平均であり，各セルに対して次式のように離散形で計算することもできる．

$$\mathbf{f}_{fp}^{A} = \frac{\sum_{p=1}^{N_p} \mathbf{f}_d^p}{\Delta V} \quad (6.32)$$

ここで，$\mathbf{f}_d^p$ は流体セル内の粒子 p に作用する抗力，N_p はセル内の粒子数，ΔV は流体セルの体積である．Zeghal and El Shamy (2004) は，エルガンの式（式 (6.12)）を直接用いて平均抗力 $\bar{\mathbf{f}}_d^p$ を計算しているが，実際の粒子速度 $\mathbf{v}^p$ の代わりに平均粒子速度 $\bar{\mathbf{v}}^p$，$\mathbf{v}^f$ の代わりに平均流体速度 $\bar{\mathbf{v}}^f$，それに，平均粒径 $\bar{d}_p$ を用いたエルガンの式の修正版を提案している．

$$\bar{\mathbf{f}}_d^p = 150\mu \frac{(1-n)^2}{\bar{d}_p^2 n^2}(\bar{\mathbf{v}}^f - \bar{\mathbf{v}}^p) + 1.75 \frac{(1-n)\rho_f |\bar{\mathbf{v}}^f - \bar{\mathbf{v}}^p|}{\bar{d}_p}(\bar{\mathbf{v}}^f - \bar{\mathbf{v}}^p) \quad (6.33)$$

Zeghal and El Shamy (2004) は，代表粒径を $\bar{d}_p = 6/S_a$ として計算している．ここで，S_a は平均比表面積である．この手法では，$\mathbf{f}_{fp}^{A}$ を直接的に運動量方程式に含み，すなわち，$\bar{\mathbf{f}}_d^p = \mathbf{f}_{fp}^{A}$ である．

モデル B の相互作用力は次式で与えられる．

$$\mathbf{f}_{fp}^{B} = -(1-n)\nabla u + N_p n \mathbf{f}_d \quad (6.34)$$

モデル A の式を厳密に評価することは難しいものの一般的に用いられている．地

盤力学の視点から，平均ナビエ–ストークス手法を用いた粒子・流体連成に関する数少ない文献では，ほとんどがモデル A の手法を用いているようである（Zeghal and El Shamy (2004), Jeyisanker and Gunaratne (2009), Suzuki et al. (2007) を参照）．地盤力学以外の文献でも，Tsuji et al. (1993), Kawaguchi et al. (1998), Van Wachem and Sasic (2008), Xu and Yu (1997) がすべてモデル A の式を用いている．一方，モデル B の手法を用いている例としては Zhou et al. (2008) がある．

地盤力学で平均ナビエ–ストークス方程式を用いる場合，非圧縮性流体を仮定するだけでなく粘性項を無視することもある（たとえば，Zeghal and El Shamy (2004), Suzuki et al. (2007)）．その場合の運動量方程式は次式で表される．

$$\rho_f \left\{ \frac{\partial (n\mathbf{v}^f)}{\partial t} + \nabla (n\rho_f \mathbf{v}^f \mathbf{v}^f) \right\} = -n\nabla u - \mathbf{f}_{fp}^{\mathrm{A}} + n\rho_f \mathbf{g} \tag{6.35}$$

また，Jeyisanker and Gunaratne (2009) は，粘性を考慮しているが流体は非圧縮性と仮定している．

DEM シミュレーションの各粒子の合力にその粒子の抗力を加える．Zeghal and El Shamy (2004) は，流体との相互作用により個々の粒子に作用する力 $\mathbf{f}_{fp}$ を平均的な抗力と動水勾配から求めている．

$$\mathbf{f}_{fp} = \left(\frac{\bar{\mathbf{f}}_d}{1-n} - \nabla u \right) V_p \tag{6.36}$$

他のプログラミングの例では，流体・粒子相互作用力が次式によって与えられていることもある．

$$\mathbf{f}_{fp} = \left\{ \frac{\beta}{1-n} (\bar{\mathbf{v}}^f - \mathbf{v}^p) - \nabla u \right\} V_p \tag{6.37}$$

ここで，$\bar{\mathbf{v}}^f$ は流体セル内の平均流体速度で，β はエルガンの式から得られる．

流体・粒子の相互作用を平均的に考えて，比較的粗いセル格子を用いたナビエ–ストークス方程式を解く場合，その解法が必要となる．Tsuji et al. (1993), Zeghal and El Shamy (2004), Xu and Yu (1997), Zhou et al. (2008), Van Wachem and Sasic (2008) などは，流体の圧力と速度を解くために SIMPLE 解法（Semi-Implicit Method for Pressure-Linked Equation，圧力結合方程式の半陰解法）を用いている．この方法は Patankar (1980) によって詳細に示されている．これらのプログラミングの多くでは，図 6.7 に示すように，圧力の値を計算する点を速度の値を計算する点とずらしている．これは"スタッガード*セル"系とよばれている．間隙率，平均粒子速度，平均径は，セルの中心，すなわち，図 (a) に示す点に割り当てられる．

---

* 互い違い

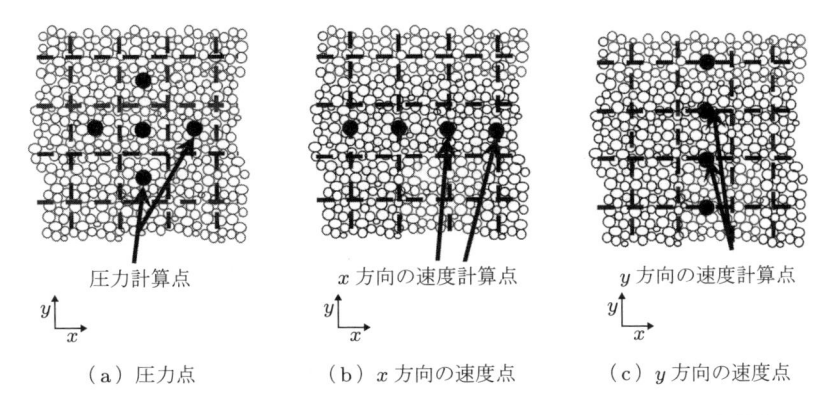

圧力計算点	x 方向の速度計算点	y 方向の速度計算点
（a）圧力点	（b）x 方向の速度点	（c）y 方向の速度点

図 6.7 ▍平均ナビエ–ストークス方程式を解くための 2 次元スタッガード格子

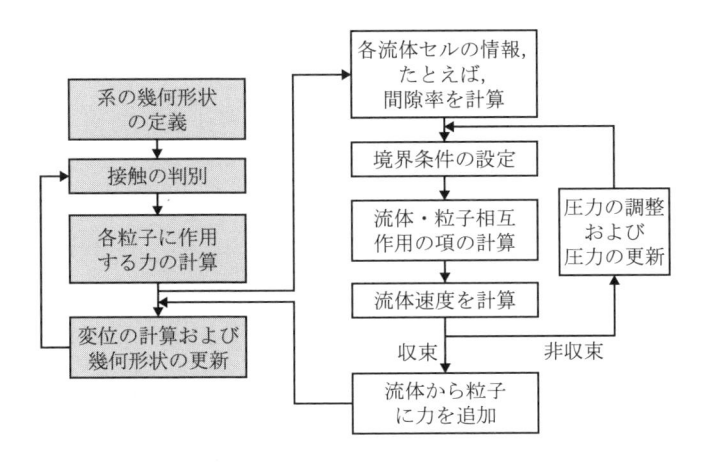

図 6.8 ▍粒子 DEM の計算と流体相の計算の連成を示すフローチャート
（Cheung, 2010）

　流体モデルを粒子 DEM と連成させる手順を，図 6.8 のフローチャートに示す．左側の DEM モデルを用いて粒子の座標を計算して，その情報を右側の流体モデルに与える．各セルの間隙率を用いて流速と圧力を反復計算で求める．各セルにおける圧力と速度がわかれば，各粒子に作用する抗力および浮力を求めることができる．SIMPLE 解法では，流体の各時間ステップ内における一連の反復計算によって計算値を収束させていく．収束したならばその流体の圧力と速度を用いて粒子の力を計算する．そして，それらの粒子力を DEM に戻し，個々の粒子に作用する合力に加えてその粒子の運動を計算する．

　図 6.9 と図 6.10 に，粗格子平均ナビエ–ストークス方程式の有効性を証明する二つの例を示す．図 6.9 は集合体底部の空気の流入速度に対する流動層の粒子速度ベクト

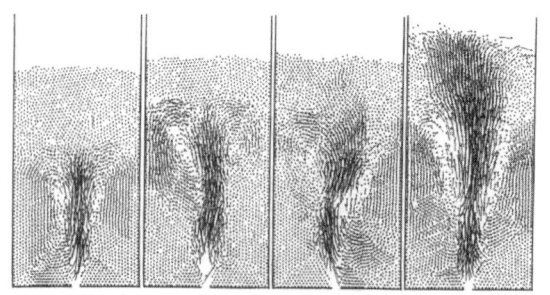

$u_0 = 2.0\,\text{m/s}$ $u_0 = 2.2\,\text{m/s}$ $u_0 = 2.4\,\text{m/s}$ $u_0 = 2.6\,\text{m/s}$

図 6.9 流動層の流体速度ベクトル（Tsuji et al., 1993）

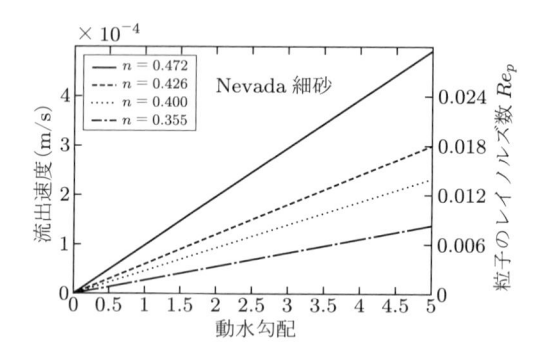

図 6.10 DEM シミュレーションの動水勾配に対する流出速度の変化（Zeghal and El Shamy, 2008）

ルを示している．これは円盤粒子による 2 次元シミュレーションである．図 6.9 は，Tsuji et al.（1993）による粗格子法の最初の応用例として知られており，その流れ場は球形粒子による試料の同等な実験結果と定性的に一致していることが示された．また，図 6.10 に示す結果は地盤工学の視点から大変興味深い．この図は，Zeghal and El Shamy（2008）による，Nevada 砂と同等な粒度分布をもつ集合体内の流れのシミュレーション結果である．その試料は $42\,\text{mm} \times 42\,\text{mm} \times 84\,\text{mm}$ の大きさで，$0.06\,\text{mm}$ から $0.4\,\text{mm}$ の粒径範囲をもつ．異なる初期間隙比をもつ試料の圧力勾配に対する流速を観察すると，図 6.10 に示すように，動水勾配と流出速度（すなわち，式 (6.5) を用いて計算した速度）との間に線形関係が認められる．透水係数の計算値は間隙率とともに増加しており，Zeghal and El Shamy（2008）は透水係数が Nevada 砂の実験結果とよく一致していることを示している．

地盤力学での粗格子平均ナビエ–ストークス方程式の応用例としては，El Shamy and Aydin（2008）（堤体下の流れ），Zeghal and El Shamy（2004, 2008）（土柱底

部での繰返し載荷による液状化), Jeyisanker and Gunaratne (2009)(舗装層内の水の流れ) などがある.

6.7 ▪ 別の解析手法

　前節までとは異なる別の流体・粒子連成手法も提案されており，これらは洗練さや精度の点で違いがある．Li and Holt (2002) などは，間隙網をハーゲン–ポアズイユ (Hagen–Poiseille) の法則を用いて管路網として模擬的に再現して，"透水係数" を計算することができることを示した．しかし，土の挙動とこの種のモデルとの定量的な相関性を得ることは難しそうであり，粒子以下のレベルの離散化を用いて流体の流れをシミュレーションする手法のほうがより妥当である．粗格子法とこのサブパーティクル法を，図 6.11 で模式的に対比している．この手法では 6.1 節で示した一般的な二つの連成手法のうち最初のものを用いる．すなわち，流体・粒子の境界で連成しており，二つの領域は重ならない．

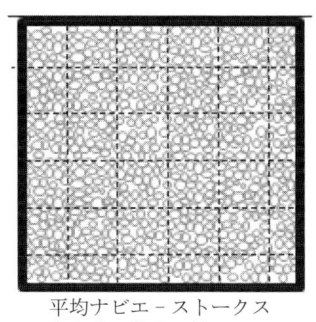

平均ナビエ–ストークス
方程式に対する格子
流体格子間隔 $\approx 10 \times D_{50}$

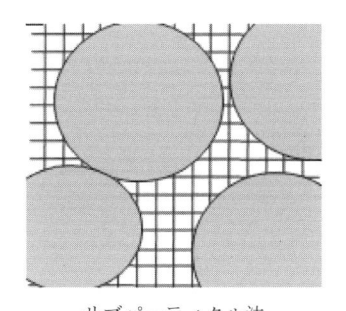

サブパーティクル法
流体格子間隔 $\ll D_{50}$

図 6.11 平均ナビエ–ストークス方程式の解法とサブパーティクル法の比較 (D_{50} は平均粒径)

　サブパーティクル法の一例として，Cook et al. (2004) はナビエ–ストークス方程式を解くために格子ボルツマン (Boltzman) 法を用いている．格子ボルツマン法では，流体は構造格子の周りを動く質量として表される．その場合，粒子は格子と重なり，粒子境界ではすべらない条件としている．Feng et al. (2007) は，乱流を扱うことのできるより複雑な格子ボルツマン法を提案した．また，Potapov et al. (2001) は，粒子以下のレベルで液相をシミュレーションするために粒子法 (SPH) を用いた．SPHはメッシュレス法であり，"粒子" はナビエ–ストークス方程式の計算で用いられる補

間点である．格子ボルツマン法と同様，粒子・流体の境界ですべらない条件としている．Mark and van Wachem（2008）は，粒子以下のレベルの流体を解く別の手法を示している．それは境界埋込み法とよばれ，粒子表面で流れの状態を強制的に抑制している．Zhu et al.（2007）は，粗格子平均ナビエ–ストークス方程式の解法とサブパーティクル法とを比較し，粗格子法は計算時間がかかるものの，サブパーティクル法はさらに極端に計算時間がかかることを示した．サブパーティクル法は粒状体力学の基礎的な研究に最も適しており，一方，粗格子法は工業の境界値問題での応用に期待できることを示している．

7章 初期配置および供試体や系の作製

　DEMシミュレーションは，少し前の時間の系の状態に基づいてその時間の挙動を予測する過渡解析であるため，初期状態の設定は境界条件を規定するのと同様に重要である．地盤力学の視点から，粒状体の挙動は，その初期状態（充填密度や応力レベル），構造異方性[*]（粒子や接触の方向から求められる），応力状態の異方性，それに，ファブリックと主応力との相対的方向に強く依存することが知られている．実験者が実験の試料を準備するのに多大な労力を費やすように，DEM解析者は供試体の作製について慎重に考慮する必要がある．全般的な視点から粒子のシミュレーションについて考察しているPöschel and Schwager (2005) は，各シミュレーションでその初期状態が一度しか用いられないので，ユーザーはその初期状態を設定するのに多大な労力を費やす必要はないと述べているが，地盤力学の視点からはこの説明は適切ではない．実際，全般的な視点から粒状体を観察しているBagi (2005) は，多くの適用例で必要とされる密に詰めた粒子のランダム配置の供試体作製を"やりがいのある課題"であると述べている．また，ランダムかつ密な球の集合体を作製するアルゴリズムを開発するために，数学者によって多大な努力がなされてきたことは注目に値することであり（たとえば，Sloane (1998) やJodrey and Tory (1985)），これらのアルゴリズムがDEMの供試体作製にも用いられる可能性がある．本章では，DEMシミュレーションのための初期粒子配置を作製する手法について述べる．ここでは，単純な幾何学的形状，たとえば，三軸圧縮試験の円柱形の供試体などの作製に限られているが，その方法は，大規模あるいは工業規模での問題のシミュレーションにおける，複雑な境界の形状に対しても用いることができる．

　Bagi (2005) は，ランダムかつ密な供試体を作製する種々の方法の概要について示している．それらの方法は二つに分類される．**動的法**（Dynamic Method）は，系の修正あるいは調整する段階を伴うアルゴリズムであり，その場合，系を静的つり合い状態にするために，あるいは試料を目標の応力レベルや充填密度にするために，DEM計算の繰返しが行われる．もう一つの，**構築法**（Constructive Method）ではDEM計算の繰返しを必要とせずに系を作製する．シミュレーション，とくに予備的な検討において均一粒径を用いることは簡単ではあるが，均一な球や円盤の集合体は，さま

---

[*] あるいはファブリック異方性

ざまな粒径をもつ（粒度分布のある）材料（多分散系材料）とは異なった挙動をすることを認識することが重要である．これは，均一な円盤や球は安定な格子充填になる傾向があり，その場合，格子面に沿って動くことになる．これによって，全体スケールおよび粒子レベルにおいて自然の地盤材料とはかなり異なった材料挙動をもたらすことになる．巨視的挙動および粒子レベルの挙動は粒度分布に影響を受けやすい．多くの場合，粒状体の充填に関する初期のトポロジー（すなわち，材料のファブリック）は材料の力学的挙動に顕著な影響をもつため，"仮想の"粒状体を作る手法に対する系の感度を評価することは解析者にとって必要である．

7.1 ■ 粒子集合体の初期配置

　DEM解析では，対象とする充填密度や応力レベルを単に入力条件として指定すればよいというものではなく，試料を作製して所定の応力レベル下でつり合い状態にする必要がある．室内試験においても充填密度の範囲がDEMと同様に限られており，供試体作製には慎重な配慮が必要であることを，室内実験の経験があるDEM解析者なら十分に理解しているであろう．このようにDEMシミュレーションの最初の段階で，系の初期配置を作ることと，多くの場合において予備的なシミュレーションによって所定の応力レベルを得ることが必要となる．場合によっては，この解析段階がその後の境界値問題のシミュレーションよりも困難な場合もある．

　地盤工学で対象とする多くの問題では，粒子系は重力下でつり合っており，ほとんどすべての粒子は他の粒子と少なくとも一つの接触をもつ．すなわち，充填密度がかなり大きい．それに対して，化学工学やプロセス工学では低密度の系がよく対象になる．たとえば流動層の場合である．地盤力学の解析は"パーコレーションしている"系を探すことであるので，ここでパーコレーションの概念についてまず考察しよう．"パーコレーション"はもともと数学分野のネットワーク解析で用いられている用語である（たとえば，Grimmett (1999) やWatts (2004))．パーコレーションの閾値は，接触の網目が系全体に広がり，作用させた境界の応力を系全体に伝達することができる状況の限界（超限界状態）を示している．パーコレーション点より小さな充填密度では，接触する粒子のクラスターがあるもののこれらのクラスターは繋がっておらず，応力伝達はできない．粒状体の集合体では，系の一方の側から他方に応力を伝達することができる，接触の網状組織が形成される前の最小の接触点数と最小の充填密度がある．地盤力学では，非パーコレーション系は自然には堆積しないので，（浮遊材料には関心がないと仮定して）この最小点以上の充填密度にのみ関心がある．このパーコレーションの閾値はユニークには定まらない．すなわち，それは粒度分布に依存する

であろう．いずれにせよ，地盤力学の供試体作製の段階では，DEM 解析者は，最低でも，粒子数がパーコレーションの閾値を超えるように密度が十分に大きい粒子配置を作る必要がある．"ゆるい"および"密"の用語は，10 章で述べるように，粒子集合体の限界状態線に対して相対的な現在の状態を表すために地盤力学でよく用いられている．

自然界や地盤工学の実験室では，粒子は重力落下によって堆積する．粒子は空気中（実験室では空中落下法とよばれる）あるいは水中（水中落下法）で落下する．堆積の方法によって粒子の充填密度や幾何学的な粒子配置（10 章で述べるようにファブリックとよばれる）に影響を与えることは知られている．DEM シミュレーションでは，最終的な解析領域よりも上のある高さに粒子を生成して，それらを鉛直方向の物体力で落下させることによってこの過程を単純に再現している．この過程でかなりの粒子の運動や多くの衝突があり，結果としてさまざまな接触配置を生じることになる．よって，この解析段階での計算コストは高く，かつ，本来の目的の境界値問題のシミュレーションよりもかなり時間がかかるであろう．たとえば，室内試験のシミュレーションで，結果の統計学的な妥当性を示したり，パラメータスタディを行う場合，仮想の DEM 試料を数多く必要とする．比較的密な粒子配置を作って所定の応力状態を得る場合には，一般的に重力による堆積法ではなく別の手段を用いている．数多くある手法の中で最適な方法というのは解析者の必要性に依存している．ここでは一般的に用いられている方法について示すが，これらは必要に応じて簡単に改良することができる．ここで述べる方法は，要素試験のシミュレーションで用いる粒子の"仮想"供試体の作製についてであるが，大規模な問題のシミュレーションに用いる粒子の初期配置を形成することもできる．

7.2 ■ 粒子のランダム生成

格子状あるいは規則的な粒子の充填には関心がない場合，DEM 解析者は供試体作製で乱数発生を用いるであろう．数学用ソフトウェアパッケージ（MATLAB や Excel など）だけでなく，ほとんどのプログラミング言語（C，C++，Fortran など）は乱数発生の機能をもっている．一般的に，乱数発生器は現在の時間を種とする複素関数である．この手法を用いる場合，その関数を呼び出すごとに異なる数となるはずである．しかし，これは必ずしもつねにそうなるということではなく，この種の関数を用いる場合には，関数の呼び出しによって異なる数になるのかを確認する必要がある．（シミュレーションが 2 次元なのか 3 次元なのか，および，どのような形状であるかに依存して）粒子を表すために数多くの乱数を発生させる．たとえば，球粒子を用いる場合に

は各粒子に対して四つの数，すなわち，粒子図心の x, y, z 座標と粒子の半径が必要になる．ほとんどの乱数発生器では0と1の間の実数を出力する．これらのスケールを変えることによって，解析の対象領域内に粒径および位置のランダム分布が得られる．

図7.1に粒子のランダム生成の考えを2次元で示す．各粒子の配置はランダムに x, y 座標と粒径を生じさせることによって得られる．各粒子を生成後，その粒子位置を以前に生成したすべての粒子と比較するために，DEMアルゴリズムの接触判定を呼び出す．その粒子が現存する粒子と重なるなら，この図心の位置と大きさの組合せは無効であるとみなされる．そして，その粒子を破棄して新しい位置と大きさを生じさせるためにその手順を繰返すことになるが，粒子の形状をそのままにして別の図心位置をランダムに選ぶことのほうが実際的である．もし，粒径と位置のどちらも再度生成する場合には，数多くの小さな粒子が作られ，粒度分布に偏りが生じることになるであろう．図7.2は，PFC2Dの乱数発生法を用いた，種々の円盤半径および粒子数に対する

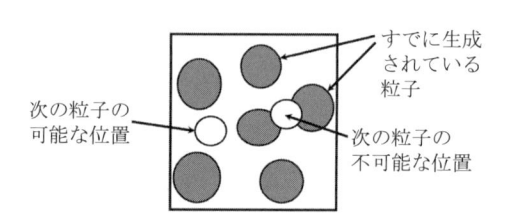

図 7.1 DEM解析の供試体を作製する乱数発生法

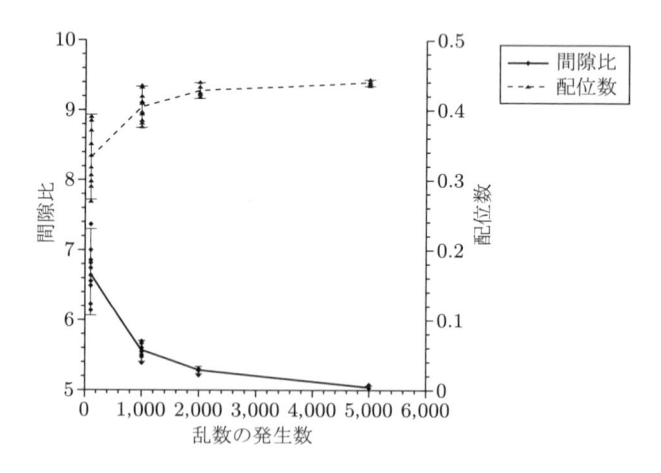

図 7.2 DEMシミュレーションの供試体を作製する際に，乱数発生法を用いた場合の粒子数に対する充填密度（間隙比および配位数を計測）の変化（Cui and O'Sullivan, 2003）

間隙比の変化を示している．間隙比は充填密度の一つの指標である．すなわち，間隙比が大きくなれば充填密度が小さくなる．図 7.2 に示すように，粒径の範囲が広くなれば間隙比が大きくなる．これはランダム生成についてであり，その集合体が圧縮される場合ではない．すなわち，後者の場合はより小さい粒子がより大きな粒子によって形成される間隙内に入り込むことになる．また，粒子の挿入を増やすことによって充填密度が大きくなるが，その数がほとんど影響しなくなる所がある．すなわち，粒子を 100 万個挿入する場合と 500 万個挿入する場合ではほとんど違いが見られない．

乱数発生法を用いて所定の粒度分布を得ることができる．この場合，目標の粒度分布（PSD）を多くの区間に分けて，各区間内でその半径の値をランダムに生成する．しかし，この手法は完璧というわけではない．すなわち，実際の室内試験では PSD はふるいによって得られ，個々のふるいにおける分布は厳密にはわからない（PSD のより洗練された評価手法は存在するが，それらはまだ地盤力学では普及していない）．より連続的な PSD を得るために乱数発生法を所定の確率密度関数に結び付ける考えもあり，Jiang et al. (2003) は，所定の分布に合わせるために，必要な粒子数を求める比較的簡単な式を次のように提案した．

$$N_{r_i} = \frac{P_{r_i}}{r_i^d P} N_p \tag{7.1}$$

ここで，N_{r_i} は半径 r_i の粒子数，P_{r_i} は半径 r_i の粒子の（質量による）百分率，d は次元（2 次元で 2，3 次元で 3），N_p は全粒子数である．パラメータ P は各粒子の質量百分率と半径との比に依存する．すなわち，

$$P = \sum_{i=1}^{N_{\text{types}}} \frac{P_{r_i}}{r_i^d} \tag{7.2}$$

となり，ここで，N_{types} は対象とする粒径の総数である．

PSD の曲線を分割して，これらの別々の容器内にその粒径を生成することによって目標の PSD を得ようとする場合，図 7.3 に示すように，最も大きな粒子を含む容器から生成を始めて，粒径を小さくする順に容器を連続的に移動することが最も効率がよい．Cheung (2010) は，Castlegate 砂岩の実際の粒度分布に合うように DEM モデルの粒度分布を生成した．また，Ferrez (2001) は 3 次元シミュレーションについて示し，最初に円柱形内に大きな粒子（球）を配置し，間隙を埋めるために残っている空間を中位の大きさの球で満たして，さらに小さな球を用いることによって供試体を密にしている．

室内データと DEM の粒度分布を比較する場合に，室内での粒度分布は標準の各ふるいを通る粒子の質量百分率によって得られるということに注目すべきである．DEM

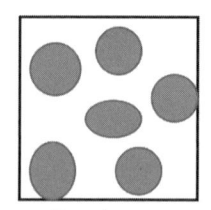

ステップ1：
最も大きな粒子の
ランダム生成

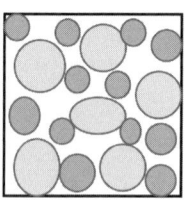

ステップ2：
中間の粒子の
ランダム生成

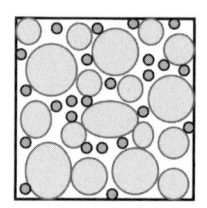

ステップ3：
最も小さな粒子の
ランダム生成

図 7.3 所定の粒度分布の作成手法

シミュレーションでは，各大きさの区間内にある粒子数によって粒子の百分率を調べており，便利（そして非常に簡単）ではあるが，これは室内での粒度分布と等価な結果とはならない．すなわち，多数の小さい粒子は少数のかなり大きな粒子と比較して非常に小さな体積百分率であるかもしれない．また，粒径のデータから求められる中央粒径は，ふるい分析から得られる D_{50} と同じではない．D_{50} は体積が50％を超える粒径を表している．

半径 r の粒子の質量は r^3 に比例する．それゆえ，非常に小さな容積内にかなり多数の小さい粒子がある場合が考えられる．DEM の視点からは，粒子数が増えるにつれてシミュレーション時間が増加するので，これらの粒子によってシミュレーションの計算コストがかなりかかることになる．さらに（より重要なことに），安定した解析のための限界時間増分は比 $\sqrt{m/K}$ に比例する．ここで，m は粒子の質量，K はばね剛性である．これらの制約から，解析者は粒度分布曲線の最も小さな部分を無視することが多い．たとえば，Cheung (2010) は，Castlegate 砂岩のシミュレーションで質量が小さな5％の部分の粒子を考慮していない．これは，粒子レベルにおいてこれらの粒子が試料を伝達する強応力鎖に寄与していないと仮定すれば正当化できる．Potyondy and Cundall (2004) は，岩盤のシミュレーションで，接触していない粒子（"浮遊物（floaters）"とよばれる）を除去する方法について示している．

円盤形や球形の粒子では，単純に粒子の半径や直径を考えることによって粒径を定量化している．しかし，粒子が非球形である場合には種々の粒径の指標が考えられる．ふるいで得られる粒径に最も近い粒径のパラメータは，最小フェレ（Feret）径である．そのフェレ径は，粒子表面に接する二つの平行線間の距離を計測することによって得られる．

7.2.1 半径拡大法

乱数発生法によって，基本的に接触していない粒子"群"を生成する．充填密度を

大きくする一つの方法は，側壁を内側に動かすか（剛壁境界を用いる場合），あるいは，周期境界を用いる場合はすべての方向に圧縮ひずみを用いることによって，試料を等方圧縮することである．しかし，これらの方法は時間がかかる．Itasca（2004）が示しているように，供試体の密度を大きくする便利な方法は，粒子を拡大させることによって粒径を徐々に増加させることである．円盤や球の粒子の場合には，この方法ではすべての粒子の半径を α 倍する．ここで，$\alpha > 1.0$ である．この概念はより複雑な形状に対しても簡単に用いることができる．いずれにせよ，段階的に粒子を大きくすることが最も好ましい．たとえば，α の値を計算するために次式を用いることができる．

$$\alpha = 1.0 + \frac{\beta}{n^\gamma} \tag{7.3}$$

ここで，$\beta < 1.0$ で，n はシミュレーションの拡大段階が終了するまで 1 の値から増加するステップを示す整数，γ は整数（≥ 1）である．適正な値としては β が 0.2 で，γ は 1 であろう．$\gamma > 1$ の値なら拡大の過程で α の減少率が大きいことを表している．拡大過程が続くにつれて少しずつ粒径を増加させるのであれば，半径拡大過程を制御するために他の解析式を提案することもできる．図 7.4 に半径拡大の過程を示す．拡大過程の各段階で粒径を増加させてから，その系をつり合い状態にするために一連の DEM 計算を行われなければならない．粒径を増加させる場合，以前には接触していない粒子が接触することから，接触点での重なりを考慮するために，これらの DEM の計算が必要になる．結果として生じる反発力によってこれらの粒子が離れるように"押し"，他の粒子に加速度を生じさせる．このように，その外乱を伝播させるために DEM 計算の繰返しが必要となる．Bagi（2005）は，半径拡大法に含まれる連続的な動きおよび再調整の過程から，これを動的供試体作製法として分類している．この半径拡大の初期段階では，粒子は比較的離れており，かつ，比較的小さい．その過程が

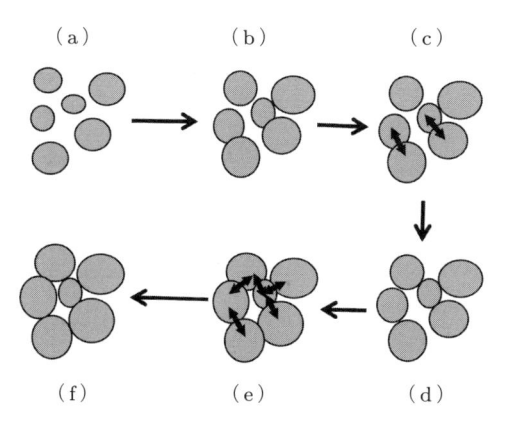

図 **7.4** 半径拡大の過程

続くにつれて粒子は近づきかつ大きくなる．このようにして，式 (7.3) に表すような式を用いて拡大係数 α を減少しないと，粒子が著しく重なる可能性があり，結果として非常に大きい加速度を生じる．また，充填密度や応力状態の厳密な制御のためにも小さな α の値が必要である．

粒子半径の拡大後，その系がつり合い状態になるまで一連の DEM 計算の繰返しを行わなければならない．それゆえ，その集合体がつり合い状態にあるかを評価するための基準が必要になる．一つの選択肢としては各粒子に作用する合力について考察することである．この合力はその粒子を加速させる力であり，"不つり合い力" ともよばれる．この力が小さい場合にはその粒子はほとんど静止している．つり合いを判断するのに直接的に不つり合い力の値に基づいて決めることは簡単ではない．粒子の質量に対するその合力の比を観察してその最大比（すべての粒子を考慮して）が所定の値よりも小さい場合には，つり合いが得られていると判断することが最も妥当であろう．あるいは，それに加えて系の応力状態や全接触数を観察し，これらのパラメータが一定の値になればつり合い状態と判断することである．

半径拡大の初期段階では，とくに，少数の粒子に著しい加速度や速度を生じさせるような非常に大きな接触力が作用する可能性がある．これが起こると，単一の時間ステップでこれらの粒子に非常に大きな変位を生じる場合がある．これは，もともと剛境界から離れていた粒子が，境界を通り抜けてシミュレーションの空間から出てしまうような問題を引き起こすことになる．また，粒子は別の粒子と高速度で衝突して別の大きな重なりが生じ，系を伝播する非常に大きな速度の原因になる．これを避けるためにこれらの初期段階で減衰を系に取り入れること，たとえば，2 章で述べた全体減衰を用いることは妥当である．しかし，充填密度が大きくなればこの減衰を減少させることが勧められる．そうしないと，集合体に不均一な応力を生じさせる可能性がある．応力状態が均質であることを保証する一つの方法は，集合体の所定の体積内の応力を境界の応力と比較することである．これらの値が近い場合には応力状態が均質である確率が高い．供試体のかなり大きな体積で計測した内部応力の差が大きい（すなわち，1 あるいは 2 ％以上）なら，次の半径拡大段階に進むことは勧められない．

この半径拡大法を，特定の段階まで（たとえば，式 (7.3) のパラメータ n が所定の値に達するまで），あるいは，目標の充填密度や応力状態に達するまで続ける．半径拡大法によって等方応力状態の供試体が作製される．すなわち，応力状態がこの値に近づくまでその過程を続け，$|\sigma_{ii}^{\text{target}} - \sigma_{ii}^{\text{meas}}| \leq \text{tol}$ となれば拡大を止めるように，アルゴリズムをプログラミングすることは比較的簡単である．ここで，$\sigma_{ii}^{\text{target}}$ は目標の応力，$\sigma_{ii}^{\text{meas}}$ は計測値，tol はユーザーが指定する 1 ％程度の許容値である．目標の応力が得ることができる精度は α の値に依存する．一般的に，シミュレーションの目標

値に単調に近づくことが最もよく，この場合，$\sigma_{ii}^{\text{target}} - \sigma_{ii}^{\text{meas}} \leq 0$ ならエラーを表示して拡大を止めなければならない．実際の砂の場合のように試料が応力履歴を記憶していて，供試体作製過程で目標の応力を超える場合には，その後の挙動は想定していない過圧密試料の挙動になるであろう．また，半径拡大法では，粒径の拡大は粒子質量の増加を意味することに注意しなければならず，これは，系の総エネルギーに関係する．

図 7.5 に，Summersgill (2009) の半径拡大シミュレーションの結果を示す．四角形を形作る四つの剛壁内に 441 個の円盤をもつ供試体である．その結果は，半径拡大の初期段階で半径を拡大した直後に応力と配位数（粒子あたりの接触数）が増えるということを示している．粒子が互いに離れるにつれて，応力が低下して配位数が零に戻る．しかし，調整期間後，粒子が接触したまま充填密度が十分に大きくなる所がある．この時点以降，ほとんど単調な応力増加を与えるために，α（式 (7.3)）の値を減少させることによって，粒子半径の増加を制御している．この点はパーコレーションの閾値とよばれ，この点を超えると系はパーコレーションとなる（前の 7.1 節を参照）．

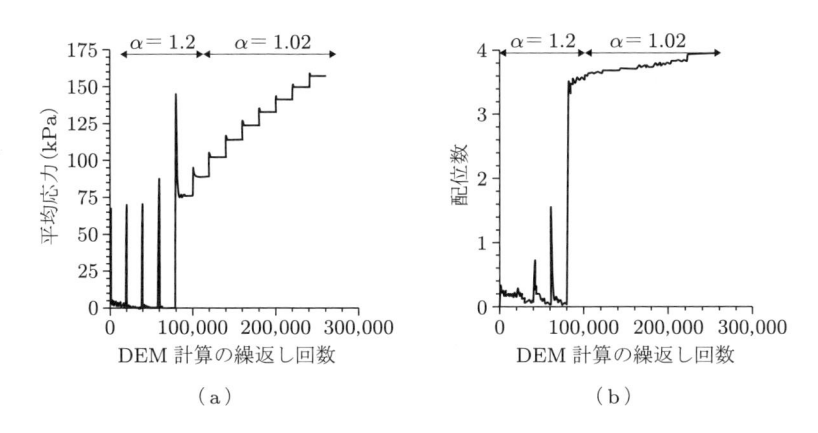

図 7.5 半径拡大の過程における平均応力および配位数の変化

Potyondy and Cundall (2004) は，現在の接触の状況と所定の等方力状態を考慮することによって α の値を計算している．（円形や球形の）粒子が線形接触ばねによって繋がれていると仮定して，平均応力 p の所定の増分が Δp によって表されるなら，その場合，

$$\alpha = \frac{\lambda V \Delta p}{\sum_{b=1}^{N_b} \sum_{c=1}^{N_{c,b}} \tilde{r}_{c,b} K_{n,c} L_c} \tag{7.4}$$

となり，ここで，V は対象領域の体積，N_b は全粒子数，$N_{c,b}$ は粒子 b の接触数，$\tilde{r}_{c,b}$ は粒子 b の図心から接触 c までの距離，$K_{n,c}$ は接触 c の法線方向の接触剛性，L_c は接触 c のブランチベクトルの長さである．粒子・粒子の接触の場合は，L_c は接触している各粒子の半径の和である．粒子が壁に接触する場合は L_c は粒子の半径である．パラメータ λ は系の次元に等しく（すなわち，2 あるいは 3），平均応力は $p=(1/\lambda)\sigma_{kk}$，すなわち，2 次元で $p=(1/2)\sigma_{kk}$，3 次元で $p=(1/3)\sigma_{kk}$ によって表される．式 (7.4) の誘導については Potyondy and Cundall（2004）を参照されたい．

DEM のプログラミングが比較的簡単な半径拡大法と類似の手法がいくつかある．一つの例として，Bagi（2005）が，Häggström and Meester（1996）によって提案された"リリーボンド（lily-bond）"法について示している．この手法で最初にすることは点をランダムに配置することである．各点の円盤や球が別の円盤や球に接触する，すなわち，拡大が終了するまでそれらを徐々に拡大させる．このアルゴリズムでは，所定の粒度分布が得られるように修正を必要とする．さらに，粒子をランダムに生成した初期試料を考えて，Han et al.（2005）は，新しい粒子を追加するための空間を作るように初期充填を圧縮する別の半径拡大法を提案している．この手法では，各粒子に隣接する粒子を特定し，圧縮の方向にある最も近い粒子に接触させるように粒子を動かし，順に各円盤を考慮していく．すなわち，粒子が動くことができる距離には制約があるのでこの手順が繰返される．そして，Han et al.（2005）が示しているように新しい粒子をそれらの間隙に挿入する．この場合，粒子を特定の方向に圧縮するので，応力鎖が極端に揃った配置とならないように考慮する必要がある．

充填密度と応力レベルの組合せは土の"状態"とよばれることもあり，粒状体の力学的挙動に顕著に影響する．実験や DEM シミュレーションで，充填密度と応力レベルを同時に設定することはできない．砂の室内試験では，モールドの中に粒子を注ぐ異なる手法（すなわち，異なる落下法）を用いて，ある程度までは間隙比を制御することができる．その後に試料を振動あるいは圧縮する場合もある．一方，DEM シミュレーションでは，粒子の摩擦係数を変化させることによって充填密度を制御することができる．たとえば，Cundall（1988a）は，周期セルシミュレーションのための供試体の所定の間隙率を得るために摩擦を用いている．摩擦係数を零に設定する場合，密な供試体が得られ，摩擦係数が 1 の場合にはゆるい充填が得られる．粒子間粘着力も指定することによってさらに充填密度を小さくすることもできる．摩擦や粘着力によって粒子間のすべりに対する抵抗を増加させ，局所的な充填配置の安定性が得られることを認識すれば，摩擦や粘着力に対する充填密度の感度について，理解することができるであろう．この手法を用いて，所定の間隙比をもつ供試体を作製することができ，

異なる間隙比をもつさまざまな供試体についてのパラメータスタディが可能になる．図7.6は，半径拡大過程での間隙比と配位数の変化を粒子間摩擦係数の関数として示しており，大きな粒子間摩擦係数の粒子群は，より大きな間隙比とより小さな配位数をもつことがわかる．

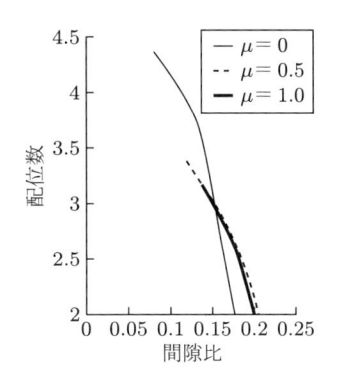

図 7.6 粒子間摩擦係数に対する間隙比と配位数の変化（Summersgill, 2009）

7.2.2 応力状態の制御

前述のとおり，所定の応力状態が等方的である場合でさえ，半径拡大法を単独で用いて応力の厳密な制御を得ることは容易ではない．よって，試料を厳密に所定の応力レベルにするためには，半径拡大の過程の最後でDEMの計算を繰返すことが妥当であろう．目標の応力状態を単調増加的に得ることは重要である．すなわち，応力を低い値から徐々に目標のレベルまで増加しなければならない．シミュレーションで過圧密試料のために応力を減少させる前でさえも，制御によって最初に高い応力レベルにする必要がある．試料を可動性の剛壁によって制御する場合，現在の（計測された）応力値に基づいて変化する速度で，その壁の位置をゆっくりと動かさなければならない．二つの鉛直の平面 $x = x_{\min}$ と $x = x_{\max}$ による水平方向の境界がある2次元の試料を考えよう．目標の応力レベル $\sigma_{xx}^{\text{target}}$ を得るために，$x = x_{\min}$ で定義される壁の速度は次式によって表される．

$$v_x = \alpha_x |\sigma_{xx}^{\text{target}} - \sigma_{xx}^{\text{meas}}| \tag{7.5}$$

ここで，α_x はユーザー指定の係数，v_x は壁の速度，$\sigma_{xx}^{\text{meas}}$ は応力の計測値である．そのとき，$x = x_{\max}$ の壁は速度 $-v_x$ で動かさなければならない．その応力の計測値は境界かあるいは試料内で得られる．同様に，周期セルのひずみ速度も，現在の応力と目標の応力の差によって関連付けることができる．初期の応力状態を得るために可撓

性境界を用いる場合，可撓性境界を導入する前に，剛境界の中に試料を入れて境界を動かすことによって，所定の応力状態を得るほうが最も効率がよい．

　試料が準静的応力状態にあることを確実にするためには，その境界の速度が十分に小さいことが重要である．もし，そうでなければ，応力はつり合い状態になく，動的に系を伝播する弾性応力波の大きさに基づいて間違って止められる場合がある．この誤りは，反対側の剛壁に作用するそれぞれの平均応力を比較するか，あるいはその境界応力と試料内の平均応力を比較することによって避けることができる．応力の許容誤差は1%以内でなければならない．目標応力を超えて圧縮応力が著しく大きい場合には，壁の位置を戻すことによって応力を減らす．しかし，この場合には目標の応力レベルを得るために多くの繰返しが必要になる．壁の急速な動きに伴う別な問題としては，Jiang et al.（2003）が指摘しているように不均質なファブリックを生じる可能性があるということである（他と比較して試料端部近傍で大きな充填密度をもつ）．図7.7は，460個の円盤の試料が，122 kPaの初期等方応力状態から$\sigma_{xx} = \sigma_{yy} = 200$ kPaの等方状態を受ける場合の挙動を示している．小さなαの値0.1を用いる場合には，圧縮によって所定の応力状態に収束している．$\alpha = 2.0$のシミュレーションでは，シミュレーションは長い間振動して，壁の動きを止めるとその応力は目標に近づいていく．しかし，この点に達するためにたどった応力経路は複雑であり，最終的に応力状態が得られたのは制御によってではなく偶然によるものである．次に，$\alpha = 2.0$を用いてσ_{xx}とσ_{yy}が目標応力の許容誤差5%以内で応力制御を止めた．壁の動きを止めるとその応力状態は保たれず低い値に減少した．αの適切な値は問題に依存しており，簡単なパラメータスタディで求めることができる．

　半径拡大を用いる場合と同様に，充填密度を調整するために圧縮過程で粒子間摩擦係数を変化させることができる．Barreto et al.（2008）は，周期境界の移動，すなわちそれらの粒子を定ひずみ速度で内側に動かすことによって等方応力状態を得ている．この場合，単調増加的に所定の拘束圧に収束させるために，自動制御アルゴリズムを用いてひずみ速度を調整している．図7.8に，種々の粒子間摩擦係数の値に対して拘束圧200 kPaの等方圧縮によって生じる結果を示す．図7.8から，半径拡大の場合と同様に，摩擦の小さな値によってより密な供試体になることは明らかである．せん断で用いる摩擦係数μ_shearよりも大きな摩擦係数μ_genを作製時に用いる場合には，注意が必要である．せん断で摩擦係数を減少させる場合，すなわち$\mu_\text{gen} > \mu_\text{shear}$なら，土の骨格構造が崩壊して間隙比を減少させる．これは摩擦係数をμ_genからμ_shearへ減少させた他のシミュレーションでも観察されている．なお，供試体は同じ200 kPaの等方応力状態でつり合っている．図7.8に示すせん断のシミュレーション（S1とS2）は，$\mu_\text{gen} = 0.325$から$\mu_\text{shear} = 0.3$へ（S1）と，$\mu_\text{gen} = 0.6$から$\mu_\text{shear} = 0.3$へ（S2）

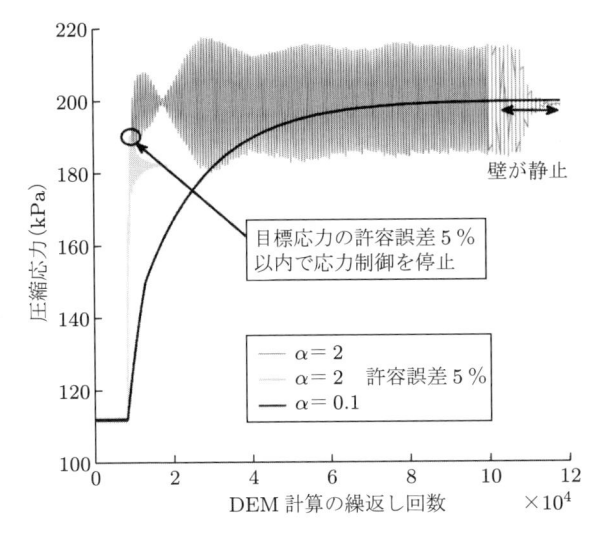

図 7.7 自動制御率に対する挙動の感度

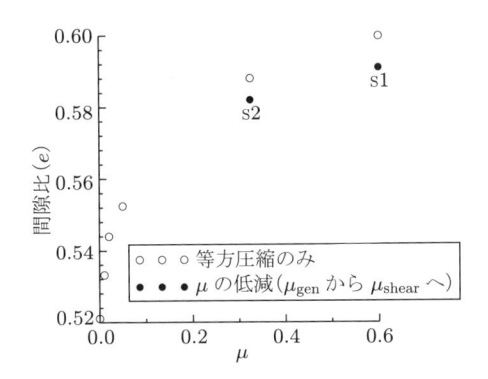

図 7.8 周期セルの等方圧縮で，異なる粒子間摩擦係数を用いて得られるさまざまな間隙比（Barreto et al., 2008）

の摩擦の減少による圧縮の程度を示している．

すでに述べたように，粒子拡大を用いて得られる応力状態は等方的であるが，自然界の粒子集合体はめったに等方応力状態にはならない．原位置の多くの自然な堆積は K_0 状態にある．"K_0" は，制御されたあるいは計測可能な方法によって，材料が横方向あるいは水平方向への変形が拘束されている状態で鉛直応力が増加する応力経路によって得られる応力状態を示す．一般的に，応力状態は横等方性，すなわち，鉛直直応力を $\sigma_v = \sigma_{33}$ とすると，二つの水平直応力は等しくなる（$\sigma_h = \sigma_{11} = \sigma_{22}$）．鉛直応力と水平応力は $\sigma_h = K_0 \sigma_v$ によって関係付けられる．ここで，K_0 は土のせん断抵

抗角に（経験的実証に基づいて）関連付けられる定数である．この異方応力状態を得るための一つの手法は，パーコレーション点よりもわずかに小さな充填密度が得られるまで半径拡大法を用いることであり，この場合，半径拡大アルゴリズムを停止する基準としては，粒子あたりの接触数に基づかなければならない．試料が鉛直および水平の境界をもつ場合，鉛直境界を固定したまま水平境界を互いに向けて動かしてゆっくりと圧縮することによって，目標の鉛直応力を得ることができる．

Barreto et al. (2008) は，$q = 150\,\mathrm{kPa}$，$p' = 200\,\mathrm{kPa}$ の応力状態を得る応力経路に対する系の感度について示している．なお，地盤力学では，軸差応力は $q = \sigma_1 - \sigma_3$，平均有効応力は $p' = (1/3)(\sigma_1' + \sigma_2' + \sigma_3')$ によって表されていることに注意されたい．ここで，$\sigma_1, \sigma_2, \sigma_3$ と $\sigma_1', \sigma_2', \sigma_3'$ は，それぞれ全主応力と有効主応力である．図 7.9 では，六つの異なる応力経路について考察しており，応力経路に対する間隙比，配位数，構造異方性の感度について調べている（"配位数"と"構造異方性"については 10 章で定義する）．各応力経路 A〜F に対して同じ初期供試体を用いているが，応力経路 F の試料だけは目標の応力状態に到達する以前に "K_0" 線に接触していない．応力経路 A〜E では，最終の間隙比が 0.586〜0.591 の範囲，配位数が 4.24 と 4.27 の間にあるのに対して，試料 F は間隙比 0.597，配位数 4.20 とあまり密ではない．この例では，応力経路が試料の最終状態に影響することを示している．

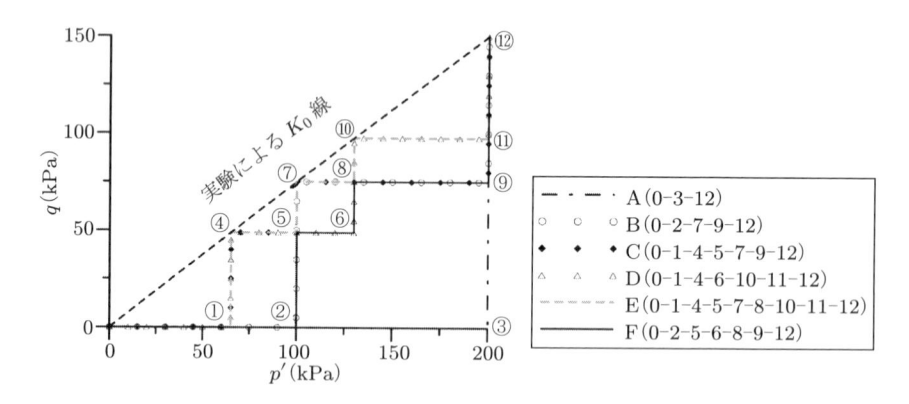

図 7.9 K_0 状態への応力経路（Barreto et al., 2008）

7.2.3 ジアンの段階圧縮法 (Under-Compaction Method)

地盤力学における最も重要な問題の一つが液状化である．液状化は，ゆるい飽和土層が急速な動的荷重（たとえば，地震振動）を受ける場合に起こる．材料はこの急速な

荷重に対して非排水状態の挙動を示し，間隙水圧が増加して有効応力の減少を引き起こし，結果としてせん断強度が減少する．この現象が建築物やインフラストラクチャーの甚大な被害の原因となり，人的被害を招いて財政にかなりの影響を与える（たとえば，2010年1月のハイチ地震）．Jiang et al. (2003) は液状化解析のための DEM シミュレーションの必要性から，ゆるい供試体の作製法を開発した．この手法は，Ladd (1978) が提案したゆるい試料を作製する実験手法と似ている．図 7.10 に示すように，最初に全体積を詰めるのではなく，層ごとに試料を作製していく．各作製段階で，最終の所定の間隙比 e_target よりも大きな目標の間隙比 $e_1, e_2, \ldots$ を得るために試料を圧縮する．間隙比は目標値，すなわち，$e_1 > e_2 > \cdots > e_j > \cdots > e_\text{target}$ に向けて単調に収束させなければならない．Jiang et al. は，"段階的圧縮" の基準，すなわち，各層の目標高さを求めるために線形および非線形の二つの式（Ladd (1978) の実験式と同様）を提案した．7.1 節のパーコレーションで述べたように，ゆるい試料の目標密度はパーコレーションの閾値を超えるようにすることが重要である．

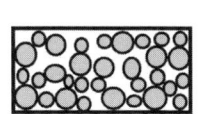

ステップ1：
最下層に粒子を
ランダムに生成

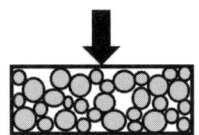

ステップ2：
層1の目標間隙比を得る
ために鉛直に圧縮

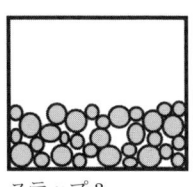

ステップ3：
境界枠の拡大

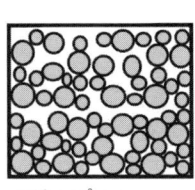

ステップ4：
空いている空間に
粒子を生成

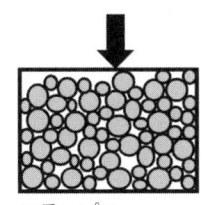

ステップ5：
層1＋2の目標間隙比を
得るために圧縮

図 7.10 段階圧縮法（Jiang et al., 2003）

7.3 構築法（Constructional Approaches）

構築法では DEM の計算をしないで試料を作製する．この手法は非常に有効であり概念的に理解しやすいが，プログラミングは簡単ではなく，前述の粒子のランダム生成法による供試体作製の効率性を得るためには，何らかのプログラミングの工夫を図

る必要がある．構築法のほとんどは2次元でのみプログラミングされており，3次元への拡張は簡単ではない．ここでは，二つの代表的な構築法を紹介する．

Feng et al.（2003）は**前進フロント法**（Advancing Front Approach）を提案した．この手法では，初期の小さな円盤集合体から粒子を漸次増やしていく．この場合，前からある円盤に追加する円盤を接触させる必要があり，追加の円盤が付け加えられるにつれて供試体の大きさが"成長する"．この手法について二つのプログラミングが提案されており，前進フロントアルゴリズムの閉形式と開形式と名付けられている．閉形式アルゴリズム（図7.11に示す）では，最初の三つの円盤の三角形配置から外側に向かって供試体を成長させるが，一方，開形式では，所定の幾何形状内で層ごとに供試体を構築させる．Bagi（2005）は，この閉形式の手法では境界付近で大きな間隙をもつ試料を作製することになると懸念を示している．

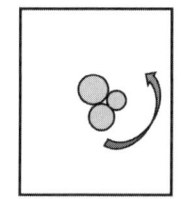

ステップ1： 粒子の初期の三連構造
ステップ2： 粒子の追加
ステップ3： 境界に接して終了

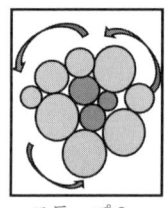

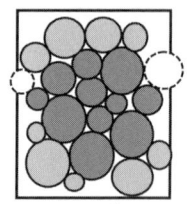

図7.11 閉形式の前進フロント法（Feng et al., 2003）

Bagi（2005）が提案する**内部進展充填法**（Inwards Packing Method）は，供試体の内側から始めるのではなく，最初に境界沿いに円盤を挿入してから内側に向かって進める．図7.12(a)に示すように，供試体作製の最初の段階では大きな円盤を左側上部隅角部に挿入する．そして，追加の粒子を挿入し，各粒子は境界とすでに配置した球の両方に接触させる必要がある．左側境界沿いに下方に進み，この手順を左側境界底部に達するまで続ける．隅角部では，大きい粒子を挿入して，すでに配置してある粒子をこの挿入に合わせるように調整する．この手順を境界に沿って反時計回りで，粒子の閉じたループが形成されるまで続ける（段階2および段階3）．最終段階は，接触する粒子の図心を結ぶことによって形成した最も内側の（最も小さい）閉じたループを特定することである．これが**初期フロント**である．この手順を進めて，"現在の粒子"とそれに接触する前の粒子と次の粒子を考慮し，このフロントに沿ってすでにある粒子に接触するように粒子を1個ずつ挿入していく．円盤の適切な挿入点は局所的な幾何形状に依存しており，Bagi（2005）は種々の例とその最適な手法の概要について示している．

段階1　段階2　段階3　段階4

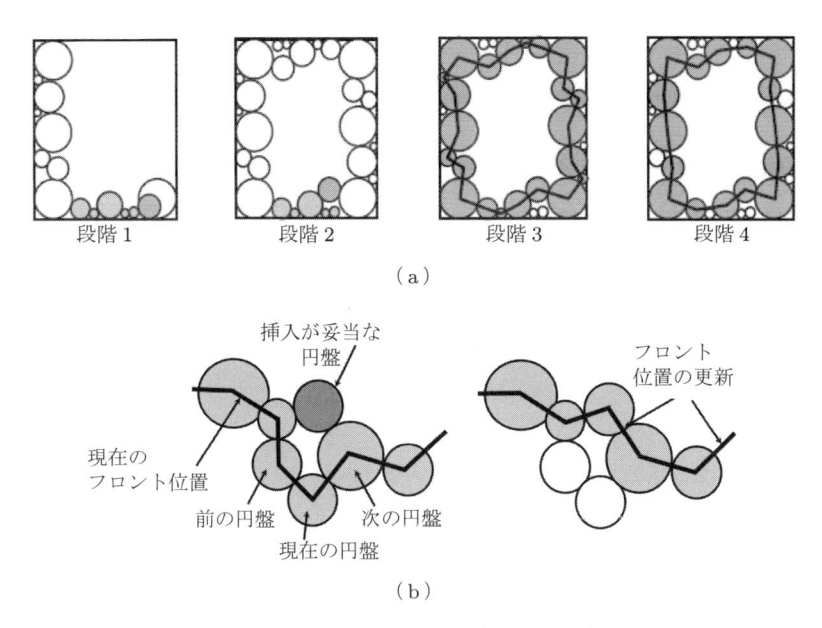

(a)

挿入が妥当な円盤

現在のフロント位置

前の円盤　次の円盤
現在の円盤

フロント位置の更新

(b)

図7.12 内部進展充填法（Bagi, 2005）

7.4 ■ 三角形分割に基づく手法

　Cui and O'Sullivan（2003）は三角形分割に基づく手法を提案した．数多くのランダムな点にドロネー三角形分割を適用することによって，三角形の格子あるいはメッシュを作成し（図7.13(a) と (d)），円盤（球）を三角形（四面体）の内接円（内接球）として挿入する．各内接円や内接球はその三角形や四面体の内部に完全に含まれる（図(b), (e)）．結果的にそれが供試体作製法となる．三角形の頂点近くに大きな間隙があるので，最終段階として頂点に最も近い円や球に接触するように各頂点に円や球を挿入する．三角形の形状を変えることによって充填密度をさらに調節することができ，Cui and O'Sullivan（2003）は，Shewchuk（2002）が開発した2次元の三角形プログラムのメッシュ細分化機能を用いた．一方，Joe（2003）が開発したGeompack++プログラムの細分化も3次元で用いられている．図7.14(a) は粗削りな2次元メッシュで，図(b)の洗練されたメッシュ（ここで，三角形の最小角が $> 30°$ になるように制約されている）と比較することができる．その細分化過程の詳細については，Shewchuk（1996）によって示されている．Jerier et al.（2009）はこの方法を3次元の場合に拡張している．そのアルゴリズムはCui and O'Sullivan（2003）が提案した手法よりも複雑であり，各四面体の辺，頂点，面，そして四面体の内部の順に球を配置する．詳細な説明についてはJerier et al.（2009）を参照されたい．Weatherley（2009）は，

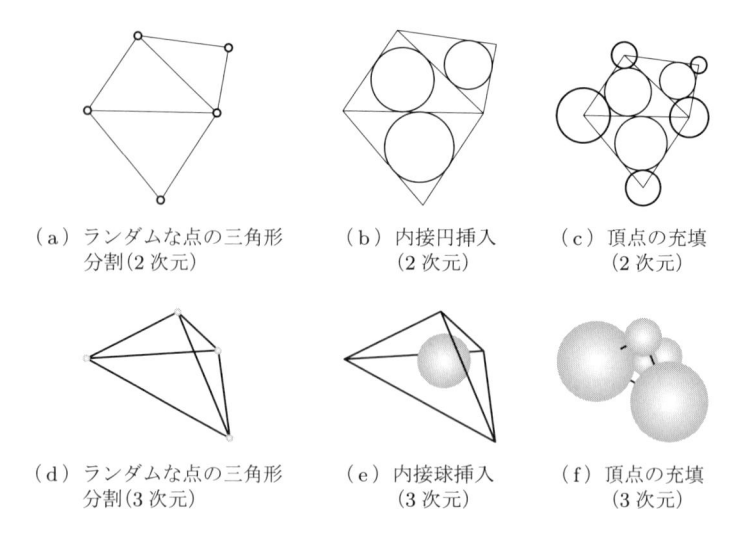

(a) ランダムな点の三角形分割（2次元）　　（b）内接円挿入（2次元）　　（c）頂点の充填（2次元）

(d) ランダムな点の三角形分割（3次元）　　（e）内接球挿入（3次元）　　（f）頂点の充填（3次元）

図 7.13 供試体作製手順 三角形分割法（Cui and O'Sullivan, 2003）

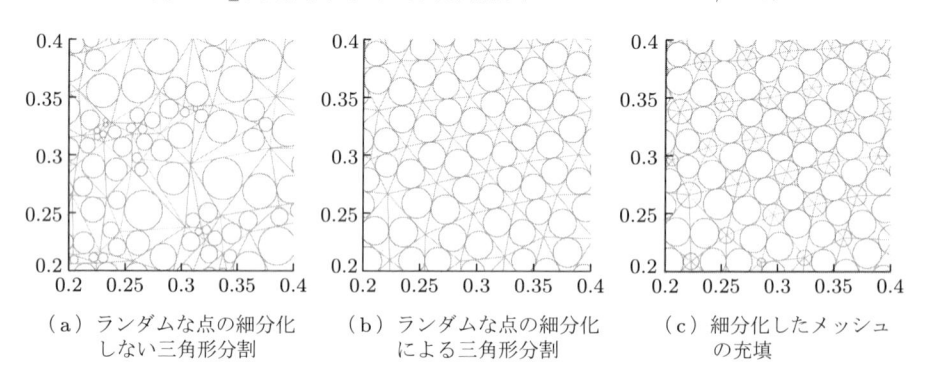

(a) ランダムな点の細分化しない三角形分割　　(b) ランダムな点の細分化による三角形分割　　(c) 細分化したメッシュの充填

図 7.14 初期の粗メッシュ（10 点）を用いて，細分化と頂点の充填（2 次元）により生成した円盤

種となる粒子が重ならないようにランダムな位置に挿入する，三角形分割に基づく供試体作製法を提案した．その場合，四つの隣り合う粒子（3 次元で）を四面体分割して，その四面体の図心を計算する．四つの粒子の一つに接触する挿入可能な粒子の半径を計算して，指定した粒径の範囲内であればその粒子を挿入する．

Bagi（2005）は，三角形分割に基づく手法と類似の Stoyan（1973）が提案したシュターン（Stienen）モデルについて示している．この手法では，Cui and O'Sullivan（2003）の三角形分割法と同じように空間にランダムな点を生成する．そして，各点の最も近い隣の点を特定し，その最も近い点との距離の半分に等しい半径をもつ円盤を挿入する．Bagi（2005）は，この手順によって基本的にランダムな点のボロノイ分

割の内接円を作成できることを示した．Labra and Oñate（2008）が提案した手法では，7.2 節で述べた手法を用いて粒子をランダムに生成し，そして，その系を三角形に分割し，各粒子は三角形や四面体の辺を介して他の粒子と関連している．その三角形の辺に沿った粒子の図心間距離 d^e は，次式によって表される．

$$d^e = |\mathbf{x}^a - \mathbf{x}^b|^2 - (r^a + r^b)^2 \tag{7.6}$$

ここで，共通の辺をもつ粒子の図心は $\mathbf{x}^a$ と $\mathbf{x}^b$ によって表され，それらの半径は r^a と r^b である．その粒子の位置と半径は，D を最小化することによって得られる．ここで，D は次式によって表される．

$$D = \sum_{e=1}^{N_e} d^e \tag{7.7}$$

ここで，N_e は三角形の辺の総数である．

　三角形分割法は，DEM 計算の繰返しを必要とせずに密な粒子の集合体を作製するので有効ではあるが，所定の範囲内での粒度分布を調整することができないという大きな欠点をもっている．しかし，プロセス工学の応用では，扱いにくい幾何形状内に密な充填を作製する場合に三角形分割法は役に立っている．

7.5 ■ 重力堆積法

　自然砂では，一般的に粒子が重力作用下によって落下し堆積する．それらは懸濁液[*]の中で落ちるか，あるいは風によって運ばれてくる．室内実験では，水中あるいは空気中で粒子を静かに落下させる落下法によって砂供試体を作製する．一方，DEM シミュレーションではこの過程を模擬する．たとえば，図 7.15(a) に示すように，漏斗状の装置によって粒子を落下させて，落とし樋の下に置かれた容器に異なる大きさの円盤を沈降させる．これは計算コストがかかり，かつ粒子が大きく移動するので，隣接表の更新を非常に頻繁にする必要がある（3 章を参照）．それゆえ，接近しているが接触していない粒子 "群" を生成し，これらの粒子に重力を作用させることのほうが容易である．たとえば，Thomas（1997）は，2 次元の矩形メッシュの各セルに置く異なる大きさの粒子を選ぶために乱数発生法を用いている．Abbireddy and Clayton（2010）も同様な手法を提案し，DEM シミュレーションで，鉛直の物体力（すなわち，重力）を作用させて，剛な箱の中に粒子を沈降させている（図 7.15 を参照）．

　Marketos and Bolton（2010）は，沈降をシミュレーションする手法を提案した．

---

[*] 粘土を含んだ濁水

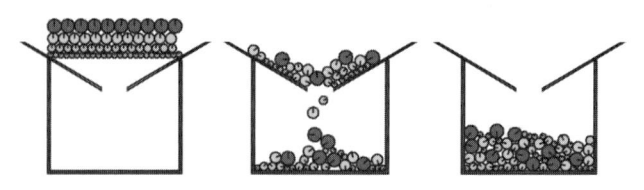

(a) Feng et al.(2003)の重力落下法

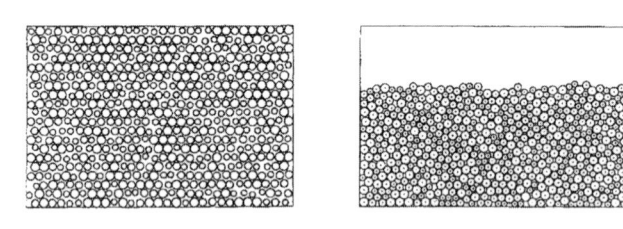

(b) Thomas(1997)の重力落下法

図 **7.15** 重力落下による供試体作製法

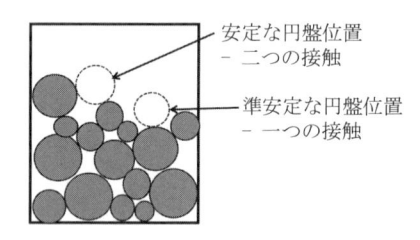

図 **7.16** 有効安定な円盤の位置および無効準安定な円盤の位置

すなわち，7.2節で述べた乱数発生法を用いて接触していない球の集合体を最初に生成して，次に試料作製のための空中落下法をシミュレーションしている．最初の粒子"群"を生成後，粒子がすでに静止している粒子に接触するまで順に下方に粒子を動かしていく．この時点では，粒子が安定なつり合い状態にはないので，静止した安定なつり合いの状況になるまで，すでに静止した粒子の表面沿いをすべる．Bagi（1993）も同様な2次元の沈降型手法を用いた．図7.16に2次元シミュレーションの安定性の概念について示す．すなわち，挿入粒子を安定させるためには少なくとも二つの接触を必要とする．Remond et al.（2008）が示すように，非球形粒子を沈降させる場合には，安定させるために並進だけでなく回転させる必要もある．

7.6 ■ 供試体の結合

固結砂，砂岩，その他の岩盤の挙動をDEMでシミュレーションする場合，試料作

製過程のいずれかの時点でセメンテーションを組み入れる必要がある．Potyondy and Cundall（2004）は，岩盤の挙動をシミュレーションするための結合粒子モデルの作成において，最初に，空間に球をランダムに生成させ，球の半径を拡大させて，さらに等方応力状態にして，"浮遊"粒子（すなわち，接触していない粒子）を除去している．これらの段階に続いて，互いに"接近している"とみなされるすべての粒子間に並列結合を設定している（"接近している"とは，二つの粒子の平均半径の 10^{-6} 倍より小さな間隔であることと定義する）．一方，Cheung（2010）は少し異なる手法を用いており，実際の粒度分布曲線に合わせるようにして，かつ，小さな 10 ％（質量）の粒子を無視している．ただし，とくに浮遊粒子の消去は考慮していない．また，Gutierrez（2007）が示した実際の材料の SEM 画像から接触の約 50 ％のみが固結していることを観察し，その理由から，試料を所定の応力状態にした後，圧縮接触力を伝える接触のうち 50 ％を結合させ，これらの個々の接触に対して，並列結合の α 値を 0.1 と 1.0 の間でランダムに割り当てている（3.8.1 項を参照）．Wang and Leung（2008）は，固結砂モデルの固結相を表すために非常に小さな粒子を用いており，最初に大きな粒子を生成して試料を等方応力状態にして，それから，小さな固結粒子が挿入され，並列結合が導入されるその粒子の接触に向かって"引っ張られる"．

7.7 ■ 実験に基づく DEM の充填配置

　DEM シミュレーションの粒子のモルフォロジーを決めるのに実際の砂粒子の画像を用いることが可能なように（4.7 節），DEM シミュレーションでより実際的な充填を作製するために実験データを用いることが可能である．走査型電子顕微鏡（SEM）は，粘土や砂のファブリックを定量的に調べるためによく用いられている．たとえば，Gutierrez（2007）は，SEM を用いて固結砂の粒子レベルのセメンテーションの分布状況を調べている．また，光学顕微鏡を用いることもでき，たとえば，Cresswell and Powrie（2004）は材料への樹脂注入および薄片切断によって得た Reigate 砂の薄い断面の画像を示した．10 章で述べるように，材料の異方性を評価するために，DEM シミュレーション結果からファブリックを定量化する解析的手法を，SEM や光学顕微鏡から得られた画像に用いることができる．しかし，これらの画像は 3 次元材料の中の 2 次元の切片である．2 次元 DEM 解析の粒子集合体を再現するために，画像解析技術を応用することは技術的に可能であるが，実際の材料は 3 次元であり，充填の幾何形状は複雑な 3 次元の粒子の相互作用に起因しているので，この手法の妥当性については慎重に考慮しなければならない．

　材料の微視的構造の 3 次元画像を得ることは，2 次元の場合よりも少し難しいが可

能ではある．土の骨格構造に関する準3次元の情報を得るために，光学顕微鏡や2次元画像を用いた研究例として，Kuo and Frost（1996）やFrost and Jiang（2000）がある．これらの研究では試料にエポキシ樹脂を注入し，水平方向や鉛直方向の部分体積を切り出して，（2次元で計測されるように）これらの断面の間隙比を調べている．

マイクロコンピュータ断層撮影によって土の3次元微視的構造に関する情報が得られる可能性は，技術の進歩とコンピュータ性能の向上とともにより大きくなってきている．Desrues et al.（2006）やViggiani and Hall（2008）は，マイクロコンピュータ断層撮影および地盤力学での応用に関するガイダンスを示しており，Ketcham and Carlson（2001）は，地盤材料の供試体に関するマイクロコンピュータ断層撮影に関するより一般的なガイダンスを示している．マイクロコンピュータ断層撮影では，試料の3次元表示を得るために材料によってX線が減衰する情報を用いている．データはボクセル（3次元ピクセル）として記録され，各ボクセルには試料のその点での材料のX線の減衰を表す数字が与えられる．いままで，多くの地盤力学の研究で"メソ[*1]的"密度の変化を調べるためにマイクロコンピュータ断層撮影が用いられてきた．一般に，マイクロコンピュータ断層撮影を用いる場合，粒子間接触の位置だけでなく粒子の位置や方向を厳密に得るために必要な解像度は，非常に小さな試料でしか得ることができない．土試料のファブリックの再現を可能にするためには，粒径よりもかなり小さなボクセルの大きさをもつ高解像度のデータがμCTスキャンに求められる．それらのデータが得られれば，それに続く過程は二つある．最初に画像を閾値で分ける必要がある．これは各ボクセルを間隙空間または固体粒子に関連付ける過程である．次に，そこで得られる情報が間隙比を評価するために用いられる．Fonseca et al.（2009）が述べているように，個別の粒子を特定するために必要なセグメント化[*2]の過程については少し難しい．

粒子のセグメント化ができれば，DEMシミュレーションの粒子を生成するために二つの手法を用いることができる．すなわち，メッシュ作成あるいは三角形分割に基づく方法で多面体粒子を再現するか，または，球によるクランプ[*3]やクラスターを作るかである．実際の粒子の画像を用いて，円盤や球の集合体やクラスターとしてでこぼこした粒子形状を作成するアルゴリズムについては，4.2節で述べた．

[*1] 中間
[*2] 画像を部分領域に分割すること
[*3] かたまり

7.8 ■ 供試体作製法の評価

　粒状体のための種々の供試体作製法が開発されているが，最適な作製法に関する統一された見解はない．しかし，それらの手法を定量的に評価することはできる．Cui and O'Sullivan (2003), Bagi (2005), Jiang et al. (2003) は，作製した粒子系の充填密度（間隙比）をそのアルゴリズムの有効性についての妥当な指標とみなして，供試体作製アルゴリズムの効率性を定量化している．供試体作製法の計算コストはその有効性についての一つの重要な指標である．また，充填のトポロジーや材料のファブリックについても考察する必要がある．材料のファブリックを定量化する方法は10章で述べる．重要なことは，粒子の初期配置を表す固有ファブリックと応力状態の変化に起因する応力誘導ファブリックとの違いを認識することである．

　また，粒径の範囲と粒径加積曲線の形状に関しても考慮しなければならない．地盤力学においては，粒度分布を均等係数 C_u や曲率係数 C_z を用いて定量化している．これらの指標は以下のように計算される．

$$C_u = \frac{D_{60}}{D_{10}} \tag{7.8}$$

$$C_z = \frac{(D_{30})^2}{D_{60} D_{10}} \tag{7.9}$$

ここで，粒子の 60 %（体積による）は D_{60} より小さく，粒子の 30 % は D_{30} より小さく，粒子の 10 % は D_{10} より小さいということを意味している．

　Jiang et al. (2003) は，作製した充填密度の均質性について評価する必要があることを指摘している．図 7.17 に示すように水平や垂直の切片を選び，部分体積内の間隙比を厳密に計測することによって均質性を定量化している．層 i の間隙比を e_i として分散 S を計算することによって，所定の方向の均質性の程度を評価する．

$$S = \frac{1}{N_{\text{layer}} - 1} \sum_{i=1}^{N_{\text{layer}}} (e - e_i)^2 \tag{7.10}$$

ここで，N_{layer} は層数，e は全体の間隙比である．Jiang et al. (2003) が指摘しているように，この指標が有効であるためには層が十分に厚く，最小でも層厚が $2.25 D_{50}$ であることが重要であり，均質な試料に関して 5 % 以下の分散であることが必要であることがわかっている．ここで，D_{50} は平均粒径である．

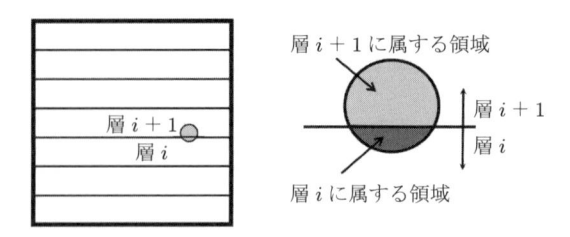

図 7.17 試料の均質性について考察するための区分法（Jiang et al., 2003）

7.9 ■ 供試体作製に関する総括

　本章で述べた多くの供試体作製法は，シミュレーションのための仮想の粒状系を作製する時間を最小化するために提案されている．多くのアルゴリズムは2次元でプログラミングされていて，3次元への拡張は簡単ではない．重要なことは，コンピュータのハードウェアとソフトウェアの改良によって，DEMシミュレーションの計算コストが減少するであろうということである．いずれ，より実際的なふるいの過程のシミュレーションが妥当な時間内で可能になり，その場合，本章で述べた手法の必要性はなくなるであろう．また，ふるいを用いる場合には固有異方性が生じるが，粒状体の基礎的研究では等方性のファブリックを必要とすることが多く，その場合，供試体を作製するのに最良の選択は半径拡大法であろう．10章で述べるように，粒状体の力学的挙動は粒子充填のトポロジーに敏感である．本章の最初に述べたように，粒状系の挙動をシミュレーションする場合には，初期充填の作製方法について慎重に考慮し，供試体作製法に対するモデルの感度についての理解を深めなければならない．

8章 後処理：図表によるDEM シミュレーション結果の解釈

8.1 ■ はじめに

　DEMシミュレーションで得られる膨大なデータによって，粒子系の詳細な観察が可能であるが，これらのデータを管理および解釈すること自体が難しい課題である．それゆえ，シミュレーションを始めるにあたっては，DEMシミュレーションの詳細についてだけではなく，どのデータを観察し，いかに処理しやすい形にして，どのように調べるのかについて考える必要がある．9章では，連続体力学の枠組みの中において，DEMデータをどのように解釈するのかについて説明し，応力とひずみ（平均値および局所値）を求める手法についての概要を示す．10章では粒子系の充填状況を示す手法について考察する．Rapaport（2004）が示しているように，DEMシミュレーション（Rapaport（2004）の場合は分子動力学のシミュレーション）は光学顕微鏡と等価であり，3次元ではDEMシミュレーションをマイクロコンピュータ断層撮影と同等であるとみなすことは妥当である．DEMシミュレーションは，幾何学的形状を観察するだけではなく接触力や内部応力に関するデータを得ることができるので，微視的観察の実験ツールよりも優れている．本章では粒子系内部を観察するための手法について考察する．

　粒子図やそれらの接触図によって，色彩に富んだ画像や魅力的な動画を作ることができる．これらの画像は単にきれいであるということだけではない．まず，シミュレーション時に変化する系を可視化によって観察することは，解析に明らかな間違いがあるかどうかを評価する手段としても非常に重要である．ソフトウェアの中には，シミュレーション中，画面上に図示する機能をもっているものがある．しかし，この機能を用いるとDEMシミュレーション時間が著しく増加することになる．とくに大規模なシミュレーションでは，任意の間隔によるデータ出力および後処理ツールによる作図によって画像を作ることのほうがより妥当であろう．市販のDEMプログラムパッケージを用いる場合でも，後処理のためには一般的なプログラム言語やソフトウェアを用いるほうが便利であることが多い．このことは，メカニズムの理解を深めるために可視化手法の柔軟性を必要とする応用研究にとって，とくにあてはまることである．

　DEMシミュレーション結果を視覚的に解釈することができる手法の選択は，解析

者の好奇心や想像力に依存している．本章の目的は，主に DEM の初心者ユーザーを適切な方向に導くために，いくつかの一般的な手法を示すことである．著者および学生が行った比較的簡単なシミュレーションを用いて説明する．ここで示す図のほとんどは MATLAB を用いて作っているが，その他にも，たとえば，オープンソースプログラム Paraview（Ahrens et al., 2005）のような可視化のためのソフトウェアパッケージは数多くある．ここでは図（静止画）の作成に重点をおいているが，動画を作るためにもこれらの手法を簡単に用いることができる．動画の観察によって系の変遷に関する有益な洞察を得ることがある．DEM データの視覚的解釈によって，材料の力学挙動に対する理解をいかに深めることができるかについては，Kuhn（1999）を参照することを勧める．Kuhn（1999）は，密な 2 次元粒状体の粒子力学について調べるために，種々の可視化手法および解析手法を用いており，ここでは，そのいくつかについて示すことにする．

8.2 ■ データ作成

　系の変遷を作図するためのデータを得るには，シミュレーションの所定の時点のデジタル"スナップショット"を作る必要がある．これらのスナップショットは，画像そのものだけではなく画像を作るために必要な情報からなり，それゆえ，粒子および接触の状態についての情報を含む個々のデータファイルを作る必要がある．図 1.7 と図 1.8 に示したように，DEM プログラムの計算ループにおいて各粒子および各接触の情報が記録，更新されている．一般には，地盤力学のシミュレーションにおける接触数は粒子数よりも非常に多く，それゆえ，接触状態を記録するデータファイルは粒子に関する情報を記録するファイルよりも大きい．さらに，粒子数は通常は一定であるが，接触数については以前に接触していた粒子が離れたり新しい接触が生じたりと変化する．それゆえ，接触データファイルの大きさもまた変化する．

　粒子の"スナップショット"の最低限の情報には，粒子参照番号，現在の粒子位置，回転累積量などがある．粒子の追加情報としては，個々の粒子の応力（9.4.2 項で述べる手法を用いて計算），粒子の接触点数，粒子速度などがある．接触の情報には，接触位置，接触法線方向，法線方向の接触力や接線方向の接触力，接触している粒子の参照番号などがある．可視化による精査のためのデータを DEM プログラムで作ることによって，より詳細に考察することもできる．たとえば，Kuhn（2006）は，各すべり接触におけるエネルギー散逸，接触力の変化率，接触における粒子間の運動などに関するパラメータを計算することを提案した．必要なスナップショットのファイルは，シミュレーションの所定の間隔かあるいはトリガーの基準を満たす場合に得られる（す

なわち，出力される）．多くの場合，単純な ASCII テキストファイルの形でこの情報をディスクに記憶しているが，バイナリ形式でデータを記憶することもできる．しかし，Rapaport（2004）は，バイナリ形式によって必要メモリを減らすことができるかもしれないが，これらのファイルは異なる種類のコンピュータやオペレーティングシステム間で互換性がない場合があるので，データ処理の作業を制約する懸念があることについて指摘している．また，スナップショットのファイルは，局所ひずみの計算や系のファブリックの解析にも用いることができる（9, 10 章を参照）．

8.3 ▪ 粒子図

粒子データによって材料の力学挙動のメカニズムの理解を深めることができることを，2 次元二軸圧縮試験の DEM シミュレーションの結果を用いて示そう．2,376 個の未結合円盤からなる試料に応力制御型メンブレン境界を用いている．この試料は，比較的粒子数が少なく，個々の粒子を特定することができるため，考察に便利であることから選ばれている．円盤の大きさは 0.48 mm から 0.72 mm の間で，粒子密度は $2.650 \times 10^3 \, \text{kg/m}^3$ である．$1 \times 10^5 \, \text{kN/m}$ の剛性をもつ線形ばねを用いて粒子間接触をモデル化し，その粒子間摩擦係数は 0.5 である．上盤と底盤を滑らかで剛な線状境界としてモデル化している．この試料の応力・ひずみ挙動を図 8.1 に示す．図 8.1 には，スナップショットを得るために選んだ 2 点が黒丸で示されている．

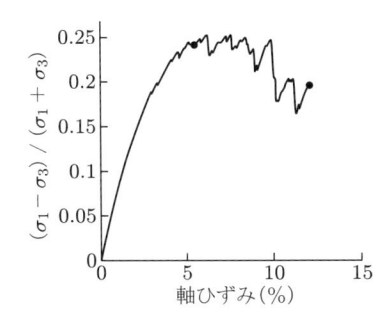

図 8.1 ▪ 試料の応力・ひずみ挙動のシミュレーション結果

図 8.2 は，試料内に構造格子を作ることによって試料の内部の変形を観察することができることを示している．その格子は粒子の初期位置によって水平方向と鉛直方向に円盤を色付けして作られており，初期の円盤位置と軸ひずみ 12.0 % の円盤位置を比較することによって，変形パターンを把握することができる．変形を調べる別の手段としては，図 8.3 のように一つの図で格子の初期配置と変形後の配置を示す方法が

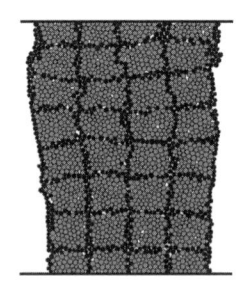

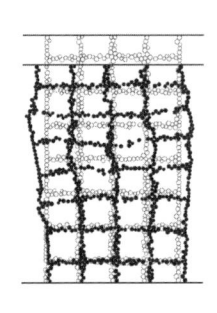

(a) 初期配置　　(b) 軸ひずみ 12% の変形後の配置　図 8.3 図 8.2 の初期の配置上に，軸ひずみ 12% の変形後の追跡粒子を重ね書き

図 8.2 2,376 個の未結合円盤を用いた二軸シミュレーション（応力制御型メンブレンを用いて拘束圧を載荷）の変形

ある．Schöpfer et al.（2007）は，大規模な断層運動の破壊のメカニズムを解析するために，このような陰影を付けた円盤を用いている．この手法は他の境界値問題にも応用することができる（たとえば，打設中の杭の周りの変形など）．

試料内におけるせん断帯あるいは局所化のその傾きや程度は明確ではない．図 8.4 で，軸ひずみ 5.5% と 12.0% における変形した試料について考察する．各円盤は，せん断開始以降に受けた回転の大きさに応じて陰影がつけられており，局所的な変位の領域が明らかである．図 8.5 は回転の方向を考慮することの潜在的な利点を示しており，12,512 個の円盤を用いた二軸圧縮シミュレーションのパラメータについては O'Sullivan et al.（2003）に詳しい（図 11.2 も参照）．ここでは，Iwashita and Oda（2000）が用いた可視化手法によって平均的な粒子回転量を計算して，その平均値よ

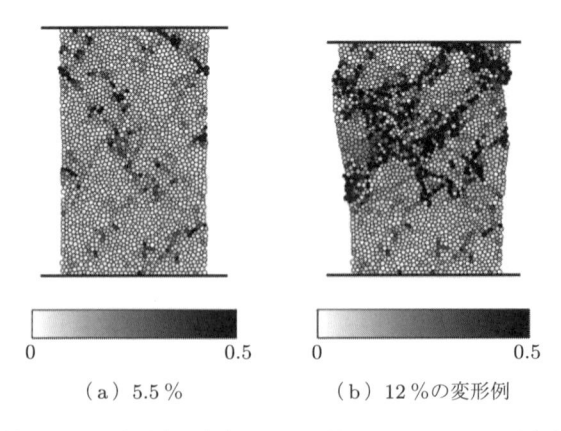

(a) 5.5%　　(b) 12% の変形例

図 8.4 2,376 個の未結合円盤を用いた二軸シミュレーション（応力制御型メンブレンを用いて拘束圧を載荷）の変形後の試料．陰影は円盤の回転（ラジアン）の大きさを示す

りも大きな回転の粒子のみを示している．図 8.5 のように，平均値を超える反時計回りの粒子を黒で塗りつぶした円で表し，平均値を超える時計回りの粒子を中空の円で表している．二つの局所化が交差する中央の領域の拡大図を図 (b) に示す．いずれの場合も，せん断帯の位置は回転が最大の領域の位置で示されている．また，局所化が顕著な位置にある円盤は，反時計回りに回転する傾向がある．Bardet and Proubet (1991) は回転について詳細に考察して，回転の傾斜度がせん断帯内の材料の変形を特徴付けるのに役立つことを示した．

3 次元シミュレーションのデータを可視化することは，不透明な粒子の 3 次元の性質によってより難しくなるが，前述のとおり，モデルによっていかに挙動を捉えるか

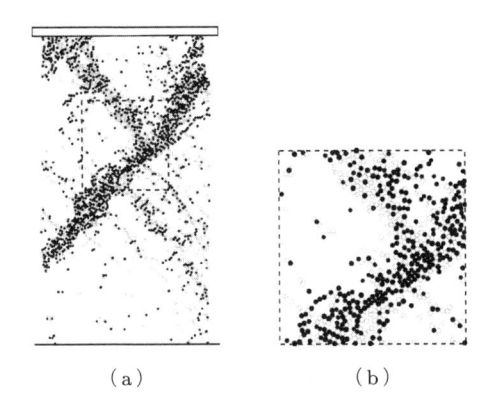

(a) (b)

図 8.5 12,512 個の円盤を用いた二軸シミュレーション（平均値を超える回転のみ考慮）の軸ひずみ 3 ％ の回転方向

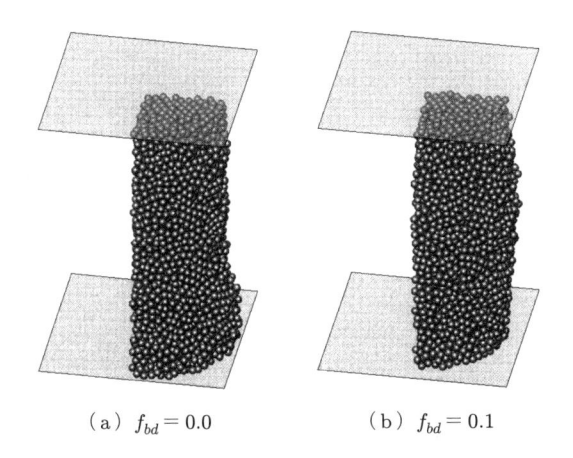

(a) $f_{bd} = 0.0$　　(b) $f_{bd} = 0.1$

図 8.6 粒子・境界間摩擦係数に対する供試体の変形形状 ($\varepsilon_a = 15.3$ ％) の感度 (Cui et al., 2007)

を理解するためには形状の外観図が明らかに役に立つ．3次元の例を図8.6に示す．この場合，三軸圧縮試験の変形後の供試体の上部および下部境界の摩擦に対する，幾何形状の感度について考察しており，5.5節で述べた軸対称境界条件を用いて試料の1/4のみを示している．供試体全体の変形に及ぼす境界の影響は明らかであるが，局所的な粒子レベルの変形を判別することは容易ではない．

　2次元の場合と同様に，粒子の動きを印象付けるために，その初期位置によってある幅の粒子を着色することができる（図8.7）．3次元シミュレーションでは，3次元の図を描くのではなく切片として粒子の2次元の投影図を描くほうがより参考になることがある．Cheung and O'Sullivan (2008) は，3.8.1項で述べた並列結合モデル用いてセメンテーションをモデル化し，側方境界として3次元応力制御型メンブレンを用いた12,622個の球からなる試料の三軸圧縮試験について示している．図8.8は供試体の中心を通る二つの直交断面を示しており，2mm厚さの鉛直面の球の回転について考察している．図(a)のy–z図ではx軸周りの回転について，また，図(b)のx–z図ではy軸周りの回転について示している．球の半径に等しい半径をもつ円盤としてそれぞれの球は表され，その円盤の陰影は球の回転の大きさ（ラジアン表示で）を示

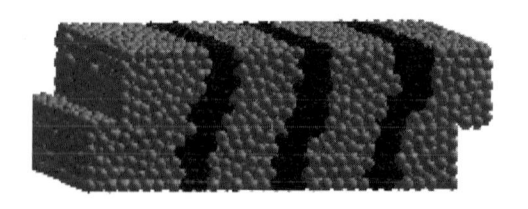

図 8.7　変形を表すために着色粒子帯を用いた直接せん断試験の3次元シミュレーション結果

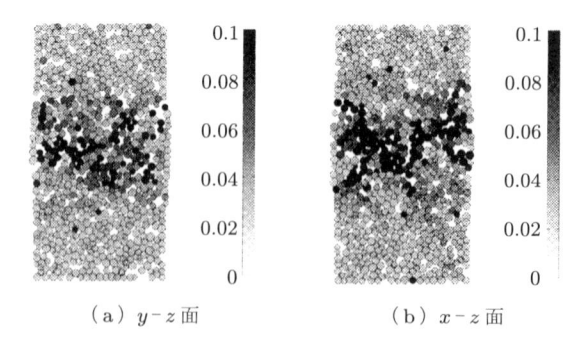

(a) y–z 面　　(b) x–z 面

図 8.8　メンブレン側方境界条件をもつ結合供試体の（3次元）三軸試験の軸ひずみ 4.5 % における粒子回転のラジアン表示
（Cheung and O'Sullivan, 2008）

している．データをこのように示すことによって，試料の中心を通る局所化領域の存在が容易に判別される．

8.4 ■ 変位ベクトルと速度ベクトル

図 8.9(a), (b) は，それぞれ図 8.2〜8.4 のシミュレーションの軸ひずみ 5.5 ％ と 12 ％ における各円盤の全変位（あるいは累積変位）を示している．どちらも，局所的な変形メカニズムの可視化のために変位ベクトルを 2 倍に拡大している．図 8.4 に示す粒子の累積回転量の場合と同様に，軸ひずみ 5.5 ％ における変形はほとんど均質である．より大きな軸ひずみでは（図 8.9(b))，回転図（図 8.4(b)）から粒子が一緒に動いているほとんど一つの変形体の境界域に，明瞭な局所化領域があることが明らかである．

(a) $\varepsilon_a = 5.5\,\%$ (b) $\epsilon_a = 12\,\%$

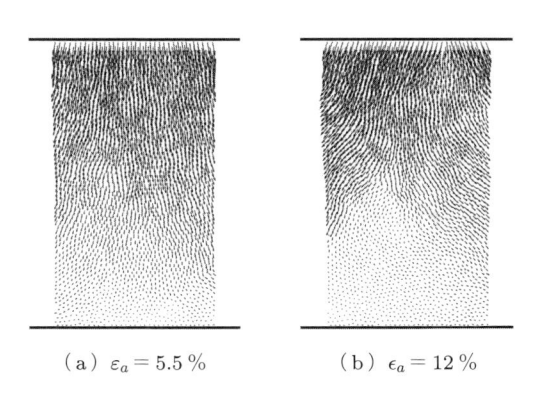

図 8.9 2,376 個の未結合円盤を用いた二軸シミュレーション（応力制御型メンブレンによる拘束）の粒子変位ベクトル

累積変位を描くのではなく，選択した二つの時点の間の変位増分あるいは瞬間速度について考察することによって，系のメカニズムについての理解を深めることもできる．たとえば，Cundall et al.（1982）は変形メカニズムの不連続性を判別するために速度ベクトルを用いている．図 8.10 は，図 8.9 の時点の速度ベクトル図である．二つの軸ひずみにおいて異なる倍率で速度ベクトルを拡大している．軸ひずみ 5.5 ％ では，変位ベクトルよりも速度ベクトルのほうが試料の破壊メカニズムの明確な傾向を示しており，速度ベクトルによって内部の変形パターンの複雑さが示されている．とくに，二つの局所化が交差する場所では，粒子はほとんど円形の軌道で動いている．軸ひずみ 12 ％ では，左に落下する局所化領域の変形が優勢であることが明らかである．

Kuhn（1999）は，周期セル内の約 4,000 個の円盤粒子の二軸圧縮試験シミュレー

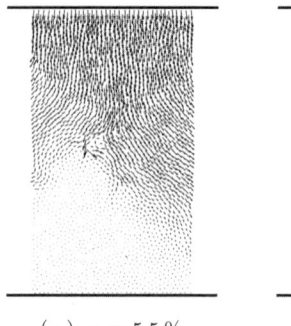

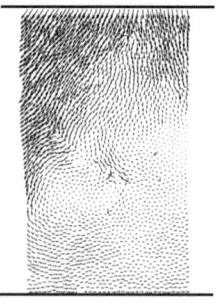

(a) $\varepsilon_a = 5.5\,\%$ (b) $\varepsilon_a = 12\,\%$

図 8.10 2,376 個の未結合円盤を用いた二軸シミュレーション（応力制御型メンブレンによる拘束）の粒子速度ベクトル

ション結果について示し，粒子速度ベクトルについて詳細に考察した．そこでは粒子速度を直接観察するのではなく，試料内の均一な変形を仮定して全体のひずみ速度から求められる"背景速度"との相対的な粒子速度について考察している．すなわち，粒子 k では，

$$\mathbf{v}^{\mathrm{rel},k} = \frac{\mathbf{v}^k - \mathbf{L}\mathbf{x}^k}{D_{50}|\mathbf{L}|} \tag{8.1}$$

ここで，$\mathbf{v}^{\mathrm{rel},k}$ は粒子 k の相対速度，$\mathbf{v}^k$ は粒子 k の速度ベクトル，$\mathbf{L}$ は全体の速度勾配である．無次元表示するために，粒子速度と背景速度との差を平均粒径と速度勾配との積 $D_{50}|\mathbf{L}|$ で割っている．図 8.11 に示すように，試料が単純な二軸ひずみ場においてさえも，Kuhn (1999) は渦巻き状の複雑な循環パターンを観察し，Murakami et al. (1997) などが 2 次元 DEM によって同様な循環状や渦巻き状の構造を観察していることについて述べており，Zhu et al. (2008) も Williams and Rege (1997) の観察結果について引用している．Kuhn (1999) は，粒子速度の分布について考察する（接触している粒子の相対速度を含む）別の手法についても示している．

粒子速度について考察する場合，多くの研究者が実際の粒子速度と背景速度の差（すなわち式 (8.1) の $\mathbf{v}^{\mathrm{rel},k}$）を "速度ゆらぎ" とよんでいることに注意されたい．Campbell (2006) は，速度のゆらぎから計算することができて，熱力学温度に類似している粉体温度 T_G を，次のように定義した．

$$T_G = \langle (v_x^{\mathrm{rel},k})^2 \rangle + \langle (v_y^{\mathrm{rel},k})^2 \rangle + \langle (v_z^{\mathrm{rel},k})^2 \rangle \tag{8.2}$$

ここで，$v_x^{\mathrm{rel},k}$ は速度ゆらぎとよばれ，その括弧 $\langle\ \rangle$ は全粒子数の算術平均を意味している．Cleary (2007) は，粒子回転を含めた 2 次元の修正版を次のように示して

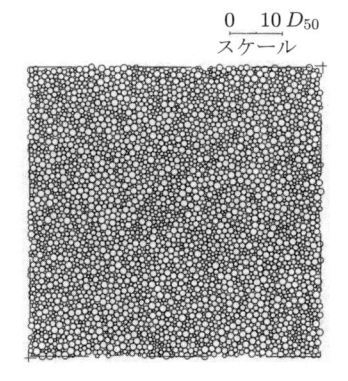

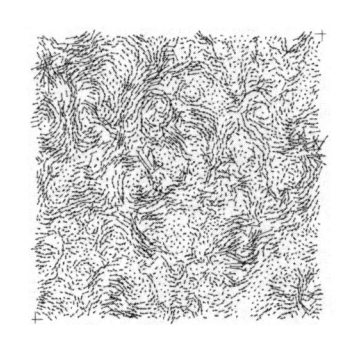

(a) 円盤の初期配置　　(b) 軸ひずみ 0.6 % の正規化相対速度ベクトル ($\mathbf{v}^{\mathrm{rel},k}$)

図 8.11　2 次元シミュレーションで観察された円盤の速度ベクトルの"渦巻き"性質（Kuhn, 1999）

いる.

$$T_G^{\mathrm{2D}} = \langle (v_x^{\mathrm{rel},k})^2 \rangle + \langle (v_y^{\mathrm{rel},k})^2 \rangle + \langle (r\omega)^2 \rangle \tag{8.3}$$

ここで，ω は粒子の回転速度，r は粒子の半径である．

　3 次元シミュレーションにおいても変位ベクトル図を作ることがある．この場合は変位ベクトルの各平面図が非常に役に立つ．たとえば，図 8.12 は直接せん断試験のシミュレーションの粒子変位を示しており（Cui and O'Sullivan, 2006），このシミュレーションは x–z 平面のせん断である．すなわち，せん断箱の上半分を x 方向に動かして，せん断中の膨張が z 方向に生じている．図 (b) から，y 方向，すなわち，せん断方向と直交する方向の粒子変位はさほど大きくないことが明らかである．しかし，ベクトル図が，材料挙動の定量的な理解を深めるために最も有効な手段であるとは必ずしも限らない．このシミュレーションでは，粒子の初期の鉛直位置に対する各座標軸方向の粒子の変位図（図 8.13）のほうが，図 8.12 の変位ベクトルのデータよりもせ

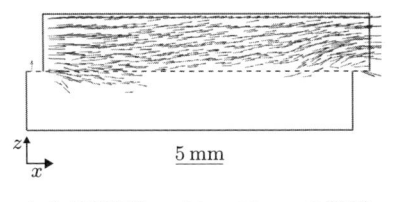

(a) 正面図（$y = 24 \sim 36\,\mathrm{mm}$ の範囲）　　(b) 側面図（供試体全体）

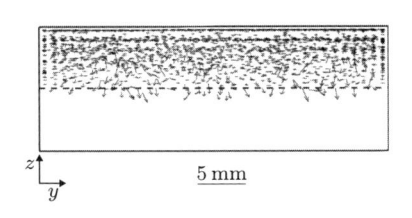

図 8.12　$\gamma = 0\sim15.3$ % までのせん断ひずみ区間の変位増分ベクトル（Cui and O'Sullivan, 2006）

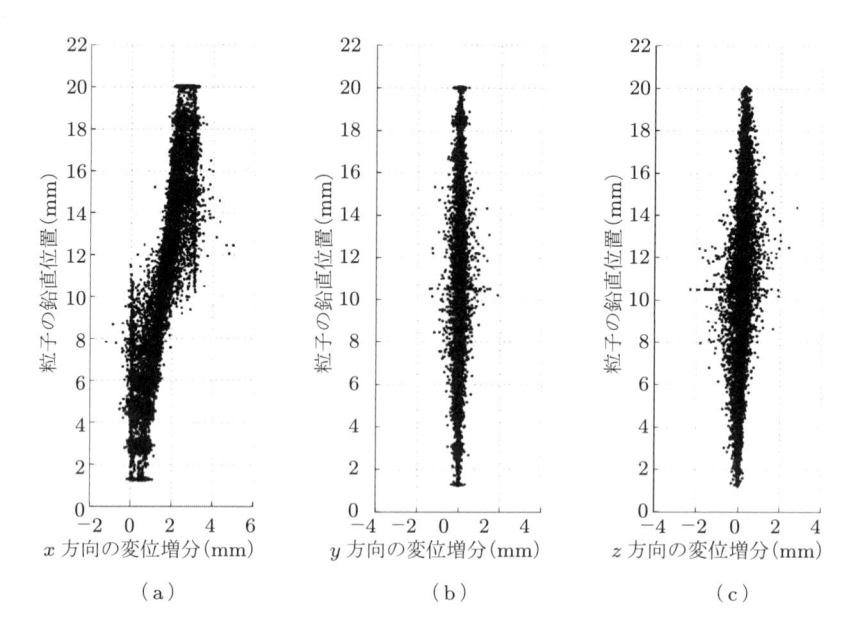

図 8.13 直接せん断試験シミュレーションにおける，$\gamma = 0 \sim 15.3$ ％までのせん断ひずみ区間の粒子の変位増分と深さの関係（Cui and O'Sullivan, 2006）

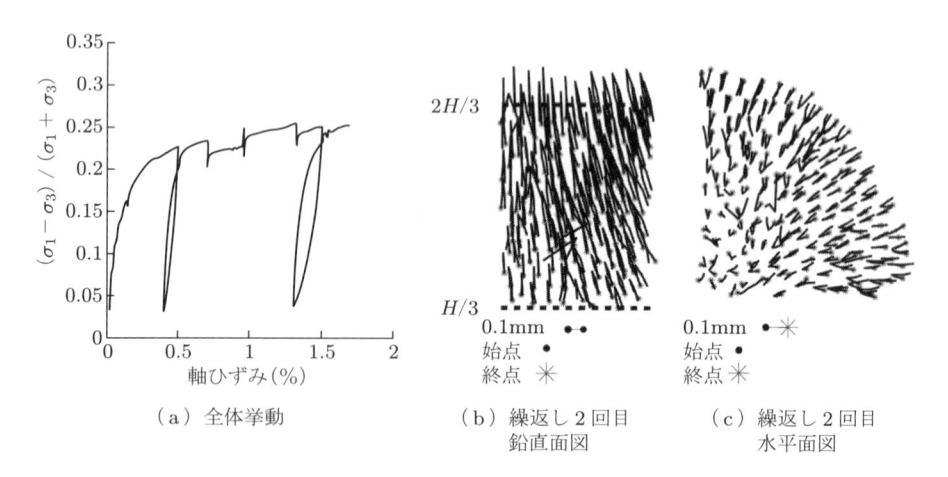

(a) 全体挙動　　(b) 繰返し2回目 鉛直面図　　(c) 繰返し2回目 水平面図

図 8.14 球を用いた供試体の載荷・除荷時の粒子軌跡

ん断帯に直交する変位の大きさがより明確に示されている．

変位増分や累積変位を調べるだけでなくて，個々の粒子の変位軌跡について考察することも役に立つ．たとえば，図8.14(a)は，1,173個の球を用いた試料の三軸圧縮試験の軸対称DEMシミュレーションの巨視的挙動を示している．2回の交番荷重によ

るそのシミュレーションの詳細は，O'Sullivan and Cui（2009a, b）に述べられている．図 (b), (c) に一部の粒子の軌跡を水平図と鉛直図に示している．応力・ひずみ図のヒステリシスから明らかなように，エネルギー散逸は塑性挙動を意味しており，交番荷重下では多くの粒子が動いている．

8.5 ■ 接触力網

DEM シミュレーションを用いる主たる理由は，粒子の相互作用や接触力に関する情報を用いて粒状体挙動の理解を深めることである．接触力を可視化する一般的な方法は，接触している粒子の図心間に力の大きさに比例する厚さの線を引くことである．図 8.15 に示すように，結果の画像は非常に複雑な巣[*1]状あるいは網[*2]状で，ここでは接触力網とよぶ．接触力を表すこの手法はもともと円盤の光弾性実験のデータを表すものであり，Cundall and Strack（1978）は DEM シミュレーション結果と実験データを比較するためにこの手法を用いている．

(a) $\varepsilon_a = 0\%$ (b) $\varepsilon_a = 5.5\%$ (c) $\varepsilon_a = 12\%$

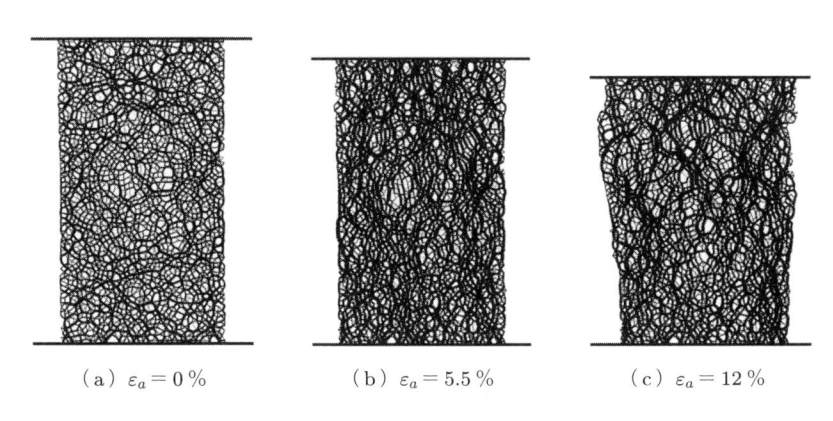

図 8.15 2,376 個の円盤の二軸試験シミュレーションの接触力の変遷

図 8.15 は，図 8.1 の 2,376 個の円盤試料に対する接触力網の変遷を示している．三つの軸ひずみ（$\varepsilon_{\text{axial}} = 0\%$, $\varepsilon_{\text{axial}} = 5.5\%$, $\varepsilon_{\text{axial}} = 12.0\%$）すべてにおいて，接触力網は非常に複雑で不均質であり，定量的に表すことが難しい．ひずみによって偏差応力が増えるにつれて，大きな接触力が最大主応力の方向に並ぶ傾向があることから，接触力網が著しく異方的になる．また，以前は接触していた粒子が離れ，新しい接触が生じるにつれて，トポロジーが変化することは明らかである．図 8.15 の (b) と

[*1] ウェブ
[*2] ネットワーク

(c) を詳細に比較すると，供試体が変形するにつれて，撓んできて最終的には座屈する接触力網を観察することができる．図 8.16 は，図 8.15 と同じ値のひずみでの平均粒子応力の図である．この場合，各粒子に作用する平均応力に応じて着色している（粒子の応力を計算する手法については 9.4 節で述べる）．接触力網の不均質性は粒子の応力の不均質性に反映している．ある粒子はほとんど応力を伝えていないことが明らかであり，これらの粒子は"がたつき（rattlers）"とよばれる．また，Kuhn (1999) は別の用語を用いていて，変形するにつれて粒子が接触力網から"撤退する（dormant）"としており，この状況を粒子が"休止状態（disengage）"になる過程とよんでいる．多くの DEM 解析者がそれらのシミュレーションデータを用いて，接触力の範囲を特徴付ける確率密度関数を作成していることに留意されたい．

3 次元の接触力網の可視化はより難しい．しかし，系の"切片"を用いて，選択した面の接触力の投影図を調べることで理解を深めることはできる．また，大きな力のみに限定して考察することも役に立つことがある．図 8.17 は，直接せん断シミュレー

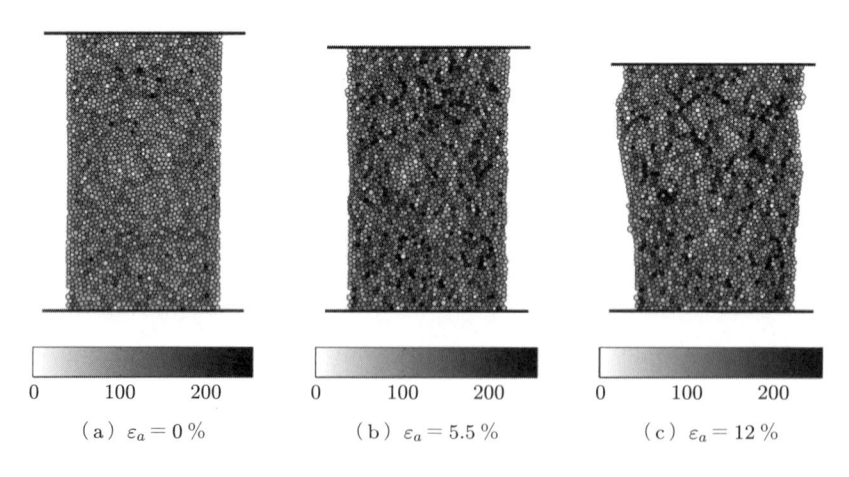

図 8.16 2,376 個の円盤の二軸試験シミュレーションの平均粒子応力の変遷

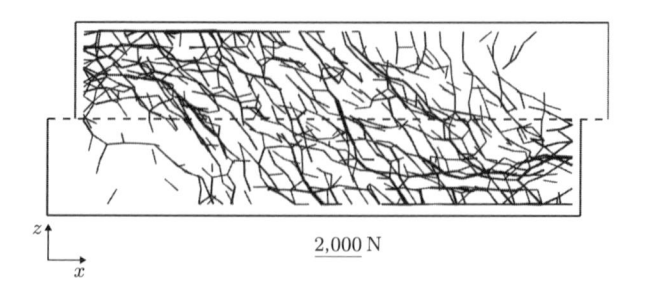

図 8.17 せん断ひずみ $\gamma = 15.3\%$ の接触力ベクトル（Cui and O'Sullivan, 2006）

ションの接触力分布図を示している．図を明瞭にするために，試料の中央の 1/3 のみを対象として，平均接触力＋標準偏差を超える力のみを示している．なお，2 次元シミュレーションでもせん断箱全体に斜めの接触力分布が観察されている（たとえば，Masson and Martinez（2001））．

無次元の接触力図を作るために，Kuhn（2006）は，接触 k の線の厚さを $|\mathbf{f}^k|/(pD_{50})$ に比例させることを提案した．ここで，$|\mathbf{f}^k|$ は接触力，D_{50} は平均粒径，p は平均応力である．また，平均応力テンソルに対する所定の接触力の寄与の大きさについて考察することができる式を示している．

単純な 2 次元の円盤の系ですら接触力網は非常に複雑であり，この系についての定量的な考察と接触力網を特徴付けるためのデータ抽出は重要である．接触力網は通常，著しく不静定（構造力学の用語）である．初期の DEM 解析（たとえば，Cundall et al.（1982））以来述べられているように，"応力鎖[*]" は粒子図心に位置する接点を通ってたどることができ，粒子がもし接触していて力を伝えるならばその二つの接点は結ばれている．その材料の応力鎖あるいはたどる可能性がある経路はほぼ無限にある．図 8.15 や他の多くの DEM シミュレーション（図 8.18，8.19）で確かめられているように，接触力網は不均質で異方的である．

まず接触力網の不均質性について考えると，ある接触が他よりも大きな力を伝えていることは明らかである．大きな接触力について図 8.15(b), (c) を調べると，大きな接触力を表す厚い線の経路が試料の下方に向かっていることがわかる．これらの厚い線は材料内部の "強応力鎖" あるいは "柱構造" とよばれている．Behringer et al.（2008）は，接触力の大部分を伝達する接触からなっている "線状" 構造を強応力鎖と

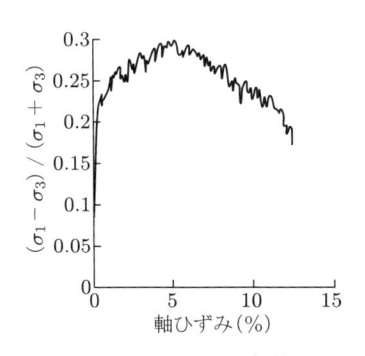

(a) 図 8.19 の試料の巨視的挙動

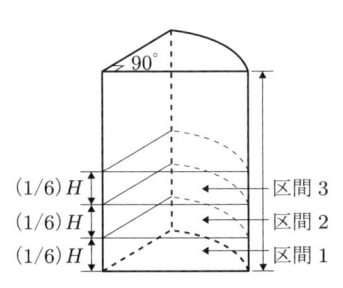

(b) 接触力網の水平 $(x$-$y)$ 面図を作るために用いた区間

図 8.18 3 次元円柱供試体

---

[*] または接触力鎖

(a) $\varepsilon_a = 6.2\%$（ピーク付近）　　(b) $\varepsilon_a = 12.3\%$（ピーク後）

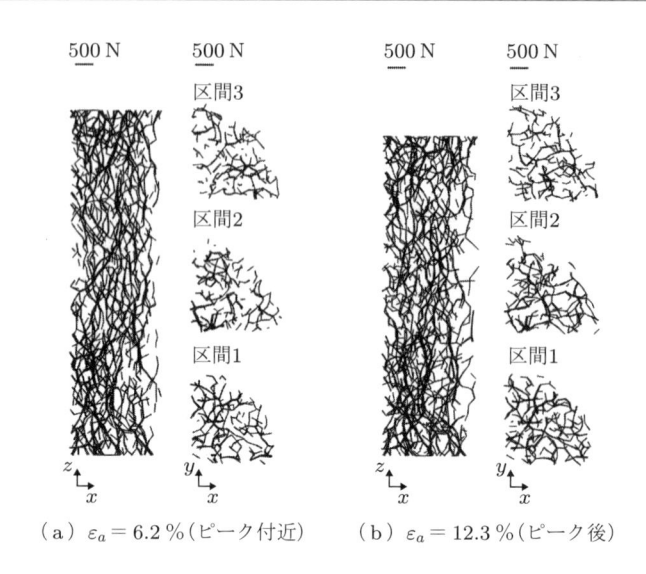

図 8.19 単分散系供試体の三つの区間の接触力網（平均値 + 標準偏差以上の力のみ示す）

定義している．また，Tordesillas and Muthuswamy（2009）は，応力鎖を "平均以上の接触力が伝えられる疑似線形の鎖状の粒子群" と述べているが，解析者にとっては，強応力鎖を特定する明確な基準が必要であろう．Pöschel and Schwager（2005）は，少なくとも他の二つの粒子 a と c と接触している粒子 b を考えて，合理的な定義を示している．粒子 a と c との接触のどちらも閾値の力を超えていて，三つの粒子の中心がほとんど直線に並んでいる場合には，粒子 a, b, c すべてが強応力鎖の一部をなす．二つの線分 ab と bc との鈍角が所定の値を超える場合は，その三つの粒子は直線上にあるとみなすことができる．Pöschel and Schwager（2005）は，その閾値の角度として 140° を提案している．

前述のとおり，図 8.15(b), (c) の接触力網は異方的である．最初に，応力状態がほとんど等方的（$\sigma_1/\sigma_2 \approx 1.1$）である場合には大きな接触力の明確な優先配向性はない．しかし，試料を圧縮するにつれて，応力状態は $\varepsilon_{\text{axial}} = 5.5\%$ で $\sigma_1/\sigma_2 \approx 1.8$，また $\varepsilon_{\text{axial}} = 12.0\%$ で $\sigma_1/\sigma_2 \approx 1.65$ と異方性になり，その図で明らかなように異方的な接触力網を示している．明らかに，大きな接触力が鉛直に作用する最大主応力の方向に並び，強応力鎖によって応力が試料全体に伝達されている．なお，接触力網の異方性の程度を定量化する手法については 10 章で述べる．

本章で述べる接触力網の例は円形粒子や球形粒子に限られている．非球形粒子を用いる場合には接触法線方向とブランチベクトルは一致しない．粒子が非凸状であるなら，接触する二つの粒子間に多数の接触点があることになる．これらの場合に，接触

8.5 接触力網

力網をどのように図示するかについてはより詳細に考慮する必要がある．まずは，接触する粒子の図心間に1本の線を引き，その2粒子間に作用する合力の大きさに比例した線の厚さにすることは妥当であると思われる．

粒状体の接触力網およびその変遷を観察することによって，粒状体の破壊について考察する方法が根本的に変わった．土の強度は摩擦によって生じる，すなわち，材料のせん断強度は拘束圧が増えるにつれて増加する．これは従来からの接触点での摩擦に関係しているとする一方，別の仮説としては，破壊が強応力鎖の座屈や崩壊に直接的に関係しているとする考えがある．これらの強応力鎖は，最大主応力方向に直交する方向の接触の"弱い力の網"によって側方で支えられている．Dean (2005) は，塑性仕事の大部分は強応力鎖を支えているこれらの粒子によってなされていることを示した．この考えは他の研究者によっても示されているが，Tordesillasらはこの分野における非常に有意義な研究について示している（たとえば，Tordesillas (2007, 2009)）．Tordesillas (2009) は，応力鎖の座屈に至る4段階の過程について示しており，限界座屈荷重の前に初期の座屈前段階，それに弾性座屈の段階がある．そして，応力鎖の柱の接触あるいは横方向の支持の接触が弾性のまま塑性座屈段階に進み，さらに完全な塑性段階では，横方向の支持や応力鎖の柱の接触が塑性の閾値に達することになる．これらの知見から，強応力鎖の座屈はせん断帯形成の支配的なメカニズムであることを示している．

実際の砂供試体に関する実験結果は，材料挙動は強応力鎖の運動学によって支配されるという仮説を裏付けているように思える．Oda and Kazama (1998) は，平面ひずみ圧縮下の樹脂浸透砂試料の薄い断面内のせん断帯の微視的構造について調べて，"柱状"構造について確認した．Hasan and Alshibli (2010) は，3次元マイクロコンピュータ断層撮影（μCT）の画像から，強応力鎖の座屈を示しているせん断帯内の接触粒子のアーチ状構造について確認した．Rechemacher et al. (2010) は，平面ひずみ圧縮下の砂の画像に2次元デジタル画像相関法を用いることによって，応力鎖の形成や崩壊に影響しているせん断帯のひずみの変化パターンについて観察した．

砂のデジタル画像によって変位のメカニズムを調べることはできるが，力や大きさに関する情報を得ることはまったくできない．しかし，光弾性実験によって応力鎖を観察することができる．光弾性の実験では透明な複屈折材料を用いる．これらの材料は応力状態によって光学的特性が変化する．Behringer et al. (2008) が示しているように，偏光プリズムを用いて光弾性材料の画像を観察すれば接触力の大きさを推定することができる．光弾性円盤を用いた実験によって，DEM の開発以前に粒状体挙動の微視的力学に対する重要な考察が示されている．この分野での初期の文献には，Dantu (1957, 1968), de Josselin de Jong and Verruijt (1969), Drescher and de

(a) 二軸試験装置

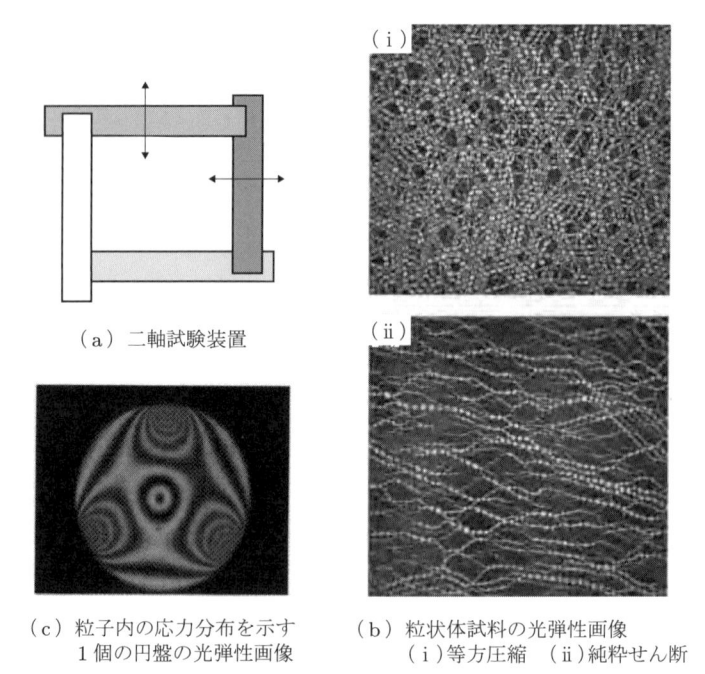

(c) 粒子内の応力分布を示す
1個の円盤の光弾性画像

(b) 粒状体試料の光弾性画像
(ⅰ) 等方圧縮　(ⅱ) 純粋せん断

図 8.20 光弾性実験結果（Behringer et al., 2008）

Josselin de Jong（1972）などがある．例として，Behringer et al.（2008）の光弾性実験結果を図 8.20 に示す．図(a)に示す二軸試験で光弾性円盤の集合体を圧縮している．集合体の初期の画像からは明確な接触力網のパターンは得られていない（図(b)(ⅰ)）．しかし，せん断下で異方応力状態が発達して，大きな応力を伝達する接触粒子の鎖が試料内に見られる（図(b)(ⅱ)）．また，3次元による強応力鎖の存在の検証も可能である．たとえば，Mueth et al.（1997）は，粒状体の境界の接触力を計測することができるカーボン紙を用いた方法について示して，ガラスビーズ試料によって得られる力の分布が，球の3次元 DEM シミュレーションの結果と一致していることを示している．

インターネットやグローバル社会の発展によってネットワークやネットワークトポロジーの研究が活発になっており，Watts（2004）はネットワークに対する非常にわかりやすい入門書を示した．これらは接触力網を理解するためにも用いることができるであろう．ネットワーク解析の用語を用いると，粒状体の粒子は各接点，粒子間で力を伝達する接触は接合部に該当する．10章でさらに述べるように，ネットワーク解析で用いられる概念は粒状体力学においても役に立ち，たとえば，接触力網を考える場合，"パーコレーション"の閾値の考えが役に立つ場合がある．7章ですでに述べたよ

うに，一般的にネットワークのパーコレーションは相転移に関係している（Grimmett, 1999）．この相転移点によって，接続しているネットワークと接続していないネットワークを区分している（Watts, 2004）．具体的に粒状体について考えると，パーコレーションの閾値は，応力を伝達することができる接触力網を作るために十分な粒子あたりの接触数である（Summersgill, 2009）．これをジャミング転移点とよぶこともある．

固結材料や岩盤をシミュレーションするために接触結合や並列結合を用いて（たとえば，Potyondy and Cundall (2004)），結合の破壊を観察することができ，それはマイクロクラックの進展に類似しているとみなすことができる．これを可視化する一つの方法は接触力図を作るための手法を用いることであるが，すべての接触を図化するのではなく，図 8.21 に示すように無損傷な結合のみを図化するのがよい．ここでは，図 8.8 に示す試料に対応させて無損傷結合の二つの直交する投影図を示している．また，Fakhimi et al. (2002) などは，室内実験のアコースティックエミッションから推定したクラックの位置と結合破壊の位置を関連付けている．

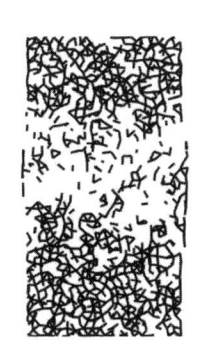

（a）y-z 面　　（b）x-z 面

図 8.21　メンブレン側方境界条件をもつ結合供試体の 3 次元三軸試験の軸ひずみ 4.5 % における無損傷結合

9章 DEM結果の解釈：連続体の視点

9.1 ■ 均質化の動機とその背景

　土の挙動を理解する場合，ほとんどは連続体力学の枠組み内で行われてきており，地盤工学の実務においては連続体に基づく解析ツールが一般的である．連続体力学の枠組みを用いるためには材料の応力やひずみの知識を必要とする．Cundall et al. (1982)は，粒状体の応力やひずみは"偽りの"パラメータであるといささか挑発的な調子で述べている．粒状体を他の材料から区別している変形や強度の挙動はそれらの粒状性に起因しており，連続体力学を粒状体に用いるためには非常に複雑な構成モデルが必要になる．粒子レベルで作用する多くの重要なメカニズムを連続体力学によって捉えることはできない．地盤力学においては，連続体手法あるいは離散化手法のどちらかのみを用いればよいということではなく，Muir Wood (2007)は"粒子と連続体の二元性"があることを示している．地盤力学の視点から，粒子レベルの計測結果がもし連続体力学の用語に関連付けられないとするなら，DEMによる微視的解析は目的に適っておらず研究や実務への影響がほとんどないことになる．離散体と連続体のパラメータを関連付ける必要性については，Cundall and Strack (1978)が円盤の集合体の平均応力テンソル，平均モーメントテンソル，平均変位勾配テンソルの式を示した初期の研究の頃から理解されている．本章では，DEMシミュレーション結果を連続体力学の用語，すなわち，応力とひずみに"翻訳"するために提案されている手法について述べる．

9.2 ■ 代表体積要素と代表スケール

　連続体力学における基本的な仮定は，材料の特定の点を考える場合，その点の周辺の微小領域内の材料およびその応力やひずみは均一であるとすることである．8章で述べたように，接触力分布と粒子の変形は非常に不均一あるいは不均質である．Dean (2005)は，"土の任意の点の応力について考える場合にはむしろ大きな点で考えなければならない"というLambe and Whitman (1979)による知見を引用している．連続体力学は，粒子レベルの非常に不均一な応力場やひずみ場を生じる幾何形状や材料

特性（たとえば，粒子間隙の境界面）の急激な変化に対して，陽には適応できない．Nemat-Nasser and Hori（1999）が示しているように，十分に小さなスケールで考えると材料特性が局所的に不連続である材料が数多くあり，このような不均質性に適応することができる連続体に基づく手法がある．

粒状体に非均質性が内在していることを理解して材料を連続体とみなす場合，粒子よりも十分に大きなスケールで考える必要がある．このときは，Nemat-Nasser and Hori（1999）などが示した"代表体積要素"（RVE）の概念が役に立つ．図 9.1 に示すように，RVE 内の微視的構造は粒子および接触力の方向や大きさを考えると非常に複雑である．材料の RVE は統計学的に代表しているとみなすことができる体積として定義される．RVE の大きさが増加しても計測パラメータが変化することのないように，十分に大きくとる必要がある（図 9.2）．それゆえ，このRVE は（潜在的にかなり）多くの粒子数を必要とする．

Nemat-Nasser（1999）は局所的不均質性と全体的不均質性の一般的な概念を示し，Masad and Muhunthan（2000）は微視的不均質性と巨視的不均質性を区別した（図

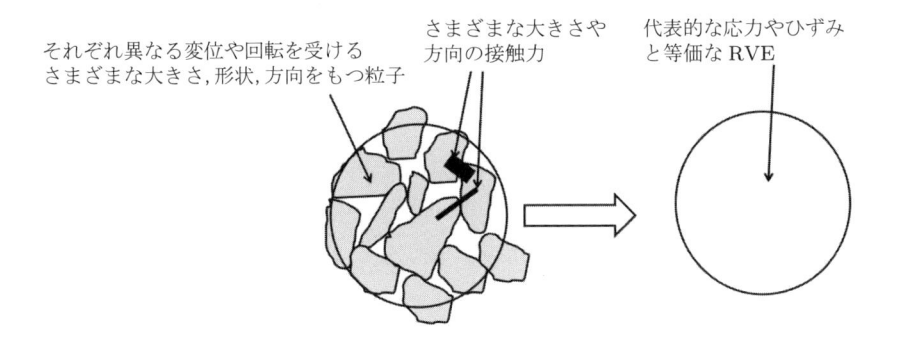

図 9.1 均質化

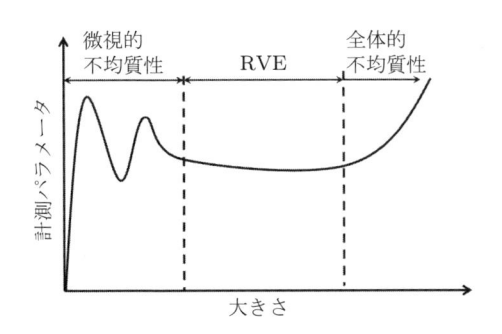

図 9.2 試料の大きさに対する計測パラメータの変化
（Masad and Muhunthan（2000）を参照して作成）

9.2)．たとえば，粒子充填の結果として局所的不均質性が生じ，局所的なせん断帯の発達によってもう少し大きなスケールの不均質性が生じるであろう．さらに実際の土では，堆積などの地質作用によって大きなスケールの不均質性（たとえば，成層）が生じる．現時点においては，局所的あるいは微視的な不均質性がDEMの解析者にとって重要な関心事である．

妥当な RVE の直径 (D_{RVE}) は粒径の関数であろう．すなわち，D_{50} を平均粒径とすると $D_{RVE}/D_{50} \gg 1$ となる．土質力学の DEM 解析では，それらの粒径が約 100 μm から数百 mm と多様であるので RVE の大きさはかなり異なる．材料の不均質性に関して，Nemat-Nasser（1999）は，不均質材料の RVE の大きさを選ぶ場合，$D_{RVE}/D_{50} > 10^3$ としなければならないとする Hill（1956）の知見を引用している．現在の地盤力学における DEM シミュレーションは粒子数が限られており（12章を参照），通常の D_{RVE}/D_{50} の比はこの提案する限界値よりもかなり小さい．

材料を考える場合に複数のスケールがあるということは，離散体から連続体の力学へのモデル化に密接に関連している．"巨視的"，"メソ的"，"微視的"の用語はよく用いられている．粒状体の地盤力学における微視的な定義については少し曖昧であり，これは，個々の粒子の挙動が計測可能な，すなわち，接触力や粒子変位が判別することができるスケールとされている．しかし，粒子の破損や破砕が重要である場合（4.3節参照）には，適切な微視的スケールは粒径よりもかなり小さくなる．3章の接触点周りの応力分布について考えれば，粒子以下の微視的な応力やひずみが適切なパラメータであろう．それゆえ，二つの連続体がある．すなわち，粒子の微視的あるいはメソ的なスケールでの離散的表示（接触力や変位）に基づく粒子以下のレベルの連続体と，巨視的連続体である．

連続体土質力学における連続体の巨視的な長さのスケールは，個々の粒子の性質を判別することができないスケールと定義することができる．すなわち，それは RVE の大きさに対応している．土のスケールについて考える場合，Cambou（1999）によるスケールの定義を含む均質化の概念の説明が参考になる．Cambou は，その巨視的なスケールは連続体解析における境界値問題の離散化，すなわち，有限要素メッシュの最も小さな要素の大きさに相当しているとしている．また，巨視的スケールが室内要素試験の大きさに相当しているとみなされることも多い．"メソ的"スケールについては，たとえば，Dean（2005）は材料のトポロジー（粒子，接触力，間隙空間）から判別することができる"パターン"によって，この中間的なスケールが定義されることを示している．他のメソ的スケールの定義もあり，たとえば，粗格子粒子・流体連成 DEM シミュレーションで用いる流体のセルの大きさをメソ的スケールとみなすこともできる（6章）．

RVEが妥当でない場合でも連続体の用語が用いられることもある．たとえば，せん断帯が発達する場合，その局所化の幅が仮想のRVEの大きさよりもかなり小さくとも，せん断帯内のひずみの評価が求められることがある．スケールを拡大する過程でメカニズムや変形パターンに関する重要な詳細が消えてしまう可能性があるため，本章では，代表平均応力や代表平均ひずみだけでなく局所的応力や局所的ひずみを計算する方法についても示す．なお，材料内の粒子の充填あるいは配置状態を定量化する場合にも，10章で述べる手法を用いてRVEを適用することができる．

9.3 ■ 均質化

参照体積が選ばれれば，DEMによって計算した個々の力や変位から代表応力や代表ひずみを計算するためには**平均化法**が必要とされる．また，粒子力学を連続体力学に変換する手法を**均質化法**とよぶことが多い．離散力学から連続体力学への関連付けは微視的から巨視的へのスケールの拡大と等価であり，均質化法は"多重スケール"のモデル化に関連している．この均質化法では体積平均法を用いることが多い．Hori (1999) が示しているように，微視的特性と巨視的特性を関連付けるために体積平均化を用いることは，物理学の"平均場理論"の範疇である．均質化理論に基づいた別の手法では摂動解析を用いている．すなわち，特異摂動が支配微分方程式に用いられる．

Zhu et al. (2007) は，DEMシミュレーションで用いる均質化法または平均化法を，体積平均化法，時間・体積平均化法あるいは重み付き時間・体積平均化法に分類しており，体積平均化法は慣性の影響が無視できる準静的システムに用いることができる．これらは，地盤力学で最も一般的に用いられていて，本章でも述べる手法である．高速流れにDEMを適用しようと考えている読者には，それに関連する理論の概要および文献を示しているZhu et al. (2007) を参照することを勧める．Luding et al. (2001) は，粒状体のパラメータを平均化する場合，最初にその数量あるいはパラメータの平均値や代表値を各粒子に割り当てなければならないことを示した．対象とする材料の体積あるいは部分体積（ここで**計測体積**とよぶ）を考えると，パラメータの平均値 Q は次式によって表される．

$$Q = \langle Q \rangle = \frac{1}{V} \sum_{p \in V} \omega_v^p V_p Q_p \qquad (9.1)$$

ここで，Q_p は粒子 p のパラメータの代表値，V_p は粒子 p の体積，ω_v^p は粒子 p の重みである．Luding et al. (2011) は，パラメータ ω_v^p は計測体積内において全粒子の体積に対する粒子 p の体積の割合に等しくなければならないとしている．間隙比の計

算で用いる固体粒子の体積はこの手法を用いて次式によって表される．

$$V_s = \sum_{p \in V} \omega_v^p V_p \tag{9.2}$$

9.4 節で述べるように，DEM シミュレーション結果から応力を計算することは比較的単純であるが，ひずみを計算するにはもっと多様な手法がある．

9.4 ■ 応　力

接触する粒子からなる離散系に対して，連続体のパラメータである応力の式を誘導するために種々の手法が用いられている．応力計算のための三つの手法についてそれぞれ示す．すなわち，境界力の積分（9.4.1 項），個々の粒子の応力を考慮（9.4.2 項），粒状体内の接触力とブランチベクトルの積の総和（9.4.3 項）などの方法によって応力を計算する．

9.4.1　境界での応力

Weatherley（2009）が示しているように，DEM シミュレーションにおいて，計測可能な量，すなわち，通常の室内試験で計測することができる量について観察することができる．まず DEM モデルの妥当性確認や較正を目的として，これらの計測可能な量を試験結果と比較することができる．これらの計測可能な量の最も明確なものが境界力である．

（図 5.7 に模式的に示した）簡便三軸試験において，上部および下部の水平境界を介して伝達する鉛直の軸差応力 $(\sigma_1 - \sigma_3)$ を上盤の上あるいは底盤の下にあるロードセルによって計測する．ロードセルによって軸差応力が与えられ，そのセル圧は σ_3 である．DEM シミュレーションでは，上部と下部の壁の平均的な応力によって鉛直応力（すなわち，σ_1）が与えられる．水平応力（一般的に，σ_3）については，応力制御型メンブレンを介して載荷するか，あるいは，剛壁（垂直な側方境界）に作用する平均的な応力によって計算されることになる．

DEM シミュレーションでは，剛壁境界の平均応力は，境界の接触力の総和を剛壁の表面積（3 次元）あるいは剛境界の長さ（2 次元）で割ることによって計算される．同様な手法を用いて，境界を部分領域に分けることによって，境界応力の分布や変化を求めることができる．

別の視点から Bagi（1999b）を参照すると，体積 V，境界面積 S の閉じた連続体の領域に対して，材料内の応力 σ_{ij} と作用する境界力との関係は，Gauss（ガウス）の積

分定理によって次のように表される[*].

$$\int_V \sigma_{ij} dV = \oint_S x_i t_j dS \tag{9.3}$$

ここで，境界力あるいは境界トラクション t_j は物体の表面位置 x_i に作用する．この力は，通常，陽に作用せず粒子と剛境界との間に生じる接触力であることが多い．境界の法線方向に作用する応力は，$\sigma_{ij} n_i = t_j$ によって境界トラクションに関連付けられる．ここで，n_i は表面 S の外向き法線ベクトルである．

材料内の平均応力 $\bar{\sigma}_{ij}$ は次式によって表される．

$$\bar{\sigma}_{ij} = \frac{1}{V} \int_V \sigma_{ij} dV \tag{9.4}$$

$$\bar{\sigma}_{ij} = \frac{1}{V} \oint_S x_i t_j dS \tag{9.5}$$

連続体解析では境界力 t_j を x_i の関数として積分することがある．しかし，DEM 解析では，個々の点，たとえば，粒子と境界の接触点（あるいは，5.4 節で述べたように数値メンブレンを用いる場合は粒子の図心）にその力が作用する．DEM シミュレーションのデータを解釈するためには，積分を用いるのではなく，個々の点に作用する個々の力の総和として式 (9.5) を再定式化する必要がある．表面上の積分を総和によって置き換えると次式が得られる．

$$\bar{\sigma}_{ij} = \frac{1}{V} \sum_{k=1}^{N_{BF}} x_i^k t_j^k \tag{9.6}$$

ここで，力 t_j^k は位置 x_i^k に作用し，合計 N_{BF} 個の力が境界に作用する．

9.4.2　局所応力：粒子応力から計算

Potyondy and Cundall（2004）や Li et al.（2009）などは，個々の粒子の平均応力あるいは代表応力 σ_{ij}^p から RVE 内の平均応力 $\bar{\sigma}_{ij}$ を計算する詳細な誘導について示している．応力は粒子にのみ存在する（すなわち，間隙は力や応力を伝えない）ので，平均応力と体積 V の積は，粒子の体積 V_p で重み付けした体積内の N_p 個の粒子に作用する応力の総和に等しく，次式となる．

$$\bar{\sigma}_{ij} V = \sum_{p=1}^{N_p} \sigma_{ij}^p V_p \tag{9.7}$$

---

[*] 後述の同様な式 (9.18) に誘導が示されている

DEMで用いる粒子は剛であることから，粒子応力の概念とはいささか矛盾している．それゆえ，厳密にいえば σ_{ij}^p は抽象的応力あるいは代表応力というべきものだろう．σ_{ij}^p の式は応力のつり合い式を考えることによって，次式のように誘導することができる．

$$\sigma_{ij,i}^p - \rho g_j = -\rho a_j \tag{9.8}$$

ここで，ρ は粒子密度，g_j は物体力（たとえば，重力）ベクトル，a_j は粒子の加速度ベクトルである．準静的挙動（すなわち，加速度が無視できる）を仮定し，物体力を無視すると，つり合い式は簡単になる．

$$\sigma_{ij,i}^p = 0 \tag{9.9}$$

いま，応力域が粒子内にあり，粒子内の任意の点 x の応力を σ_{ij}^x で表すものとする．この点でもつり合い式は成り立つ．すなわち，

$$\sigma_{ij,i}^x = 0 \tag{9.10}$$

となる．

式 (9.10) は，ガウスの発散定理を用いることによって展開させることができる．この定理によって，ベクトル関数，たとえば F_{ij} を考えて，$\mathbf{F}$ の発散 $\nabla \cdot \mathbf{F}$ の体積 V にわたる体積積分を，$\mathbf{F}$ の境界 S 上（滑らかな状態にあると仮定して）の面積分に関連付ける．一般的な場合，次式によって表される．

$$\int_V \nabla \cdot \mathbf{F} dV = \int_V (F_{ij})_{,i} dV = \oint_S F_{ij} n_i dS \tag{9.11}$$

ここで，$\int_V \ldots dV$ は領域の体積積分，$\oint_S \ldots dS$ は領域表面の面積分，n_i は表面の単位法線ベクトルでその表面から離れる方向を向いている．

式 (9.9) にガウスの定理を用いるためにはある操作を必要とする．それは，DEMシミュレーション結果から得られる接触力 f_i^c とそれらの位置 x_i^c によって粒子応力 σ_{ij}^p の式を得ることである．このため，位置ベクトル $\mathbf{x}$ を含む応力テンソルの式が必要になる．関数の積の微分公式を積 $x_i \sigma_{kj}^x$ の微分に用いると次式が得られる．

$$\left(x_i \sigma_{kj}^x \right)_{,k} = x_i \sigma_{kj,k}^x + x_{i,k} \sigma_{kj}^x \tag{9.12}$$

1 章を参照してクロネッカーのデルタ δ_{ij} は $x_{i,j}$ に等しい．ここで，$\mathbf{x}$ は位置ベクトルである．式 (9.10) のつり合いから $\sigma_{kj,k}^x = 0$．よって，式 (9.12) は次式と等価である．

$$\left(x_i \sigma^x_{kj}\right)_{,k} = x_{i,k}\sigma^x_{kj} \tag{9.13}$$

式 (1.12) を参照して,

$$x_{i,k}\sigma^x_{kj} = \delta_{i,k}\sigma^x_{kj} = \sigma^x_{ij} \tag{9.14}$$

それゆえ,

$$\left(x_i\sigma^x_{kj}\right)_{,k} = \sigma^x_{ij} \tag{9.15}$$

となり,平均粒子応力あるいは代表粒子応力は,その点の応力 σ^x_{kj} に次式によって関連付けられる.

$$\sigma^p_{ij} = \frac{1}{V_p}\int_{V_p}\sigma^x_{ij}dV = \frac{1}{V_p}\int_{V_p}\left(x_i\sigma^x_{kj}\right)_{,k}dV \tag{9.16}$$

ガウスの定理を適用して次式を得る.

$$\sigma^p_{ij} = \frac{1}{V_p}\int_{V_p}\left(x_i\sigma^x_{kj}\right)_{,k}dV = \frac{1}{V_p}\oint_{S_p}x_i\sigma^x_{kj}n_k dS \tag{9.17}$$

ここで,$\oint_{S_p}\ldots dS$ は粒子表面の面積分を示す.粒子表面の応力 σ^x_{kj} と外向き法線ベクトル n_k の積は,ここで t_j と表される粒子表面に作用する応力あるいはトラクションに等しい.それゆえ,

$$\sigma^p_{ij} = \frac{1}{V_p}\oint_{S_p}x_i t_j dS \tag{9.18}$$

となる.DEM シミュレーションでは,粒子表面のこれらのトラクションは,粒子表面の接触点 x^c_i に作用する個々の接触力 f^c_j である.それゆえ,その積分は粒子 p の全接触点数 $N_{c,p}$ の総和によって置き換えることができる.

$$\sigma^p_{ij} = \frac{1}{V_p}\sum_{c=1}^{N_{c,p}}x^c_i f^c_j \tag{9.19}$$

式 (9.19) を直接用いることによって,個々の粒子の平均応力テンソルを計算することができる.Nemat-Nasser (1999) が示しているように,結晶体や粒子の集合体からなる不均質な材料を考える場合に,各粒子内の応力場や変形場を均一と仮定することが一般的である.4 章の粒子破砕を参照すると,これらの応力の定義では,粒子内部の実際の応力変化を考慮していないことになる.すでに図 8.20 に示しているように,個々の粒子内の応力分布は著しく不均一である.なお,実際の粒子の応力の不均

質性について考察する場合には，Russell et al.（2009）を参照することを勧める．

図 9.3 は，460 個の円盤からなる集合体内の応力を示している．これは個々の粒子について観察できるように比較的小さな供試体を選んでいて，二つの応力状態について考察している．一つは応力 $\sigma_1 = \sigma_3 = 120\,\mathrm{kPa}$ を作用させ，もう一つは $\sigma_3 = 120\,\mathrm{kPa}$ で $\sigma_1/\sigma_3 = 2.6$ を作用させている．図 (a) と (b) に粒子間接触力の分布を示す．接触

（a）接触力網
$\sigma_1 = \sigma_2 = 120\,\mathrm{kPa}$

（b）接触力網
$\sigma_1/\sigma_2 = 2.6$

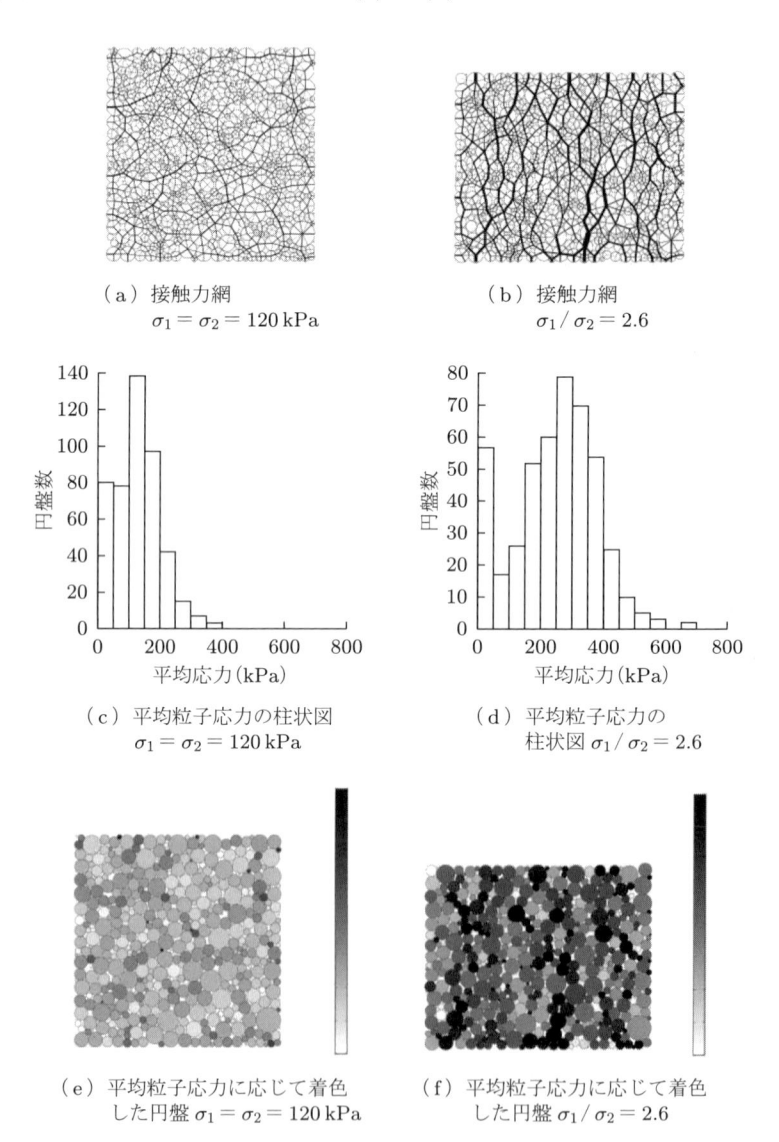

（c）平均粒子応力の柱状図
$\sigma_1 = \sigma_2 = 120\,\mathrm{kPa}$

（d）平均粒子応力の
柱状図 $\sigma_1/\sigma_2 = 2.6$

（e）平均粒子応力に応じて着色
した円盤 $\sigma_1 = \sigma_2 = 120\,\mathrm{kPa}$

（f）平均粒子応力に応じて着色
した円盤 $\sigma_1/\sigma_2 = 2.6$

図 9.3 円盤粒子による集合体内の粒子応力の分布（等方的および異方的応力分布）

力網の不均質性は粒子の平均応力の範囲に反映されている（図 (c), (d)）. とくに, 図 (f) に示すように最も大きな接触力を受ける粒子が大きな応力を受ける傾向にある. しかし, Summersgill (2009) が示しているように, 平均応力の計算値は粒子の体積に依存することに注意する必要がある. 強応力鎖に寄与している大きい粒子よりも, 比較的小さな接触力をもつ小さい粒子がより大きな平均応力をもつ場合がある. 実際には粒子内の応力分布は不均一であり, それゆえ, 小さな接触力を受ける小さい粒子内で生じる最大応力よりも,（とくに接触点の近くで）大きな力を伝える大きい粒子がより大きな応力を受けることもある.

式 (9.19) を, 材料内の所定の部分体積あるいは計測体積内の応力を表すためにも用いることができる. Potyondy and Cundall (2004) が示しているように, 各接触位置を次のように表すことができる.

$$x_i^c = x_i^p + |x_i^c - x_i^p| n_i^{c,p} \tag{9.20}$$

ここで, x_i^p は粒子の図心位置, $n_i^{c,p}$ は粒子の図心から接触点 c に向いた単位ベクトルである. つり合い状態では粒子に作用する接触力の合計は零になる必要がある.

$$\sum_{c=1}^{N_{c,p}} f_j^c = 0 \tag{9.21}$$

つり合い状態の粒子では $\sum_{c=1}^{N_{c,p}} x_i^p f_j^c = x_i^p \sum_{c=1}^{N_{c,p}} f_j^c = 0$ となり, 式 (9.19) を次のように表すことができる.

$$\sigma_{ij}^p = \frac{1}{V_p} \sum_{c=1}^{N_{c,p}} |x_i^c - x_i^p| n_i^{c,p} f_j^c \tag{9.22}$$

任意の部分体積内の応力は, その部分体積 V 内の各粒子からの寄与分の総和によって求めることができる. その計測体積の境界と粒子との交差について考慮することが必要である. すなわち, $\sum_{p=1}^{N_p} V_p$ はそれらの固体粒子による実際の体積 V_s ではない (Latzel et al. (2000) は, 計測体積の境界と交差する粒子の体積の計算精度に対する応力の計算値の感度について示している). これを修正するために, Potyondy and Cundall (2004) は次式のように間隙率を考慮することによって体積を調整することを提案した.

$$V \approx \frac{\sum_{p=1}^{N_p} V_p}{1-n} \tag{9.23}$$

ここで，n は計測体積の間隙率である．この調整の際には，計測体積内の粒子の幾何学的な分布は統計的に均一であると仮定して，それゆえ各粒子に関連する体積は $V_p/(1-n)$ である．N_p 個の粒子を含む計測体積あるいは計測領域内の全体的な応力は，次式によって表される．

$$\bar{\sigma}_{ij} = \frac{1-n}{\displaystyle\sum_{p=1}^{N_p} V_p} \sum_{p=1}^{N_p} \sigma_{ij}^p V_p \tag{9.24}$$

あるいは，

$$\bar{\sigma}_{ij} = \frac{1}{V} \sum_{p=1}^{N_p} \sigma_{ij}^p V_p \tag{9.25}$$

となる．ここで，V は計測体積である．

式 (9.24) は次のように展開することができる．

$$\bar{\sigma}_{ij} = \frac{1-n}{\displaystyle\sum_{p=1}^{N_p} V_p} \sum_{p=1}^{N_p} \left(\sum_{c=1}^{N_{c,p}} |x_i^c - x_i^p| n_i^{c,p} f_j^c \right) \tag{9.26}$$

なお，この定式化にはモーメント項からの寄与分を含んでいない．

各粒子に含まれる接触についての総和と粒子の総和の二重和を避けるために，式 (9.26) をさらに展開することができる．各接触を2粒子に分けると，式 (9.26) の二重和を次のように表すことができる．

$$\sum_{p=1}^{N_p} \left(\sum_{c=1}^{N_{c,p}} |x_i^c - x_i^p| n_i^{c,p} f_j^c \right) = \sum_{c=1}^{N_c} \left(|x_i^c - x_i^{pa}| n_i^{c,pa} f_j^{ca} + |x_i^c - x_i^{pb}| n_i^{c,pb} f_j^{cb} \right) \tag{9.27}$$

ここで，計測領域に N_c 個の接触があり，各接触はそれぞれ図心座標 x_i^{pa} と x_i^{pb} の二つの粒子 a と b によって表される．接触点で各粒子に作用する力は，$f_j^{cb} = -f_j^{ca}$ のように等しくて反対方向である．図 9.4 を参照して，ベクトルの加法によって，粒子 a の図心が始点で接触点 c が終点であるベクトルから，粒子 b の図心が始点で接触点 c が終点であるベクトルを引くことによって，二つの粒子の図心間のベクトル（a から b）が表される．これは接触点 c のブランチベクトル l_i^c であり，a と b を繋いでいる．すなわち，

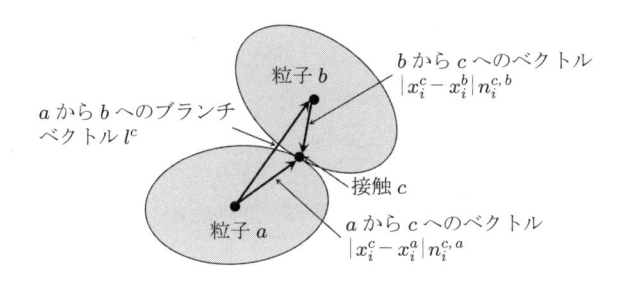

図 9.4 粒子接触とブランチベクトル

$$l_i^c = |x_i^c - x_i^{pa}|n_i^{c,pa} - |x_i^c - x_i^{pb}|n_i^{c,pb} \tag{9.28}$$

となる．それゆえ，

$$\sum_{c=1}^{N_c}\left(|x_i^c - x_i^{pa}|n_i^{c,pa}f_j^{ca} - |x_i^c - x_i^{pb}|n_i^{c,pb}f_j^{cb}\right) = \sum_{c=1}^{N_c} l_i^c f_j^c \tag{9.29}$$

よって，式 (9.26) は次のように表すことができる．

$$\bar{\sigma}_{ij} = \frac{1-n}{\sum_{p=1}^{N_p} V^p}\sum_{c=1}^{N_c} l_i^c f_j^c \tag{9.30}$$

このように，個々の粒子に作用する応力を考慮することによって，粒状体における任意の体積内の平均的な応力について二つの別な式に展開することができた（式 (9.26) と式 (9.30)）．どちらの式も接触力の大きさおよび粒子や接触の位置を，その応力に関連付けている．

9.4.3　局所応力：接触力から計算

Bagi (1996) は，部分領域の応力を計算するために粒子の応力を用いるのではなく，接触力から直接計算する方法を示し，部分領域の境界に作用する力を考慮することによってその式を展開している．それらの境界が接触点を通るように部分領域あるいはセルを選び，極端な場合には，図 9.5 に示すように最も小さな部分領域は材料のセルになる．この材料セル系は基本的に空間充填による分割である．すなわち，各セルは 1 個の粒子を中心にしてそれらの領域は隣接している．材料セル系は粒子網のグラフ表示の 1 例であり，粒子グラフの概念については 10 章でより詳細に述べる．

前述の粒子内の応力を考える場合（式 (9.18)）と同様に，セル内の応力 $\bar{\sigma}_{ij}^{MC}$ は次式によって表される．

材料セル
の境界 — 粒子

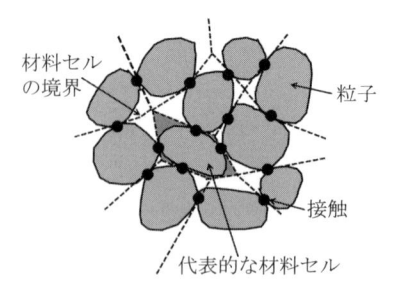

接触

代表的な材料セル

図 9.5 材料セル系（Bagi, 1996）

$$\bar{\sigma}_{ij}^{MC} = \frac{1}{V_{MC}} \oint_{S_{MC}} t_i x_j dS \tag{9.31}$$

ここで，V_{MC} はセルの体積，$\oint_{S_{MC}} \ldots dS$ はセルの面積分である．

式（9.31）を総和形式で表すと次式が得られる．

$$\bar{\sigma}_{ij}^{MC} = \frac{1}{V_{MC}} \sum_{c=1}^{N_{f,MC}} f_i^c x_j^c \tag{9.32}$$

ここで，$N_{f,MC}$ 個の接触力 f_i^c が点 x_j^c で境界に作用している．

粒状体の部分領域の代表応力は，$N_{MC,MR}$ 個の"計測領域"内のセルの応力の総和をとることによって求めることができる．各セルからの成分はその体積で重み付ける．すなわち，

$$\bar{\sigma}_{ij}^{MR} = \frac{1}{V_{MR}} \sum_{MC=1}^{N_{MC,MR}} \bar{\sigma}_{ij}^{MC} V_{MC} \tag{9.33}$$

となる．ここで，$\bar{\sigma}_{ij}^{MR}$ は計測領域内の応力，$N_{MC,MR}$ は計測領域内のセル数，V_{MR} は計測領域の体積（$V_{MR} = \sum_{MC=1}^{N_{MC,MR}} V_{MC}$）である．式（9.32）と式（9.33）を組み合わせると次式が得られる．

$$\bar{\sigma}_{ij}^{MR} = \frac{1}{V_{MR}} \sum_{MC=1}^{N_{MC,MR}} \sum_{c=1}^{N_{f,MC}} f_i^c x_j^c \tag{9.34}$$

接触の位置ベクトル $\mathbf{x}^c$ は $x_j^c = x_j^p + \left|x_j^c - x_j^p\right| n_j^{c,p}$ と表される．ここで，x_j^p は応力が作用する粒子の図心座標，$n_j^{c,p}$ は x_j^p から x_j^c に向かう単位ベクトルである．つり合いは $\sum_{c=1}^{N_{f,MC}} f_i^c = 0$（または $\sum_{c=1}^{N_{f,MC}} f_i^c x_j^p = 0$）に等しく，その場合，

$$\bar{\sigma}_{ij}^{MR} = \frac{1}{V_{MR}} \sum_{MC=1}^{N_{MC,MR}} \sum_{c=1}^{N_{f,MC}} f_i^c \left|x_j^c - x_j^p\right| n_j^{c,p} \tag{9.35}$$

粒子 p はセル MC の中心にある．各接触力 f_i^c は等しくて反対の方向に作用する二つのセル境界力によって表され，それゆえ，式 (9.35) は計測領域内の接触点の総和として表すことができる．すなわち，

$$\bar{\sigma}_{ij}^{MR} = \frac{1}{V_{MR}} \sum_{c=1}^{N_{c,MR}} \left(f_i^c \left| x_j^c - x_j^a \right| n_j^{c,a} - f_i^c \left| x_j^c - x_j^b \right| n_j^{c,b} \right) \qquad (9.36)$$

となり，ここで，x_j^a と x_j^b は接触 c に関わる二つの粒子の図心座標である．ベクトルの加法によって，

$$\left| x_j^c - x_j^a \right| n_j^{c,a} - \left| x_j^c - x_j^b \right| n_j^{c,b} = x_j^c - x_j^a - x_j^c + x_j^b = l_j^{ba} \qquad (9.37)$$

となり，ここで，$l_j^{ba} = l_j^c$ は粒子 a から粒子 b に向かう接触 c のブランチベクトルである．その場合，次式となる．

$$\bar{\sigma}_{ij}^{MR} = \frac{1}{V_{MR}} \sum_{c=1}^{N_{c,MR}} f_i^c l_j^c \qquad (9.38)$$

式 (9.38) と式 (9.30) を比較すると，Bagi (1996) と Potyondy and Cundall (2004) は別の考え方を用いているが，DEM シミュレーションのデータから（連続体の）応力を得るのに等価な計算式が示されていることが明らかである．ここでの誘導は Bagi (1996) や Potyondy and Cundall (2004) によって示された手順に従っているが，それ以前には Christoffersen et al. (1981) や Rothenburg and Bathurst (1989) などによっても誘導が示されている．なお，最近の研究では，Li et al. (2009) が応力テンソルの中に粒子回転の項を考慮している．

9.4.4 応力：さらなる考察

式 (9.38) および式 (9.30) は，粒状体の任意の体積内の応力を接触力とブランチベクトルによって表している．その応力は，DEM プログラム内で計算されるか，あるいは，粒子や接触力に関するスナップショットファイルの詳細な出力情報を用いて後処理の段階で計算される．

テンソル表記を 2 次元応力テンソルに展開すると次式が得られる．

$$\begin{pmatrix} \sigma_{xx} & \sigma_{xy} \\ \sigma_{yx} & \sigma_{yy} \end{pmatrix} = \frac{1}{V} \begin{pmatrix} \sum_{c=1}^{N_{c,V}} f_x^c l_x^c & \sum_{c=1}^{N_{c,V}} f_x^c l_y^c \\ \sum_{c=1}^{N_{c,V}} f_y^c l_x^c & \sum_{c=1}^{N_{c,V}} f_y^c l_y^c \end{pmatrix} \qquad (9.39)$$

3 次元応力テンソルは次式によって表される．

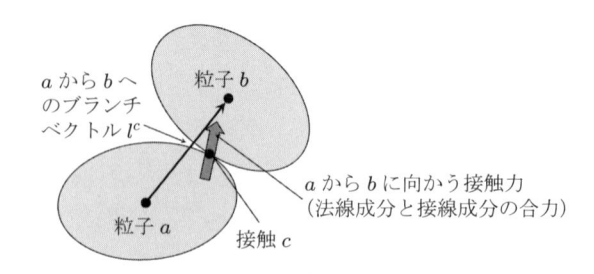

図 9.6 地盤力学におけるベクトルと応力の慣例

$$\begin{pmatrix} \sigma_{xx} & \sigma_{xy} & \sigma_{xz} \\ \sigma_{yx} & \sigma_{yy} & \sigma_{yz} \\ \sigma_{zx} & \sigma_{zy} & \sigma_{zz} \end{pmatrix} = \frac{1}{V} \begin{pmatrix} \sum_{c=1}^{N_{c,V}} f_x^c l_x^c & \sum_{c=1}^{N_{c,V}} f_x^c l_y^c & \sum_{c=1}^{N_{c,V}} f_x^c l_z^c \\ \sum_{c=1}^{N_{c,V}} f_y^c l_x^c & \sum_{c=1}^{N_{c,V}} f_y^c l_y^c & \sum_{c=1}^{N_{c,V}} f_y^c l_z^c \\ \sum_{c=1}^{N_{c,V}} f_z^c l_x^c & \sum_{c=1}^{N_{c,V}} f_z^c l_y^c & \sum_{c=1}^{N_{c,V}} f_z^c l_z^c \end{pmatrix} \quad (9.40)$$

ここで，$N_{c,V}$ は体積 V の全接触数，(f_x^c, f_y^c, f_z^c) は接触 c の力ベクトル，(l_x^c, l_y^c, l_z^c) は接触 c のブランチベクトルである．地盤力学では慣例として圧縮応力を正にとる．図9.6 のような 2 粒子 a, b 間の接触で，接触力を粒子 a が粒子 b に作用する力，ブランチベクトルを粒子 a の中心から粒子 b に向かうベクトルと定義すると，応力は圧縮が正となる．

地盤力学では，応力テンソルを直接用いるのではなく，通常，主応力とその方向によって応力状態を表している．主応力は式 (9.39) や式 (9.40) の行列の固有値によって得られ，その固有ベクトルは方向を表している．あるいは，モール円や特性方程式を用いる場合もある．これらの手法については，学部の一般的な力学の教科書，たとえば，Gere and Timoshenko (1991) に示されている．3 次元では，最大主応力と最小主応力のそれぞれ σ_1 と σ_3 に加えて，中間主応力 σ_2 を考慮する必要がある．3 次元応力状態での応力の異方性は，以下に定義する主応力比 b によって表されることが多い．

$$b = \frac{\sigma_2 - \sigma_3}{\sigma_1 - \sigma_3} \quad (9.41)$$

Thornton (2000) や Barreto (2010) は，材料挙動に及ぼす中間主応力の影響について考察している．自然や室内再構成試料の砂粒子は，通常，重力下で堆積しているので，粒子の長軸は水平方向に優先配向となる．それゆえ，載荷方向を表す場合には鉛直軸に対する最大主応力の方向が考慮される．また，応力状態については応力テンソルの不変量を用いて定量化されることが多い．不変量の定義については，Shames and Cozzarelli (1997) などの連続体力学の本に示されている．

9.4 応力

　代表応力あるいは平均的な応力を計算するために選ばれる体積は，明らかに，対象とする問題や必要とする情報に依存する．例として，図 9.7(a) に一般的な解析条件を示している．Cui and O'Sullivan（2006）は，直接せん断の DEM シミュレーションにおいて内部の応力を計算して鉛直応力を制御するために計測球を用いている．図 (b) は内部応力を計算する異なる体積を定めるために，その深さを変化させる長方体の箱を示している．図 (c) は，応力均質化のために用いている体積の大きさに対して，せん断応力の計算値がどのように変化するのかを示している．

　応力テンソルは，シミュレーション領域の不均質性のみならず基本的なメカニズムを調べるためにも用いられる．Thornton（2000）や Thornton and Antony（2000）では有意義な計算手法について示しており，応力テンソルを接触力の法線成分 σ_{ij}^n と接線成分 σ_{ij}^t による寄与分に分解している．すなわち，

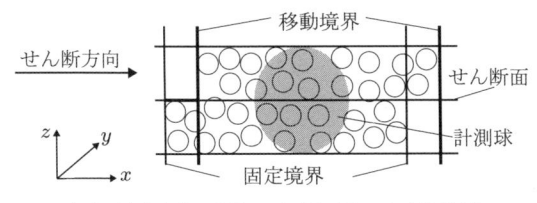

（a）鉛直応力の制御のために用いる球状体積

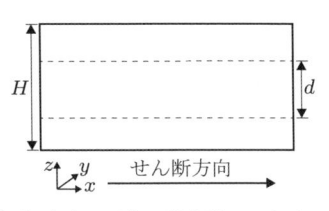

（b）応力の不均一性を調べるために用いる長方体せん断箱

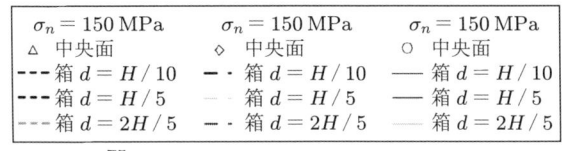

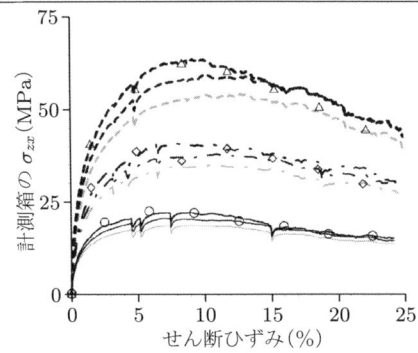

（c）所定の体積に対するせん断応力の変化

図 9.7 直接せん断箱のシミュレーションにおける内部応力の計測（Cui and O'Sullivan, 2006）

$$\sigma_{ij} = \sigma_{ij}^n + \sigma_{ij}^t \tag{9.42}$$

となる.代表粒子応力が次式によって表されることはすでに述べた.

$$\sigma_{ij}^p = \frac{1}{V_p} \sum_{c=1}^{N_{c,p}} |x_i^c - x_i^p| n_i^{c,p} f_j^c \tag{9.43}$$

ここで,粒子 p には $N_{c,p}$ 個の接触が作用している.球形や円形の粒子では $|x_i^c - x_i^p| = r_p$ となる.r_p は粒子の半径である.接触合力 f_j^c が法線成分 $f_j^{c,n}$ と接線成分 $f_j^{c,t}$ に分解されるなら,粒子応力 σ_{ij}^p は次式によって表すことができる.

$$\sigma_{ij}^p = \frac{1}{V_p} \left(\sum_{c=1}^{N_{c,p}} r_p n_i^{c,p} f_j^{c,n} + \sum_{c=1}^{N_{c,p}} r_p n_i^{c,p} f_j^{c,t} \right) \tag{9.44}$$

その平均値は,個々の粒子からの寄与分に体積を重み付けした合計を全体積で割ったものとみなされる.Thornton らは,この式を周期セルのデータに適用して系のすべての接触について考慮している.単純にセルの全体積 V で割ることによって,式 (9.42) は次のように表すことができる.

$$\bar{\sigma}_{ij} = \frac{1}{V} \left\{ \sum_{p=1}^{N_p} \left(\sum_{c=1}^{N_{c,p}} r_p n_i^{c,p} f_j^{c,n} \right) + \sum_{p=1}^{N_p} \left(\sum_{c=1}^{N_{c,p}} r_p n_i^{c,p} f_j^{c,t} \right) \right\} \tag{9.45}$$

ここで,体積 V 内には N_p 個の粒子がある.Thornton (2000) は粒状体の応力伝達の特性をこの分解を用いて,三軸圧縮のシミュレーションでは $\sigma_{ij}^n \gg \sigma_{ij}^t$ となることを示した.すなわち,偏差応力のほとんどは接触力の法線成分によって伝達されている.これは,試料に作用する最大主応力の方向の接触力によって材料挙動が支配されるということを示している.

ここまで,粒子が近似的に静的つり合いにあると仮定される,準静的あるいは静的な状態について示してきた.Luding et al. (2001) は,応力テンソルの動的成分を次式によって定義している.

$$\sigma_{ij}^d = \frac{1}{V} \sum_{p \in V} \omega_v^p V_p \rho_p v_i^p v_j^p \tag{9.46}$$

Luding et al. (2001) は,この応力テンソルに二つの成分があることを示している.すなわち,ひずみあるいは流れの全体的な大きな動きによる応力と平均値を中心とした速度の変動による応力である.

9.5 ■ ひずみ

応力の場合と同様に,要素試験シミュレーションの代表ひずみについては境界の位置を考えることによって計算することができる.たとえば,三軸試験シミュレーションでは,上部と下部の境界の位置を用いて軸ひずみ $\varepsilon_a = \Delta H/H_0$ を計算することができる.ここで,ΔH は軸方向圧縮量で元の高さは H_0 である.Marketos and Bolton (2010) が示しているように,境界に近い粒子の局所的な運動は,室内実験と同様に全体挙動には関係しないことがある.このことはこれらのひずみの値を判断する場合に考慮しなければならない.

DEM シミュレーションによって,すべての粒子の変位軌跡に関する詳細な情報が得られる.この情報を用いて,粒子系の全体あるいは部分領域についての代表ひずみあるいは平均的なひずみを求めることができる.実際には粒子の変形場は均質ではないことが多いことから,領域内の局所ひずみを計算することも必要である.平均的なひずみと局所ひずみを計算する手法についてここで紹介する.

▍9.5.1　連続体力学の視点からのひずみの計算の概要

連続体力学におけるひずみは,局所的な変形や変位,すなわち変形の空間勾配から計算される.材料がひずみを受ける場合,元の配置や"状態"から変形後の配置や状態への幾何学的形状の変化があり,材料内の点が移動することになる.$\mathbf{x}^0$ によって表される元の配置の位置ベクトルをもつ粒子を考えると,その同じ粒子が $\mathbf{x}^D$ によって表される変形後の配置の位置ベクトルをもつことになる.元の配置を参照配置とすれば変位増分は $\mathbf{u} = \mathbf{x}^D - \mathbf{x}^0$ であり,変形後の配置を参照配置とすれば変位増分は $\mathbf{U} = \mathbf{x}^0 - \mathbf{x}^D$ となる.地盤力学では,通常,ひずみは元の形状に対して求められる.

実務では,ひずみは小さいと仮定されることが多く,コーシー (Cauchy) の微小ひずみテンソルを適用することができ (Fung, 1977),次式となる.

$$e_{ij} = \frac{1}{2}(u_{j,i} + u_{i,j}) \tag{9.47}$$

ここで,e_{ij} はひずみテンソル,u_i は変位テンソル,$u_{i,j}$ は偏導関数(たとえば,$u_{x,y} = \partial u_x/\partial y$ など)を表す.この定義は,偏導関数 $u_{i,j}$ の項の 2 乗や積が無視できるほど十分小さい場合にのみ妥当である.

一方,"有限ひずみ"問題ではその偏導関数の積がもはや無視できない.ひずみテンソルの定義は,その変形の基準が参照(元の)配置と現在の配置のどちらに関連しているかに依存している (Zienkiewicz and Taylor, 2000b).変形の基準が元の配置に関連している場合,グリーン (Green) のひずみテンソル E_{ij} を適用することができ,

次式となる．

$$E_{ij} = \frac{1}{2}(u_{j,i} + u_{i,j} + u_{k,i}u_{k,j}) \tag{9.48}$$

ひずみを計算するためにどの定義を用いるとしても，その変位勾配 $u_{i,j}$ がわかればひずみを容易に計算することができる．本節ではこれらの勾配の計算方法に焦点をあてる．DEM シミュレーションでは，"スナップショット"，すなわち，シミュレーションの特定の時点のすべての粒子の座標を出力することによって，変位勾配を計算することができる．粒子の最初の位置によって参照位置を定義し，可視化の目的のためにこれらの箇所にひずみの計算値を対応付けることができる．変位増分は，変形後の粒子の座標から粒子の初期の座標を引くことによって計算することができる．あるいは，一つの"スナップショット"を得て，その粒子速度から現在のひずみ速度を計算することができる．

偏導関数 $u_{i,j}$ を計算するためには，変位増分 $\mathbf{u}$ を表す解析式（すなわち，方程式）が必要になる．速度は変形速度テンソルの偏導関数 $\dot{u}_{i,j}$ によって得られる．変位場や速度場は著しく不均質であり，変位勾配を求めるために種々の手法が提案されている．これらは最良近似法，空間離散化手法，局所的非線形ウェーブレット（Wavelet）に基づく手法に分類することができ，空間離散化手法は等価連続体手法ともよばれる（たとえば，Bagi（2006））．これらの個々の手法について以下に示す．種々のひずみの計算手法の概要については，Bagi（2006）（2次元プログラミングの比較）や Duran et al.（2010）（3次元プログラミングの比較）によって示されている．

■ 回転とひずみ

粒子図心の変位は粒子の並進運動のみを表しているが，粒子の回転も材料の変位に微視的に寄与している．8 章ですでに述べたようにせん断帯内部の回転が重要になる場合がある．せん断体内の局所ひずみが必要な場合に，ひずみの計算においてこれらの回転による変形も捉えることは妥当であろう．図 9.8(a) は，ひずみの計算値に及ぼす粒子回転の影響についての概念図である．粒子が有限な回転を受ける場合には，粒子の辺上の点の変位は図心の変位とはかなり異なるであろう．したがって，図心の座標のみを考慮して計算した変位勾配の値は，粒子の集合体が受けている実際のひずみを捉えていないことになる．回転を考慮するために種々の手法が提案されている．O'Sullivan et al.（2003）が提案した手法では，粒子の図心から離れて位置している 2 点の変位を追跡する．たとえば，図 (b) に示すようにこれらの点は粒子の主軸上に位置しているであろう．

2次元の場合を考えると，各粒子の二つの"追跡"点（$j = 1, 2$）の変位は次のよう

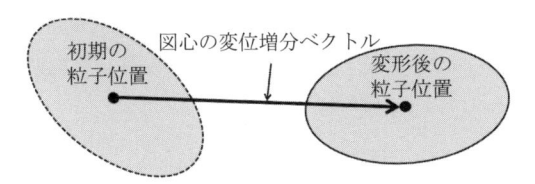

(a) 図心の並進のみを考えた変形

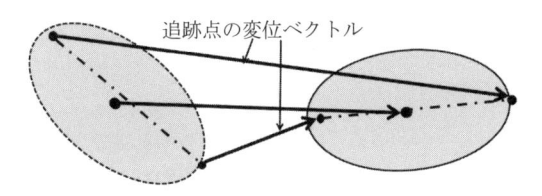

(b) 主軸に沿った追跡点を含む変形

図 9.8 粒子の回転とひずみ

になる．

$$\begin{pmatrix} u_x^j \\ u_y^j \end{pmatrix} = \begin{pmatrix} u_x^0 \\ u_y^0 \end{pmatrix} + \alpha(-1)^j r \begin{pmatrix} \sin\omega \\ \cos\omega \end{pmatrix} \tag{9.49}$$

ここで，u_x^j と u_y^j は追跡点の x と y 方向の変位，u_x^0 と u_y^0 は粒子図心の変位，ω は粒子の回転量，r は粒子の大きさ（円粒子の半径），α は追跡点の位置を粒子の大きさに関連付ける比例定数である．2 次元 DEM 解析でこれらの変数を追跡することは容易である．3 次元の場合には，二つの"追跡"点の座標（$j = 1, 2$）を粒子の慣性主軸と粒子境界との交点として定義することができ，一般的に 3 次元解析の時間積分法において慣性主軸の方向を追跡しているので，2 次元解析と同様に扱える．

Wang et al. (2007) も，メッシュレス法において回転を陽に考慮している．しかし，粒子の回転と並進の両方に依存する参照点の運動を追跡するのではなく，参照点の背景の格子について考慮している（これは，後の 9.5.4 項でさらに述べる）．

9.5.2 最良近似法

材料の粒子の計測変位を最も厳密に表す式や曲線を見つけるためには，最良近似法が用いられる．この最良な近似曲線が得られれば，その変位勾配を表すために微分することができる．Itasca (2008) や Potyondy and Cundall (2004) は，変位速度勾配 $\dot{u}_{i,j}$ を得るために速度データに対して線形式（すなわち，1 次多項式）で近似させている．その手法を変位増分に適用してひずみを計算することができる（たとえば，Marketos and Bolton (2010)）．

$\dot{u}_{i,j}$ を計算するために，計測領域の図心と各粒子との相対的な速度を最初に求める．粒子の速度を $\dot{u}_i^p$，位置ベクトルを x_i^p とすれば，領域内の平均速度 $\bar{\dot{u}}_i$ と平均位置 $\bar{x}_i$ は次式によって表される．

$$\bar{\dot{u}}_i = \frac{\sum_{N_p} \dot{u}_i^p}{N_p}$$
$$\bar{x}_i = \frac{\sum_{N_p} x_i^p}{N_p} \tag{9.50}$$

ここで，N_p は計測領域内の粒子数，$\sum_{N_p}$ は N_p 個の粒子の総和を示す．これらの平均値に対する各粒子の相対的な速度および位置は，次式によって表される．

$$\dot{u}_i^{p,\text{rel}} = \dot{u}_i^p - \bar{\dot{u}}_i$$
$$x_i^{p,\text{rel}} = x_i^p - \bar{x}_i \tag{9.51}$$

すべての粒子が均一な変形速度勾配で動く場合には，次式が成り立つ．

$$\dot{u}_i^{p,\text{rel}} = \bar{\dot{a}}_{ij} x_j^{p,\text{rel}} \tag{9.52}$$

ここで，$\bar{\dot{a}}_{ij}$ は変形速度勾配である．任意の変形に対して次式を最小化する $\bar{\dot{a}}_{ij}$ を求める．

$$\sum_{N_p} \left(\dot{u}_i^{p,\text{rel}} - \bar{\dot{a}}_{ij} x_j^{p,\text{rel}} \right) \left(\dot{u}_i^{p,\text{rel}} - \bar{\dot{a}}_{ij} x_j^{p,\text{rel}} \right) \to \min \tag{9.53}$$

ここで，N_p は領域内の粒子数，$|\dot{u}_i^{p,\text{rel}} - \bar{\dot{a}}_{ij} x_j^{p,\text{rel}}|$ は実際の粒子速度と最良な近似式を用いて求めた近似値との差である．最小2乗法を用いて解くことによって，その最小化問題は方向 i の勾配の連立方程式となる．2次元での方程式は，

$$\begin{pmatrix} \sum_{N_p} x_1^{p,\text{rel}} x_1^{p,\text{rel}} & \sum_{N_p} x_1^{p,\text{rel}} x_2^{p,\text{rel}} \\ \sum_{N_p} x_2^{p,\text{rel}} x_1^{p,\text{rel}} & \sum_{N_p} x_2^{p,\text{rel}} x_2^{p,\text{rel}} \end{pmatrix} \begin{pmatrix} \bar{\dot{a}}_{i1} \\ \bar{\dot{a}}_{i2} \end{pmatrix} = \begin{pmatrix} \sum_{N_p} \dot{u}_i^{p,\text{rel}} x_1^{p,\text{rel}} \\ \sum_{N_p} \dot{u}_i^{p,\text{rel}} x_2^{p,\text{rel}} \end{pmatrix} \tag{9.54}$$

Cundall and Strack (1979b) は，その集合体が一様に変形しているなら瞬間速度に基づく方法が有効であるとしている．

平均変位速度勾配 $\bar{\dot{a}}_{ij}$ の代わりに平均変位勾配 $\bar{a}_{ij}$ を求めるためには，相対変位増分を考慮すればよい．時間 t_1 から t_2 の間の粒子の変位増分は $\Delta u_i^p = x_i^{p,t_2} - x_i^{p,t_1}$ に

よって表される．ここで，時間 t_1 と t_2 の粒子位置はそれぞれ x_i^{p,t_1} と x_i^{p,t_2} である．平均変位増分 $\Delta \bar{u}_i$ と相対変位増分 $\Delta u_i^{p,\mathrm{rel}}$ は次式によって表される．

$$\Delta \bar{u}_i = \frac{\sum_{N_p} \Delta u_i^p}{N_p} \tag{9.55}$$

$$\Delta u_i^{p,\mathrm{rel}} = \Delta u_i^p - \Delta \bar{u}_i$$

2次元で方向 i に対する変位勾配は次の連立方程式を解くことによって得られる．

$$\begin{pmatrix} \sum_{N_p} x_1^{p,\mathrm{rel}} x_1^{p,\mathrm{rel}} & \sum_{N_p} x_1^{p,\mathrm{rel}} x_2^{p,\mathrm{rel}} \\ \sum_{N_p} x_2^{p,\mathrm{rel}} x_1^{p,\mathrm{rel}} & \sum_{N_p} x_2^{p,\mathrm{rel}} x_2^{p,\mathrm{rel}} \end{pmatrix} \begin{pmatrix} \bar{a}_{i1} \\ \bar{a}_{i2} \end{pmatrix} = \begin{pmatrix} \sum_{N_p} u_i^{p,\mathrm{rel}} x_1^{p,\mathrm{rel}} \\ \sum_{N_p} u_i^{p,\mathrm{rel}} x_2^{p,\mathrm{rel}} \end{pmatrix} \tag{9.56}$$

Liao et al.（1997）は，接触変位のみを考慮する別の最良近似法を提案した．しかし，接触変位のみに限定して考慮することは，材料の全体的な変形の正しい評価にはならない．Bagi and Bojtar（2001）や Cambou et al.（2000）は，この方法では平均的なひずみの値が全体的に作用させたひずみより下回ることを示した．"最良近似法"を用いて得られる情報が代表となるかどうかについては，材料のひずみ場の不均質性に依存している．すなわち，比較的大きな体積の平均的なひずみを計算する場合，せん断帯や局所化が捉えられない場合がある．

9.5.3 空間離散化手法

RVE のひずみを求める場合に最良近似法を適用することができるが，微視的あるいはメソ的なひずみの局所的な変動に関心がある場合には他の手法が望ましい．"空間離散化"型の手法（Bagi（1996）は等価連続体手法ともよぶ）では，粒子を結ぶグラフを作り，分割の各セルの辺*は粒子図心を結ぶ線によって表される．グラフの各辺の相対変位増分を考慮することによって変位増分勾配が計算される．一般的には，隣接する接点間の変位は線形変化すると仮定し，グラフの各セルにひずみの値が割り当てられ，RVE の代表値を表すために体積平均化される．

三角形分割に基づく手法

図 9.9(a) に示すように，Thomas（1977）や Dedecker et al.（2000）は単純な粒子図心のドロネー三角形分割に基づいた手法を提案している（ドロネー三角形分割については1章で述べた）．所定の変形増分に対して，各三角形の頂点の変位は粒子の変

---

* または枝

(a) (b) (c)

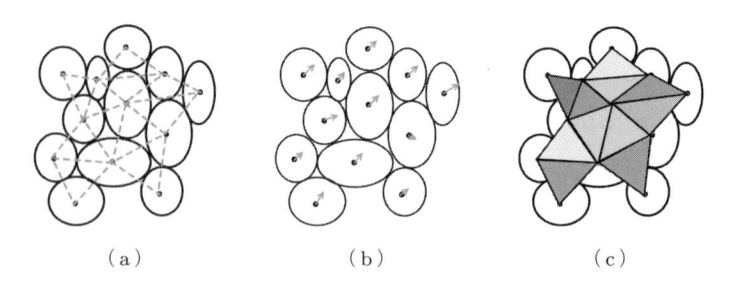

図 9.9 DEM シミュレーションのひずみの計算

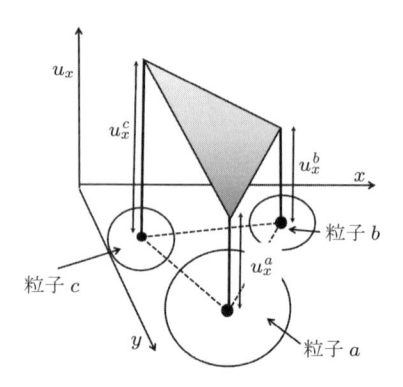

図 9.10 2 次元解析の x, y 方向の変位勾配の計算

位増分によって与えられる（図 (b)）．各三角形要素の変位は線形に変化すると仮定され，これらの三角形は有限要素法で用いられる定ひずみ三角形に類似している．図 9.10 に示すように，粒子の座標を x-y 面に図示して，変位を鉛直軸に示す 3 次元の図を作ることができる．3 次元による三角形平面は変位の点によって示すことができ，この面の x および y 方向の勾配は変位勾配を表している．

この局所的線形手法では，三角形内の任意点 (x, y) の変位ベクトル (u_x, u_y) を次式で表すことによって，その変位勾配は以下に示すように計算される．

$$\begin{aligned} u_x &= \beta_1 + \bar{a}_{11}x + \bar{a}_{12}y \\ u_y &= \beta_2 + \bar{a}_{21}x + \bar{a}_{22}y \end{aligned} \tag{9.57}$$

これら二つの線形方程式の係数 $\bar{a}_{11}, \bar{a}_{12}, \bar{a}_{21}, \bar{a}_{22}$ は，変位勾配である．すなわち，$\bar{a}_{11} = \bar{u}_{x,x}, \bar{a}_{12} = \bar{u}_{x,y}, \bar{a}_{21} = \bar{u}_{y,x}, \bar{a}_{22} = \bar{u}_{y,y}$ である．また，β_1, β_2 は定数である．式 (9.57) に接点の座標 $(x_a, y_a), (x_b, y_b), (x_c, y_c)$ と変位を代入することによって，容易に変位勾配を求めることができる連立線形方程式が得られる．すなわち，

$$\beta_1 + \bar{a}_{11}x_a + \bar{a}_{12}y_a = u_x^a$$

$$\beta_1 + \bar{a}_{11}x_b + \bar{a}_{12}y_b = u_x^b \tag{9.58}$$
$$\beta_1 + \bar{a}_{11}x_c + \bar{a}_{12}y_c = u_x^c$$

となる．同様に，$\bar{a}_{21}$ と $\bar{a}_{22}$，すなわち，$\bar{u}_{y,x}$ と $\bar{u}_{y,y}$ の値を得る．

O'Sullivan (2002) は，この手法を3次元に拡張している．3次元のドロネー三角形分割を用い，FEM の定ひずみ四面体で用いている手法を参考にしてその変位勾配を計算している．3次元有限要素解析での四面体要素については，Zienkiewicz and Taylor (2000a) によって示されている．図 9.11 を参照すると，この四面体の4接点は，粒子の図心あるいは回転を考慮する場合の計測点である．四面体の座標 (x, y, z) の任意点における変位は，線形補間を用いて次のように表すことができる．

$$\begin{aligned} u_x &= \beta_1 + \bar{a}_{11}x + \bar{a}_{12}y + \bar{a}_{13}z \\ u_y &= \beta_2 + \bar{a}_{21}x + \bar{a}_{22}y + \bar{a}_{23}z \\ u_z &= \beta_3 + \bar{a}_{31}x + \bar{a}_{32}y + \bar{a}_{33}z \end{aligned} \tag{9.59}$$

ここで，u_x, u_y, u_z はそれぞれ x, y, z 方向の変位増分，$\bar{a}_{ij}$ の値は四面体の平均変位勾配，β の値は定数である．変位の x 成分を考え次の連立方程式を解くことによって，$\bar{a}_{ij}$ の値を得ることができる（式 (9.58) で表した2次元と同様である）．すなわち，

$$\begin{pmatrix} 1 & x_i & y_i & z_i \\ 1 & x_j & y_j & z_j \\ 1 & x_p & y_p & z_p \\ 1 & x_m & y_m & z_m \end{pmatrix} \begin{pmatrix} \beta_1 \\ \bar{a}_{11} \\ \bar{a}_{12} \\ \bar{a}_{13} \end{pmatrix} = \begin{pmatrix} u_x^i \\ u_x^j \\ u_x^p \\ u_x^m \end{pmatrix} \tag{9.60}$$

ここで，(x_i, y_i, z_i) は点 i の座標，u_x^i は点 i の変位増分の x 成分である．残りの変位勾配も同様にして得られる．

この手法をプロミングする場合には，首尾一貫した番号付けを行うことが重要である．図 9.11 を参照して，点 m に対する他の接点は m からみて反時計回りに番号付け

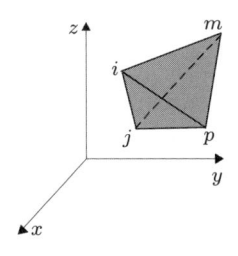

図 9.11 四面体要素

しなければならない（これは Zienkiewicz and Taylor (2000a) が用いている慣例である）．なお，コンター表示のために，ひずみの値は四面体の図心での値とみなされる．

この三角形分割に基づく手法を用いてひずみを計算する場合，有限要素の定ひずみ三角形との相似性から別の方法で計算することもできる（しかし，原理は同じである）．すでに述べたように，ひずみを計算するための三角形は有限要素と同等である．有限要素法では，連続体材料を小さな要素に離散化して，各要素の所定の点（接点）での変位を得る．その場合，要素の任意点 $\mathbf{x}$ での変位 $\mathbf{u}$ は，接点変位 $\mathbf{a}^e$ の間で補間することによって次式を用いて近似することができる．

$$\mathbf{u} \approx \mathbf{N}\mathbf{a}^e \tag{9.61}$$

ここで，$\mathbf{a}^e$ はその要素のすべての接点変位を示すベクトル，$\mathbf{N}$ は位置 $\mathbf{x}$ とともに値が変化する補間関数あるいは形状関数である．三角形要素の最も簡単な種類は定ひずみ三角形であり，この場合，各三角形要素は三角形の頂点である三つの接点をもつ．任意点での変位勾配は次のように計算することができる．

$$u_{i,j} \approx (Na_i^e)_{,j} \tag{9.62}$$

接点変位は一定であるので，式 (9.62) は次のように書き直せる．

$$u_{i,j} \approx N_{,j} a_i^e \tag{9.63}$$

材料内の変位を計算するために，接点変位に掛ける適切な補間関数が得られれば，その補間関数の偏導関数と接点変位の積によってひずみを計算することができる．これは後の 9.5.4 項で述べる局所的非線形手法で用いられる．

Thomas (1997) が示しているように，局所化の問題に線形の三角形分割に基づく手法を用いる場合，要素間でひずみが変化するためにひずみコンター図が複雑になるので，せん断帯の位置を定義することが難しくなる．O'Sullivan (2002) は，これが3次元で増幅されることを明らかにし，この問題を克服するための平滑化について示した．最も簡単な平滑化は，各接点にその接点を含む各三角形のひずみをそれらの面積で重み付けしたひずみの平均値を割り当てることである．この手法によって改善することができる．

2,377 個の未固結円盤からなる供試体の二軸圧縮試験の DEM シミュレーションに，線形三角形分割法を用いた結果がある．シミュレーションのパラメータの詳細については，Cheung and O'Sullivan (2008) によって示されている．供試体の形状を図 9.12(a) に，その応力・ひずみ挙動を図 (b) に示す．図 9.13(a) に示すように，軸ひずみ 10%ま

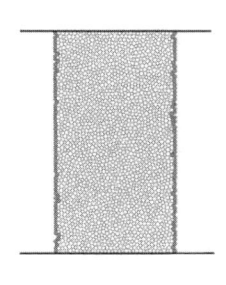

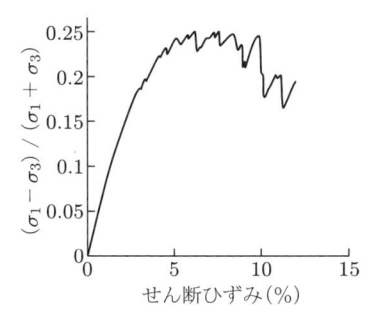

(a) 供試体の形状   (b) 巨視的応力・ひずみ挙動

図 9.12 線形三角形分割法における供試体の巨視的挙動

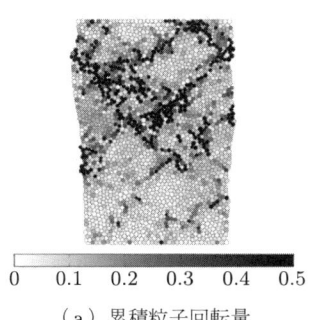

(a) 累積粒子回転量
（軸ひずみ 10 %）   (b) ひずみの計算に用いた
三角形メッシュ

図 9.13 線形三角形分割法の累積回転量およびひずみを計算するために用いたメッシュ

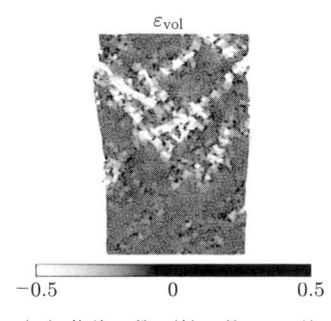

(a) 体積ひずみ（軸ひずみ 10 %）   (b) 局所軸ひずみ（全体軸ひずみ 10 %）

図 9.14 線形三角形分割法を用いて計算した局所体積ひずみと直ひずみ

での粒子の累積回転量によって，ピーク強度後に発達する局所化の位置を把握することができる．初期の粒子位置に対してドロネー三角形分割を用いることによって得られる分割を図 9.13(b) に示す．ひずみを計算するための基準として，この三角形メッシュが用いられ，変形後の供試体の形状の上に（10％の軸ひずみでの）局所ひずみが図示される．図 9.14(a) に示すように，局所ひずみの不均質性が著しく，局所化域での膨張が明らかであり，その局所化の位置は図 9.13(a) の回転の顕著な領域に一致している．図 9.14(b) は挙動の不均一性を定量的に示している．軸ひずみは 10％であるが，局所化での鉛直ひずみ ε_{yy} はこの平均値を大きく超えている．また，試料内に明らかな局所的な伸張と圧縮の領域があることは注目に値する．

■ 別の空間離散化手法

Duran et al.（2010）が示しているように，ガウスの積分定理によって系の平均的な変位勾配を境界の変位に関連付けることができる．

$$\bar{u}_{i,j} = \frac{1}{V}\int_V u_{i,j}dV = \frac{1}{V}\oint_S u_i n_j dS \tag{9.64}$$

ここで，$\oint_S \ldots dS$ は領域の表面の面積分を示し，n_j はその面の法線ベクトルである．この手法を直接プログラミングすることは容易ではないが，分割したセルの辺の方向と各辺を形作る二つの接点の相対変位に着目することによって，多くの手法がこの考えを用いている．ここでは，Bagi（2006）が提案した手法に限定しているが，Kruyt and Rothenburg（1996），Kuhn（1999），Li et al.（2009）なども同様な手法を提案している．

Bagi（2006）は，ひずみを計算するために前述の図 9.5 に示す材料セル系と双対であるトポロジー図を提案した．このグラフを"空間セル系"とよぶ．図 9.15 に示すように，この空間セル系の接点は粒子図心に対応しており，材料セルが共通の辺をもつ

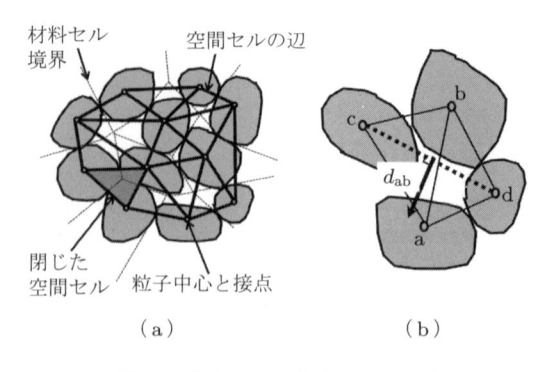

(a)　(b)

図 9.15 空間セル系（Bagi, 1996）

粒子の中心を結ぶことによって辺を形成している．すなわち，その辺はブランチベクトルである．各セルは2次元で三角形，3次元で四面体である．材料セル系と空間セル系の二元性は，ボロノイ多角形とドロネー分割の二元性と同様である．しかし，粒子接触点を通り固体粒子と重ならない材料セルの辺と対照的に，ドロネー三角形分割が粒子図心に基づいて作られるなら，結果としてボロノイ図の辺は粒子と交差することになる．Bagi (1996) は，空間セル系（体積 V_{SC}）のセル内の平均的な変位勾配 $\bar{a}_{i,j}$ が次式で表されることを示している．

$$\bar{a}_{i,j} = \frac{1}{V_{SC}} \sum_{k=1}^{N_{e,SC}} d_i^k \Delta u_j^k \tag{9.65}$$

ここで，首尾一貫した方法（すなわち，時計回りか反時計回りに統一）で空間セル内の辺の数 $N_{e,SC}$ に対して総和をとる．Δu_j^k は辺 k の二つの粒子中心の相対変位増分，すなわち，図9.15を参照して，粒子 a の中心と粒子 b の中心を結ぶ辺に対して $\Delta u_j^{ab} = \Delta u_j^b - \Delta u_j^a$ となる．ベクトル $d_i^k (= d_{ab})$ は補足的な面積ベクトルである．面積ベクトルは k 番目の辺周辺の局所的な幾何学的形状を表すベクトルであり，面積ベクトルの方向の例を図9.15(b)に示す．その大きさは線分 cd の長さの 1/3 である．所定の領域内の空間セルの辺をなすブランチベクトル l_i と各辺のベクトル d_i との積の総和は，領域の体積の3倍（3次元）あるいは面積の2倍（2次元）に等しい．すなわち，2次元での領域の面積 A は次式によって表される．

$$A = \frac{1}{2} \sum_{k=1}^{N_{e,SD}} l_i^k d_i^k \tag{9.66}$$

ここで，$N_{e,SD}$ は部分領域の辺の数である．

Bagi (1996) の空間セル系で前述の三角形分割を行う手法においては，セルの一つの辺に沿って結び付けられている粒子が接触しているとは限らない．Kuhn (1999) やKruyt and Rothenburg (1996) は，粒子が接触している辺だけを考慮して図9.16に示すような分割を作成している．また，この分割に対する変位勾配，すなわちひずみの式を提案している．

Li and Li (2009) が示しているように，所定の体積内の個々のセルの平均的なひずみを計算するために空間離散化手法を用いる場合，領域内の平均的な変位勾配は体積加重平均として計算される．すなわち，

$$\bar{a}_{ij} = \frac{1}{V} \sum_{N_{SD}} V_M a_{ij}^M \tag{9.67}$$

となる．ここで，V_M はセル M の体積，a_{ij}^M はセル M の変位勾配，$\sum_{N_{SD}}$ は体積内

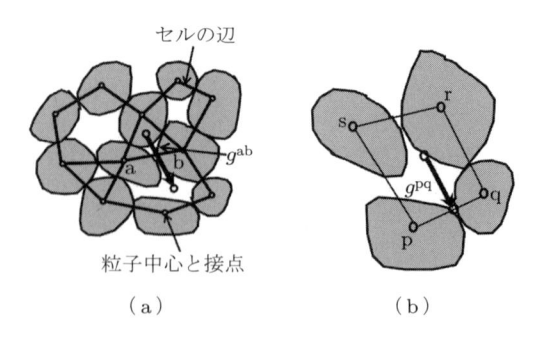

図 9.16 ▌分割（Kruyt and Rothenburg, 1996）

のすべてのセルについての総和を示す．

前述の定ひずみ三角形手法によって，Bagi (2006) や Kruyt and Rothenburg (1996) の辺に基づく手法をプログラミングすることは容易である．なお，これらの辺に基づく手法は，ひずみが間隙の辺を定義する粒子群と関連していることに留意する必要がある．

9.5.4 局所的非線形補間法

ここまで線形補間あるいは線形曲線近似を用いてきたが，系全体あるいは粒子図心間でひずみの線形変化の仮定に限定することには限界がある．O'Sullivan et al. (2003) は，メッシュフリー法（たとえば，Li and Liu (2000)）のアルゴリズムを用いる局所的非線形手法を提案した．O'Sullivan et al. (2003) の手法は再生カーネル粒子法 (Reproducing Kernel Particle Method, RKPM) (Liu et al., 1995) である．同様に，有限要素法では連続体として材料をモデル化するためにメッシュレス法が開発されている．

図 9.17 は，メッシュフリー法と線形三角形分割法を比較している．ひずみを計算するために三角形要素を用いる場合，各粒子は少なくとも三つの三角形の頂点をなし，これらの各三角形のひずみを個々に計算する．メッシュフリー法では，ひずみの計算値に寄与する個々の"影響領域"を各粒子に割り当てる．一般的に，その領域は円形（2 次元）か球形（3 次元）である（図 (b)）．概念的に，そのひずみ場に対する粒子の寄与が，影響領域内で粒子図心から離れるにつれて小さくなると想像することは容易である．ウェーブレット関数[*]によって，この種の応答を捉えることができ，変位場を表すこの補間関数は，影響領域において連続で微分可能であり，ひずみを計算することができるという必要条件も満たしている．この手法の利点は，せん断帯内の大きな

---

[*] 時間的にも周波数的にも局在性のある関数

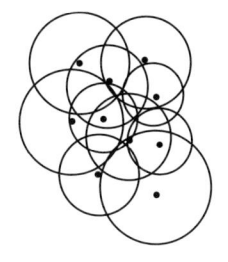

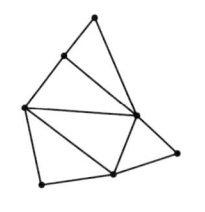

（a）メッシュフリー法　　　（b）線形補間法

図 9.17 接点と影響領域を用いるメッシュフリー法と，接点と要素を用いる線形補間法の比較

変位勾配場（ひずみ場）を捉えることができ，また，三角形分割による（あるいは，他のセルに基づく）均質化法に伴う要素間のひずみの大きな変化に対して，滑らか補間を与えることができることである．

局所的非線形補間法の概念を図 9.18 に示す．図 (a) に示すように，点 p が粒子 A の影響範囲内にあるなら，その変位は点 p での評価関数 I_A と粒子 A の変位（この場合，u_y^A）との積，すなわち，$u_y^p = I_A(p) u_y^A$ となる．関数 I_A は，変位の計算値に及ぼす粒子 A の影響がどのように変化するかを表す．図 9.18 では影響の分布を表すために線形関数が用いられているが，非線形のウェーブレット関数（たとえば，3次関数やガウス関数）を用いることもできる．図 (b) に示すように，点 p が粒子 B の影響範囲内にもあれば，p の変位は $u_y^p = \tilde{I}_A(p) u_y^A + \tilde{I}_B(p) u_y^B$ によって表される．ここで，影響関数 $\tilde{I}_A$ と $\tilde{I}_B$ は $\tilde{I}_A + \tilde{I}_B = 1$ となるように調整される．

位置ベクトル $\mathbf{x}$ をもつ任意の点 x の変位ベクトル $\mathbf{u}^x$ は，接点の位置 $\mathbf{x}^p$ の接点変位あるいは粒子変位 $\mathbf{u}^p$ によって，次のように総和の形式で表すことができる．

$$\mathbf{u}^x \approx \sum_{i=1}^{N_p} K_\rho \left(\mathbf{x} - \mathbf{x}^p \right) \mathbf{u}^p \Delta V_p \tag{9.68}$$

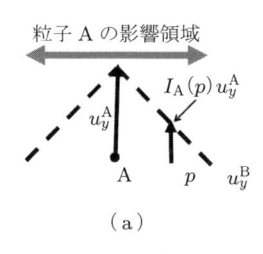

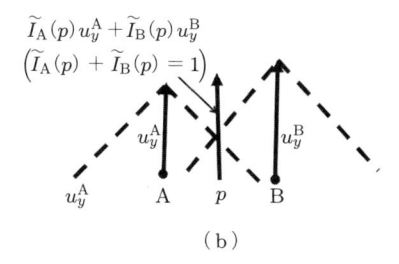

図 9.18 局所的非線形補間の原理

ここで，N_p は接点数，すなわち，その点の影響範囲の粒子数，ΔV_p は接点の重み，項 $K_\rho(\mathbf{x} - \mathbf{x}^p)$ は次式によって表される．

$$K_\rho(\mathbf{x} - \mathbf{x}^p) = C_\rho(\mathbf{x} - \mathbf{x}^p) \Phi_\rho(\mathbf{x} - \mathbf{x}^p) \tag{9.69}$$

ここで，$C_\rho(\mathbf{x} - \mathbf{x}^p)$ は補間誤差を減らすための補正関数，$\Phi_\rho(\mathbf{x} - \mathbf{x}^p)$ はカーネル関数である．カーネル関数は一般的に次のように定義される．

$$\Phi_\rho(\mathbf{x} - \mathbf{x}^p) = \frac{1}{\rho^d} \phi\left(\frac{\mathbf{x} - \mathbf{x}^p}{\rho}\right) \begin{cases} > 0; & \dfrac{\mathbf{x} - \mathbf{x}^p}{\rho} \leq 1 \\ = 0; & \dfrac{\mathbf{x} - \mathbf{x}^p}{\rho} > 1 \end{cases} \tag{9.70}$$

ρ はその窓関数*の大きさを定義する広がり（dilation）パラメータである．d は 2 次元で 2，3 次元で 3 である．補正関数 $C_\rho(\mathbf{x} - \mathbf{x}^p)$ は次式によって表される．

$$C_\rho(\mathbf{x} - \mathbf{x}^p) = \mathbf{p}\left(\frac{\mathbf{x} - \mathbf{x}^p}{\rho}\right) \mathbf{b}\left(\frac{\mathbf{x}}{\rho}\right) \tag{9.71}$$

ここで，ベクトル $\mathbf{p}(\mathbf{x})$ は所定の関数，$\mathbf{b}(\mathbf{x})$ は局所的な粒子の分布に合う未知関数である．

ここでの窓関数 $\phi(x)$ は，Daubechies（1992）によって示されているウェーブレット関数である．1 次元の関数は次式によって表される．

$$\begin{aligned}
\phi(x) &= \frac{1}{6}(x+2)^3 & -2 &\leq x \leq -1 \\
\phi(x) &= \frac{2}{3} - x^2\left(1 + \frac{x}{2}\right) & -1 &\leq x \leq 0 \\
\phi(x) &= \frac{2}{3} - x^2\left(1 - \frac{x}{2}\right) & 0 &\leq x \leq 1 \\
\phi(x) &= \frac{1}{6}(x-2)^3 & 1 &\leq x \leq 2 \\
\phi(x) &= 0 & &\text{その他}
\end{aligned} \tag{9.72}$$

高次元の形状関数は次のように単純に計算される．

$$\begin{aligned}
\phi(x,y) &= \phi(x)\phi(y) \\
\phi(x,y,z) &= \phi(x)\phi(y)\phi(z)
\end{aligned} \tag{9.73}$$

式（9.72）および式（9.73）で示した 2 次元の形状関数を図 9.19 に，この関数の 1

---

* ある有限区間で零になる関数

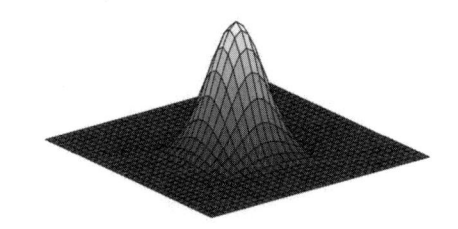

図 9.19 非線形補間（2次元）で用いられるウェーブレット関数

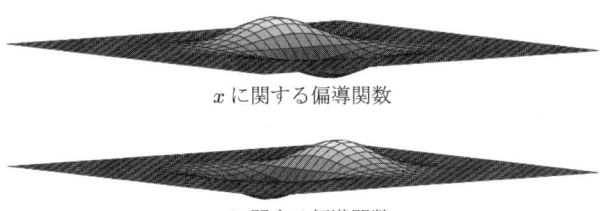

x に関する偏導関数

y に関する偏導関数

図 9.20 非線形補間（2次元）で用いられるウェーブレット関数の 1 階偏導関数

階導関数（変位勾配の計算で用いる）を図 9.20 に示す．

各粒子 p の重み ΔV_p は，系を三角形分割することによって次のように得られる．

$$\Delta V_p = \frac{1}{N_v} \sum_{k=1}^{N_T} \Delta \Omega_k \tag{9.74}$$

ここで，$\Delta \Omega_k$ は点 p に頂点をもつ三角形あるいは四面体 k の体積，N_T は点 p に頂点をもつ三角形あるいは四面体の総数，N_v は三角形あるいは四面体 1 個あたりの頂点の数である（2次元で $N_v = 3$，3次元で $N_v = 4$）．

形状関数 $K_\rho(\mathbf{x} - \mathbf{x}^p)$ の勾配を考慮することによって，変位勾配を計算する．すなわち，

$$\frac{\partial \mathbf{u}(\mathbf{x})}{\partial x} \approx \sum_{i=1}^{N_p} \frac{\partial K_\rho(\mathbf{x} - \mathbf{x}^p)}{\partial x} \mathbf{u}^p \Delta V_p \tag{9.75}$$

局所的非線形補間をプログラミングするための手法の概略を，図 9.21 に示す．対象を矩形格子によって離散化する．すなわち，ひずみは格子点で計算される．各粒子の影響領域は粒子の大きさの倍数である．

各粒子に対して各格子点までの距離 d を計算する．その粒子に対して $d < w_r$ なら，補間した格子の変位への寄与は式（9.75）と組み合わせて式（9.72）を用いて求められる．ここで，w_r はその粒子の影響半径である．変数 $\mathbf{x}$ は d/w_r によって表される．$w_r < d < 2w_r$ なら格子の変位補間値への寄与は，式（9.75）と組み合わせて式（9.72）

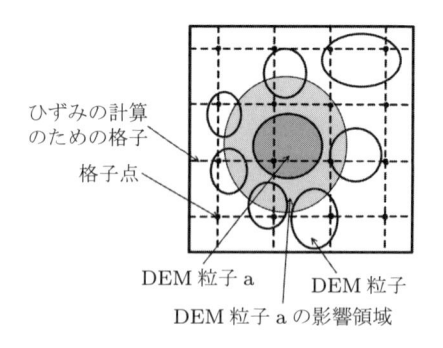

図 9.21 局所的非線形補間で用いられる格子

を用いて求められる．粒子から $2w_r$ 以上離れている格子点の変位は，その粒子によって影響されることはない．

Wang et al.(2007) も，変位増分やひずみを計算するために格子に基づく手法を提案した．この手法では各格子点が一つの粒子に対して割り当てられている点で，O'Sullivan et al.(2003) が提案した非線形手法とは異なっている．図 9.22 を参照して，（前述のとおり）各格子点の変位 $\mathbf{u}^g$ は粒子の変位と回転に依存して次式によって表される．

$$
\begin{aligned}
u_x^g &= u_x^p + d\left\{\cos(\theta_0 + \omega) - \cos(\theta_0)\right\} \\
u_y^g &= u_y^p + d\left\{\sin(\theta_0 + \omega) - \sin(\theta_0)\right\}
\end{aligned}
\tag{9.76}
$$

それゆえ，この手法をプログラミングすることは O'Sullivan (2002) が提案した手法よりもかなり容易である．しかし，他の手法とは対照的に，格子点の並進変位は関連する粒子の変位に等しいことから，得られる変位場は連続的ではない．

非線形補間法の適用性を示すために，Cheung (2010) のシミュレーション結果を引

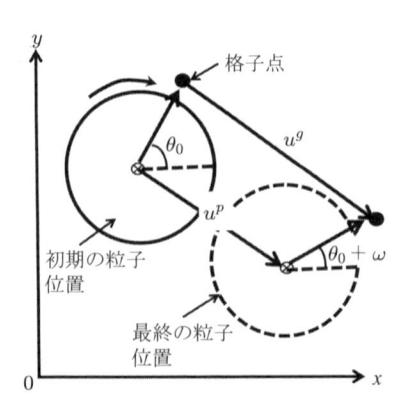

図 9.22 格子点の変位（Wang et al., 2007）

用する．シミュレーションの試料は直径 40 mm，高さ 80 mm である．それは 12,622 個の球からなり，球の半径が 0.88 mm と 1.32 mm の間で均一に分布している．シミュレーションでは市販プログラム PFC3D を用いている．最初に球をランダムに作成し，そして，二つの水平盤と円筒形壁を供試体の境界として作成する．自動制御法を用いてこれらの壁を動かすことによって，供試体を 10 MPa の初期等方応力状態にする．初期応力状態に達したら，現段階での粒子間接触すべてに並列結合を設定する．並列結合モデルについては，Potyondy and Cundall（2004）や 3 章でも述べられている．これらの並列結合は供試体全体で均一である．三軸圧縮試験によって，上部境界を下方に動かすとともに，水平応力を一定に保つように供試体の側方境界である円筒形の壁を連続的に調整している．

供試体の挙動を図 9.23 に示す．供試体は軸ひずみ 3.5 ％でピーク応力比 0.76 に達している．ピーク後にひずみ軟化が観察され，その軟化の程度は軸ひずみが増加するにつれて減少している．体積ひずみの結果から，供試体はピーク以前では収縮し，ひずみ軟化過程では膨張していることがわかる．

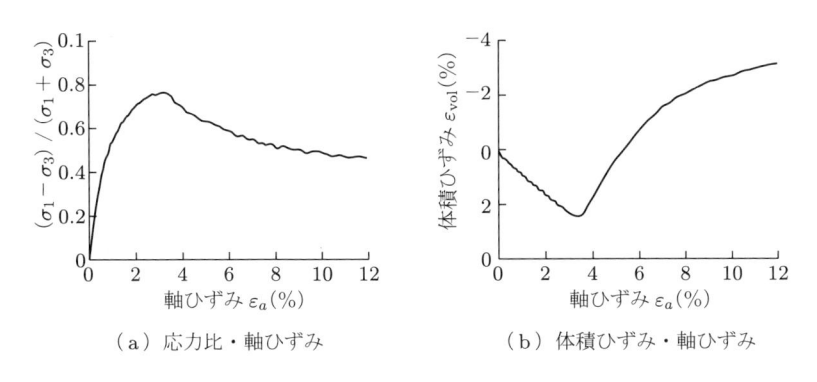

(a) 応力比・軸ひずみ

(b) 体積ひずみ・軸ひずみ

図 9.23 固結砂供試体の巨視的応力・ひずみ挙動（Cheung, 2010）

試料の中心を通る代表的な"切片"に対して，軸ひずみ 5 ％と 10 ％の局所的な体積ひずみおよびせん断ひずみを図 9.24 に示す．図 9.25 を参照すると，回転が最大である箇所と試料内の最も強い撹乱域の箇所（結合が壊れていて非常に大きな粒子回転がある場所）との間に明確な相関性がある．ひずみを計算することによって局所化域での供試体挙動の不均質性を把握することができ，脆性的粒状体のピーク応力比の後の挙動について理解を深めることができる．他の図では局所化域での挙動の変化が明瞭でない．局所ひずみの計算と局所的な応力を組み合わせることによって，せん断帯での挙動をより詳細に分析することができる余地がある．

(a) $\varepsilon_a = 5\,\%$ (b) $\varepsilon_a = 10\,\%$

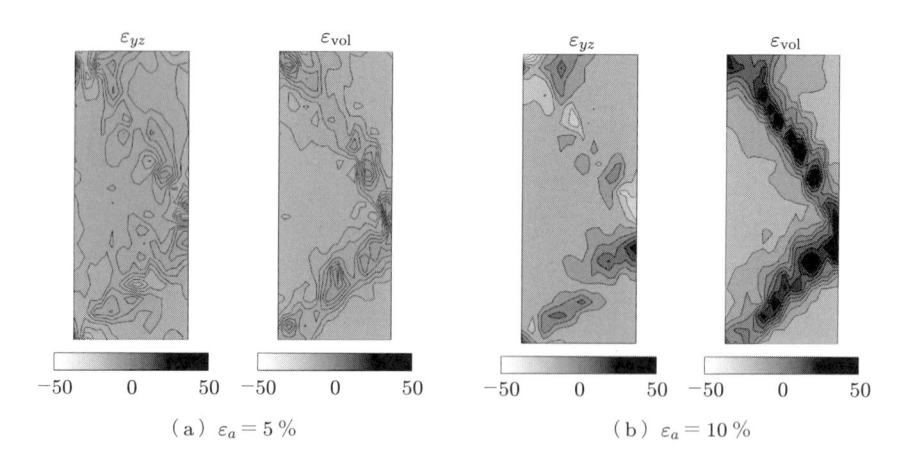

図 9.24 固結砂モデルの $\varepsilon_a = 5\,\%, \varepsilon_a = 10\,\%$ の局所体積ひずみと局所せん断ひずみ（Cheung, 2010）

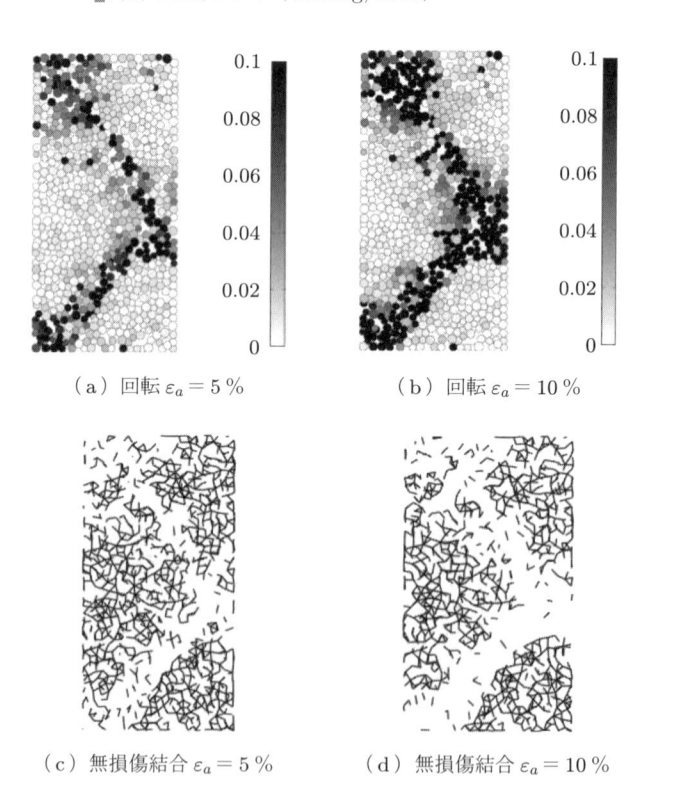

（a）回転 $\varepsilon_a = 5\,\%$　　（b）回転 $\varepsilon_a = 10\,\%$

（c）無損傷結合 $\varepsilon_a = 5\,\%$　　（d）無損傷結合 $\varepsilon_a = 10\,\%$

図 9.25 固結砂供試体の粒子レベルの挙動．粒子回転と無損傷結合の相関性（Cheung, 2010）

ひずみ計算のアルゴリズムの妥当性確認および比較

　Bagi（2006）などが示しているように，均質化法で計算したひずみと巨視的なひずみを比較することによって，ひずみの各計算方法について評価している．三角形分割に基づく線形補間法や，O'Sullivan and Bray（2004）が提案した局所的非線形手法の3次元のプログラミングの妥当性確認の例を，図9.26と図9.27に示す．6個の剛境界壁内にある9,000個の球による試料の自動制御型三軸圧縮試験について考察しており，供試体の挙動を図9.26(b)に示す．図9.27に示すように，前述の回転の離散化を用いて得られる平均的な変位勾配は，全体挙動の値とかなり近似している．

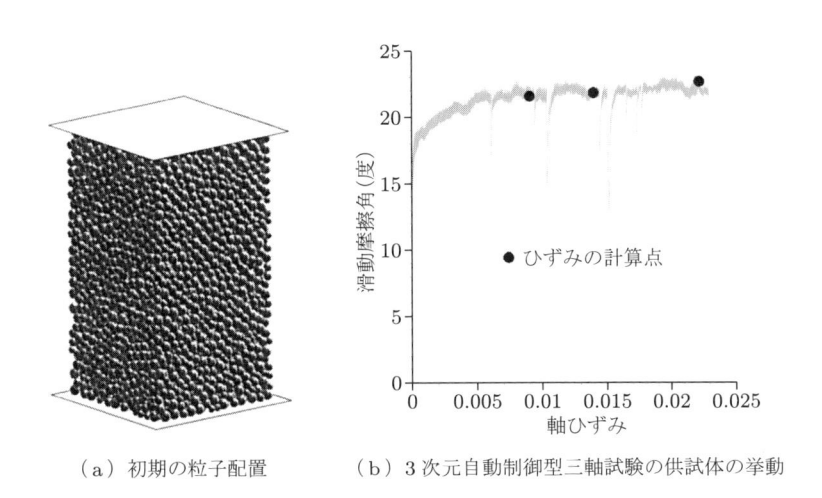

（a）初期の粒子配置　　　　（b）3次元自動制御型三軸試験の供試体の挙動

図 9.26 3次元動的平均化法の妥当性確認

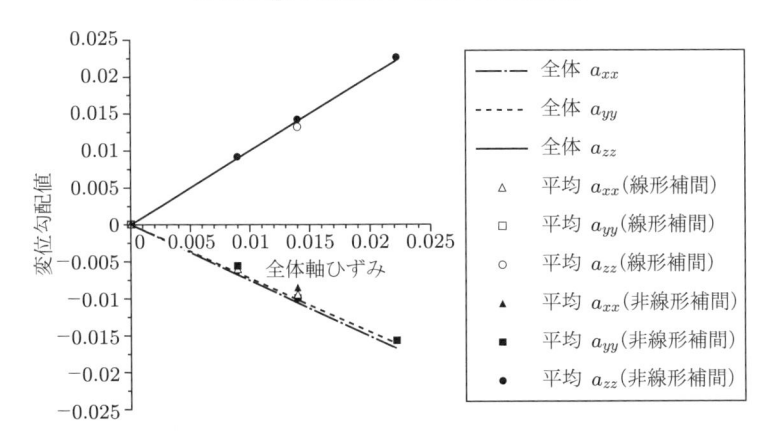

図 9.27 3次元動的平均化法の妥当性確認の結果．全体変位勾配と"回転の"離散化による線形および非線形補間の平均変位勾配の比較

10章 粒子系のファブリック解析

　砂粒子が充填されている状態や，この充填状態が載荷中にどのように変化するのかを，実験によって観察することは容易ではない．しかし，DEMシミュレーションでは，粒状体の内部構造に関する詳細な情報をどこでも入手することができる．すでに8章で確かめたように，粒子や接触の系のトポロジーは非常に複雑である．それゆえ，粒子レベルの力学と巨視的挙動との関連性を確立するためには，これらのデータを解明あるいは理解する手段が必要となる．本章では，粒子の充填密度や粒子および接触の優先配向を考慮して，粒状体の内部構造を定量化する方法について述べる．DEMシミュレーションの出力結果に適用することができるデータ解析の技術は数多くあるが，ここでは，一般的に用いられている手法を説明する．DEM解析者がシミュレーション結果を理解しようとする場合に，これらの情報によって適切な方向性が示される．

10.1 ■ 充填密度の従来のスカラー量

　古典的な土質力学では，間隙比，比体積，間隙率のパラメータを用いて粒状体の充填密度を定量化している．これらのパラメータは，学部の土質力学の教科書（たとえば，Craig（2007）やAtkinson（2007））で定義されているが，とくに他の分野のDEMユーザーのためにここで明らかにしておこう．12章で述べるように，粒状体の挙動はその"状態"に大きく依存しており，その状態は間隙比（あるいは比体積）と平均有効応力によって定量化されている．また，実験に基づく地盤力学と同様に，DEMシミュレーションにおいても材料の挙動を解釈するためには間隙比の知識が重要である．

　地盤力学で一般的に用いている充填密度の大きさは，材料の固体粒子の体積と粒状体の占める全体積との間の関係に基づいている．実験では材料の乾燥質量を計測している．固体材料の密度がわかれば，固体である土粒子の体積を計算することができる（わからない場合は，ピクノメーター試験を用いて計測することができる）．間隙比は一般に e として次式によって表される．

$$e = \frac{V_v}{V_s} \tag{10.1}$$

ここで，V_v は間隙の体積，V_s は固体粒子の体積である．比体積 v は単位固体体積あ

たりの材料が占める全体積であり次式によって表される．

$$v = \frac{V}{V_s} \tag{10.2}$$

パラメータ v と e は次のように関係している．

$$v = 1 + e \tag{10.3}$$

充填密度のもう一つの基本的な指標として，土が占める全体積に対する間隙体積の比として定義する間隙率 n がある．すなわち，

$$n = \frac{V_v}{V} \tag{10.4}$$

である．間隙率と間隙比は次のように関連している．

$$\begin{aligned} n &= \frac{e}{1+e} \\ e &= \frac{n}{1-n} \end{aligned} \tag{10.5}$$

地盤力学以外では"固体体積分率"がよく用いられ，次のように定義される（たとえば，Bedford and Drumheller (1983))．

$$\nu = \frac{V_s}{V} \tag{10.6}$$

これらの表記は，材料の充填密度の（スカラーの）大きさを示している．DEMシミュレーションでは，粒子が占める体積や面積がわかっているのでこれらを簡単に計算することができる．充填密度は粒度分布によっても異なる．広範囲の粒径をもつ実際の土では，小さい粒子が大きい粒子間の間隙を占めていて，DEM解析でよく用いられるほとんど均一な粒径の場合よりも小さな間隙比になる．さらに粒子形状も得られる間隙比の範囲に影響している．12章で述べるように，多くのDEMシミュレーションは2次元である．その場合，間隙率，間隙比，比体積の大きさは体積ではなく面積である．間隙比の得られる範囲は2次元と3次元の材料では異なり，一般に2次元ではより小さくなる．たとえば，2次元では，均一な円盤の最密な充填構造（六方充填）で間隙比0.103で，一方，均一な球の3次元の場合（六方最密充填や面心立方充填）では，最小間隙比は0.4（すなわち，充填密度0.7405）である．

集合体内の充填は不均質である．Marketos and Bolton (2010) は，充填密度が平坦な境界に影響されて，境界近くでは局所的に間隙率が減少していることを示している．また，Kuo and Frost (1996) は，実際の砂の樹脂浸透供試体内の間隙比（2次元）

を計測することによって，砂試料内では粒子レベルにおいてかなりの不均質性があることを示している．せん断帯が生じる場合にはさらに不均質になる．9章の不均質性を参照して，間隙比の計算や材料の微視的構造の定量化のために代表体積要素（RVE）の概念を用いる．同じ大きさの正三角形内に置かれた均一な円盤の供試体の間隙比がその球の数によって変化することを，図10.1に示した．Munjiza（2004）は，DEMシミュレーションでこの問題について考察して，重力下で堆積した均一な球の供試体では，容器の辺長に対する球の直径の比が小さくなるにつれて充填密度が大きくなる傾向にあることを示した．それゆえ，統計学的な代表充填密度を得るためには，用いたRVEが十分に大きいということを確かめる必要がある．図10.2を参照して，集合体の部分領域の間隙比を計測する場合，応力を計算する場合と同様に領域境界と粒子との交差について考慮しなければならない（Bardet and Proubet, 1991）．

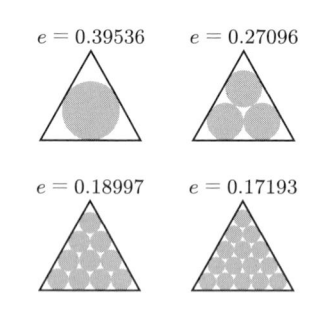

$e = 0.39536$　　$e = 0.27096$

$e = 0.18997$　　$e = 0.17193$

図 10.1 計測体積に対する間隙比の変化

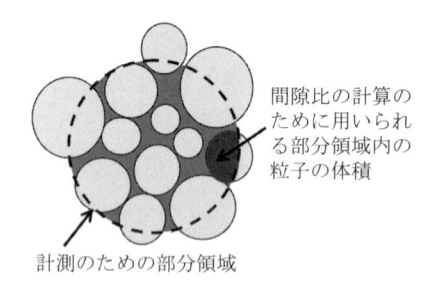

図 10.2 試料内の間隙比を厳密に計算するために境界の辺と円盤との交差を考慮

　DEMシミュレーションでは間隙比の別の定義が可能である．8.5節を参照すると，粒状体内では力の伝達が非常に不均質であり，応力伝達に関係しない粒子があることから，Kuhn（1999）は，固体の体積を計算する場合に応力伝達に関係する粒子のみによる有効間隙比を提案した．

10.2 ■ 配位数

　間隙比は，粒子の骨格構造を陽に考慮せずに粒子の充填密度を定量化している．すなわち，粒子の全質量，固体粒子材料の密度，全体積のみを必要とする．配位数をその材料の粒子あたりの接触数として定義して，粒子レベルの充填密度あるいは充填度の指標を示している．配位数 Z の最も簡単な定義は，

$$Z = 2\frac{N_c}{N_p} \tag{10.7}$$

となり，ここで，N_c は全接触数，N_p は粒子数である．各接触は 2 粒子の間にあるので接触数として 2 を掛ける．間隙比を e，間隙率を n とよぶことは慣例であるが，配位数を表すための表記は一様ではない．たとえば，Rothenburg and Kruyt (2004) は記号 Γ を用いて配位数を示しているが，ここでは，Thornton (2000) の表記に従って記号 Z を用いている．配位数は，材料の構造についての最も基本的な粒子レベルの指標であり，容易に DEM データから求めることができる．3 章を参照して，配位数の計算で考慮する全接触数 N_c には，確かな接触のみを含み，近接しているが粒子間力を伝達しない潜在的な接触を含まない．

　室内実験のデータについて考察する場合に，間隙比の変化を定量化して分析するのと同様に，要素試験の DEM シミュレーションでは Z の変化を記録するのが一般的である．例として，直接せん断試験のシミュレーションの鉛直ひずみおよび配位数の変化を図 10.3 に示す (Cui and O'Sullivan, 2006)．せん断ひずみ 20 ％で，鉛直ひずみのデータは試料が膨張を続けることを示しているが，配位数は一定値に達している．

　配位数の定義はより洗練されてきている．たとえば，Thornton (2000) は力学的配位数 Z_m を次のように定義している．

$$Z_m = 2\frac{N_c - N_p^1}{N_p - (N_p^1 + N_p^0)} \tag{10.8}$$

ここで，N_p^1 は一つの接触をもつ粒子数，N_p^0 は接触をもたない粒子数である．これらの粒子は，その材料の応力を伝達することに関係せず，"がたつき"あるいは"浮遊物"ともよばれる．Kuhn (1999) は，**有効配位数**とよぶ独自の配位数 Z_p の計算のために，より詳細に識別して粒子を選んでいる．図 10.4 を参照して，Kuhn (1999) は荷重支持機構に寄与していない懸垂，島，半島，それに孤立の粒子を特定して，Z_p を計算するときにこれらの粒子や接触を除外している．

　配位数 Z に加えて，材料内の接触度を定量化する他の手段が提案されている．たとえば，Rothenburg and Bathurst (1989) は，次のように定義した接触密度 m_v を考

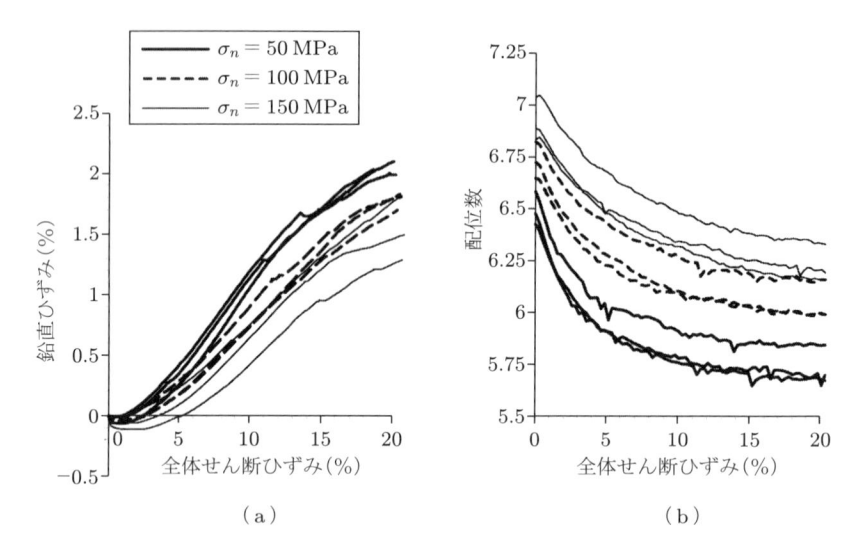

図10.3 直接せん断試験シミュレーションの巨視的変形と配位数の変化（Cui and O'Sullivan, 2006）

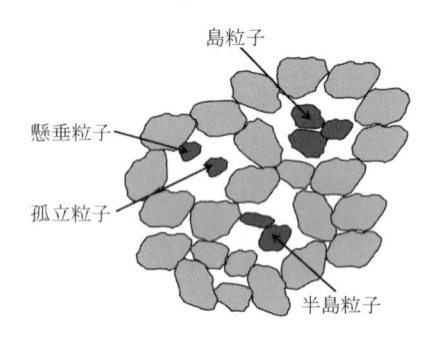

図10.4 寄与している粒子の定義（Kuhn, 1999）

慮している．

$$m_v = \frac{2N_c}{V} \tag{10.9}$$

ここで，V は材料の体積である．

度数分布

配位数に対する補完的な概念が度数分布である．8章で述べたように，粒状体をネットワーク解析の視点から考えると，各粒子は接点であり各接触は接合部である．粒子の接合度あるいは度数は，その粒子の配位数，すなわち，その粒子の接触点数である．Kuhn（2003a）は，このパラメータに対して**価数**という用語を用いている．度数分布

$P_c(k)$ は，所定の粒子が k 個の接触をもつ確率を与える関数であり，その平均度数は配位数に等しい．すなわち，

$$Z = \sum_{k=1}^{\infty} k P_c(k) \tag{10.10}$$

たとえば，多分散系の材料（すなわち，さまざまな粒径をもつ粒状体）では，Summersgill (2009) が示しているように，個々の粒子の配位数は粒子の大きさとともに小さくなる傾向がある．したがって，小さい粒子は大きい粒子と比較すると強応力鎖に寄与しにくいことになる．Oda et al. (1980) は，その系の不均質性を評価するために，粒子の配位数の標準偏差に着目することを提案した．

Wouterse et al. (2009) は別の指標を示し，その粒子の運動が隣接する粒子によって妨げられることを示すために，"取囲み (caged)" という用語を用いている．取囲み数は，接触がランダムであると仮定して，粒子を動かないようにするために必要とする最小平均接触数として定義されている．

■ 実験による Z の決定

配位数と材料挙動の関係については，DEM の開発よりも以前に知られている．2次元の光弾性の系では，目視検査によって比較的容易に配位数 Z を求めることができるが実験によって3次元材料の Z を求めることはより困難である．Oda (1977) は，ガラスビーズを用いた排水三軸圧縮試験について示している．試験の任意の時点で，粒子間の間隙に黒い塗料を浸透させ，そして試料から排水させると各接触点には少量の塗料が残る．乾燥後に試料を引き抜くと各粒子の接触点数がわかる．Oda はこの方法を用いて，個々の粒子の配位数の標準偏差および平均配位数と，材料のピークせん断抵抗角（内部摩擦角）の間に相関性があることを示した．この実験的研究は手間がかかって単調で退屈ではあるが，DEM の結果を検証するために有益なデータを含んでおり，地盤力学の研究に対して DEM が魅力的なツールであることを示すためのよい事例でもある．配位数に関する最近の実験的研究では，樹脂を浸透させた砂供試体のマイクロコンピュータ断層撮影 (μCT) 走査が用いられている (Hasan and Alshibli, 2010)．

■ e と Z の関係

地盤力学における間隙比 e の重要性を考えれば，Z と e の関係を求めることは当然のことである．間隙比が小さくなるにつれて配位数が増加することは明らかであり，逆もまた然りである．Oda (1977, 1999b), Oda et al. (1980), Chang et al. (1989) は，実際の粒状体の配位数を求めて間隙比と比較した実験的研究について述べている．

これらの研究で得られたデータに基づいて e と Z の間の関係式が提案されており，たとえば，Field（1963）は次のように配位数と間隙比を関係付けている．

$$Z = \frac{12}{1+e} \tag{10.11}$$

Mitchell（1993）は，均一な剛体球の場合の配位数 Z と間隙率 n を関係付ける次の経験式を示した．

$$Z = 26.386 - \frac{10.726}{n} \tag{10.12}$$

実際の砂と仮想の DEM パラメータについて考えると，すべての粒状体に対して，Z と e, v, n のいずれかとの関係を一つの式によって表すことは容易ではない．その関係は，粒度分布のみならず粒子のモルフォロジー，すなわち，形状や表面の粗度，それに材料内の粒子モルフォロジーの変動に明らかに依存している．Rothenburg and Kruyt（2004）は，e と Z は単純に関係付けられないということを証明するデータを示した．すなわち，二軸圧縮試験のシミュレーションにおいて，間隙比と配位数との関係は接触方向の異方性に敏感であり，一つの式を用いることは適切でないことを示した．Hasan and Alshibli（2010）は実際の砂試料にマイクロコンピュータ断層撮影走査を用いて，これらの砂の e と Z の関係は，仮想の材料を用いて得られた経験式とは異なっていることを示した．Rothenburg and Kruyt（2004）や Thornton（2000）のデータから，試料がせん断を受けると，大きなひずみにおいて密度が一定となるような限界間隙比に向かう傾向があるのと同様に，"限界配位数" が存在することが示された．

地盤力学以外では，間隙比と配位数の関係は流動する粒子のジャミング*の研究で考察されている．"ジャミング転移点" は，材料が流体のような挙動から固体のような挙動に推移する点であるとみなされる（たとえば，O'Hern et al.（2003））．

■ 実際の砂の配位数

4 章で述べたように，滑らかな凸状の粒子を用いる場合には，粒子間の接触は一つの点に限られる．適合接触および非適合接触の定義については 3 章で述べた．粒子間で非適合である 1 点接触の考えは，実際の砂に対しては適用できない．密に詰めた角ばった粒子では，接触域は粒子の表面積のかなりの割合を占めるであろう．その場合，単純に配位数を用いて粒子間接触の密度を表すことは不適切である．実際の砂で観察される異なる種類の接触を図 10.5 に示す（Barton（1993）を引用）．

---

* 目詰まり

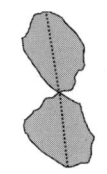

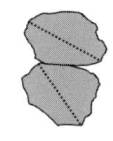

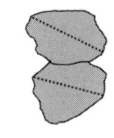

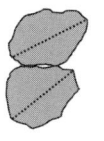

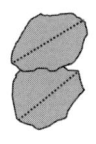

(a) 接線接触　(b) 直線接触　(c) 半凹半凸接触　(d) 非連続接触　(e) 縫合接触
粒子がジグソーパズルのピースのように互いに繋がっている

図 10.5 いろいろな接触（Barton (1993) から引用，一部改変）

実際の砂のマイクロコンピュータ断層撮影のデータを解析することによって（たとえば，Fonseca et al. (2010)），Barton (1993) が示した 3 次元の接触構造の証拠を提供している．Fonseca et al. (2010) は，接触度を定量化するために Z を用いるのではなく，接触指数パラメータ CI を用いるほうがより適切であると提案している．この接触指数は次のように定義される．

$$CI = \frac{1}{N_p} \sum_{i=1}^{N_p} \frac{1}{S_{p_i}} \sum_{j=1}^{N_{c,i}} S_{c_j} \tag{10.13}$$

ここで，N_p は全粒子数，S_{p_i} は粒子 i の表面積，S_{c_j} は接触 j の表面積，$N_{c,i}$ は粒子 i の接触数である．2 次元では表面積は長さに相当する．実際の材料に用いる他の指標も提案されており，たとえば，Barton (1993) は接触程度を百分率で示す接線指数を用いることを提案している．

■ 充填の不静定

土木技術者にとって不静定の概念は常識である．不静定構造では，基本的な安定のために必要とされる部材の他に力を伝達する余分な部材がある．粒状体でもこの不静定の考えを用いている．たとえば，Maeda (2009) は配位数が 3 を超える場合の 2 次元の充填を"超静的"であるとしている．Rothenburg and Kruyt (2004) は，摩擦のない場合で N 個の円盤の系で少なくとも $2N$ 個の接触がある（すなわち，Z は ≥ 4 でなければならない）なら，静的につり合うことができることを示して，材料の構造の安定性を配位数に関連付けている．接線方向の接触力によって系にモーメントを作用させる摩擦のある接触の場合には，静的つり合いあるいは安定性のための最小の配位数は $Z = 3$ となる．

最近では，Kruyt and Rothenburg (2009) が，つり合い式の数と接触の自由度を比較することによって系の不静定性を定量化している．ただし，2 次元で一つ以上の接

触をもつ粒子に対象を限定している（すなわち，零接触の浮遊物は除外する）．弾性接触（すなわち，せん断力がクーロン摩擦によるせん断抵抗を超えない場合の接触）の数を N_c^{el}，摩擦（すべり）接触の数を N_c^{fr} とすると，$N_c^{\text{el}} + N_c^{\text{fr}} = N_c$ となる．ここで，N_c は全接触数である．不静定係数 R は，次のように接触点での自由度数を支配方程式の数で割った比によって表される．

$$R = \frac{2N_c^{\text{el}} + N_c^{\text{fr}}}{3\left(N_p - N_p^0\right)} \tag{10.14}$$

ここで，N_p^0 は浮遊物の数であり，$R \geq 1$ である．Kruyt and Rothenburg (2009) は，二軸圧縮試験において R の初期値約 1.4 が，せん断下で急速に 1 まで落ちてこの値に留まり，大きなひずみで静的なつり合い状態に向かう傾向にあることを示している．さらに，他にも不静定の定義がいくつかある（たとえば，Satake (1999)）．

10.3 ■ 接触力分布

配位数は接触の度数のみを示しており，接触力の大きさに関する情報については示していない．すでに 8 章で述べたように接触力の大きさは著しく異なっている．研究者は接触力のデータを接触力の大きさの確率分布によって考察することが多い．例を図 10.6 に示す．所定の力を伝達する接触の確率を鉛直軸に示し，水平軸には接触力の値を示している（通常は平均接触力によって正規化する）．二つの異なる粒度分布をもつ多分散系の等方圧縮のシミュレーションについて考察しており，これから非常に小さな力を伝達する接触が多数あることが明らかである．

確率分布関数によってデータに近似させることができ，Radjai et al. (1996) は，重

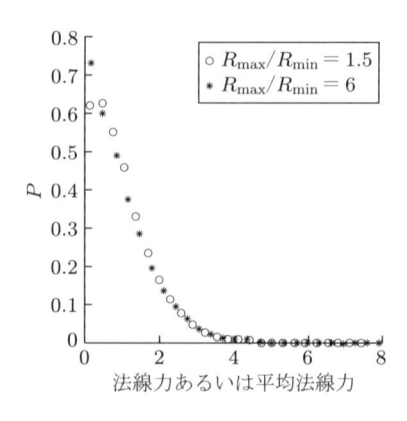

図 10.6 ■ 法線方向の接触力データの確率分布

力によって堆積した多分散系の円盤の集合体の，せん断下の接触力分布について考察している．平均力を超える力に対しては，指数関数がシミュレーションの結果によく合うことが示されている．Thornton（1997b）は，剛体球の供試体の接触力分布について調べて，種々の確率分布の解析式と比較している．Thorntonはその分布形状を観察して，平均力の2倍以上を伝える接触のみを考慮する場合には指数関数が妥当であるとしている．Voivret et al.（2009）の研究は，2次元円盤の広範囲な多分散系である供試体に対して，粒度分布に対する接触力分布の感度について考察しているので，地盤力学の視点からとくに参考になる．粒度分布がよいほど接触力の値の幅が大きくなることが示されている．

接触力の接線成分については，その接触がすべっているかどうかに関する考察が多い．たとえば，Cundall et al.（1982）は，粒子のすべりは強応力鎖の外側で生じる傾向があることを示している．Thornton and Antony（2000）やThornton（2000）はすべり接触の割合について考察しており，すべり接触の割合は，初期の増加に続いて小さな偏差ひずみ（1%）の後は基本的に一定となり，初期の充填密度に依存しない．

10.4 ■ 粒子レベルのファブリックの定量化

■ 動　機

　所定の応力レベルでの砂の密度が，その挙動を決める最も重要な要素であることは一般的に知られている（これについては，限界状態土質力学の概要について示す12章であらためて述べる）．間隙比および（粒子レベルの）配位数は，材料の充填密度を定量化するスカラー量である．しかし，8章ですでに述べたように，ある状態下の粒状体材料の接触には方向の明瞭な偏りがある．さらに，重力下で粒子が堆積する場合，粒子長軸方向が水平になるように落下する傾向がある．それゆえ，粒子集合体のトポロジーあるいは幾何形状の一般的な偏向の程度や影響を定量化する，あるいは，示すための何らかの手段が必要となる．Mitchell（1993）が示しているように，"土の粒子，粒子群，空隙の空間の配置"を**ファブリック**とよぶ．"ファブリック"と"構造"は互換的によく用いられる．しかし，Mitchellは土の挙動に及ぼすファブリック，構成物，（結合などの）粒子間力を含めて，**構造**という用語を用いることを提案している．

　土の強度および剛性は異方性である．すなわち，土が変形する方向に依存して，それらが異なることは実験結果によって明確に示されている．最初に土の異方性挙動について明らかにしたのは，立方三軸実験を用いたArthur and Menzies（1972）である．粒子の堆積によって生じる試料の配向と荷重の方向を相対的に変えた実験で，（ピー

ク前）応力比に達するために要する軸ひずみに 200 %以上の違いがあることを示した．また，主応力軸回転方向を制御することができる中空円筒装置（Hollow Cylinder Apparatus, HCA）によって，土の異方性の程度を詳細に調べることができる．たとえば，Zdravkovic and Jardine (1997) は HCA 試験を用いて，珪岩質シルトの非線形剛性が応力経路や鉛直軸に対する最大主応力軸方向に依存することを示した．ファブリックの影響は，"単純な"粒状体の場合でさえ明らかである．Shibuya and Hight (1987) は，HCA を用いて等方圧密した球形のガラスビーズが強異方性の降伏特性あるいは破壊特性をもつことを示している．Kuwano and Jardine (2002) は三軸供試体にベンダーエレメントを用いて，ガラスビーズ供試体の水平方向と鉛直方向の弾性剛性の違いを示した．2 次元では，Oda et al. (1985) が（光弾性）実験において異なる初期配向の楕円形粒子の供試体について考察した．また，Li and Li (2009) や Dean (2005) は，土の異方性の挙動に関する実験例について DEM の観点から述べている．

材料挙動に及ぼす異方性の影響を示した DEM のデータが数多くある．Mahmood and Iwashita (2010) は，楕円形粒子の 2 次元 DEM シミュレーションにおいて，初期の粒子方向に対する全体挙動の感度や内部の材料ファブリック，とくに固有ファブリックの変遷について考察した．Yimsiri and Soga (2010) は，せん断履歴によって接触力網の優先配向を生じさせ（すなわち，応力誘導ファブリックを形成），これが材料挙動に本質的な影響を与えることを示した．材料のファブリックパラメータを計算しているほとんどの DEM 解析における狙いは，粒子や接触の優先配向あるいは変形中のこれらの優先配向の変化に対する材料挙動の感度について理解することである．

優先配向は重要であるが他のファブリックの要因も土の挙動に影響する．ある実験的研究では，粒子の方向に対する荷重方向に焦点をあてるのではなく，材料挙動に及ぼす試料作製法の影響について考察している．たとえば，Jefferies and Been (2006) は，同じ砂の二つの再構成試料の三軸試験について比較した実験的研究のデータを示している．これらの試料は同じ初期間隙比と同じ拘束圧をもつが異なる方法で作製された（湿潤突固め法および水中落下法）．これらの方法の違いを異なる粒子優先配向に直接関連付けることは容易ではないが，偏差応力および体積ひずみの挙動において顕著な違いが観察されている．非排水繰返し載荷で液状化を生じさせる繰返し回数に対して，試料作製法が及ぼす影響について示した研究には，Nemat-Nasser and Tobita (1982) や Mulilis et al. (1977) などがある．土の液状化に関して，Jefferies and Been (2006) は，土の繰返し挙動に及ぼすファブリックの影響は，土の単調あるいは静的挙動に及ぼすファブリックの影響よりも顕著であることを示した．Vaid and Sivathayalan (2000) は，砂の非排水単調試験の供試体作製法に対する感度について考察している．

10.4 粒子レベルのファブリックの定量化

実験室ではなく実際の砂について考えると状況はより複雑である．Vaughan (1993) が示しているように，さらに考慮すべき要因としては応力履歴（DEMで考慮することができる）や層理（モデル化することは容易ではない）などがある．Vaughan (1993) は，原位置のほとんどの自然土は，粒子を結合させる著しい石化作用を受けていることを示した．このように，粒子の優先配向およびその偏りの程度を与えるファブリックの指標は非常に重要ではあるが，材料の微視的構造を完全に表しているものではない．

▮ 異方性

Barreto (2010) などが示しているように，地盤力学における異方性は固有，誘導あるいは初期に分類される．固有異方性は堆積過程の結果である．すなわち，固有異方性は粒子の形状に影響されるという一方で，球形粒子であっても堆積中に異方性が発達する (Oda, 1972)．Casagrande and Carrillo (1944) は，誘導異方性を応力の変化に伴う粒子の再配向であると定義している．原位置での砂の初期異方性は，堆積中および堆積の地質学的応力履歴によって発達してきた異方性を表している．

異方的な挙動を材料内の粒子の優先配向に関連付けることは，概念的には容易である．解析者が微視的力学の観点から材料のファブリックの定量化について話す場合，Oda（たとえば，Oda (1977)）が用いている"配向性ファブリック"の定量化であることがほとんどである．Oda (1977) は粒子の優先配向とその偏りの程度について考察するために"配向性ファブリック"を用いている．ここでは，この"配向性ファブリック"の概念を接触力やブランチベクトルなどの配向性に拡張する．

異方性を定量化するためには，座標軸を選び，図10.7(c)の粒子の方向（たとえば，長軸方向）か，図(b)の接触する粒子の図心を結ぶベクトル（ブランチベクトル）の方向か，あるいは図(a)の接触法線方向のいずれかを考慮する．球形や円形の粒子では，ブランチベクトルと接触法線方向は同じになる．

文献によっては，"ブランチベクトル"の意味することが少し違うことに注意する必要がある．ここでは，Bagi (1999b) が用いたように，接触 c で接触する二つの粒子の図心を結ぶベクトル l^c をブランチベクトルとしている．しかし，Luding et al. (2001)

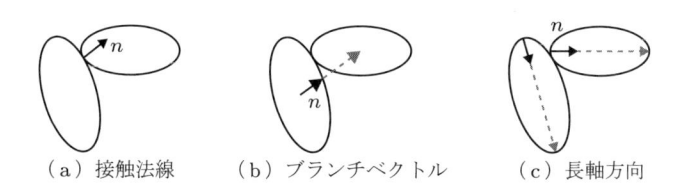

(a) 接触法線　　(b) ブランチベクトル　　(c) 長軸方向

図 10.7 ▮ファブリックを定量化するために用いられる異なる方向ベクトル

や Latzel et al.（2000）は，粒子 p の図心とその接触 c を結ぶベクトル l^{pc} を"ブランチベクトル"としている．

ファブリックの定量化に伴う難しさは，ベクトルの優先配向の指標を与えるためにその方向のデータを処理することにある．一般的に，ファブリックを定量化するためには二つの手法が用いられている．すなわち，ローズダイアグラム[*]への曲線近似か，あるいは，ファブリックテンソルによる手法であり，その両手法についてここで述べる．どちらの手法でも，異方性は，最も優先でない配向をもつ粒子の頻度の大きさに対する最大の優先配向の粒子の頻度の大きさによって定量化される．DEM では，接触法線方向を考慮することによってファブリックを定量化することが多いため，接触法線方向に焦点があてられているが，その数学的手法はいかなる単位ベクトルのデータにも用いることができる．たとえば，DEM 解析の結果や 2 次元の画像や 3 次元のマイクロコンピュータ断層撮影のデータにも，これらの手法が用いられている．なお，これらの手法の多くは，当初，土試料の薄い断面の画像解析のため，あるいは 2 次元の光弾性の実験を分析するために用いられていた．

10.5 ■ ファブリックの統計分析：接触方向の度数分布図と曲線近似法

ベクトルの方向分布を可視化するための極柱状図，あるいはローズダイアグラムを作るために，"容器（bin）"の大きさを定める角度間隔を選ぶ．これらの各容器は，容器の境界を定めるその角度内にある接触数に比例した半径をもつ円の断片として図示される．2 次元円盤の供試体における等方応力状態の接触力網を図 10.8(a)，それに対

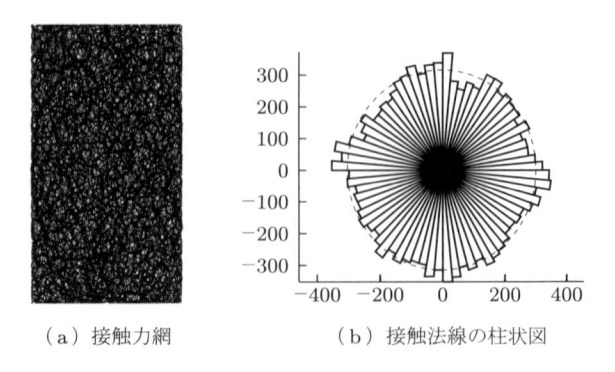

（a）接触力網　　　　（b）接触法線の柱状図

図 10.8 ■ 9,509 個の 2 次元円盤による等方的集合体の接触力

---

[*] あるいはバラ図

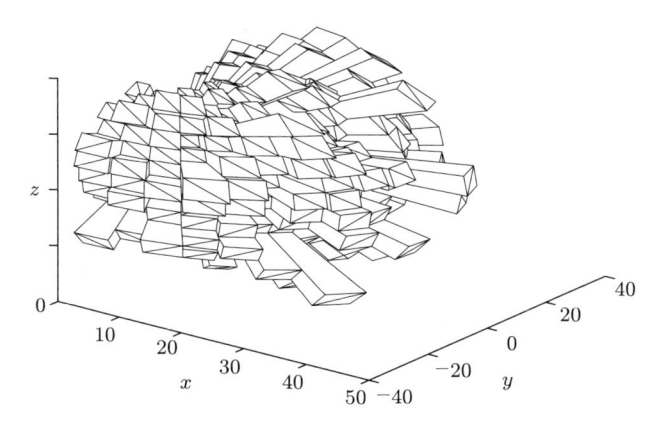

図 10.9 3次元の接触方向の柱状図

応する柱状図を図 (b) に示す．接触数が特定の方向に配向するような明らかな偏りはみられない．接触方向の図を示すために，ローズダイアグラムの代わりに通常の線形柱状図を用いることもある．説明する立場からは，この手法は2次元あるいは軸対称系の解析に適している．しかし，図 10.9 に示すように3次元のローズダイアグラムを作ることもできる．

接触方向のみの情報に基づいた柱状図では，各方向の接触力の相対的大きさに関する情報を示すことはできない．O'Sullivan et al. (2008) は，柱状図の各容器に簡単な陰影を付けることによって，所定の方向の接触数だけでなく平均的な力の大きさも一つの図によってわかることを示した．これを図 10.10 に示す．

方向に関するデータの柱状図やローズダイアグラムを用いて，データを定量的に分析することができる．解析的関数を柱状図のデータに合わせて，その関数のパラメータによって異方性の強度や優先配向が定められる．基本的な考えはその配向性が確率密度関数 (Probability Density Function, PDF) $E(\mathbf{n})$ を用いて表すことができるということである．接触（あるいは粒子）は単位ベクトル $\mathbf{n}$ によって表せる方向をもち，領域全体でのこの関数の積分は1であり，次式となる．

$$\int_\Omega E(\mathbf{n}) d\Omega = 1 \tag{10.15}$$

ここで，$d\Omega$ は球座標系の微小立体角である．Oda et al. (1980) は，その PDF の形状を"ファブリック楕円体"とよんでいる．その楕円の形状から異方性を求めることができ，その楕円の長軸方向は接触法線の優先配向を示している．等方材料ではそのファブリック楕円は球対称になる．しかし，重力下で堆積しているほとんどの材料では，水平に等方なファブリックであるのでその楕円は鉛直軸対称となる．

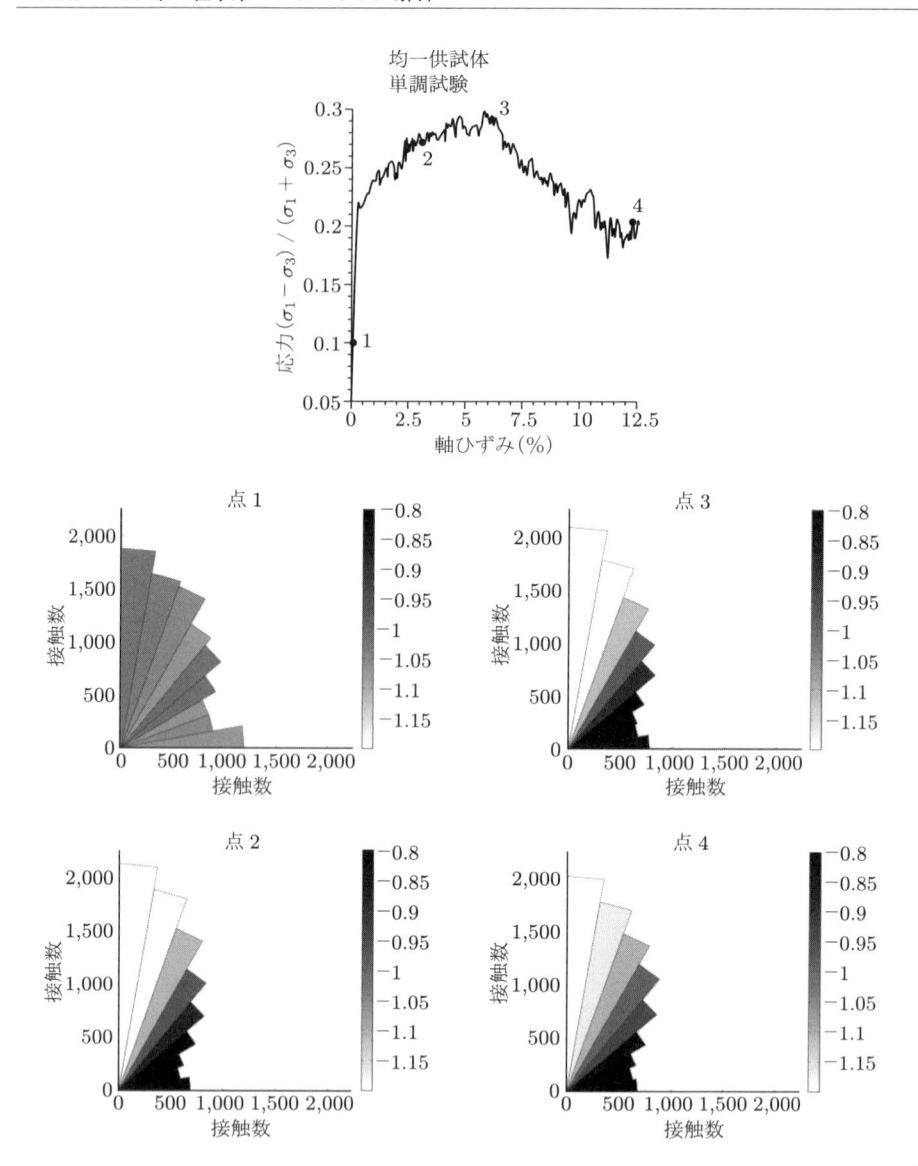

図 10.10 鉛直面における正規化接触力の柱状図．均一粒径の供試体の三軸試験シミュレーション

2次元データのフーリエ（Fourier）解析

　2次元や3次元の軸対称系の DEM データについて考察する場合に，2次元のファブリック解析が役に立つ．3次元の軸対称系では，その2次元の解析の入力のために必要とされる方向は対象とするベクトルと鉛直軸との間の角度によって与えられる．式

(10.15) は次のように表すことができる.

$$\int_0^{2\pi} E(\theta)d\theta = 1 \tag{10.16}$$

ここで，θ は鉛直軸に対する傾きである．その場合，$\int_{\theta_1}^{\theta_2} E(\theta)d\theta$ は角度 θ_1 と θ_2 の間の方向のベクトルの数に対応している．このようにして，この関数をベクトルのローズダイアグラムあるいは柱状図に関連付けることができる．接触法線を $0 \leq \theta \leq 2\pi$ とすると，その関数 $E(\theta)$ は周期 2π の周期関数である必要がある．したがって，次式のようにフーリエ級数展開することができる．

$$E(\theta) = \frac{1}{2\pi}\left[a_0 + \sum_{k=1}^{\infty}\{a_k\cos(k\theta) + b_k\sin(k\theta)\}\right] \tag{10.17}$$

Oda (1999a) は，a_k と b_k は k が奇数なら零であることを示している．

Rothenburg and Bathurst (1989) は，2 項のみを含むフーリエ級数展開を用いている．

$$E(\theta) = \frac{1}{2\pi}\{1 + a\cos 2(\theta - \theta_a)\} \tag{10.18}$$

ここで，a は構造異方性の大きさを示すパラメータであり，θ_a は構造異方性，あるいは主ファブリックの方向を示している．フーリエ級数展開に付加的な項を含めて拡張することはできるが，その場合，説明に優雅さが欠けることになる．

Barreto et al. (2008) は，パラメータ a と θ_a を求める手順について示している．接触法線方向のデータを用いて，角度 θ_i を中心とする角度間隔 $\Delta\theta$ の容器の中に該当する各ベクトルを入れる．容器 i の接触数を $\Delta N_c(\theta_i)$ で表して，$N_c\Delta\theta$ によって正規化する．ここで，N_c は全接触数である．各角度間隔の $\Delta N_c(\theta_i)$ は，次のようにフーリエ級数のパラメータに関連している．

$$\frac{\Delta N_c(\theta_i)}{N_c\Delta\theta} = \frac{1}{2\pi}\{1 + a\cos 2(\theta_i - \theta_a)\} \tag{10.19}$$

式 (10.19) を次のように書き直すことができる．

$$\frac{\Delta N_c(\theta_i)}{N_c\Delta\theta} = \frac{1}{2\pi} + \frac{a\cos 2\theta_a}{2\pi}\cos 2\theta_i + \frac{a\sin 2\theta_a}{2\pi}\sin 2\theta_i \tag{10.20}$$

最小 2 乗近似によって係数 $a\cos 2\theta_a/(2\pi)$ と $a\sin 2\theta_a/(2\pi)$ を求めることができ，それによってファブリックの優先配向 θ_a と異方性 a が得られる．

この手法を用いて，a の値によって θ_a が最大主ファブリック方向か最小主ファブリック方向かが決まる．$a > 0$ では θ_a の値は最大主ファブリックの方向，$a < 0$ では

最小主ファブリックの方向を示している．a の大きさは 0 と 1 の間にあり，異方性の程度に関連している．図 10.11 は種々の a と θ_a に対する接触法線の分布を示している．図 10.12 は，3 次元 DEM シミュレーションから得られた二つの接触法線の分布とその最良近似曲線を示している．

接触力の接線成分の方向にも，曲線近似法を用いることができる．Rothenburg and

(a) 種々の異方性の値に対する
接触法線の分布

(b) 異なる優先配向に対する
接触法線の分布

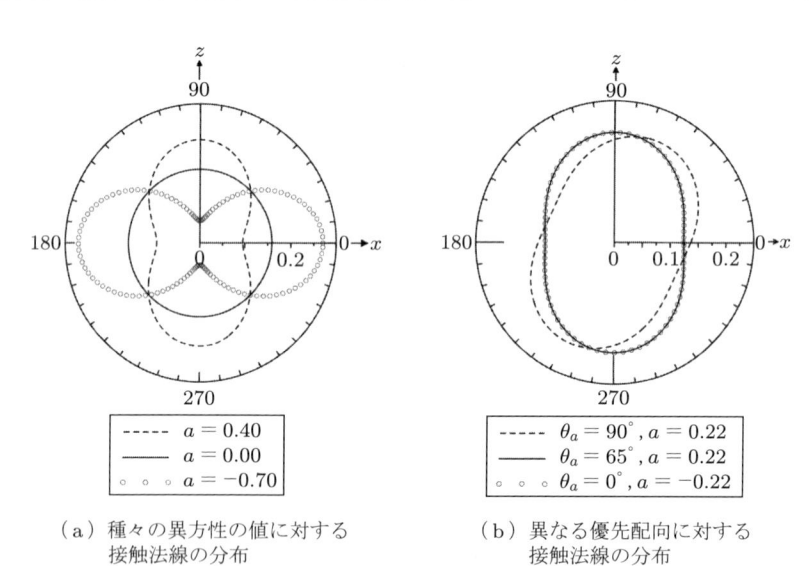

図 10.11　フーリエ級数のパラメータと接触法線分布の関係（Barreto et al., 2008）

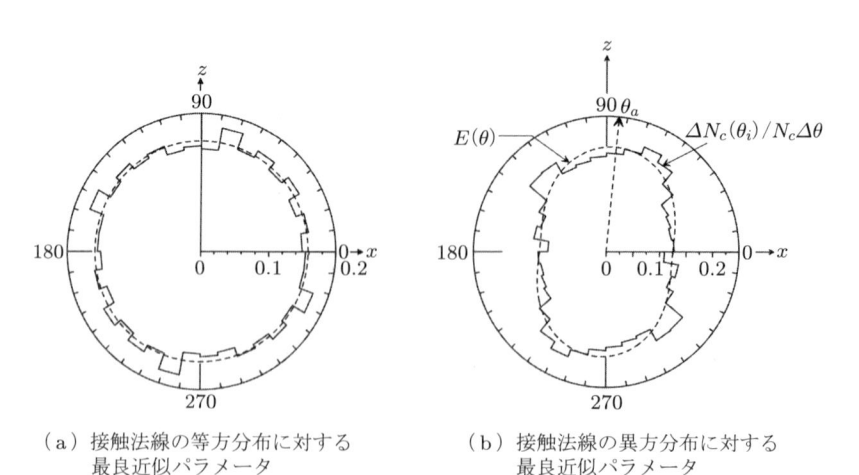

(a) 接触法線の等方分布に対する
最良近似パラメータ

(b) 接触法線の異方分布に対する
最良近似パラメータ

図 10.12　異方圧縮時の DEM 試料の接触法線分布に近似させたフーリエ級数による分布（Barreto et al., 2008）

Bathurst（1989）などが示しているように，その分布関数は接触法線方向の分布と別の形となり次式によって表される．

$$E_t(\theta) = a_t \sin 2(\theta - \theta_t) \tag{10.21}$$

接触接線方向のパラメータ a_t と θ_t も曲線近似によって求めることができる．

■ 3次元データのフーリエ解析

フーリエ解析手法を3次元データにも用いることができる．Chang et al.（1989）を参照して，図10.13に示すようにファブリックが z 軸に軸対称異方性である場合，関数 $E(\gamma, \beta)$ は次式によって表される．

$$E(\gamma, \beta) = \frac{3(1 + a\cos 2\gamma)}{4\pi(3-a)} \tag{10.22}$$

ここで，a は異方性の程度である（$-1 < a < 1$）．

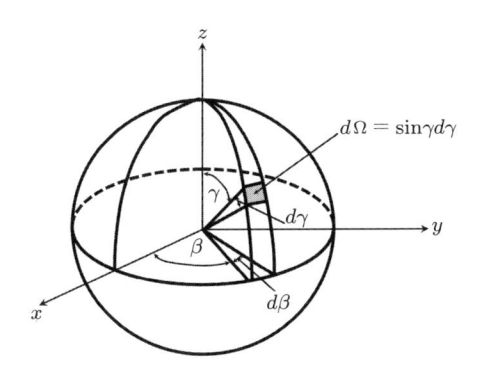

図 10.13 ■ 3次元ベクトル

Chang and Yin（2010）は，切頭型の連続的な3次元の球面調和関数展開から誘導される，3次元の接触方向分布の別の式を提案した．

$$E(\gamma, \beta) = \frac{1}{4\pi}\left\{1 + \frac{a_{20}}{4}(3\cos 2\gamma + 1) + 3\sin^2\gamma\,(a_{22}\cos 2\beta + b_{22}\sin 2\beta)\right\} \tag{10.23}$$

式（10.23）あるいは式（10.22）を次式で用いる．

$$\iint E(\gamma, \beta)\sin\gamma\,d\gamma\,d\beta = 1 \tag{10.24}$$

3次元のデータに対しては，10.6節で述べるファブリックテンソルの手法を用いて

ファブリックを解析するほうが妥当であろう.

ファブリックのパラメータと全体挙動との関係

Oda et al. (1980) は，ファブリック楕円帯は粒状体の構造を表すために，間隙比に次いで2番目に重要な指標であると述べている．Rothenburg and Bathurst (1989) の研究は，接触法線方向にフーリエ級数を用いることによって得られるファブリックパラメータと，巨視的な応力・ひずみ挙動との定量的な関係を確立しているので重要である．前述のパラメータの a と θ_a のフーリエ級数と同様に，次のように接触力ベクトルに二つのフーリエ級数を用いている．

$$\begin{aligned}\bar{f}_n(\theta) &= \bar{f}_{n0}\left\{1 + a_{nf}\cos 2\left(\theta - \theta_{nf}\right)\right\} & \text{法線方向接触力} \\ \bar{f}_t(\theta) &= -\bar{f}_{n0}a_{tf}\left\{\sin 2\left(\theta - \theta_{tf}\right)\right\} & \text{接線方向接触力}\end{aligned} \quad (10.25)$$

ここで，θ_{nf} は最大の平均力の方向，a_{nf} は法線方向接触力の異方性の大きさを表している．同様に，a_{tf} は接触力の接線成分の異方性を表している．θ_{tf} は接線力が平均して零になる方向を示している．パラメータ $\bar{f}_{n0}$ は重みがすべてが等しい場合の平均的な法線方向接触力であり，次式となる．

$$\bar{f}_{n0} = \int_0^{2\pi} \bar{f}_n(\theta) d\theta \quad (10.26)$$

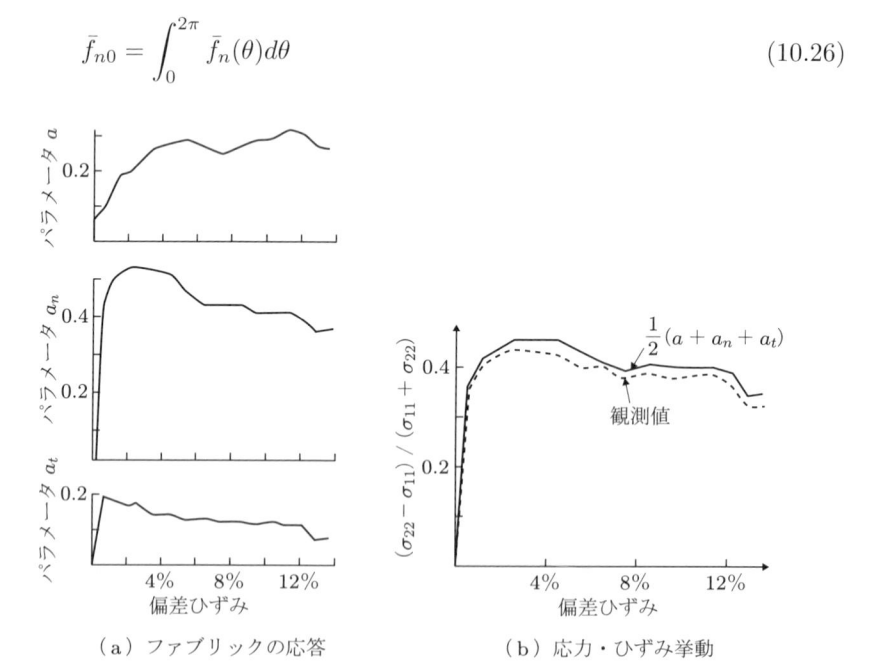

(a) ファブリックの応答

(b) 応力・ひずみ挙動

図 10.14 シミュレーションにおける応力・ひずみ挙動とファブリックパラメータの相関性 (Rothenburg and Bathurst, 1989)

パラメータ $\bar{f}_{n0}$ は，法線力分布と接線力分布を定めるどちらの式にも用いられるスケール係数になる．

図 10.14(a) に示すように，Rothenburg and Bathurst（1989）は，1,000 個の円盤による多分散系供試体の二軸圧縮の DEM シミュレーション中の三つのパラメータ a, a_{nf}, a_{tf} の変化について考察している．その供試体は初期等方性で，圧縮中は $\sigma_{22} > \sigma_{11}$，かつ，拘束圧 σ_{11} を一定に保っている．図 (b) に示すように，主応力比と $(a + a_n + a_t)/2$ とはかなりよく一致している．なお，Rothenburg and Bathurst（1989）では，接触異方性の方向と力の主方向が一致していると仮定していることに注意されたい．異方性の方向と力の主方向が一致しないような一般的な場合については，Rothenburg（1980）が考察している．

10.6 ■ ファブリック(ファブリックテンソル)の統計分析

方向ベクトルのデータからファブリックテンソルを直接求めて，優先配向や異方性の大きさを求めることができる．後述するように，ファブリックテンソルを用いて得られる異方性と優先配向の値は，フーリエ級数を用いて得られる値と等価である．最も一般的に用いられるファブリックテンソルは 2 階テンソルである．テンソル表記では，（接触方向の）2 階ファブリックテンソルは次のように表される．

$$\Phi_{ij} = \frac{1}{N_c} \sum_{k=1}^{N_c} n_i^k n_j^k \tag{10.27}$$

ここで，n_i^k は接触法線方向を表す単位ベクトルで，系の N_c 個の接触について総和をとる．粒状体力学では，ファブリックテンソルの定義は Satake（1978, 1982）によるものが一般的である．Ng（2004a）は，Scheidegger（1965）の初期の研究を引用しており，式（10.27）に適切な単位ベクトルを代入することによって，粒子，ブランチベクトル，間隙の方向に関するファブリックテンソルを容易に得ることができる．

高階のファブリックテンソルについても求めることができる．たとえば，4 階ファブリックテンソルは次式によって表される．

$$\Phi_{ijkl} = \frac{1}{N_c} \sum_{k=1}^{N_c} n_i^k n_j^k n_k^k n_l^k \tag{10.28}$$

これらの高階のファブリックテンソルは多次元配列になるため，解釈することが容易ではない．Kanatani（1984）は，高階のファブリックテンソルを含めてファブリックテンソルの理解を深めたい人にとって，役に立つ理論的な文献である．一般に，地盤

力学 DEM 関連のシミュレーションでは，式 (10.27) で定義する 2 階ファブリックテンソルによる考察に限られており，ファブリックテンソルを用いる場合，通常はこの 2 階テンソルである．

2 次元では，式 (10.27) の展開によって 2 次元行列を次のように表す．

$$\begin{pmatrix} \Phi_{xx} & \Phi_{xy} \\ \Phi_{yx} & \Phi_{yy} \end{pmatrix} = \frac{1}{N_c} \begin{pmatrix} \sum_{k=1}^{N_c} n_x^k n_x^k & \sum_{k=1}^{N_c} n_x^k n_y^k \\ \sum_{k=1}^{N_c} n_y^k n_x^k & \sum_{k=1}^{N_c} n_y^k n_y^k \end{pmatrix} \quad (10.29)$$

水平な x 軸に対するベクトルの方向を θ とすれば，接触 k の法線ベクトルは次式によって表される．

$$\mathbf{n}^k = \begin{pmatrix} n_x^k \\ n_y^k \end{pmatrix} = \begin{pmatrix} \cos \theta^k \\ \sin \theta^k \end{pmatrix} \quad (10.30)$$

接触 k が x 軸に対して角度 θ^k をなすなら，ファブリックテンソルは次式によって表される．

$$\begin{pmatrix} \Phi_{xx} & \Phi_{xy} \\ \Phi_{yx} & \Phi_{yy} \end{pmatrix} = \frac{1}{N_c} \begin{pmatrix} \sum_{k=1}^{N_c} \cos^2 \theta^k & \sum_{k=1}^{N_c} \cos \theta^k \sin \theta^k \\ \sum_{k=1}^{N_c} \sin \theta^k \cos \theta^k & \sum_{k=1}^{N_c} \sin^2 \theta^k \end{pmatrix} \quad (10.31)$$

$\cos^2 \theta^k + \sin^2 \theta^k = 1$ で，かつそのテンソルが全接触数によって正規化されているので，接触テンソルのトレースは 1 になる（すなわち，$\Phi_{xx} + \Phi_{yy} = 1$）．

ファブリックテンソルは，前述のベクトルの方向分布に直接的に関連しており，ベクトルの方向にフーリエ級数（式 (10.17)）を用いて近似させることによって得られる係数 a_2 と b_2 から，次のように求めることができる．

$$\begin{pmatrix} \Phi_{xx} & \Phi_{xy} \\ \Phi_{yx} & \Phi_{yy} \end{pmatrix} = \frac{1}{4} \begin{pmatrix} a_2 + 2 & b_2 \\ b_2 & -a_2 + 2 \end{pmatrix} \quad (10.32)$$

同様に，Oda (1999a) は係数 a_2, a_4, b_2, b_4 と 4 階ファブリックテンソルの間に関係があることを示した．同様の関係は，高階のファブリックテンソルとフーリエ級数展開の高次の項に対しても存在する．

3 次元では，2 階接触ファブリックテンソルは次式によって表される．

$$\begin{pmatrix} \Phi_{xx} & \Phi_{xy} & \Phi_{xz} \\ \Phi_{yx} & \Phi_{yy} & \Phi_{yz} \\ \Phi_{zx} & \Phi_{zy} & \Phi_{zz} \end{pmatrix} = \frac{1}{N_c} \begin{pmatrix} \sum_{k=1}^{N_c} n_x^k n_x^k & \sum_{k=1}^{N_c} n_x^k n_y^k & \sum_{k=1}^{N_c} n_x^k n_z^k \\ \sum_{k=1}^{N_c} n_y^k n_x^k & \sum_{k=1}^{N_c} n_y^k n_y^k & \sum_{k=1}^{N_c} n_y^k n_z^k \\ \sum_{k=1}^{N_c} n_z^k n_x^k & \sum_{k=1}^{N_c} n_z^k n_y^k & \sum_{k=1}^{N_c} n_z^k n_z^k \end{pmatrix} \quad (10.33)$$

ここで，N_c は接触数，(n_x, n_y, n_z) は接触法線方向を表す単位ベクトルである．図 10.13 を参照して，3 次元では接触の法線ベクトルを次のように角度 β と角度 γ に関連付けることができる．

$$\mathbf{n}^k = \begin{pmatrix} n_x^k \\ n_y^k \\ n_z^k \end{pmatrix} = \begin{pmatrix} \cos\beta^k \sin\gamma^k \\ \sin\beta^k \sin\gamma^k \\ \cos\gamma^k \end{pmatrix} \tag{10.34}$$

ファブリックテンソルの要素は次式によって表される．

$$\begin{cases} \Phi_{xx} = \sum_{k=1}^{N_c} \cos^2\beta^k \sin^2\gamma^k \\ \Phi_{xy} = \sum_{k=1}^{N_c} \cos\beta^k \sin\beta^k \sin^2\gamma^k \\ \Phi_{xz} = \sum_{k=1}^{N_c} \cos\beta^k \sin\gamma^k \cos\gamma^k \end{cases} \begin{cases} \Phi_{yx} = \sum_{k=1}^{N_c} \cos\beta^k \sin\beta^k \sin^2\gamma^k \\ \Phi_{yy} = \sum_{k=1}^{N_c} \sin^2\beta^k \sin^2\gamma^k \\ \Phi_{yz} = \sum_{k=1}^{N_c} \sin\beta^k \sin\gamma^k \cos\gamma^k \end{cases}$$

$$\begin{cases} \Phi_{zx} = \sum_{k=1}^{N_c} \cos\beta^k \sin\gamma^k \cos\gamma^k \\ \Phi_{zy} = \sum_{k=1}^{N_c} \sin\beta^k \sin\gamma^k \cos\gamma^k \\ \Phi_{zz} = \sum_{k=1}^{N_c} \cos^2\gamma^k \end{cases} \tag{10.35}$$

2 次元の場合と同様に，ファブリックテンソルのトレースは 1 になる（すなわち，$\Phi_{xx} + \Phi_{yy} + \Phi_{zz} = 1$）．また，2 次元および 3 次元のファブリックテンソルは対称である（すなわち，$\Phi_{ij} = \Phi_{ji}$）．

2 次元の場合と同様に，曲線近似のパラメータと 3 次元のファブリックテンソルを関連付けることができる．図 10.13 を参照して，式 (10.15) は次のように表すことができる．

$$\Phi_{ij} = \int_0^{2\pi} \int_0^{\pi} n_i n_j E(\gamma, \beta) \sin\gamma \, d\gamma \, d\beta \tag{10.36}$$

3 次元において接触法線の分布関数がわかれば，ファブリックテンソルを次のように計算することができる（Oda (1982), Yimsiri and Soga (2010)）．

$$\Phi_{ij} = \int_\Omega n_i n_j E(\mathbf{n}) d\Omega \tag{10.37}$$

ここで，n_i は方向 i の接触法線，$E(\mathbf{n})$ は接触法線の分布関数（$\mathbf{n}$ の空間確率密度関数），Ω は単位球面，$d\Omega$ は微小立体角である．

Yimsiri and Soga (2010) が示しているように，軸対称系の接触方向の分布が式

(10.22) の形をとる場合, 3次元のファブリックテンソルは次式によって表される.

$$\begin{pmatrix} \Phi_{xx} & \Phi_{xy} & \Phi_{xz} \\ \Phi_{yx} & \Phi_{yy} & \Phi_{yz} \\ \Phi_{zx} & \Phi_{zy} & \Phi_{zz} \end{pmatrix} = \begin{pmatrix} \dfrac{3a-5}{5(a-3)} & 0 & 0 \\ 0 & \dfrac{3a-5}{5(a-3)} & 0 \\ 0 & 0 & \dfrac{-(5+a)}{5(a-3)} \end{pmatrix} \quad (10.38)$$

ここで,異方性は a によって表される.この式では優先配向あるいは主配向が座標軸の方向であると仮定している.また,式 (10.23) を参照して,Chang and Yin (2010) は係数 a_{20}, a_{22}, b_{22} を用いた3次元の2階ファブリックテンソルの式を表している.

ファブリックテンソルの計算に必要な方向のデータとして,DEM シミュレーションの結果を用いることができる.たとえば,$\mathbf{n} = \mathbf{f_n}/|\mathbf{f_n}|$ である.ここで $\mathbf{f_n}$ は法線方向の接触力ベクトルであり,接触している両物体に反対方向で同じ大きさの接触力が作用する.それゆえ,接触力方向を $0 \leq \theta \leq \pi$ かつ $0 \leq \phi \leq \pi$ に限定することができる.同様に,粒子方向とブランチベクトル方向も,$0 \leq \theta \leq \pi$ かつ $0 \leq \phi \leq \pi$ に限定することができる.

■ ファブリックテンソルの固有値解析を用いた解釈

ファブリックテンソルは抽象的な概念であるため,視覚化することは容易ではない.まずは,ファブリックテンソルと応力テンソルの相似性を認識することから始めるのがよいであろう.どちらも2階テンソルで対称である.主応力やその方向を応力テンソルから求めることができるのと同様に,ファブリックテンソルがわかれば,優先配向や異方性の大きさを計算することができる.最大ファブリックの大きさを Φ_1,最小ファブリックを Φ_3,そして,3次元では中間ファブリックを Φ_2 と表している.すなわち,$\Phi_1 > \Phi_2 > \Phi_3$ である.2次元の平面 DEM 解析(たとえば,円盤を用いて)の場合にはパラメータ Φ_2 は存在せず,一方,軸対称系では,$\Phi_2 = \Phi_3$ あるいは $\Phi_1 = \Phi_2$ となる.

Ng (2004a) は,これらの主ファブリックパラメータの用語について以下のように述べている.主ファブリックパラメータは,三つの優先ファブリック方向のそれぞれのデータの度数を表している.すなわち,対象としている粒子や接触が主ファブリックの方向に向いている程度である.また,ファブリックの場合,ファブリックテンソルのこれらの特性がわかれば,対象としている粒子や接触の方向の分布形状について考察することができる.

応力テンソルの固有値によって主応力とその方向が得られるように,ファブリックテンソルの固有値解析によって主ファブリックパラメータに関する情報を得ることが

できる．固有値は直交する単位ベクトルである．すなわち，主ファブリック方向は互いに直交している．ファブリックの優先配向は最も大きな固有値によって表され，対応する固有ベクトルは主ファブリック成分の方向を表している．

別の解析的手法によっても主ファブリックの値を得ることができる．主応力とその方向を計算する連続体力学で用いている式（たとえば，Mase and Mase (1999)）によって，主ファブリック成分とその方向を計算することができる．2次元あるいは軸対称系では，2次元の系の主ファブリック成分は次式によって表される．

$$\begin{pmatrix} \Phi_1 \\ \Phi_2 \end{pmatrix} = \frac{1}{2} \left(\Phi_{xx} + \Phi_{yy} \right) \pm \sqrt{\frac{1}{4} \left(\Phi_{xx} - \Phi_{yy} \right)^2 + \Phi_{xy}^2} \qquad (10.39)$$

同様に，主応力の方向を求める式が学部の土質力学の教科書（たとえば，Gere and Timoshenko (1991)）で示されており，これらを用いて主ファブリックの方向を求めることができる．

主ファブリック成分が求められれば，それを用いて異方性の大きさや程度を表すことができる．異方性の大きさをどのように定量化すべきかについては，まだ，合意が得られていないが，いずれの手法もこれらの主値を用いることが多い．3次元で完全に異方的なファブリックは三つの異なる固有値によって示されるが，横方向等方性あるいは軸対称異方性のファブリックは二つの異なる固有値のみである．

2次元のファブリック固有値解析

2次元や3次元の横方向等方性（軸対称異方性）では，最大および最小のファブリック成分 Φ_1 と Φ_3 だけで考えることができる（ここで，最小のファブリック成分は2次元と3次元データともに Φ_3 と表す）．Thornton (2000) はその差 $(\Phi_1 - \Phi_3)$ によって異方性を定量化した．Cui and O'Sullivan (2006) もこの手法を用いている．一方，Oda (1999a) は Curray (1956) が提案したパラメータ $(\Phi_1 - \Phi_3)/2$ を引用している．Maeda (2009) は "偏差ファブリック強さ (Deviator Fabric Intensity)" とよぶ別の形の偏差ファブリックを用いている．これは配位数と偏差構造との積として表される．すなわち，2次元シミュレーションでは $Z(\Phi_1 - \Phi_3)$ となる．

ファブリックテンソルの主固有値の差の代わりに，これらの二つの成分の比を用いる場合もある．Bardet (1994) は，2次元シミュレーションで異方性を Φ_{yy}/Φ_{xx} として定量化している．（二軸圧縮の場合のように）主ファブリックが鉛直の y 方向を向く場合には，この式によって妥当な異方性が得られる．また，Ibraim et al. (2006) は直接的に主ファブリックの比，すなわち，Φ_1/Φ_3 を用いている．

ファブリックを計算する 2 階ファブリックテンソルとフーリエ級数展開の比較

ファブリックテンソルによって得られる異方性と，その分布のデータにフーリエ級数を近似させることによって得られる異方性の等価性を証明するために，2 次元解析で二つの試料について考察している．図 10.15 は，図 10.8 で考察した供試体の接触力分布とその柱状図を示しており，これらは，二軸圧縮を受ける供試体のピーク強度付近の接触法線の方向である．ファブリックテンソルは次式によって表される．

$$\Phi = \begin{pmatrix} 0.4748 & 0.0014 \\ 0.0014 & 0.5252 \end{pmatrix} \tag{10.40}$$

固有値解析によって最大および最小のファブリックパラメータは $\Phi_1 = 0.5252$ と $\Phi_3 = 0.4748$ で，最大ファブリックの方向は水平から $88.4°$ である．この異方性 $(\Phi_1 - \Phi_3)$ は 0.0504 である．前述の曲線近似手法を用いるとフーリエ級数のパラメータは $a = -0.1003$ と $\theta_a = -1.6°$ となる．$a < 0$ であるので，これは水平から $90° - 1.6° = 88.4°$ の主ファブリックの優先配向を示し，$|a| \approx 2(\Phi_1 - \Phi_3)$ となる．

(a) 接触力網   (b) 接触法線の柱状図

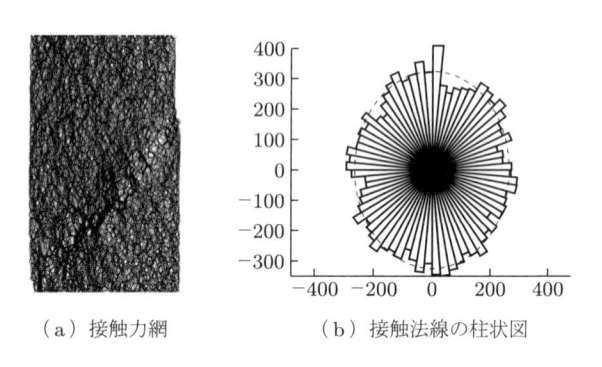

図 10.15 9,509 個の 2 次元円盤の異方性集合体の接触力の柱状図 $(\sigma_1/\sigma_2 = 1.94)$

より異方的なデータについて考察しても結果は同様である．図 10.16 は，SEM データから粘土のファブリック解析のために得られたベクトル方向の分布を示している．この場合，ファブリックテンソルは次式によって表される．

$$\Phi = \begin{pmatrix} 0.612 & -0.0121 \\ -0.0121 & 0.388 \end{pmatrix} \tag{10.41}$$

固有値解析によって，$\Phi_1 = 0.613, \Phi_3 = 0.387$ で $\Phi_1 - \Phi_3 = 0.226$，水平軸に対する最大ファブリックの方向 $-3.10°$ を示している．得られたフーリエパラメータは，$a = 0.45, \theta_a = -3.10°$ である．今度は $a > 0$ なので，θ_a はそのまま最大ファブリッ

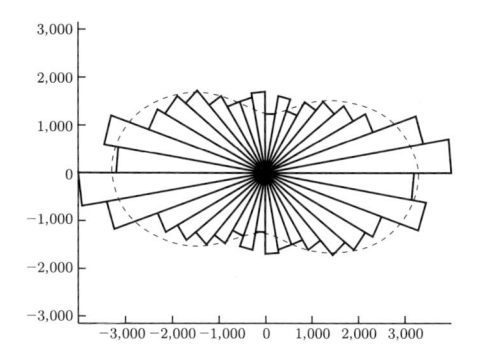

図 10.16 ファブリック解析のために SEM 画像から得られた単位ベクトル分布（Wilkinson, 2010）

クの方向を示している．再び，$|a| \approx 2(\Phi_1 - \Phi_3)$ である．

3次元のファブリック固有値解析

一般的な 3 次元の場合には，構造異方性の解釈はより難しくなる．Barreto et al.（2009）は，次の（正八面体面のせん断応力に類似の）不変量を用いて 3 次元の異方性あるいは偏差ファブリックの定量化を提案している．

$$\Phi_d = \frac{1}{\sqrt{2}}\sqrt{(\Phi_1 - \Phi_2)^2 + (\Phi_2 - \Phi_3)^2 + (\Phi_3 - \Phi_1)^2} \tag{10.42}$$

Kuo et al.（1998）は，3 次元の構造異方性を評価するために同様な式を用いている．Ng（2004a）も 3 次元の応力状態について考察しており，Woodcock（1977）が提案した手法を用いている．この手法ではファブリックの二つの記述子 β_1, β_2 が用いられている．

$$\begin{aligned} \beta_1 &= \ln\left(\frac{\Phi_1}{\Phi_3}\right) \\ \beta_2 &= \ln\left(\frac{\Phi_1}{\Phi_2}\right) \bigg/ \ln\left(\frac{\Phi_2}{\Phi_3}\right) \end{aligned} \tag{10.43}$$

Woodcock（1977）は，β_1, β_2 を用いてファブリック固有値データを解釈するための図法を示しており，Φ_1 を S_1，Φ_2 を S_2，Φ_3 を S_3 と表している．図 10.17 に示すように，水平軸は $\ln(\Phi_2/\Phi_3)$ で，鉛直軸は $\ln(\Phi_1/\Phi_3)$ である．もし，データが原点に図示されるなら，ファブリックは等方的であり，そのベクトルは一様分布である．異方性ファブリックの場合，β_1 の値は優先配向のベクトルの集中度を示している．固有値のデータが鉛直軸に沿って図示されれば，そのファブリックは軸対称である．β_2 の値によってその方向の分布が塊状か帯状かが決まる．

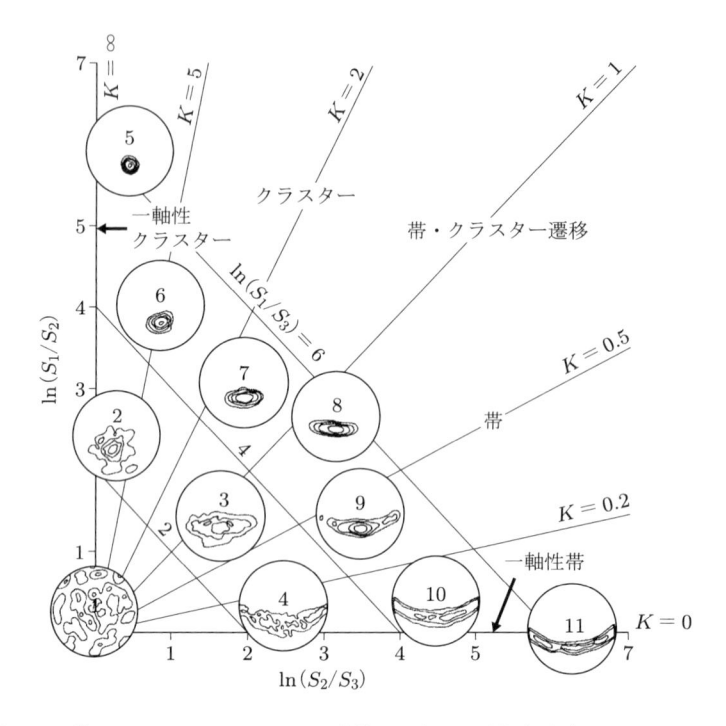

図 10.17 ファブリックテンソルの固有値に関する図形的表示（Woodcock, 1977）

ファブリックテンソルの別の定義

ファブリックテンソルには別の定義もある．たとえば，Luding et al.（2001）は，ファブリックテンソルを計算する場合に，（粒子図心と相対的な接触位置を考えることによって）各粒子のファブリックテンソルを最初に計算して，それから全体のファブリックに対する粒子体積を掛けた粒子の寄与分の総和をとり，計測領域の体積で割ることによって，所定の計測体積あるいは領域内の平均的なファブリックテンソルを計算することを提案した．

ファブリックテンソルに取り込むデータを取捨選択する場合もある．たとえば，Kuhn（2006）は，平均の力よりも大きな力を伝達する接触だけによる，"強"ファブリックテンソルを用いることを提案している．

$$\Phi_{ij}^s = \frac{1}{N_c^s} \sum_{k \in S} n_i^k n_j^k \tag{10.44}$$

ここで，N_c^s は平均の力を超える力を伝達する接触点からなる集合 S の接触数である．

粒子方向および間隙方向のファブリックテンソル

粒子方向のテンソルは，粒子長軸の方向を考えることによって簡単に計算することができるが（たとえば，Ng (2009a)），この定義では粒子の形状を考慮していない．中間軸の長さが短軸よりも少しだけ大きい粒子は，中間軸の長さが長軸よりも少しだけ小さい粒子と同じ寄与を全体テンソルに対して与える．Oda et al. (1985) は，次式によって表される粒子方向の重み付きテンソル $\Phi_{ij}^{\text{particle}}$ を提案した．

$$\Phi_{ij}^{\text{particle}} = \frac{1}{\lambda} \sum_{p=1}^{N_p} T_{ki}^p T_{lj}^p S_{kl}^p \tag{10.45}$$

ここで，N_p は粒子数，T_{ij}^p は粒子 p の方向テンソルである．粒子図心を原点とするデカルト座標系の点の座標を x_i^{pb} とすると，$x_j'^{pb} = T_{ij} x_i^{pb}$ は粒子図心を原点として粒子の慣性主軸を軸とする局所座標系で定義される粒子の座標を表している．テンソル S_{ij}^p は次式によって表される．

$$S_{ij}^p = \begin{pmatrix} a_p & 0 & 0 \\ 0 & b_p & 0 \\ 0 & 0 & c_p \end{pmatrix} \tag{10.46}$$

ここで，a_p, b_p, c_p は，それぞれ，粒子の長軸，中間軸，短軸の半分の長さである．パラメータ λ は，$\lambda = \sum_{p=1}^{N_p}(a_p + b_p + c_p)$ によって与えられる値である．

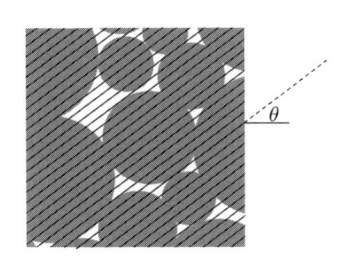

図 10.18 間隙の方向を求める走査線（Oda et al., 1985）

光弾性実験において，Oda et al. (1985) は間隙の形状を定量化するために間隙ファブリックテンソルを定義した．図 10.18 を参照して，2 次元の場合，0° と 180° の間の傾き θ の平行走査線が必要となる．ファブリックテンソルに対する所定の方向 θ の寄与は，次式によって表される．

$$\begin{pmatrix} l_v^\theta \cos^2\theta & l_v^\theta \cos\theta \sin\theta \\ l_v^\theta \cos\theta \sin\theta & l_v^\theta \sin^2\theta \end{pmatrix} \tag{10.47}$$

ここで，l_v^θ は，間隙空間と交差する方向 θ の走査線の長さに比例しており，次のように調節される．

$$\int_{0°}^{180°} l_v^\theta d\theta = 1 \tag{10.48}$$

間隙の配向性ファブリックテンソルは，各走査線方向からの寄与の総和をとることによって得られる．最大と最小のファブリックの比 $\Phi_1^{\text{void}}/\Phi_3^{\text{void}}$ は，間隙の細長さの指標を表している．

Kuo et al.（1998）も，樹脂浸透砂供試体断面のデジタル画像を解析するために，平行走査線手法を用いている．いくつかの方向について考察する必要があり，Kuo et al.（1988）は走査線の方向を 5° 増分で変化させることを提案している．この方法は画像解析のために開発されており，それを DEM に用いる最も簡単な方法は，円盤の系のデジタル 2 値画像[*1]を作ることであろう．また，DEM データの間隙ファブリックについて考察する場合は，次の節で述べるグラフに基づいた手法を用いるほうがより一般的である．

■ ファブリックテンソルによる粒子レベル挙動と巨視的挙動の関連性

配向性ファブリックを求める方法について示してきたが，このファブリックの指標を材料の巨視的挙動にいかに関連付けるかという問題が残っている．Oda et al.（1985）は，楕円形ロッド[*2]の光弾性実験で，材料の応力・ひずみ挙動と接触法線，粒子，間隙の各配向性ファブリックテンソルとを比較した．主応力比 σ_1/σ_3 を用いた巨視的挙動と最もよい相関性を示すファブリックの指標は，接触法線ファブリックの最小に対する最大の比であった．同様に，Ng（2009a）は楕円体粒子を用いた 3 次元 DEM シミュレーションで，接触法線方向のファブリックテンソルは，粒子方向のテンソルよりも全体挙動とより強い相関性があることを示した．これは，ファブリックテンソルの式 $(\Phi_{ij} = (1/N_c)\sum_{k=1}^{N_c} n_i^k n_j^k)$ が応力テンソルの式 $(\sigma_{ij} = (1/V)\sum_{k=1}^{N_c} f_i^k l_j^k)$ と非常に類似しているので当然であろう．接触法線方向の単位ベクトルは $\mathbf{n}^k = \mathbf{f}^k/|\mathbf{f}^k|$ によって表され，円形や球形の粒子では接触法線方向はブランチベクトルの方向，すなわち，$\mathbf{n}^k = \mathbf{l}^k/|\mathbf{l}^k|$ に等しい．Oda et al.（1980）のファブリックテンソルと応力・ひずみ挙動の関係についての研究は，独自に行われたのではないことに注意する必要がある．接触法線分布から得られる 2 階ファブリックテンソルが，粒状体にとって物理的に重要な意味があるパラメータであることを Cowin（1978）や Jenkins（1978）が確立しており，Oda et al.（1980）はこの貢献を評価している．

[*1] 白黒画像
[*2] 棒

12章でさらに述べるように，数多くの DEM シミュレーションが接触法線ファブリックテンソルの主値と応力・ひずみ挙動の間の関連性を示している．二つの例をここに示す．図 10.19 は三軸試験のシミュレーション，図 10.20 は直接せん断試験のシミュレーションについてである．

Oda et al.（1980）が示しているように，粒子の光弾性実験では，主応力軸が載荷中に回転するのと同様にファブリックの主軸方向も回転し，ファブリックの主成分の方向が主応力方向に向かう傾向がある．主ファブリックの方向の変遷は強応力鎖の進展に関連しており，載荷時の作用する応力を伝達（あるいは，抵抗）するように鎖の列が変化する．Li and Li（2009）は，変形中の主ファブリックの方向について注意深く考察している．

Maeda（2009）は，偏差ファブリックの応答の形状が応力・ひずみ挙動に類似していることと，**極限異方性**あるいは**限界異方性**が存在することを示した．Yunus et al.（2010）も限界状態に対応する限界異方性を示している．

Oda et al.（1985）は，円盤の光弾性データに式（10.47）を用いて計算した間隙の異方性の指標によって，軸圧縮において間隙が回転する傾向があること，および，最大主応力方向に並ぶ間隙の長軸および間隙自体がより細長くなることを示した．これに対して，Kuhn（1999）は後述するファブリックを定量化するグラフに基づいた手法を用いて，変形の過程で粒子が最小主応力方向の隣接する粒子との接触を失う傾向

（a）巨視的応力・ひずみ挙動

（b）偏差ファブリックの変化
（O'Sullivan and Cui, 2009b）

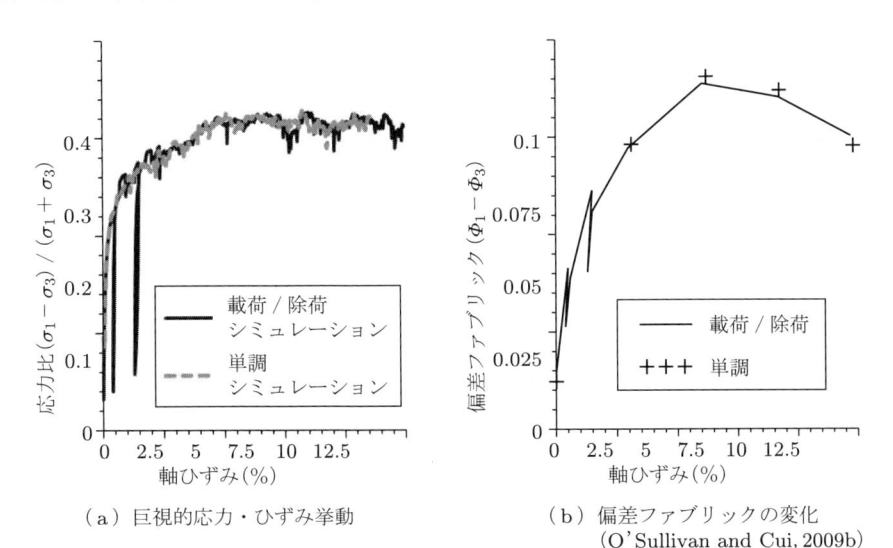

図 10.19 三軸試験シミュレーションの偏差ファブリックの変化（単調試験および除荷・再載荷の繰返しを含む試験）

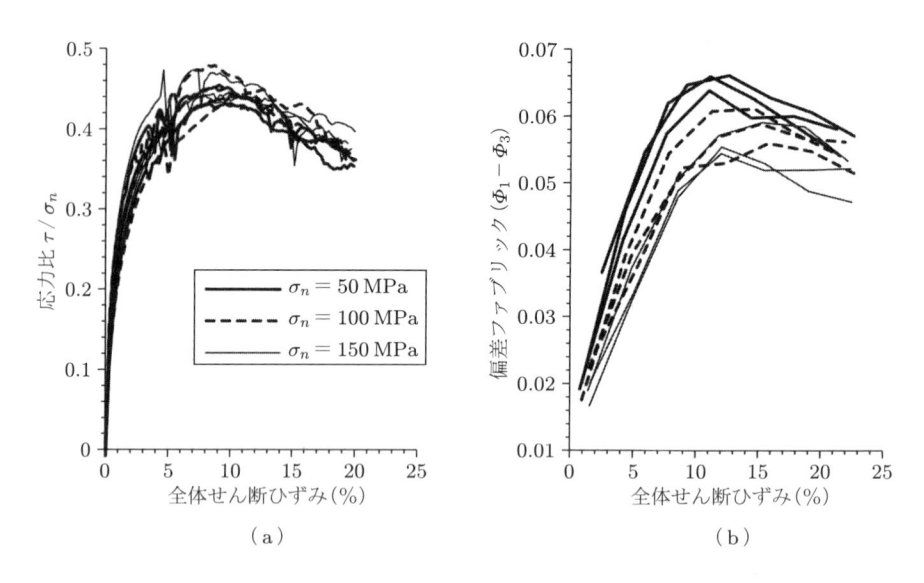

図 10.20 直接せん断試験シミュレーションの巨視的応力比と偏差ファブリックの比較（Cui and O'Sullivan, 2006）

があるために，間隙セル数が減少して残っている間隙セルは大きくかつ細長くなることを示した．

10.7 ■ 粒子グラフおよび間隙グラフ

粒子グラフの概念については，応力やひずみを計測するために Bagi（2006）の双対のセル系について紹介した 9 章で述べた．粒状体をグラフ表示するのにはいくつかの理由がある．グラフは接点とセルからなり，これらのセルは局所的な応力やひずみの計算あるいは材料のファブリックを解析するために用いる基本単位となる．さらに，DEM データを解釈するためにネットワーク科学の技術が用いられるかもしれない．巨視的なデータは，粒状体の組織化された複雑さを示しているように思える．粒子や接触のデータがネットワークとして表せるのであれば，ネットワーク解析や複雑系の理論のツールを粒状体に用いることができるであろう．

粒状体に対して，双対のグラフ，すなわち，粒子グラフと間隙グラフを用いるという発想は，Satake（たとえば，Satake（1978, 1992））の功績である．その後，Bagi（たとえば，Bagi（1996, 2006））は，粒状体のファブリックや変形を解析するためにグラフを用いることについての多くのアイデアを提案しており，その材料セルおよび空間セルとよばれる粒子グラフの構成概念については 9 章で述べた．ここでは，さら

に主として Kuhn（1999）と Li and Li（2009）を参照して，粒子のグラフ表示を作るための二つの手法について考察する．

粒子グラフの作成

分割やドロネー三角形分割の概念については1章で述べた．粒子グラフを作る最も単純な方法は，粒子図心のドロネー三角形分割を作り，接触していない粒子を結ぶ辺を三角形分割から消去することである．Kuhn（1997）は，図 10.21 に示すように寄与する粒子のみを考慮することによって粒子グラフを作る少し複雑な判定基準を用いている．細い線は，円盤の図心のドロネー三角形分割によるグラフを示している．太い線は粒子グラフの辺を示す．すなわち，これらの辺はドロネー図から孤立，懸垂，半島，島のそれぞれの粒子（図 10.4 で定義）を取り除くことによって特定される．すなわち，寄与している粒子のみが粒子グラフに含まれている．

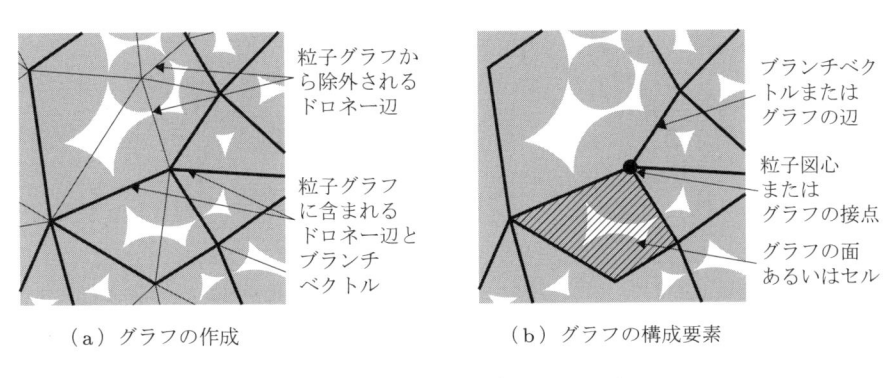

（a）グラフの作成　　　　　　（b）グラフの構成要素

図 10.21 粒子グラフ（Kuhn, 1997）

その場合，グラフの各辺はベクトルの向きによらずブランチベクトルである（すなわち，粒子 a と粒子 b を結ぶベクトルは，a から b あるいは b から a を向く）．Satake はこのグラフを**粒子グラフ**と名付けている．このグラフでは，粒子は接点に，ブランチベクトルは辺に，間隙はグラフ内のセルに対応している．**間隙グラフ**もまた隣接する間隙の図心を結ぶことによって作ることができる．粒子グラフと間隙グラフは，補完的あるいは相対ということができる．間隙グラフの各ブランチは粒子グラフのブランチに関連している．Li and Li（2009）が示しているように，3次元の間隙の定義は不明確である．それゆえ，この概念を3次元に拡張する場合，所定の間隙の辺を定義する最小の"通路幅"を定義することはより合理的であろう．

Li and Li（2009）は，粒子の図心に基づいた分割を作るのではなく，接触点に基づいた分割を用いることを提案した．そのグラフを作る最初のステップは，その接点が

粒子の表面の接触点である各粒子のドロネー三角形分割を実行することであり，そして各粒子に対して一つの固体粒子セルを作るためにこれらの三角形を併合する．すなわち，図 10.22(a) に示すように全体の接触系のドロネー三角形分割（分割）を作り，図 (b) に示す固体と間隙の要素に系を分けるために，固体粒子セルの辺でもある分割の辺のみが残るようにする．図 (c) を参照して，間隙要素の中心を特定し，間隙要素を囲む固体要素の辺を定義する接触点と図心の座標を用いて各間隙要素を三角形分割することによって固体セル系のセルが作られる．なお，図 (c) に示す固体セル系を作るためには，固体要素内に完全に含まれるいかなる辺も消去される．各粒子の固体要素の図心と粒子表面の接触点に基づいた三角形分割を作ることによって，補完的な間隙セル系（図 (d)）を作る．その場合，間隙セル系を作るために，固体要素の辺に対応する辺を消去する．

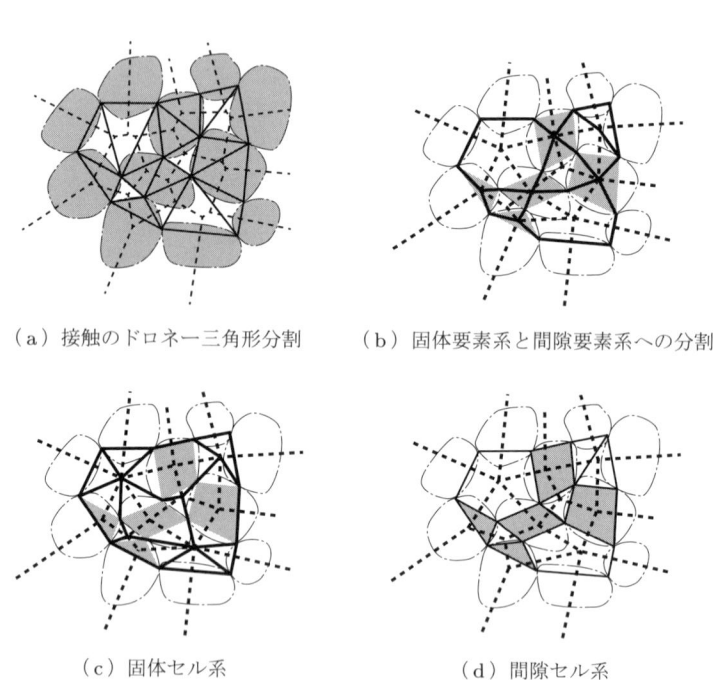

(a) 接触のドロネー三角形分割　　(b) 固体要素系と間隙要素系への分割

(c) 固体セル系　　(d) 間隙セル系

図 10.22 粒子グラフおよび間隙グラフの作成法（Li and Li, 2009）

粒子グラフと間隙グラフによる材料のファブリック解析

グラフができれば，粒状体内の特徴を明らかにするための考察ができる．ひずみを計算するためにグラフを用いることについては 9 章で述べた．たとえば，Kuhn（1999）は 2 次元粒状体内の変形パターンをグラフ構造を用いて判別しており，また，グラフ

はファブリックを解析するためにも用いることができる．

10.2 節で述べたように，粒状体の不静定を評価するために配位数を用いることができるが，グラフの作成によってより厳密に不静定を評価することもできる．Satake (1999) は，2 次元の系の不静定次数を $\hat{r} = s - 3$ と定義している．ここで，s は所定のセルの側面の数である．

その場合，系の平均的な不静定次数は，

$$R = \frac{1}{N_v} \sum \hat{r} \tag{10.49}$$

となり，ここで，N_v は系の間隙セル数である．Satake (1999) は，平均配位数 Z と不静定次数は次のように関連していることを示している．

$$R = \frac{6 - Z}{Z - 2} \tag{10.50}$$

Kuhn (1999) は，粒状体系のトポロジーを定量化するために，グラフに基づく指標を数多く提案しており，系の平均的な指標として次のように定義している．

$$m = 2\frac{M_p}{L} \tag{10.51}$$

ここで，M_p はグラフの辺の数（すなわち，寄与している粒子のブランチベクトルの数），L は系のセルの数である（これらは閉じた辺のループが間隙を囲んでいるので**間隙セル**とよばれる）．Kuhn (1999) は，2 次元の粒子グラフのオイラー公式が次のように成り立つとしている．

$$L - M_p + N_p^p = 0 \tag{10.52}$$

ここで，N_p^p は寄与している粒子数である．前述のとおり，有効配位数は次式で表される．

$$Z_p = \frac{2M_p}{N_p^p} \tag{10.53}$$

式（10.51）〜（10.53）を組み合わせることによって，次の関係が成り立つ．

$$m = 2 + \frac{4}{Z_p - 2} = \frac{2Z_p}{Z_p - 2} \tag{10.54}$$

図 10.23 に示すように，各セルに対してブランチベクトルはセルの周りに閉じたループをなすように方向付けられる．Kuhn (1999) は各セルのループテンソルを計算しており，このテンソルは各セルのブランチベクトルのダイアド積の総和として表され，

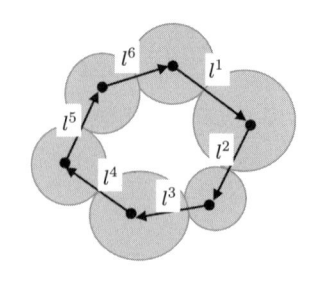

図 10.23 間隙の異方性を計算するためのセルのブランチベクトル（Kuhn, 1999）

次式となる（Tsuchikura and Satake, 1998）．

$$K_{ij}^c = \sum_{e=1}^{N_s^c} l_i^e l_j^e \tag{10.55}$$

ここで，l_i^e は辺 e のブランチベクトルで，セル c に対して N_s^c 個の辺あるいは側面がある．セルの細長さは $(K_{22}/K_{11})^c$ や $(\sqrt{K_{22}/K_{11}})^c$ によって表され，すべてのセルの $(\sqrt{K_{22}/K_{11}})^c$ の平均値はその系の異方性の指標である．この間隙ファブリックの指標は，Oda et al.（1985）の結果との一致を示している．Li and Li（2009）は，**間隙ベクトル**に基づいた 2 階ファブリックテンソルを計算することによって，（図 10.22(d) に示される）間隙セル系の異方性を定量化した．その場合，間隙ベクトルは，各間隙セルの中心からその間隙セルの辺の接触点を結ぶベクトルであると定義している．

10.8 ■ 結 び

　地盤力学の視点から，本章で述べたツールによって土のファブリックおよびその変遷をどのように定量化できるかを示したが，すべてを網羅しているわけではない．これらの手法は DEM シミュレーションのデータを解析する手段として提案されているが，光学顕微鏡，走査型電子顕微鏡，3 次元マイクロコンピュータ断層撮影データから得られる土の 2 次元画像を解析するためにも用いることができる．実験の変形過程のファブリックの変化に関する情報については容易に得ることはできない．しかし，粒子レベルの画像解析手法はつねに発達している．2 次元の薄い切片の画像や 3 次元 CT データの画像解析によって，連続的に粒子の方向に関する情報を得ることができる．過去 20～30 年間，SEM 画像に基づいて土のファブリックを定量化する技術が開発されてきた（たとえば，Tovey（1980），Hattab and Fleureau（2010））．一方，画像を解析する技術も急速に発展しており，Wilkinson（2010）はこの分野における最先端技術の包括的な概要を示している．

10.8 結び

　本章の大部分は，全体的あるいは平均的な材料のファブリックを定量化する手法について述べてきた．接触力網の図から，粒子レベルの不均質性は明らかである（たとえば，図10.15(a)）．Kuhn（2003a）は不均質性を五つの区分に分類した．すなわち，材料構造の不均一性，静的な不均質性（応力と力），動的な不均質性（変位と回転）である．速度の変化（速度ゆらぎ）については8章で述べた．動的および静的な不均一性について考察している例としては，Chang and Misra（1990）やKuhn（2003a）などがある．ファブリックに関連して，Kuhn（2003a）は，**トポロジー**の不均質性が価数（すなわち，粒子レベルの配位数）の変動係数，すなわち，価数の標準編差を価数の平均値によって割った値を用いて定量化できることを示した．**幾何学的**な不均質性を定量化するために，Kuhn（2003a）はその粒子に関連する接触を考慮して各粒子のファブリックテンソルを計算することを提案した．その粒子のファブリックテンソルの固有値から計算される粒子の異方性の平均と標準偏差を用いて，異方性の不均質性を定量化することができる．

　DEMシミュレーション分野の研究グループの数と同じくらい，シミュレーション結果を分析する多くの手法がある．しかし，DEM解析をできるだけ広めるためには共通の言語を用いる必要がある．古典的な土質力学では，間隙率あるいは比体積，すなわち，eやvの用語で充填密度を定量化しており，平均応力p'と偏差応力qを用いて応力の変化を表している．材料の異方性を2階接触ファブリックテンソルの最大と最小の固有値の差によって定量化した場合，この異方性の変化は応力・ひずみ挙動と密接な相関があることが多くの研究によって示されている．接触密度の指標として配位数，材料の異方性の指標として偏差ファブリック（$\Phi_1 - \Phi_3$）を用いることは，微視的土質力学にとって論理的であるように思える．しかし，この結論はほとんど球形で凸状の粒子や点接触のシミュレーションの結果に基づいている．より実際的な粒子形状についてのさらなる情報が得られるにつれて，接触ファブリックテンソルに接触域を考慮するための修正が必要になってくるであろう．

　最後に，ファブリックを定量化する動機についてあらためて考える必要があるかもしれない．本章で述べた手法は，粒状体の多くの場合における複雑な巨視的挙動の基礎にある力学について，合理的な説明を示すことができるツールである．今後，これらの指標が連続体の構成モデルにおいて用いられるであろうし，ファブリックの項を含む連続体の構成モデルについてはすでにいくつか提案されているものもある（たとえば，Papadimitriou and Bouckovalas（2002））．

11章 DEMシミュレーションのためのガイダンス

　本章では，粒子DEMシミュレーションに携わっているか，将来，携わろうと考えている人にとって，役に立つであろうと思われることについて述べる．シミュレーションを成功させるための"技術"があるというといささか大袈裟ではあるが，ユーザーが実際の"本番解析（Production Analyses）"を行う前に，シミュレーション技術を身につけるための時間を必要とすることは確かである．いずれの数値手法でも，ユーザーは数値アルゴリズムや用いている接触モデルの挙動などの詳細について理解しなければならない．連続体手法と比べてDEMシミュレーションを複雑にしている要素は，シミュレーションのための初期の充填配置を作る必要があることである．7章で述べたように，DEMシミュレーションの供試体作製の段階における計算コストが，対象とする境界値問題のシミュレーションよりも高くなる場合がある．実質的にDEM解析は非線形系のシミュレーションである．それゆえ，シミュレーションの結果が正しいかどうかを判断することは容易なことではない（妥当性確認については後の11.7節で述べる）．すなわち，厳密なシミュレーション結果を得るために適切な技術を身につけることは，ユーザーにとって最初は容易ではないということを意味している．DEMの文献では，記載されているシミュレーション手法の詳細の範囲はさまざまである．Kuhn（2006）によるガイダンスおよびNg（2006）による考察は参考になる．すでに5.3節で述べたように，Thornton and Antony（2000）は，周期境界を用いて所定の等方応力状態をどのように得るのか，ひずみ制御型の周期セルシミュレーションでどのように試料をせん断するのかについて示している．Potyondy and Cundall（2004）は，結合材料の挙動をシミュレーションするDEMの適用について示しており，そのシミュレーション手法の詳細は，未結合材料の挙動をシミュレーションするDEM解析者にとっても参考になるであろう．本章の目的は，個人的な経験や論文調査に基づき，DEMのシミュレーションに対する初歩的なガイダンスを示すことである．とくに，DEMの初心者ユーザーにとって役に立つであろうことを期待している．

　DEMシミュレーションで得られる結果は，解析対象の系の粒子の初期配置に非常に敏感である．Rapaport（2004）の分子動力学法に対するガイダンスは，DEMシミュレーションにも適用することができる．そのガイダンスでは，シミュレーションの出力結果も実験結果を処理する統計的手法によって同様に扱われなければならないこと，

結果の信頼性やデータの抽出が妥当であることを明らかにする必要があることが示されている．また，プログラムの妥当性の確認も不可欠である．

11.1 ▪ DEMプログラム

DEMのアルゴリズムの概要についての初期の *Géotechnique* の論文（Cundall and Strack, 1979a）やNSFの報告書（Cundall and Strack, 1979b）には，二つのDEMプログラムが関連している．これらのプログラムは，BALL（2次元プログラム）とTrubal（3次元プログラム）とよばれる．現在まで，地盤力学コミュニティにおけるDEMシミュレーションのほとんどは，Cundall and Strack（1979a）の先駆的なプログラムTrubal（Lin and Ng（1997）によるELLIPSE3Dなどの，Trubalの修正版を含む）か，あるいは，"粒状体解析コード（Particle Flow Codes）"のPFC2DやPFC3Dが用いられている．PFC2DやPFC3Dは市販されており，Peter Cundallがそれらのプログラムの開発に関わっていることからTrubalに何らかの関連がある．PFC2DやPFC3Dが用いられてシミュレーションを行うためには，インタプリタ形式のプログラミング言語FISHの技術が必要である．FISHに慣れるには時間がかかるが，その適応性の高さから応用研究や工業での応用においてこれらのプログラムを魅力的なものにしている．本書の執筆時点では，別の市販のDEMプログラム，EDEM（DEMSolutions, 2009）が，とくにプロセス工学や鉱山工学で普及してきている．オープンソースのDEMプログラムには，ESyS Particle Simulation（Weatherley, 2009），YADE（Kozicki and Donz, 2008），Virtual Geoscience Workbench（Xiang et al., 2009），Oval（Kuhn, 2006）などがある．これらのプログラムは主として研究のために開発されてきた．オープンソースの分子動力学プログラムLAMMPS（Plimpton et al., 2010）には粒状体の接触モデルが組み込まれ，LAMMPSの粒状体のプログラミングLIGGGHTSはKloss and Goniva（2010）によって開発されている．他にも多くのプログラムがそれぞれの研究グループ内で開発されてきている．また，接触力学法（Jean, 2004）はフランスの地盤力学，とくに粒子解析のコミュニティで用いられている（たとえば，Silvani et al.（2009））．

本書はDEMプログラムのすべてを網羅しているわけではないし，（地盤力学の論文で用いられているプログラムに基づいているので）主観的であることを断っておきたい．Jing and Stephansson（2007）は，DEMの開発の歴史の概要およびその他のプログラムについても列挙している．ここで述べるプログラムの精度が保証されているわけではないので，研究用プログラムとして開発されたか，あるいは，市販用かに関わらず，すべてのプログラムに対して，ユーザーはそのプログラムが精度よい結果を

与えることについての確認の義務を負っている．DEM の妥当性確認についての考察は本章の後半で述べる．

11.2 ■ 2 次元解析か，あるいは 3 次元解析か？

　初めて DEM を用いる場合，研究者がなすべき重要なことは，2 次元解析かあるいは 3 次元解析に着手するかの選択である．Deluzarche and Cambou (2006) は，3 次元粒子の材料挙動に対する理解を深めるために 2 次元シミュレーションを用いることの有意性について考察している．2 次元シミュレーションの粒子は，概念的にロッドあるいは（それらが円形の場合には）平らな円盤とみなされる．技術者にとって対象となるほとんどの粒状体は 3 次元であるが，12 章で述べるように，毎年発表される 2 次元 DEM の論文数が 3 次元 DEM の論文数よりも優っている傾向にある．2 次元シミュレーションの利点は，2 次元シミュレーションのほうが同じ粒子数をもつ 3 次元シミュレーションよりも計算が速いということである．この計算量の違いは，2 次元粒子が 3 自由度であるのに対して，3 次元粒子が 6 自由度であることに基づいている．さらに，2 次元の場合は平面内での接触に限られているのに対して，3 次元の場合には粒子表面のどこでも接触が起こり得るので，1 粒子あたりの接触数（すなわち，配位数）がより多くなる．DEM シミュレーションに要する時間は，主として系の接触数に依存する．2 章で述べたように，3 次元の剛体の動的回転つり合いは 2 次元の場合よりもより複雑になる．2 次元シミュレーションの粒子は平面外の力を受けることはなく，解析面に直交する軸周りに作用するモーメントのみを考慮すればよい．2 次元の系と比較して 3 次元の系が複雑であることは，3 次元の場合と比べて 2 次元 DEM プログラムを開発するほうがより容易であることを意味している．2 次元のモデルでは粒子の変位や接触力網の可視化がより容易であるので，粒子レベルの力学を詳細に調べたい解析者にとっては望ましいことになる．最も重要な点は，市販の 2 次元 DEM プログラムが 3 次元プログラムよりも経済的に非常に安価であるということである．

　2 次元解析に関して，Brooks (2009) は 2 次元の"平面世界 (flatland)"を"関心があり役に立つことが起こるのにちょうど十分な余地"をもつ空間として述べている．これはまさしく地盤力学における DEM 解析の場合にもあてはまる．2 次元の系の全体挙動は，定性的に 3 次元の系の挙動と類似している．すなわち，材料挙動の状態（応力や間隙比）依存性，ヒステリシス，せん断時の膨張などの現象が，すべて 2 次元でも観察される．2 次元 DEM モデルによって，土や他の粒状体の数多くのユニークかつ重要である複雑な力学的挙動特性を捉えることができる．それゆえ，粒状体の内部のメカニズムを調べて，粒子レベルの種々のパラメータが材料の全体挙動にどのように

影響を及ぼすのかを確信をもって評価することができる．土の2次元DEMモデルを用いることの利点は，円盤を用いた光弾性実験（たとえば，de Josselin de Jong and Verrujit（1969），Oda et al.（1985），Utter and Behringer（2008））やシュネーベリロッド[*]を用いた実験（たとえば，Ibraim et al.（2010））によって示されている．また，Rothenburg and Bathurst（1989），Kuhn（1999），Wang and Gutierrez（2010），Li and Yu（2010）などの2次元DEMの研究は，粒状体の挙動についての理解を著しく深めた点で貢献している．すなわち，2次元DEMシミュレーションは，粒状体のモデル化に関する新しい着想を得るための便利な手段を解析者に提供している．たとえば，Jiang et al.（2005, 2009）は，2次元DEMシミュレーションで彼らの接触モデルの可能性について示している．

DEM解析者およびより幅広い地盤力学コミュニティにとって，2次元DEMの解析結果の解釈方法について慎重に考察する必要がある．確かに有意義な定性的な考察を得ることができ，粒子レベルの力学と巨視的挙動の関係を解明することができる．しかし，3次元問題を面外の接触や変形を無視して2次元で扱うことによる幾何学的な制約は，3次元の実際の材料挙動と定量的な比較をするには適切でない場合があることを意味している．実験およびDEMシミュレーションによって，3次元粒状体の挙動は3次元の応力状態に依存していることが示されている．すなわち，中間主応力が全体的な強度に影響することなどが明確に示されている（たとえば，DEMの視点から，Ng（2004b），Barreto（2010），Thornton and Zhang（2010））．Cui and O'Sullivan（2006）は，平面ひずみ（2次元）の変形状態に制約した場合に，かなりの粒子が載荷方向に直交する動きがあることを示している．これらの観察は，とくに3次元の粒子形状をもつ材料の実験データに対して2次元DEMモデルの較正を行うときに注意する必要があることを意味している．

Deluzarche and Cambou（2006）は，接触の幾何学的形状に違いがあるということは，2次元DEMモデルの接触モデルのパラメータによって，実際の3次元の粒子の材料特性に直接関係付けることができないことを意味していると指摘した．さらに，2次元と3次元の粒度曲線を関連付ける場合にも注意が必要である．2次元DEMを用いたことがあれば誰もが知っているように，粒子が占める面積に対する間隙の面積の割合によって計算される2次元材料の間隙比は，実際の3次元の材料の間隙比とは著しく異なっている．

---

[*] 不透明で剛なロッド

11.3 ■ 入力パラメータの選択

DEMシミュレーションの入力パラメータは，幾何学的形状のパラメータ（粒子のモルフォロジーや粒度分布）と力学的なパラメータ（接触剛性）に分類することができる．Ng（2006）が示しているように，粒子形状，接触モデルパラメータ，粒子間摩擦係数に対するDEMシミュレーション結果の感度に関する種々のパラメータスタディがある．最初に粒子形状について考えると，より実際の幾何学的形状を得るために用いられる手法や，DEMシミュレーションで用いられる粒子形状に関する制約については4章で述べた．円形や球形の粒子をDEMでプログラミングすることは容易であり，非円形や非球形の粒子を用いる場合よりもシミュレーションの計算時間は少ない．しかし，非円形や非球形の粒子のほうがより実際に近い．それゆえ，計算コストと物理的な現実性との間にはトレードオフがある．非円形や非球形の粒子を模擬的に再現するためのアルゴリズムの開発に関する多くの論文では，材料挙動に対する粒子形状の影響についても考察している．4章で述べたように，球形と非球形粒子の間の重要な違いは，非球形粒子では，接触力の法線方向成分によって粒子にモーメントを作用させ，かつ，回転に対して抵抗する役割を果たしているということである．Tordesillas and Muthuswamy（2009）は，応力鎖の安定性に及ぼす転がり抵抗の影響について考察し，回転に抵抗する力は材料の力学的挙動を支配する強応力鎖の安定性にも影響していることを示した．このような限界があるにも関わらず，円盤や球の多分散系の集合体を用いたシミュレーションによって，実際の土の挙動についての有意義な結論が得られている（たとえば，Rothenburg and Bathurst（1989），Thornton（2000））．DEM解析者が粒子形状の選択について考える場合には，粒子形状に対する材料挙動の感度に関する実験的研究が参考になる（たとえば，Cho et al.（2006））．

考慮すべき第2の幾何学的なパラメータは粒度分布（PSD）である．均一な円盤や球は"結晶性形状化"する傾向にある．すなわち，2次元の均一な円盤は六方充填になる傾向にあり，3次元の均一な球は，面心立方か斜方晶系の充填になる傾向にある．構造格子に配置した均一な円盤や球の挙動と実際の土の挙動との間にはかなりの違いがあるため（O'Sullivan et al.（2002, 2004）），材料挙動について均一な大きさの粒子を用いたシミュレーション結果から考察することを難しくしている．材料の力学的挙動に及ぼす粒度分布の影響について地盤工学技術者はよく知っており，粒度分布を求めることは土の基本的な特性評価の一つである．Cheung（2010）は，DEMを用いて粒子レベルの挙動および全体挙動の特性は粒度分布によって影響を受けることを示した．7.2節で述べたように，DEMシミュレーションで実際の材料の粒度分布を再現することは可能であるが，一方，その中の細かい粒子を無視することによってシミュ

レーションの計算コストを減らすことができる．小さい粒子が応力の伝達に主要な役割を果たさないと認定できれば，これらの粒子を無視することは妥当である．

摩擦は，幾何学的および力学的のどちらのパラメータでもある．すなわち，表面の幾何学的形状（表面粗度）と表面の硬さの両方に依存している．3章で述べたように，摩擦は一般的に一つの摩擦係数（すなわち，静的摩擦と動的摩擦の違いは考慮されない）を用いてDEMでモデル化されているが，実際の土粒子間の摩擦係数に関するデータはほとんどない．Thornton (2000)，Cui and O'Sullivan (2006)，Yimsiri and Soga (2010) などは，粒子集合体の全体的なせん断強度と粒子間摩擦係数との間に非線形な関係があり，摩擦係数が大きな値よりも小さな値において，全体的な強度は摩擦係数の変化に敏感であるということを示した．対象とする特定の問題に対してDEMの摩擦係数の感度について確かめることが必要がある．

接触モデルのパラメータの選択にも十分な注意が必要である．ヘルツの接触モデルを用いる場合，固体粒子の材料特性からそのパラメータを直接推測することができる．3章で述べたように，DEMシミュレーションでよく用いられるヘルツの接触モデルあるいはヘルツ・ミンドリン接触モデルは，二つの弾性球の相互作用を考えることによって理論的に誘導される．これは，基本的に土や他の粒状体の簡単な接触モデルとして妥当であることが多い．このモデルによって大きなひずみでの挙動が適切に表せることが示されているが（たとえば，Cui and O'Sullivan (2006)），小さなひずみでは実験結果に合う挙動を示していない．砂粒子間の接触挙動がヘルツ型であるなら，土の微小ひずみの剛性（すなわち，E_{max} あるいは G_{max}）は平均応力 p の1/3乗に比例することになる．すなわち，$G_{max} \propto p^{1/3}$ となる．しかし，実験では土の微小ひずみの剛性は平均応力の平方根に比例して変化することが示されている．McDowell and Bolton (2001)，Yimsiri and Soga (2000)，Goddard (1990) は，微視的力学の視点からこの相違について考察している．その相違の原因は幾何学的性質（すなわち，形状に関連）やレオロジーにあることから，この粒状体の剛性の応力依存性を厳密にモデル化できるように，DEMモデルをさらに改善する必要がある．

接触力を計算するために線形ばねをペナルティばねとして用いる場合，所定の応力で接触の重ね合わせが最小化になるようにばね剛性を選ぶことが必要である．法線方向と接線方向の接触ばね剛性（それぞれ，k_n と k_t）の比も全体的な挙動に影響する場合がある．Hu et al. (2010) が示しているように，大きな k_n/k_t の比では，法線方向の硬い接触によって力が負担される傾向にある．すなわち，これは接触でのすべりが開始する時点に影響を及ぼし，それゆえ，全体の材料挙動に影響する．

ほとんどのDEMシミュレーションでは，実際の砂と関連させることなく粒状体の一般的な挙動について調べており，これらのシミュレーションでは，2次元で円盤や線形

接触ばねを用いていることが多い（たとえば，Kuhn (1999), Kruyt and Rothenburg (2009)）．それゆえ，摩擦係数，ばね剛性，粒度分布は実際の指標と関係なくユーザーによって選ばれているのが現状である．砂の挙動に関する室内実験では，Leighton Buzzard 砂，Monterey 砂，Hostun 砂のような"標準"砂に限定していることが多いが，今後も特定の砂を考えない限り，以前の論文のシミュレーションデータから入力パラメータを引用することが研究者にとっては賢明であろう．

DEM シミュレーションの減衰パラメータを実際の特性に関連付けることは，とくに容易ではない．接触力と変位を関連付けるためにレオロジーモデルを用いる場合，その弾性的性質によって接触で生じる非現実的な振動を最小化するために減衰が用いられる．3 章で述べたように，粘性ダッシュポットを用いる場合はこれを反発係数に関連付けることができるが，質量減衰パラメータを材料の実際の特性に関連付けることは容易ではない．Ng (2006) は，減衰パラメータに対する出力結果の感度について考察し，減衰パラメータが巨視的挙動および粒子レベルの挙動に影響を及ぼすことを示した．O'Sullivan (2002) が示しているように，変形時にはすべりによって著しくエネルギーが散逸する．準静的シミュレーションで質量減衰を用いる場合，供試体作製段階で小さな減衰の値を用いて，その後の材料の変形時にはこの値を零あるいは零近くに減少することが最もよいであろう．これによって，このパラメータが全体的な材料挙動に過度に影響することを防ぐことができる．

いずれの数値モデルでも，全体的な材料挙動に及ぼす入力パラメータの影響の程度を評価するためにはパラメータスタディを行う必要がある．また，解析結果とともに入力パラメータを明確に示すことも重要である．

11.3.1　実験データに対する DEM モデルの較正

多くの研究によって粒状体の固有の特性（ダイレイタンシー，局所化，挙動の応力依存性など）を捉えることができる DEM モデルの能力が確かめられている．しかし，DEM では，実際の物理系の複雑さ，とくに，接触，粒子形状，粒子の変形のモデル化，それに粒子数について簡略化している．それゆえ，較正の考えは，これらの簡略化の限界を認識して，室内試験で観察される挙動を捉えるために，モデルパラメータを系統的に変化させることによって，DEM モデルを"調律"あるいは"較正"することである．地盤力学以外では，非球形粒子の工業プロセスをシミュレーションするために，較正として球形粒子に対する適切な転がり抵抗のパラメータを選ぶことが多い．いままで，地盤力学での DEM モデルの較正は，ほとんど岩盤挙動の DEM シミュレーションにおいて行われてきた．

岩盤のモデルを作るための結合粒子の考え方については 3 章（3.8 節）で述べてお

り，12 章でもさらに述べる．これらのモデルにおける較正の目的は，室内試験で観察される挙動に合う力学的な挙動が得られるように，円盤間の適切な接触モデルのパラメータを選ぶことである．較正が適切であれば，実際の境界値問題にそのモデルを適用することができる．この手法の基本的な考えについては，Potyondy and Cundall（2004）によって明確に示されている．DEM モデルでは，基本粒子として 2 次元の円盤がよく用いられている（たとえば，Fakhimi et al.（2006），Cho et al.（2007），Yoon（2007），Camusso and Barla（2009））．非結合粒子の DEM シミュレーションでは，実際の土が中間主応力に対して示すのと同じ程度の感度が得られており，中間主応力も結合粒状体の挙動に影響している．結果的に，三軸試験データに対して較正した 2 次元のモデルでは，応力状態が完全な 3 次元である境界値問題における岩盤の厳密な挙動を表せないことがある．Potyondy and Cundall（2004）は，異なる応力状態下の挙動を調べ，DEM モデルによってそれぞれ異なる実験での強度を捉えることはできるが，一軸圧縮で材料挙動を捉えることのできる DEM モデルを例として，その場合，拘束圧が作用すると強度を過小評価し，圧裂試験では強度を過大評価していることを明らかにした．それは，試験状態（応力レベル）が変わると挙動が変わるということだけでなく，異なる境界条件で異なる種類の試験の材料挙動を定量的にシミュレーションするモデルの能力について，厳密な較正によって明らかにしなければならないということである．

　Wang and Tonon（2010）は，較正のほとんどは基本的に"試行錯誤"であることを示している．しかし，各入力パラメータを体系的に変化させている研究者も多く，洗練した手順を示している例もある．たとえば，実験データに対してモデルの岩石を較正する場合に，Kulatilake et al.（2001）は，$E = k_n/4r$ を用いて法線方向の接触剛性 k_n をヤング率 E に対応させて，同様に $\sigma_t = S_n/4r^2$ を用いて岩石の接触パラメータ S_n の初期値を推定している．ここで，r は代表粒子半径，σ_t は目標の引張り応力，S_n は接触法線方向の強度である．また，接触の剛性とせん断方向の強度は k_t と S_t によって与えられると仮定して，最適な接触パラメータを選ぶための較正曲線を求めるべくパラメータスタディを行っている．系の複雑さは，種々のパラメータが相互に関係していることと，実験結果とよく合わせるためには個々のパラメータを変えるだけでは不十分であることを意味している．Cheung（2010）は，貯水池の砂岩の DEM モデルを較正するために同様な手法を用いている．Yoon（2007）は，較正に"実験計画法"（Design of Experiment，DOE）を用いることを提案している．DOE は，工程に影響する要素とその工程による結果の関係を得るために組織化された手法であり，Yoon（2007）はいろいろな種類の DOE の概略についても示している．また，Favier et al.（2010）も材料加工における応用のために未結合粒子を用いたモデルの較

正に DOE を用いている．よくまとめられているパラメータスタディは，較正で考慮しなければならないパラメータを特定しているので参考になる．たとえば，Schöpfer et al.（2009）は岩盤の挙動が粒度分布に強く依存することを示した．岩盤の挙動をシミュレーションするために，粒子 DEM プログラムの較正について示している他の例としては，Cho et al.（2007）や Camusso and Barla（2009）などがある．

Potyondy and Cundall（2004）が示しているように，岩石の結合粒子モデルの全体的な材料挙動に影響を及ぼす重要なパラメータは，粒子形状，粒度分布，粒子の充填，接触モデルである．DEM シミュレーションでは粒径の範囲が限られていることが多い．たとえば，Yoon（2007）では $r_{max}/r_{min} = 1.66$，Fakhimi et al.（2002）では $r_{max}/r_{min} = 3$ である．Potyondy and Cundall（2004）や Schöpfer et al.（2009）はパラメータスタディによって役に立つ情報を示している．たとえば，Potyondy and Cundall（2004）は，圧裂試験および 2 次元二軸試験，3 次元三軸試験のそれぞれで四つの異なる平均粒径を用いてシミュレーションを行い，材料の剛性は粒径によって著しい影響を受けないが，2 次元と 3 次元の圧裂強度や三軸圧縮での 3 次元の強度は粒径に影響を受けることを示した．また，Schöpfer et al.（2009）も，全体的な挙動が粒度分布の形状に影響を受けることを示した．

未結合粒状体の挙動については，Calvetti らによって研究がなされている（Calvetti (2008), Calvetti and Nova (2004), Calvetti et al. (2004), Butlanska et al. (2009)）．その DEM の較正方法では，砂の挙動をシミュレーションするために球形粒子を用い，材料の D_5 よりも小さい粒子を無視して実験で得られた粒度分布に合わせている．また，実際の非球形ででこぼこした砂粒子間の接触での回転抵抗を考慮して，粒子の回転を完全に拘束している．Calvetti（2008）は，回転を拘束した場合の巨視的な摩擦角[*]は粒子間摩擦の 1 次関数になること，また，砂粒子をシミュレーションするために用いる粒子間摩擦の値は，摩擦係数で 0.3〜0.35 とかなり小さいことを示した．粒子集合体の剛性（ヤング率 E）は，法線方向の接触剛性と平均粒径との比の関数であることがわかっている．法線方向の接触ばね剛性に対する接線方向の接触ばね剛性の比 k_t/k_n は，ヤング率にはわずかに影響するだけであるが，一方，ポアソン比に強く影響する．Calvetti（2008）は，現実的なポアソン比とするためには k_t/k_n の比が 0.25 に近い値でなければならないと提案している．この手法によって，Calvetti（2008）は Ticino and Hostun 砂の挙動を，また，Gabrielia et al.（2009）は Adige 砂の挙動をそれぞれ捉えることができることを示した．この手法について注意すべき点は，回転を拘束しているので，並進運動については静止している粒子は静的つり合い状態に

---

[*] 内部摩擦角

あるが，粒子の合モーメントは零でない場合があるということである．したがって，個々の粒子の応力テンソルはいつも対称ということではない．Calvetti（2008）が完全に回転を拘束しているのに対して，実際の土粒子形状と球との違いを補正するために，DEM の粒子間に回転抵抗（転がり摩擦ともよばれる）を導入している研究者もいる．その場合，転がり摩擦の値を粒子レベルの実際の指標に関連付けることは容易ではないので，それは較正において考慮しなければならない．

Cheng et al.（2003）は，DEM によって個々の砂粒子の力学的挙動を定量的にシミュレーションできることを示した．4 章で述べたように，破砕性の砂粒子は結合させた球の集合体としてモデル化され，そして二つの平板境界間のその凝集体の破砕のシミュレーションと，実際の砂粒子に関する等価な圧縮試験と比較することによって，較正される．また，粒子集合体の等方圧縮試験のシミュレーションの挙動と実験データを比較することによって，そのモデルの妥当性を確認している．これについては 12 章でさらに詳細に述べる．

DEM が発展しても，シミュレーションの粒子数，および粒子や接触モデルの仮定による制約は残るであろう．Simpson and Tatsuoka（2008）は，DEM が大規模な問題に適用できるツールに発展するにつれて，粒子レベルの入力パラメータによって挙動が予測できるようになるのではなく，室内試験に対する DEM モデルの巨視的な較正がつねに必要となるであろうことを予測している．較正は容易ではないうえに，ある砂に対して用いられた方法が別の材料に適用できないこともある．たとえば，Cheung（2010）は，種々の応力レベルで一つの固結砂（Castlegate 層）の挙動をシミュレーションできるモデルを首尾よく較正することができたが，同じ較正の手法を用いて Saltwash 砂岩のモデルを作っても，種々の応力レベルでの実際の挙動をうまく再現することはできなかった．

11.4 ■ 出力パラメータの選択

DEM シミュレーションの計画において，どのパラメータを観察して出力するかという取捨選択がある．もちろん，その出力データによって粒子系の挙動を解明するだけでなく，シミュレーションの出来映えを容易に評価できなければならない．そのために，DEM 解析者にとっては出力可能なたくさんのなパラメータがある．8 章で述べたように，変化する系の画像を作るためには，所定の時間間隔で出力する粒子位置や接触力の"スナップショット"ファイルが必要である．（9, 10 章で述べた手法を用いて）材料の応力やファブリックのデータは一般的に一定の間隔で得られるが，記憶媒体に書き込むには計算コストがかかることから，これらのパラメータはシミュレー

ション終了時に書き込まれることが多い．シミュレーションの妥当性を評価するためには，接触の重なりの平均値，あるいは最大値，さらに系のエネルギーを観察することが必要である（Kuhn（2006）は接触点の平均的な重なりと平均粒径との比である"無次元重なり"を，Ng（2006）は粒子間の最大の重なりを，それぞれ観察している）．また，その集合体が，全体的な静的つり合い状態にある，あるいは，それに近いかどうかを判断するためには，系のすべての境界に沿う力を計測することも役に立つ．剛境界と自動制御アルゴリズムを用いる場合（5.2節），自動制御アルゴリズムによる結果と，制御のために用いたパラメータを評価するためには，目標の応力と実際の応力のどちらも出力することが重要となる．

11.5 ■ 粒子数

対象とする実際の系の粒子数とDEMモデルの粒子数を関連付けることは，面倒な問題である．小さな砂の試料でさえ非常に多くの粒子数があり，これは単純な計算で説明することができる．間隙比0.65で直径30 mm，高さ60 mmの小さな三軸試験の供試体を考えると，土粒子の体積は25,704 mm^{3}になる．この材料のD_{50}を200 μmと仮定するなら，代表粒子体積は$(4/3)\cdot\pi\cdot 0.1^3 = 0.004$ mm^{3}である．粒子の全体積をこの代表体積で割ると，その供試体の粒子数はおおよそ400万個になる．同様に，Dean（2005）は1 Lの体積には1 mm径の粒子が約100万個あると見積もっている．解析者にとっては，現実的な計算時間で結果を得ることが求められることから，非常に少ない粒子数に制約されることになる．12章を参照すると，100万個以上の粒子を用いた地盤力学のDEMシミュレーションはまれであることがわかる．これは，DEMを用いてとくに実際の問題について考察する場合には重大な制約になる．13章で述べるように，この問題を解決するためには高性能コンピュータの進歩におおいに期待しているが，それまでは，実際よりも少ない粒子数で計算せざるを得ないことを解析者は知っておく必要がある．系の大きさを考慮することの重要性は粒子DEMに限ったことではなく，Rapaport（2004）も，分子動力学シミュレーションで実際の挙動を予測する場合に，有限な大きさの系の位置付けを理解する必要があることについて述べている．

地盤力学では，一般に粒径と供試体の大きさの関係については検討されている．たとえば，Jeffries et al.（1990）は密な砂の供試体の三軸圧縮試験と試料の大きさの関係について調べた．最も大きな粒子の約10～20倍の大きさよりも小さな供試体の実験（たとえば，三軸試験）はまれであり，Marketos and Bolton（2010）はこれをDEMの視点から考察し，最も大きな粒子に対する試料の大きさの比の最大が圧縮試験で5，

圧密試験で 10,透水試験で 12 でなければならないとする Head (1994) を引用している．明らかにシミュレーションの計算コストの理由から，"仮想の"試料の粒子数は制限されているが，この法則は，DEM シミュレーションでつねに厳密に守られているものではない．DEM シミュレーションの挙動がその材料を代表しており，特定の円盤の配置による影響を受けないようにするためには，十分な粒子数が必要となる．すなわち，初期の座標がわずかに異なるが同じ粒径，形状それに同じ配位数の，二つのシミュレーションが，同じ力学的挙動を与えることを解析者は確認する必要がある．図 11.1(a), (b) は，それぞれ，224 個と 896 個の円盤の供試体の二軸試験のシミュレーションである（O'Sullivan et al. (2002) を参照のこと）．どちらのシミュレーションでも，粒度分布をわずかに変化させることによって小規模なばらつきを導入している．図 11.1 に示すように，小さな試料の挙動は粒度分布の小さな変化によって著しい影響を受けるが，大きな供試体ではそれは顕著ではない．小さな供試体で観察される挙動の大きな振動は，巨視的挙動が一つや二つの接触位置の変化によって著しく影響を受けることを示している．図 11.2 では，5,728 個と 12,512 個の円盤をもつ等価な二つの供試体の挙動がよく似ていることがわかる．図 11.2 は，より大きな領域の試料に対して粒径を拡大して用いることができることを示しているが，異なる境界条件，粒子形状，粒度分布のシミュレーションに対してこれらの知見を用いるには注意が必要である．

Kuhn and Bagi (2009) は，せん断挙動に及ぼす供試体の大きさの影響について注意深く考察している．彼らは，粒状体に寸法効果をもたらす二つの主たるメカニズム，すなわち，破壊力学の寸法効果と境界層効果を提案した Bazant and Planas (1991) の初期の研究を引用している．Kuhn and Bagi (2009) は，破壊力学の寸法効果を，せん断帯の幅が供試体寸法ではなく粒径に依存しているという事実に結び付けている．一方，境界層効果は，境界近傍の粒子の充填密度およびファブリックが供試体内部の充填密度およびファブリックと異なっていることから生じ，また，試料が小さくなるにつれて全体積に対する境界の影響を受ける相対的な体積は増加することになる．Melis Maynar and Medina Rodríguez (2005) は，トンネル掘削機械と地盤の相互作用のシミュレーションにおいて，この種のシミュレーションでは比較的少ない粒子数（重なる二つの球からなる 13,100 個の剛なクラスター）を用いたそのシミュレーションの結果が，小さな撹乱（たとえば，粒子充填の小さな変化）によって著しく影響を受けることを観察している．

Potyondy and Cundall (2004) は，シミュレーション結果の挙動の均質性を確保するためには，12 個の粒子の応力を計測しなければならないということを提案し，また，粒径と巨視的挙動の関係について有意義なデータを示した．0.1 MPa と 10 MPa

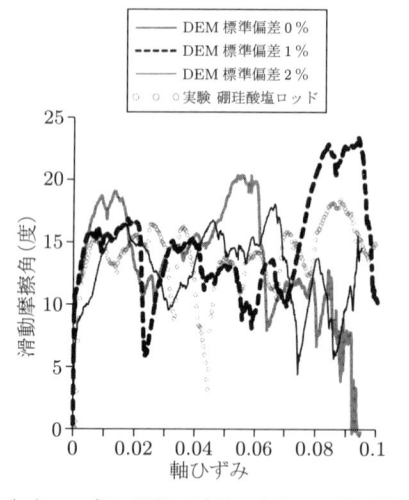

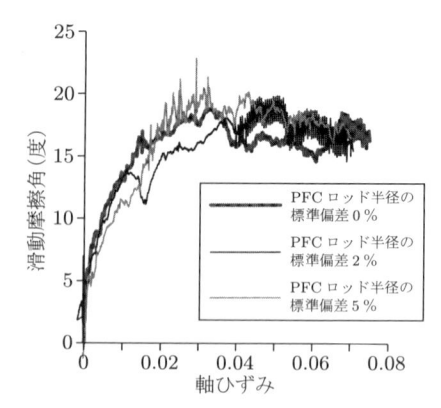

図 11.1 ばらつきに対する異なる粒子数の系の感度(O'Sullivan et al., 2002)

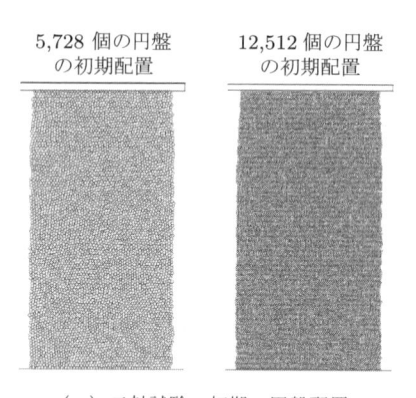

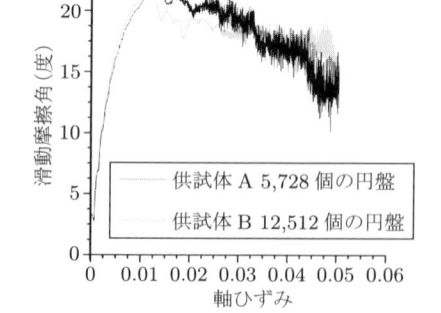

(a) 224個の円盤の試料の応力・ひずみ挙動

(b) 896個の円盤の試料の応力・ひずみ挙動

図 11.2 二軸圧縮を受ける密な二つの2次元円盤供試体の挙動の等価性

(a) 二軸試験の初期の円盤配置

(b) 二軸シミュレーションの供試体の挙動

で，並列結合モデルの岩盤の圧裂試験，二軸（2次元）試験，三軸（3次元）試験のパラメータスタディを行っている．2次元の供試体は31.7 mm×63.4 mm，3次元の供試体は31.7 mm×31.7 mm×63.4 mmの寸法である．供試体内の平均粒径を変化させて，他のすべての入力パラメータについては一定としている．代表的な知見が図11.3に要約されている．ヤング率（図(a)）と摩擦角（図(b)）の10ケースのDEMシミュレーションに基づいた平均値と変動係数を，粒径に対して示している．実験での観察と同

(a) 粒径に対する巨視的ヤング率

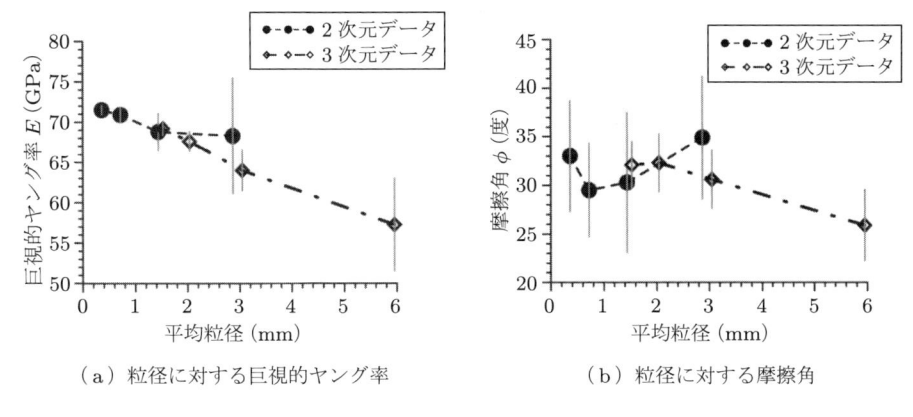

(b) 粒径に対する摩擦角

図 11.3 粒径についての代表的結果（Potyondy and Cundall, 2004）

様に，2次元および3次元のシミュレーションにおいて粒径の増加とともにヤング率がわずかに減少する傾向があるが，摩擦角と粒径の明確な相関性は観察されていない．粒径が減少すると一軸圧縮強度と粘着力がわずかに増加するが，引張り強度はわずかに減少し，それにポアソン比はさほど影響を受けない．この結論をすべての DEM シミュレーションに一般化することはできないがこの手法は的確であり，DEM シミュレーションから結論を得る場合に参考にすべき詳細なパラメータスタディのよい例である．この研究がとくに優れている点は，（乱数の種[*]を用いて作製した）等価な供試体に関するシミュレーションを繰返して，その挙動の変化について観察する方法にある．なお，粒径が減少し粒子数が増加するにつれて，すべての巨視的パラメータの変動係数は明らかに減少する．

　粒子数の制約によって生じる問題を避けるための一つの方法は，周期セルを用いることである（たとえば，Thornton (2000) や Ng (2004b)）．要素試験をシミュレーションする場合，この手法によって巨視的挙動に影響を与える境界層効果に伴う不均一性を防ぐことができる．Cambou (1999) は，周期境界のシミュレーションを用いる場合，代表体積要素を十分に大きくする必要があることを示し，Rapaport (2004) も，周期境界を用いる場合，寸法によって影響が生じることを指摘した．また，Pöschel and Schwager (2005) は，剛体球の事象推進型粒子プログラムにおける周期境界の適用について考察し，周期セルがあまりに小さいとそのセルの反対側との間に相互関係が生じることを示した．Cundall (1988a) は，2種類の大きさの球を 45, 150, 1,200 個もつ周期セルの三軸圧縮シミュレーションをひずみ 60 % まで行い，試料の全体的な挙動はよく似ているが，45 個の球の供試体でノイズが生じることを示した．周期セル

---

[*] 乱数の発生関数で用いられる値

の大きさが十分かどうかを評価するためには，セルを大きくした場合に結果が著しく変化するか，あるいは，その系を撹乱した（たとえば，初期の粒子位置を作るために異なる乱数を用いる）場合に等価な結果が得られるかを調べればよい．Barreto（2010）は，2,000，4,000，8,000個の球粒子を用いたシミュレーションを比較して，周期セルのシミュレーションにおける最適な粒子数が4,000個であることを示した．このように最適な粒子数は明らかに粒度分布に依存する．Thornton and Zhang（2010）では，他の周期セル境界に関する文献の粒子数よりもかなり多い粒子数を用いている．

また，Simpson and Tatsuoka（2008）は，とくに大規模な問題のシミュレーションにおいて相似則が用いられる場合もあるが，相似則をひずみ局所化の問題に用いることは難しいとするCundall（2001）の意見に同意している．粒子数の制約に対するもう一つの選択肢として，種々の境界をシミュレーションに用いることである．軸対称の系をシミュレーションするためにCui et al.（2007）が円周方向の周期境界を用いているように，平面ひずみ状態の3次元の系をシミュレーションするために平面の周期境界を用いることができる．また，Cook et al.（2007）は，岩盤の中央の円形開口周りの破壊の2次元DEMシミュレーションで，有限要素解析のメッシュ細分化と多少似た手法を用いている．すなわち，開口近くの岩盤をシミュレーションするために小さい円盤を用い，円形の孔から離れると円盤を大きくしている．なお，一定の強度を得るために，接触パラメータを円盤の大きさの関数として変化させている．

11.6 ■ シミュレーションの速度

DEMモデルは，（最も一般的には）弾性ばねを用いた接触している粒子の大集合体からなり，試料を圧縮またはせん断する速度の選択には注意が必要である．地盤力学での応用の目的の多くは，準静的挙動をシミュレーションすることである．これは，その系が流動しているのではなく静的つり合いの状態かあるいはそれに近い状態ということを意味している．もし，変形の速度が非常に速ければ，意図したような静的挙動ではなく，動的挙動（すなわち，系を伝播する応力波）になるであろう．さらに，自動制御シミュレーションによって所定の応力が得られているように見えるかもしれないが，実際には大きなばねのような応答をしており（図2.5, 2.6を参照），つり合い状態の応力はその瞬間的な応力よりも小さいであろう．

DEMモデルの個々の接触挙動を理解するために，水平境界上に静止する重さのない球からなる1自由度系を考える．球と境界の間の接触は線形ばねでモデル化されている．もし，エネルギー散逸がない状態で重力を突然に作用させると，接触ばねの力は零と球の2倍の重さの間でそのつり合い点を中心として振動する．減衰を用いる場

合には，振動の大きさが減少して球は静止するであろう．同様に，粒子集合体の境界条件に変化があれば，その力を受ける粒子の接触点では，最初，弾性挙動になる．もし，これらの力が非常に大きいなら，集合体のファブリックが乱されるか，あるいは，極端な場合には，時間ステップ内で生じる非常に大きな粒子変位が理由で，不自然に大きな加速度を受けて粒子が境界から出てしまうかもしれない．Kuhn（2006）が示しているように，このような問題を軽減する一つの方法は応力を増分的に作用させることである．

一般的に，剛な壁をもつ DEM シミュレーションでは，境界で力がつり合い状態にあることを保証することが必要である．たとえば，三軸試験のシミュレーションでは，底部境界の力の総和が上部境界の力の総和とおおよそ等しくなければならない．系の境界を動かすことによって応力状態を制御する自動制御アルゴリズムを用いる場合，理想的にはその集合体を制御して単調的に所定の応力状態に近づけるように，応力をゆっくりと増分的に作用させなければならない．一旦，所定の目標の応力を超えてしまうと目標の応力状態を得ることは容易ではない．すなわち，その応力超過に起因して壁が速く動くことによって，その系は目標値を中心に単に振動することになるであろう．さらに，望ましくないファブリックの変化を生じさせる可能性もある．同様に，応力状態を制御する自動制御アルゴリズムを用いる場合にも注意が必要であり，所定の応力状態が得られていることを調べることは不可欠である．Carolan（2005）は，粒子破砕をシミュレーションする場合には，応力状態を保つことがさらに容易ではないことを示している．

自動制御型シミュレーションでは，一旦，所定の応力状態に達したなら，その系が所定の応力でつり合い状態にあることを保証するために，すべての境界の運動を停止して DEM 計算を繰返すことが望ましい．Kuhn（2006）はこれを"静止"の期間とよんでいる．周期セルのシミュレーションで，Cundall（1988a）は，ひずみ速度をある時点で零に設定して応力を観察する方法について示している．大きな応力の変化があればこれを動的な影響であるとみなして，小さなひずみ速度で再度この試験を行う．Kuhn（2006）も変形の速度を選ぶ場合，"（通常は）遅いほうがよい"とはしているが，非常に遅い速度でシミュレーションを行うことは時間の浪費であるとして，適切な変形速度を選ぶために試行錯誤が必要になることを示している．また，その速度が適切かどうかを評価するための手段として，粒子間の平均的な重なりを観察することを提案している．前のシミュレーション結果を配置状態として入力する場合も，数値の丸め誤差によって円盤の位置や接触力に小さな変化をもたらすことがあるので，静止状態を保つための時間が必要であるとしている．同様に，境界条件の変更，たとえば，剛境界から応力制御型メンブレンへの変更があれば，試料の境界近傍で局所的な

力の変化が生じるので，静的つり合い状態に達するまで DEM を繰返すための時間を設定することが望ましい．

多くの DEM 解析者が知っているように，DEM シミュレーションの時間増分は，ある粒子からその最も近い粒子にのみ変動が伝達するように非常に小さくなければならない．ひずみ速度は時間増分間で粒子が動く量にも関係し，それゆえ，時間増分とひずみ速度の間の兼ね合いが必要である．

その系がつり合い状態にあるかどうかを評価するための定量的指標がある．Radjai (2009) などは，流れが準静的かどうかを判別するために慣性数を定義しており，3 次元の慣性数 I^* は次式によって表される．

$$I = \dot{\varepsilon}_q \sqrt{\frac{m}{pd}} \tag{11.1}$$

ここで，$\dot{\varepsilon}_q$ はせん断ひずみ速度，m は粒子質量，d は粒径，p は拘束圧である．2 次元の式は少し異なり，次式となる．

$$I = \dot{\varepsilon}_q \sqrt{\frac{m}{p}} \tag{11.2}$$

準静的なシミュレーションでは，慣性力が接触力よりも非常に小さいという条件 $I \ll 1$ を満たさなければならない．Radjai (2009) が示しているように，このパラメータ I は，粒子に作用する静的な力 $f_s = pd^2$ に対するせん断ひずみによる衝撃力 $f_i = m d \dot{\varepsilon}_q / \Delta t$ の平方根として得られる．ここで，m は平均的な粒子質量，Δt は $\Delta t = \dot{\varepsilon}_q^{-1}$ によって与えられる流れの時間スケールである．

Kuhn (2006) や Ng (2006) は，平均接触力に対する粒子に作用する合力（すなわち，不つり合い力）の大きさの比について考察している．Kuhn (2006) は，シミュレーション中の疑似静的状態のさらなる指標として，粒子に作用する平均瞬間不つり合いについて考察している．また，Ng (2006) はシミュレーション中に観察する指標を次のように定義している．

$$I_{uf} = \sqrt{\frac{\sum_{p=1}^{N_p} (f_{\text{res}}^p)^2 / N_p}{\sum_{c=1}^{N_c} (f^c)^2 / N_c}} \tag{11.3}$$

ここで，f_{res}^p は粒子 p に作用する不つり合い力，f^c は接触 c の接触力であり，系には

---

* 粒子の平均静的力に対する平均慣性力の比の平方根

N_p 個の粒子と N_c 個の接触がある．

11.7 ■ DEMプログラムの妥当性確認と検証

　いずれのDEMプログラムでもその妥当性を確認することは不可欠である．たとえば，有限要素解析では，収束判定やプログラミングが正しいかを調べるために"パッチ試験"が用いられる．原則的に，DEMプログラムの妥当性確認は二つの方法，すなわち，解析的あるいは実験的にアプローチすることができる．閉公式の解を用いた解析的な妥当性確認によって，そのモデルが問題なく機能していることを確かめることができ，一方，実験による妥当性確認あるいは検証によって，実際の材料挙動が捉えられていることを確かめることができる．妥当性確認は，アルゴリズムが正しくプログラミングされているか，シミュレーションで用いられるハードウェアプラットフォームの影響は少ないか，それに，ユーザーがそのプログラムを正しく実行しているかを確かめるのに必要なものである．

▍11.7.1　単粒子のシミュレーション

　剛壁などのDEMプログラムに関する基本的な検証は，水平境界上に静止する単粒子が質量と接触ばね剛性から求められる周期で単振動することを確認することである．また，このシミュレーションによって，解析者は解析手法の基本的な"感覚"をつかみ，その動的性質を理解することができる．簡単な単粒子系は解析的な妥当性確認のために非常に役に立つツールである．たとえば，O'Sullivan and Bray (2003) は，傾斜面を転がり落ちる球をシミュレーションすることが，DEMのせん断接触モデルの

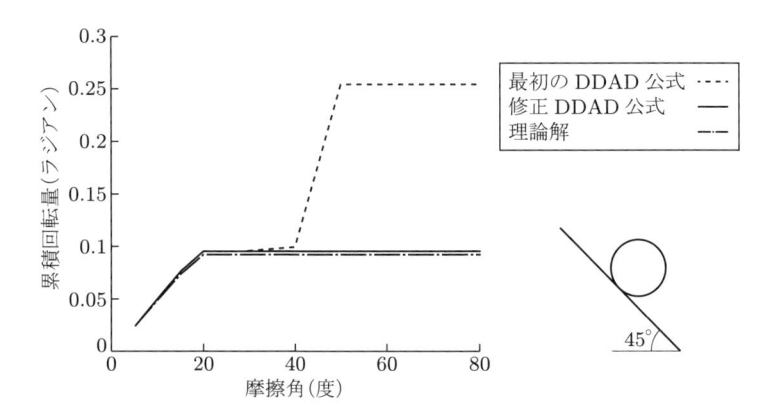

図 11.4 ▍傾斜面をすべり落ちる球の研究（O'Sullivan and Bray, 2003）

プログラミングが適切であることを確認するために有効な試験であるということを示している．そして，図11.4に示すように，この簡単なベンチマーク試験[*]によって，陰的DEMプログラムであるDDADのせん断ばね公式の間違いを明らかにし，それにせん断ばねの修正式の妥当性を確認している．

DEMの妥当性確認の別の簡単な例として，Munjiza et al. (2001) は，種々の初期角速度を受ける一つの非球形粒子の運動を考えることによって，3次元における非球形粒子の回転を更新するための時間積分アルゴリズムの妥当性を確認している．また，Vu-Quoc et al. (2000) は，楕円体粒子の簡単な解析的な妥当性確認の例を示した．

11.7.2　格子状充填の多粒子のシミュレーション

簡単な単粒子のシミュレーションは，実際には時間積分法と粒子・境界の相互作用のプログラミングの妥当性を確認する場合にのみ役に立つ．そのため，粒子集合体の挙動をシミュレーションするプログラムについての妥当性確認も必要である．しかし，密な粒子集合体は不静定系になることから，多数の相互作用を受けるような粒子挙動をシミュレーションするDEMプログラムの妥当性を，解析的に確認することは容易ではない．ただし，格子状充填である均一な円盤や球のピーク強度の式については，Rowe (1962) やThornton (1979) を参照することができる．Rowe (1962) は，六方充填のロッドや格子状充填の均一な球に関する実験について示している．Rowe (1962) の研究は2次元や3次元のDEMプログラムを開発する場合に役に立つ．規則的な充填配置をもつ均一な円盤や球の集合体に対して提案した解析式の妥当性は，鋼球や鋼のロッドの集合体の三軸および二軸圧縮試験によって確認されている．プログラムTrubalの最初の文献であるCundall and Strack (1979b) は，Rowe (1962) の面心立方で充填した球の三軸試験を用いてプログラムの妥当性を確認している．そのシミュレーションの詳細についてはPFC 3Dのユーザーマニュアル (Itasca, 2004) に示されている．Thornton (1979) は，球 (3次元) の集合体を考えて三軸および平面ひずみ状態下のピーク応力比の式を示している．Rowe (1962) やThornton (1979) はピーク強度を粒子間摩擦係数の関数として表しているので，パラメータスタディによってさまざまな摩擦の値に対して適切な挙動であるかを確認することができる．これらはDEMのアルゴリズムに関する新しいプログラミングの妥当性を確認するうえで，重要な役割を果たしている．たとえば，Cui and O'Sullivan (2005) は，最初に面心立方充填の均一な球の供試体の挙動について考察することによって，彼らが提案した円周方向の周期境界の妥当性について確認している．

---

[*]　基準試験

11.7.3 実験による妥当性確認

Rowe (1962) や Thornton (1979) が提案した解析式は，それ自体，材料挙動を非常に理想化したモデルである．それゆえ，実験に対する DEM プログラムの比較も必要である．また，妥当性確認試験と較正試験とを区別することは重要である．モデルを較正する場合，実際の材料を試験してその挙動に合うように DEM の入力パラメータを調整する．対照的に，妥当性確認試験では簡単な粒状体を考え，その粒子形状および材料特性について DEM シミュレーションで厳密にモデル化する．較正モデルは，基礎的な粒子レベルの力学を調べるというよりは全体的な材料挙動の特徴を把握するために用いられる．

2次元では，妥当性確認の試験はシュネーベリロッドや光弾性の円盤を用いて行うことができる．初期の実験による妥当性確認の一つとして，Cundall and Strack (1978) はプログラム BALL を用いて，Oda and Konishi (1974) による光弾性円盤の二つの単純せん断試験についてシミュレーションを行った．O'Sullivan et al. (2002) は，2次元の DEM プログラムの妥当性確認を考えている人にとって役に立つであろう以下のことについて示した．規則的な充填について考察するのであれば，その系の挙動は幾何学的形状の小さな変化に対して非常に敏感であることから，精密に製造されたロッドを用いることが重要になる．ランダムに充填した多分散系のロッドを用いる場合には，前述の図 11.1 に示したように，小さな撹乱に対して敏感に反応しないように試料を十分に大きくする必要がある．図 11.5 は，PFC2D を用いて行われたシミュレーションで，真空状態下の六方充填円盤の二軸圧縮について考察した2次元の代表的な妥当性確認の例を示している．

3次元では，鋼球の集合体の挙動と球を用いた DEM シミュレーションの間でよい相関性が得られている (Cui and O'Sullivan (2006), Cui et al. (2007), O'Sullivan et al. (2008))．図 11.6 は，(真空状態下の) ひずみ制御型繰返し三軸試験と円周方向の周期境界を用いた DEM シミュレーションを比較している．

一般的に，粒子集合体の挙動をシミュレーションする DEM プログラムの性能についての妥当性確認の研究では，その集合体の巨視的な挙動に焦点をあてている．その場合，粒子レベルの力学を厳密に捉えるモデルの能力については，巨視的挙動の一致度から推察している．光弾性粒子を用いた試験は，粒子レベルで DEM プログラムの妥当性を確認するために理解しやすい方法である．別の有望な方法は，2次元のシュネーベリロッド試験で得られた画像解析を用いて計算した変形 (たとえば，Hall et al. (2010) によって得られたデータ) と，DEM データの解析によって求められる局所的なひずみや変形との比較である．将来，マイクロコンピュータ断層撮影の進歩 (たとえ

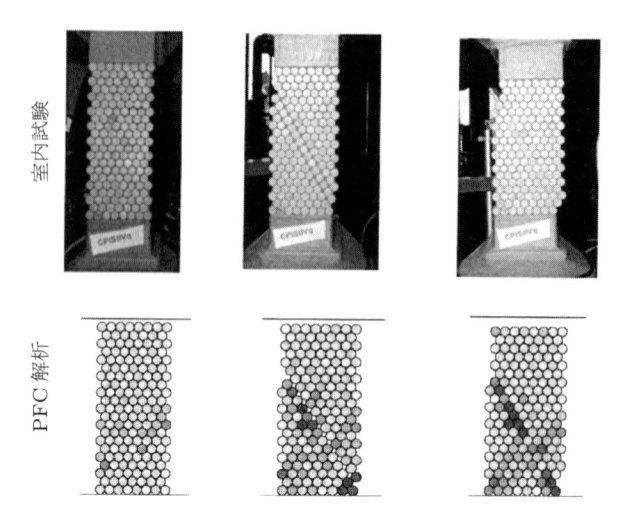

(a) 変形後の供試体の幾何形状：DEM シミュレーションと実験の比較

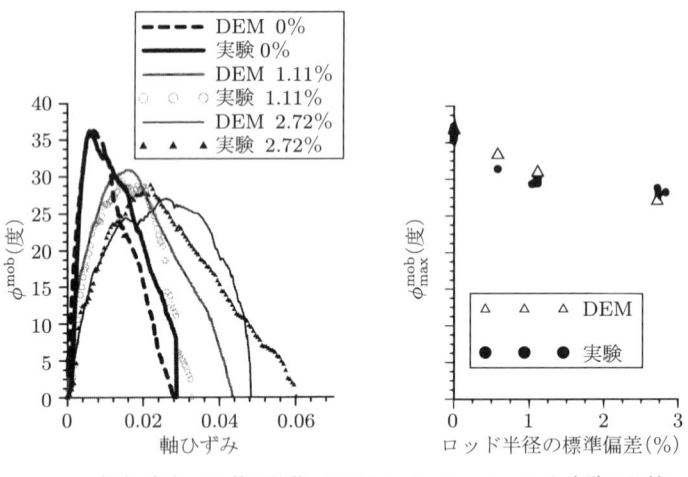

(b) 応力・ひずみ挙動：DEM シミュレーションと実験の比較

図 11.5 六方充填円盤の二軸圧縮による 2 次元 DEM プログラムの妥当性確認 (O'Sullivan et al., 2002)

ば，Hasan and Alshibli（2010））によって，DEM による材料の内部構造やその進展についての所見に対する検証が可能になるであろう．DEM で得られる粒子変形のメカニズムやファブリックの変遷の計測結果を，実験と比較することは重要である．実験の粒子の運動の画像と DEM シミュレーションの比較は一つの選択肢であるが，この場合，高い空間分解能と，おそらく高い時間分解能の画像が必要になる．Gabrielia

(a) 代表的な室内試験の供試体

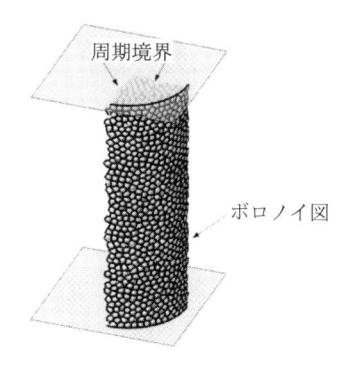

(b) DEM 解析の代表的な(境界条件が示されている)"仮想"供試体

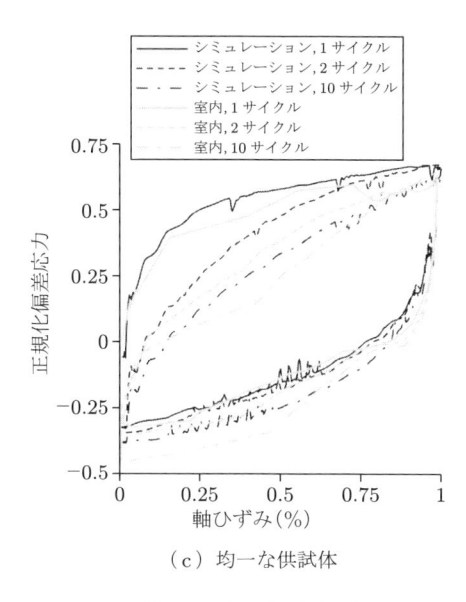

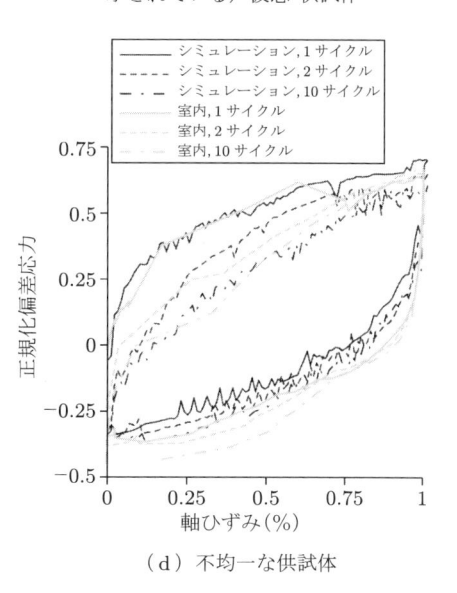

(c) 均一な供試体

(d) 不均一な供試体

図 11.6 ひずみ制御型繰返し三軸試験の室内試験の巨視的挙動と DEM シミュレーションの比較（O'Sullivan et al., 2008）

et al.（2009）は，この種の手法を用いた有望な事例として，砂斜面の法肩の浅い基礎の 3 次元 DEM シミュレーションとモデル試験の比較を示している．DEM シミュレーションと実験（変位データはデジタル画像相関法を用いて求めている）で同等な鉛直変位分布が得られており，また，それぞれの鉛直の荷重・変形図は，よく一致している．

11.8 ベンチマーク試験

Potts (2003) は，種々の FEM プログラムの性能を評価するために，同じ問題を解析した場合に同等な結果が得られるべきベンチマーク試験を二つ行い，その結果について考察している．それは，FEM 解析で得られる結果はユーザーに依存しているということを示している．現在利用できる種々の DEM プログラムの信頼性を評価するためには，地盤力学コミュニティにおいてベンチマーク試験を確立する必要があるだろう．このようなベンチマーク試験の目的は，いろいろなプログラミングやシミュレーション手法の的確さを評価することである．また，ベンチマーク試験は，異なるハードウェア環境でのプログラミングを検査するためやコンピュータ性能を評価するためにも重要である．粒状体は本質的に複雑で非線形性が強いことから，より複雑な材料や境界値の問題のシミュレーションに取り組む前に，手始めのベンチマーク試験として，ピーク強度の解析解が得られる格子状充填の円盤や，球の三軸あるいは二軸圧縮の単純なシミュレーションについて行わなければならないであろう．Holst et al. (1999) はサイロ貯蔵についての比較研究を行い，その DEM シミュレーション結果には大きなばらつきがあることを示した．現在，DEM が広く用いられていることから，これからは地盤力学における比較研究の余地もおおいにあるであろう．

12章 地盤力学におけるDEMの適用

　地盤力学においてDEMを用いる主な動機は二つある．第1の動機は，境界値問題における大変形を連続体力学に基づいた解析ツールよりも，DEMによって容易にシミュレーションできるということである．また，DEMシミュレーションは，粒状体の性質によるアーチ作用や侵食のような現象を捉えることもできる．第2の動機は基礎的研究のツールとしての利用である．DEMシミュレーションは，きわめて精巧な室内試験において観察することができる以上に，材料の詳細な挙動について厳密に調べることができる．いままで，従来の土質力学の実験結果から，非常に複雑な土の挙動の根底にあるメカニズムについての仮説が提案されてきた．これに対して，DEMモデルは土の内部のメカニズムを究明し，これらの仮説の妥当性を確認することができる．Weatherley（2009）はこれをわかりやすく言い換えて，DEMシミュレーションによって通常の実験に"隠れている"情報が明らかにされるとしている．

　本章では，最初に，主に査読付き国際学会誌を対象として，地盤力学でのDEMの適用範囲について考察し，次に，境界値問題のDEMシミュレーションに関する論文の概要について示す．12.3節では土質力学の基礎的研究におけるDEMの適用について考察する．12.1節で示すデータから明らかなように，種々の興味ある課題にDEMを適用する人が急速に増えている．ここで用いているDEMの適用例によって，粒子DEMを用いて何ができるのか，何がなされてきたのかについて明らかにしよう．最新の文献は2010年中頃のものであるが，知識が増えるにつれてさらに注目すべき論文が近い将来に発表されることは想像に難しくない．

12.1 ■ 地盤力学におけるDEM適用の普及

　DEMは，いまでは学問分野全体の研究ツールとして確立されている．DEMへの関心は急速に広がっており，地盤力学や広い範囲の科学コミュニティにおける最先端のDEM適用について評価することは，これらの状況が急速に変化していることから容易ではない．Zhu et al（2007）は，工学および自然科学全体のDEMの適用範囲を判断するために，1985年から2005年の間のWeb of Scienceのデータベースを調べた．また，最近のDEMの普及を評価するために，ISI Web of Knowledgeのデータベー

スが用いられている（Reuters, 2010）. DEM に関連する論文の調査のキーワードとして，離散要素法（モデル），個別要素法（モデル），離散粒子シミュレーション（方法，モデル），粒子動的シミュレーションを用いている．その全期間のデータベースにアクセスするために，"トピック"探索オプションで各キーワードを別々に入力した．そのため，重複して論文が集計されている可能性が少しある．この調査結果を図 12.1 に示す．個別要素型*シミュレーションの 2,451 編の論文が 1997 年から 2009 年末までの間に発表されていることが示されている．過去 20 年間，毎年の論文数が連続して増加しており，1996 年から 2006 年の間のほとんど線形的な増加は，毎年約 18 編の論文が増えていることによる．2009 年には 425 編の論文が発表され，DEM 関連の発表が大幅に増えている．これは，2008 年の論文数と比較すると 127 編の論文増である．DEM は明らかにユーザーのコミュニティ拡大によって急速に成長している手法である．Zhu et al.（2008）は，地盤力学を含めたさまざまな適用分野の基礎的研究および応用研究における多くの DEM の論文を引用しているので，参照することを勧める．

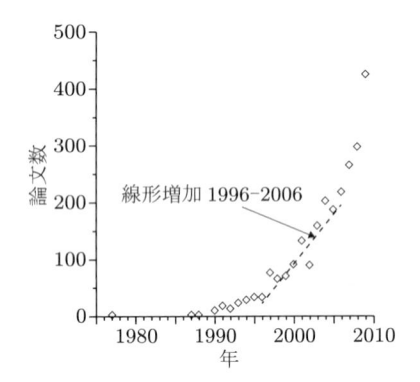

図 12.1 ISI Web of Knowledge Search から得られたデータ（Reuters, 2010）

地盤力学研究における DEM の適用について調べるために，地盤工学の九つの学術誌の内容を調査して，これらの学術誌に掲載されている DEM 関連の論文の要約をデータベースとして作った．これらの学術誌のすべての論文を調査することは不可能で，DEM の論文題目と著者名を調べることによって特定している．それゆえ，2～3 の論文が抜けているかもしれない．対象とした学術誌は，*Géotechnique*, *International Journal for Numerical and Analytical Methods in Geomechanics*, *International Journal of Geomechanics* (ASCE), *Geotechnical and Geoenvironmental Engineering* (ASCE), *Soils and Foundations*, *Canadian Geotechnical Journal*, *Computers*

---

* 2 章と同様に，この場合，離散要素型を含む

and Geotechnics, *Geomechanics and Geoengineering : An International Journal*, *International Journal of Rock Mechanics and Mining Sciences* である．調査期間は 1998 年初めから 2009 年末までである．計 130 編の論文を特定した．岩盤ブロック安定性解析のブロック DEM については除外している．この種の解析については，別途，Jing and Stephansson（2007）や Bobet et al.（2009）を参照されたい．

図 12.2(a) に示すように，毎年の論文数は一般的に増加の傾向にあるが，つねに増加しているというわけではない．広範囲な科学コミュニティにおける傾向（図 12.1）と同様に，地盤力学の研究コミュニティにおける DEM 関連の論文が，最近，急増している．地盤力学で発表されている DEM 研究を大きく分類すると，DEM アルゴリズムの改良，DEM モデルの妥当性確認，DEM モデルの較正，粒子レベルの（微視的）メカニズムと材料の全体（巨視的）挙動との関係の解明，結果の解釈技術の発展，要素試験のシミュレーション，大規模な境界値問題のシミュレーションなどがある．34 編の論文が DEM アルゴリズムについて，24 編の論文が境界値問題をシミュレーションするための DEM のモデル化について，67 編の論文が要素試験のシミュレーションなどの土の挙動の微視的力学の DEM 解析について示している．Zdravkovic and Carter（2008）は，1994 年から 2008 年までの土の構成モデルや数値モデルの開発についての概要（主に *Géotechnique* に注目して）として，現在までの DEM の適用は主に要素試験のシミュレーションによって材料挙動の理解を深めることにあったと結論付けている．このことは数値シミュレーションが基礎的研究の不可欠な部分になっている一般的な傾向を反映しているが，FEM が応用研究や工業において普通に適用されていることと比較すると，DEM は大規模境界値問題にはほとんど適用されていないことを意味している．

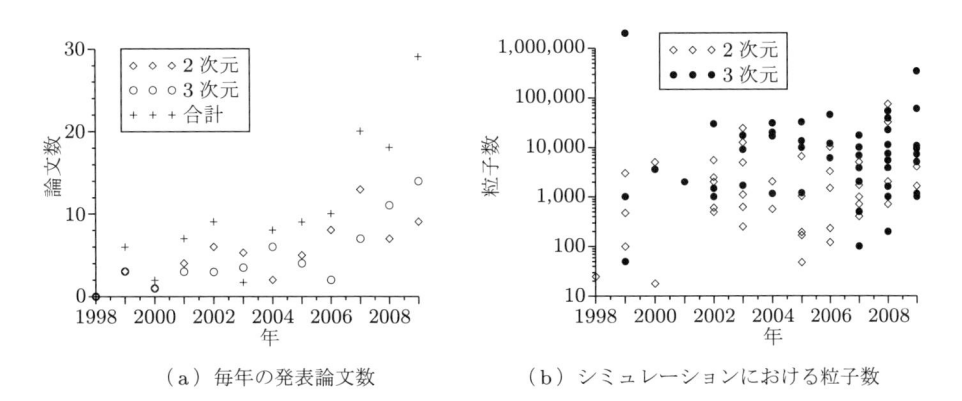

(a) 毎年の発表論文数　(b) シミュレーションにおける粒子数

図 12.2 DEM 関連論文のデータのまとめ

図 (b) は，毎年発表されている地盤力学の DEM シミュレーションで用いられている粒子数である．Cundall and Strack（1978）の初期のシミュレーションの粒子数（200～1,200）からかなり増えているが，その粒子数は実際の粒子数よりもまだかなり少ない．図 12.2 から，2 次元あるいは 3 次元において 50,000 個以上の粒子数を含む研究はほとんどないことがわかる．これらは実際の土と比べると少ない粒子数である．非常に簡単な概算をしてみる．間隙比 0.563 を仮定すると，10 mm×10 mm×10 mm の立方供試体内に 200μm の球が 150,000 個以上あることになる（11.5 節の考察についても参照）．Cundall（2001）は，2011 年までには 1,000 万個の粒子を含む DEM シミュレーションが "容易" になるであろうと予測したが，図 (b) を参照すると，現在の地盤力学の研究コミュニティでは，最も大きなシミュレーションでもこの期待値よりも 1 オーダー小さいことが明らかである．一方，地盤力学以外では大規模なシミュレーションは普通のことのようである．たとえば，Cleary（2007）は 100,000 個以上の粒子を普通に用いており，800 万個の粒子を含むシミュレーションについて示している．2007 年までは，コンピュータの負担が少ない 2 次元 DEM シミュレーションを用いた研究が，ほとんど毎年，3 次元の論文数よりも数で優っている．"微視的な土の力学" や DEM に焦点を絞った学術誌の特別版によって，DEM を用いたさまざまな種類の研究についての概要が示されている．地盤力学における DEM の適用例は，2010 年に出版された *Géotechnique* の特別号 2 巻（Baudet and Bolton, 2010a, 2010b），および，"地盤力学における個別要素法の進歩" という題目の *Geomechanics and Geoengineering: An International Journal* の特別版（Morris and Cleary, 2009）にみることができる．地盤力学以外の学術誌で DEM 関連の特別版としては，*Journal of Engineering Mechanics*（Ooi et al., 2011），*Powder Technology*（Thornton, 2009），*Particuology*（Zhu and Yu, 2008），*Granular Matter*（Luding and Cleary, 2009）が挙げられる．これらの学術誌は粒子 DEM に関連する論文を定期的に掲載しており，これらの特別版は地盤力学コミュニティにとっても有意義な論文を含んでいる．

12.2 ■ 大規模な境界値問題のシミュレーション

一般的に，地盤力学の研究は応用が第一である．土の微視的力学を調べるために DEM を適用することによって，より精巧で信頼できる連続体モデルを開発することで，間接的に実務に影響を及ぼすことになる．工業の視点からは，DEM によって直接的に大規模な境界値問題をシミュレーションする応用に関心がある．DEM モデルの本質的な特徴は，接触を作りそして壊す能力である．それゆえ，大変形や局所化の問題の解析にとくに適している．しかし，DEM の適用における主たる問題は，DEM

モデルに含まれる粒子数である．実際の境界値問題では，非常に複雑でさまざまな形状をもつ数百万個の粒子がある．それゆえ，DEM モデルは，定量的な挙動予測ではなくメカニズムを解明するために適している実際の系を簡略化したモデルである．

工業における DEM 適用の現在のレベルについて判断することは容易ではないが，発表されている応用研究の論文は，その解析レベルの指標になる．地盤工学の実務における DEM の適用は，プロセス工学での適用に比べると遅れているようである．Zhu et al.（2008）や Cleary（2000，2007）が，DEM の応用例について示している．これらには，ホッパー内流れ，ミキサー，ドラムおよびミル，圧気運搬，パイプラインの流れ，サイクロンのような生産加工，遷移流れ*のメカニズムの可視化，破壊率の検査，境界応力の解析，分離率と混合率，摩耗率等がある．地盤力学のコミュニティにおける DEM の応用例は，地質学の論文にみることができる（たとえば，Schöpfer et al.（2007）は，結合円盤として模擬的に再現した岩盤の断層の発達について考察している）．

地盤力学の文献に納められている数多くの応用研究では，非常に理想化したモデル（2次元で少ない粒子数の場合が多い）が用いられており，土の挙動の定量的かつ厳密な予測はほとんどない．しかし，これらは工業指向の問題の解析のために DEM を適用する，方法論の発展に向けた最初のステップであることから，本書や他の同様な研究で引用されている文献は重要な役割を担っている．ハードウェアやソフトウェアの発展によって計算ツールが利用しやすくなれば，それらの知見は大規模シミュレーションで用いられる技術に役に立つであろう．また，このような研究は地盤工学での将来の DEM 適用の潜在的なヒントを与えている．

▌ 岩盤挙動のシミュレーション

岩盤や固結砂の挙動を模擬的に再現する引張り許容接触モデル，および結合粒子の概念については 3 章で述べた．また，11 章で述べたように，接触モデルに必要なパラメータは，岩石供試体の実験に対して粒子 DEM モデルを較正することによって求められる．結合粒子 DEM モデルを用いた研究の多くは，実際の境界値問題ではなく要素試験のシミュレーションである．通常の粒子 DEM を用いた要素試験シミュレーションの基礎的研究については，12.3 節で述べる．結合粒子モデルを用いた室内試験のシミュレーションの研究の目的は，基本的なメカニズムを詳細に研究することではなく，岩盤挙動を捉えるその DEM の能力を証明することにあるので，別途，ここで考察する．これらの要素試験シミュレーションは，大規模な岩盤の挙動をシミュレー

---

 * 層流と乱流の中間領域の流れ

ションするための，粒子 DEM の基礎であることから，DEM 応用解析にとっても重要な一部である．Potyondy and Cundall (2004) は，岩盤挙動をシミュレーションするこの手法の"考え方"に対するガイダンスを与えている．Bobet et al. (2009) や Jing and Stephansson (2007) による概要もまた参考になる．

　結合粒子のシミュレーションで用いる接触モデルについては，3 章 (3.8 節) で述べた．粒子接点のセメンテーションをモデル化するために 2～3 の異なる手法が用いられており，それらの接触モデルによって法線方向の引張り接触力を伝達することができ，接線方向におけるせん断強度も設定される（すなわち，せん断抵抗はもはや単純にクーロン摩擦によって支配されない）．その接触モデルを用いて，砂岩の固結や花崗岩岩盤の"概念的な"固結をモデル化している．Potyondy and Cundall (2004) が用いている並列結合接触モデルは，接触点でモーメントと力を伝える．一方，Huang and Detournay (2008) は，接触点でモーメントを伝えない単純な接触モデルを用いている．他の接触モデルとしては，Utili and Nova (2008) が用いている延性接触モデルなどがある．Li and Holt (2002) や Cho et al. (2007) の 2 次元シミュレーションでは，粒子間結合と粒子内結合を区別した結合円盤からなる非円形の粒子を用いている．

　図 12.3 に示すように，Wang and Leung (2008) は，固結円盤間および固結円盤と大きな"土"の円盤との間の接触をモデル化するために，材料の固結相を小さな円盤とした並列結合接触モデルを用いている．この手法は原理的には魅力的ではあるが，実際の土の固結部の体積および強度に DEM モデルパラメータを関連付けることは容易ではない．

　DEM モデルは，実際の岩盤挙動を模擬的に再現することを目的として，著しく理想化されている．11 章で述べたように，多くの場合，2 次元の DEM モデルを 3 次元

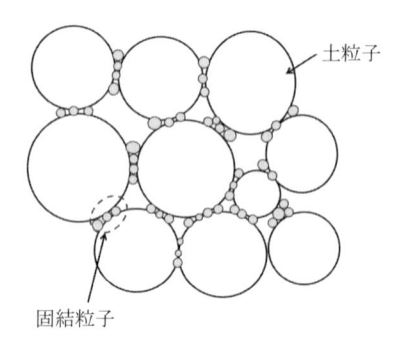

図 12.3 固結粒子と土粒子の接触点に並列結合を挿入した固結のモデル化 (Wang and Leung, 2008)

の岩石実験に対して較正している．実際は，粒子が3次元的に動くため，多くの場合の状況での材料挙動は，3次元の応力状態によって決まるであろう．一般に，結合粒子の妥当性確認は岩石の種類に依存することがあり，結合粒子モデルがその材料や問題に適用できるかどうかを評価するためには，工学的判断が必要である．結合粒子によって実際の材料が近似できる砂岩や固結砂に，この解析手法を適用することは妥当と思われるが，花崗岩岩盤のような別の種類の岩石にこの手法を用いることは簡単ではないであろう．

Potyondy and Cundall (2004) は，室内実験で観察される岩盤挙動の，結合粒子モデルによって捉えることのできる特徴を一覧にしている．そのいくつかの挙動特性については12.3.2項で述べるように砂でも観察される．岩盤にとって最も重要な挙動特性は以下のようである．

1. 硬化あるいは軟化の挙動が観察される連続的な非線形応力・ひずみ挙動．
2. 拘束圧の増加とともに脆性から延性へのせん断挙動の変遷．
3. 微小亀裂，局所的な破砕，アコースティックエネルギーの放出の"同時"発現．
4. 非線形な強度包絡線．
5. 引張り場，非拘束あるいは拘束の圧縮場でまったく異なる亀裂パターンをもつ応力場に依存する材料挙動．

岩盤の挙動は，岩盤を分割している節理あるいは断層によって決まることが多い．ブロックDEMのプログラムであるUDEC (Itasca, 1998) やDDA (Shi, 1996) は，平面節理によって分けられているブロック系をシミュレーションすることを目的としている．また，節理性岩盤は粒子DEMを用いてもシミュレーションすることができる．Kulatilake et al. (2001) は，結合球の集合体の三軸試験シミュレーションについて示し，三軸供試体内の種々の粒径や不均質性に起因する粗い節理面を作るために，その面に著しく小さな結合強度を設定している．なお，その岩盤節理の力学的挙動については，直接せん断試験を用いてシミュレーションしている．三軸圧縮試験のシミュレーションの挙動は実験結果（強度および変形パターン）とよく一致している．Wang et al. (2003) は，2次元モデルの節理をモデル化するために同様な手法を用いて，直接せん断試験のシミュレーションによって節理の挙動を表し，そして，そのモデルを用いて節理を含む岩盤斜面の挙動をシミュレーションしている．Park and Song (2009) による要素試験のシミュレーションは，他の研究よりも小さなスケールでの挙動を調べているので興味深い．彼らは粗い節理の3次元モデルを作って節理の直接せん断試験をシミュレーションし，節理の岩盤挙動について詳しく考察している．この分野における別の開発としては，滑らかな節理を可能とする円滑節理モデル（Mas-Ivars et al., 2008) がある．これを用いることによって粒子形状が節理の粗度に及ぼす影響を除去している．

岩盤の中央円形開口部周りの挙動について，多くの研究者によって考察されている．石油技術者にとっては，砂岩における井戸孔や井戸孔から派生している穿孔の安定性が問題になることがある．この問題が動機付けとなって，Cook et al. (2004) は中央に円形開口をもつ結合円盤の四角い2次元 DEM モデルを作り，岩盤挙動に及ぼす流体の流れの影響をシミュレーションするために，破壊に至るまでの中央の空洞に向かう非常に小さな粒子の流れをシミュレーションしている．そのモデルによって，Berea 砂岩の室内実験の破壊パターンが定性的に捉えられている．Fakhimi et al. (2002) も岩盤材料をモデル化するために結合円盤を用いているが，そのモデルでは降伏後に引張り強度が減少する軟化挙動を考慮しており，その減少率を調節することによって脆性や破壊靭性を調整することができる．彼らは中央円形開口部をもつ長方形の供試体を二軸圧縮して，そのシミュレーションによる破壊パターンをアコースティックエミッションの実験データと比較している．

大規模なトンネルや鉱山の岩盤挙動を調べるために結合 DEM 粒子を用いる可能性についても考察されている．たとえば，Potyondy and Cundall (2004) は連続体（有限差分）と粒子 DEM の連成シミュレーションについて示している．図 12.4(a) に示すように，トンネル上部の岩盤が結合円盤の集合体としてモデル化されている．ここ

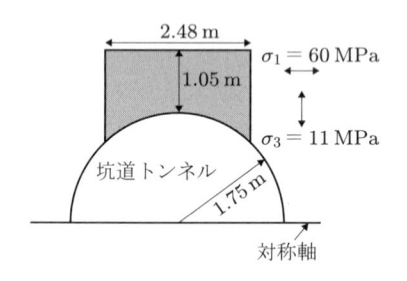

（a）DEM モデルの設定

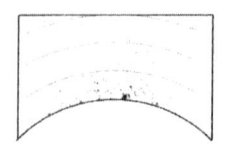

（b）強度低減係数 0.5　　（c）強度低減係数 0.75

図 12.4　トンネル上部の岩盤破壊の DEM シミュレーション
(a) モデル，(b)(c) 二つの強度低下値に対する破壊パターン
(Potyondy and Cundall, 2004)

では，現場の事例研究で観察されている応力誘導による切欠き（微視亀裂の種類）を，並列結合強度に強度低減係数を用いることによってシミュレーションし，破壊パターンの違いを調べている（図(b), (c)）．また，切欠き形成が粒径に影響を受けることが示されている．Calvetti et al. (2004) では，三つの廃鉱トンネルの周辺岩盤の 3 次元モデルを作り，9,800 個の球形粒子を用いているが，その DEM 粒子の平均粒径は，実際の固結砂の粒径よりも約 1,000 倍大きい．また，風化作用については，DEM モデルの結合の大きさを減らすことによって模擬的に再現している．DEM モデルで得られたトンネル上部の地表面の沈下は，等価な有限要素モデルで得られた沈下パターンと定性的によく一致している．

結合粒子 DEM モデルは，力学的全体挙動に及ぼす材料損傷の影響を調べるためにも用いられている．Schöpfer et al. (2009) は任意の結合を除去することによって微視亀裂をモデル化している．Potyondy (2007) は，応力や時間とともに並列結合の半径が変化する並列結合応力腐食（Parallel-Bonded Stress Corrosion, PSC）モデルとよばれる並列結合モデルの修正版を提案し，このモデルによって静的疲労試験の花崗岩供試体の巨視的挙動をよく捉えている．

結合粒子 DEM は他の種類の問題を調べるためにも用いられており，以下の節で非結合粒子も含めてその応用研究例について示す．Jing and Stephansson (2007) や Bobet et al. (2009) は，結合粒子 DEM によって岩盤発破による破砕，水圧破砕，それに断層運動について考察している文献を引用している．

機械・地盤の相互作用

地盤・機械の相互作用による挙動予測や，機械の設計の改良のためのツールとしての DEM の可能性が，この 10 年以上の間に認められてきており，それがプロセス工学技術者の DEM に対する関心をもたらしている．Horner et al. (1998) は粒子 DEM を用いて土の掘削をシミュレーションしており，Horner et al. (2001) は地盤・建設機械の相互作用について考察し，Cleary (2000) はドラグライン掘削機のバケットを満載することに及ぼす粒子形状の影響について考察している（図 12.5(a)）．また，Nezami et al. (2007) は，礫をモデル化するために 3 次元の角ばった形状を用いて，礫とバケット式積込機の相互作用のシミュレーションにおける粒子形状の影響について考察している（図(b)）．Melis Maynar and Medina Rodríguez (2005) は，二つの球を重ねて結合させたクラスター粒子を用いて土を模擬的に再現した 3 次元粒子 DEM モデルで，土圧バランス式シールドのトンネル掘削についてシミュレーションしている．これらのシミュレーション結果と現場の観察結果は一致しているものの，シミュレーションの結果はわずかな撹乱に対しても非常に大きな影響を受ける．このことは，す

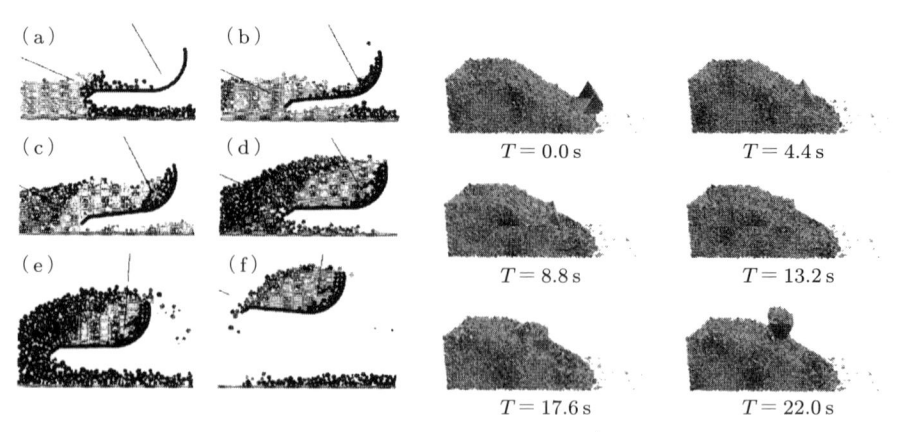

(a) ドラグライン掘削機のシミュレーション(Cleary, 2000)

(b) 角ばった粒子に対するバケット式積込機のシミュレーション(Nezami et al., 2007)

図 12.5 機械・地盤相互作用のシミュレーション例

でに 11 章で述べたように比較的少ない粒子数を用いた場合に起こり得る結果である．Huang and Detournay（2008）は，2 次元の結合円盤粒子を用いた岩石の圧入や切土のシミュレーションにおいて，かなり小さなスケールで破壊のメカニズムを調べ，法線結合強度に対するせん断結合強度の比を変化させることによって，材料の特性長を変えられることを示した．

貫入

地盤への剛体の貫入を DEM によってシミュレーションする可能性についても，以前から認識されている．初期の研究としては，Huang and Ma（1994）の 2 次元の円盤系を用いたコーン貫入試験（Cone Penetration Test, CPT）のシミュレーションがある．このシミュレーションでは対称と仮定して半分のみをモデル化し，軸対称軸に剛な壁を設定している．Jiang et al.（2006）も 2 次元で CPT をシミュレーションしている．Butlanska et al.（2009）は 3 次元で球形粒子の回転を拘束しており，コーン貫入抵抗値の結果と深さの関係を異なる相対密度に対して図示すると，比較的少ない粒子数（6,000 個）にも関わらず，漸近的な抵抗値の変化は実験結果と同様であり（図 12.6(a)），DEM シミュレーションのデータによって内部の応力分布を得ることができた（図 (b)）．また，Bruel et al.（2009）も 3 次元の貫入試験のシミュレーションについて示している．Lobo-Guerrero and Vallejo（2005）は杭の打設の 2 次元シミュレーションを行い，簡単な粒子破砕モデルを用いて貫入する杭周辺での粒子破砕を捉えており，彼らの貢献は大きい．また，Kinlock and O'Sullivan（2007）は，円

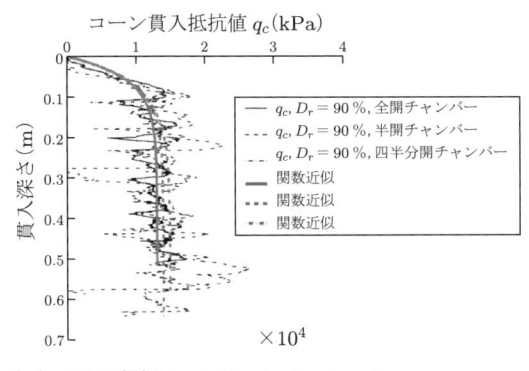

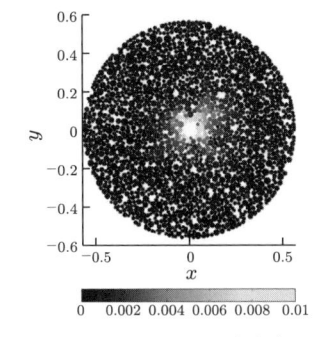

(a) CPT 試験の DEM シミュレーションにおける深さ対貫入抵抗値

(b) コーン貫入周辺の応力変化. 明るい円は大きな応力を示している

図 12.6 コーン貫入試験のシミュレーションへの DEM の適用
(Butlanska et al., (2009), Butlanska et al. (2010))

盤を用いた 2 次元 DEM シミュレーションで，開端杭の閉塞を捉えることができることを示した．なお，その研究は，もともと挙動に与える境界の影響を最小にするのに十分な解析領域について明らかにするということが主眼であった．

■ 落石，地すべり，斜面安定

落石や地すべりは本質的に大変形問題であるので，DEM 解析に適しているであろう．ブロック DEM プログラム UDEC や DDA は，大きなブロックの岩石の運動などの破壊をシミュレーションするために用いられており（たとえば，MacLaughlin et al.（2001）），粒子 DEM（結合および非結合）もまた斜面安定解析のために用いられている．Maeda（2009）は，材料の正規圧縮線および限界状態線によって圧縮やせん断の挙動の特性を明らかにするために，非結合円盤を用いて一連の二軸圧縮試験を行っている．限界状態のパラメータがわかっているとして，Maeda（2009）は乾燥流れのシミュレーションの異なる領域内の挙動について考察し，巨視的あるいは連続体土質力学のパラメータ（間隙比および状態パラメータ）だけでなく，内部の微視的なパラメータ（配位数および粒子速度）の変化についても定量化している．

結合粒子 DEM を用いて岩盤斜面の安定性について考察している 2 次元シミュレーションの例としては，Utili and Nova（2008）や Wang et al.（2003）などがある．Utili and Nova（2008）は剛体ブロックの DEM の接触のパラメータを較正し，鉛直岩盤斜面の破壊メカニズムを解析している（図 12.7）．その研究のとくに有意義な点は，岩盤の表面近くで風化の影響を著しく受けて岩盤特性が変化した場合の，破壊メ

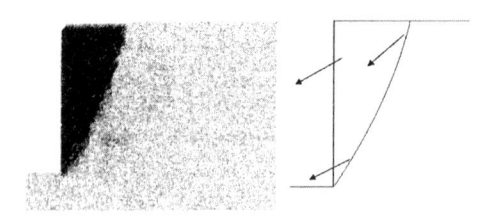

図 12.7 DEM を用いた岩盤斜面のシミュレーション．変位ベクトルの上界定理による極限解析解との比較（Utili and Nova, 2008）

カニズムに及ぼすその風化の影響について調べていることである．また，Wang et al.（2003）が用いた手法は，節理を模擬的に再現するために，材料に小さな強度の領域を設定している点で異なっている．

Bertrand et al.（2008）は，鉛直方向のワイヤーメッシュ（道路防護用）の支保工に，岩石ブロックによる衝撃が作用する不連続体の問題について考察した．メッシュは引張り耐性の接触結合によって結ばれた連続的な DEM 粒子によってモデル化され，衝突する岩石の運動エネルギーに対する支保工に作用する力の感度，および最大抵抗力に及ぼすメッシュ損傷の影響が調べられた．

鉄道道床とロックフィル材

鉄道道床やダムのロックフィル材はまさしく離散的で不連続な地盤力学の材料であり，DEM 解析者にとって興味ある対象である．Lu and McDowell（2006, 2007）や Hossein et al.（2007）は，道床の挙動のシミュレーションについて示している．Lu and McDowell（2010）は，並列結合モデル（Potyondy and Cundall, 2004）を用いて，表面の隆起を模擬的に再現するために小さい球をその辺に 10 個付け加えた四面体として，各道床の粒子をモデル化している．そのモデルによる挙動を，単調および繰返しの三軸大型試験で得られた実験データと比較している．

Bertrand et al.（2005）は，図 12.8 に示すように蛇かごをモデル化するためにワイヤーメッシュの解析手法を用いた．ロックフィル材の粒子自体は重なり合っている球のクラスターとしてモデル化されている．その DEM モデルを用いて，蛇かごの一軸圧縮について等価な実験データと比較することによって，その妥当性を確認している．Deluzarche and Cambou（2006）は，結合強度のある円盤の剛なクラスターを用いてロックフィル材をモデル化し，そのモデルによってダム建設時におけるロックフィル材の損傷を調べてダムの安定性について評価し，さらにダムの変形に及ぼすロックフィル材の損傷の影響について綿密に調べている．

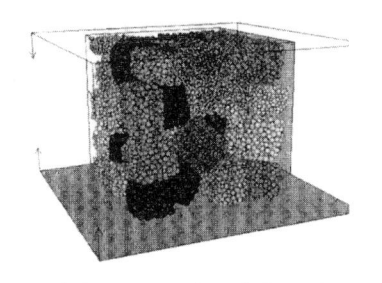

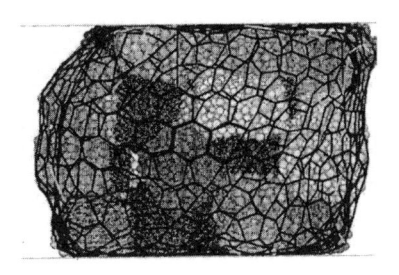

（a）DEM モデルの初期配置 　　　（b）軸ひずみ 16％の変形後

図 12.8 蛇かご構造のシミュレーションへの DEM の適用（Bertrand et al., 2005）

土・構造物の相互作用

前述の貫入を別にすると，DEM による土・構造物の相互作用のシミュレーションの応用例は限られている．Calvetti et al.（2004）は，地すべりによるパイプラインの損傷を調べるために砂箱を貫通するパイプの大変形問題について考察している（図12.9）．砂粒子は回転を拘束した球としてモデル化されている．その変形メカニズムは実験結果と定性的に一致している．パイプの作動方向を変化させることによって，パイプが受ける力に及ぼす作動方向の影響について調べることができ，DEM モデルを用いて破壊時にパイプに作用する水平力と垂直力の間の関係を示す破壊曲面を求めた．

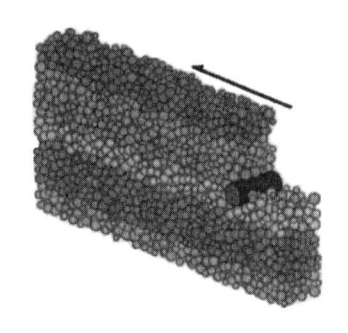

図 12.9 地盤・パイプライン相互作用のシミュレーションにおける DEM モデル（Calvetti et al., 2004）

別の研究で，Calvetti and Nova（2004）は土留め壁の動きを模擬的に再現するために回転を制限した 2 次元の円盤粒子を用いた．そのモデルを用いて主働土圧と受働土圧の大きさの違いを捉えている．その際，受働土圧のために必要とされる変形は，主働土圧のために必要とされる変形を上回っている．

アーチ作用は粒状体の重要な挙動特性である．Jenck et al.（2009）は軟弱地盤上の粒状体の盛土を杭が支持する場合のアーチ作用のメカニズムについて考察している

（図 12.10）．とくにこの研究の興味深い点は，2 次元の DEM シミュレーション結果をシュネーベリロッド集合体の実験結果，および連続体（有限差分）シミュレーション結果と比較していることである．実際の打設ではより複雑な 3 次元のアーチ作用が発現するものの，実験と数値モデルが巨視的に一致しているということは，将来，この種の地盤工学の構造物の設計に情報を与えるツールとして，3 次元の DEM シミュレーションが役に立つであろうということを示している．

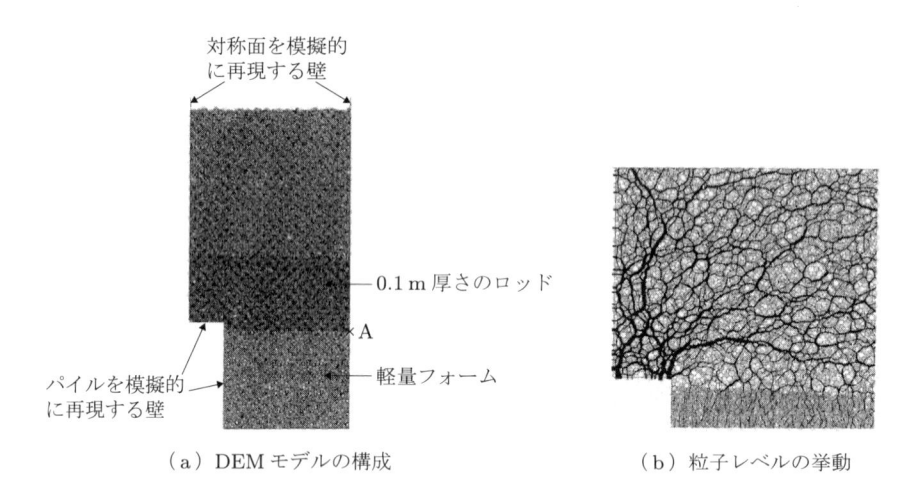

（a）DEM モデルの構成　　　　　（b）粒子レベルの挙動

図 12.10 荷重伝達メカニズムの DEM シミュレーション（Jenck et al., 2009）

■ 浸透流と土壌侵食

Zhu et al.（2008）が示したように，流体・粒子連成 DEM アルゴリズムの開発は，工業の境界値問題をシミュレーションするための DEM の普及に繋がる重要な前進であった．6 章では，地盤力学における粒子・流体連成系をモデル化する手法について紹介した．6 章で述べたように，水あるいは間隙水圧が土の挙動に重要な影響を及ぼしているにも関わらず，要素試験以外で DEM を用いた固体・流体相互作用のシミュレーション例はほとんどない．前述の Calvetti et al.（2004）の地盤・杭の相互作用などの研究では，間隙水圧を考慮するために非常に簡単な解析的手法を用いている．3 次元の完全連成 DEM モデルを用いた研究例としては，El Shamy and Aydin（2008）の河川堤防下の浸透流のシミュレーションがある．彼らも認識しているように，下層土をシミュレーションするための粒子数（22,303 個）が少ないにも関わらず，堤防下の土の間隙水圧分布は連続体解析とよく一致している．彼らの結果は，DEM モデルが改良されて粒子数の増加が可能になれば，実際の浸透流解析が可能になるであろうということを示している．流体・粒子の連成シミュレーションの別の例は，Jeyisanker and Gunaratne（2009）による種々の粒径をもつ粒子の層からなる舗装の浸透問題についてであり，球形粒子のDEMを用いて成層内の流体速度，圧力，動水勾配の変化について考察している．

12.3 ■ 土の挙動の基礎研究のためのDEMの適用

　材料の基礎的な挙動を調べるための要素試験のシミュレーションの数は，大規模な境界値問題のシミュレーションの数を大きく超えている．自然科学や工学において役に立つモデルとは，実際の物理系の重要な挙動特性を捉えてかつ簡略化されており，この詳細な解析によって知識を深めることができるモデルである．粒子DEMはこれらの条件を満たしている．非常に単純な粒子形状や接触力モデルによってさえ，仮想DEM粒子の集合体の全体挙動が実際の粒状体の重要な挙動特性を捉えているということを，DEMシミュレーションの結果は示している．それゆえ，DEMは，実験室で観察される複雑な現象に対して，合理的な説明を与えるために必要なデータを作成することができるツールである．結果的に，それによって土の挙動を予測し制御する我々の能力が改善されることになる．Potyondy and Cundall（2004）は，実際の挙動を再現することを目的とする従来の解析手法と，その挙動を引き起こすメカニズムを理解することを目標とするDEM解析とを区別している．

　土あるいは他の粒状体は特異な挙動を示す．実際，粒状体は充填密度と応力状態に依存して，固体の連続体のように挙動することができ，一方，液体のように流れることもできる第四状態と考えられる．土あるいは粒状体の挙動特性は材料の粒状の性質に起因しており，せん断下の体積変化，材料強度の摩擦特性（あるいは応力依存性），剛性の応力依存性，広範囲にわたる強度および剛性，材料特性を決める状態の重要性，応力履歴の影響，力学的挙動に及ぼす速度および経年変化の影響，ひずみおよび応力の非常に強い非線形性，異方性，せん断帯に伴うひずみ軟化，有効応力の重要性などがある（Simpson and Tatsuoka（2008）も参照）．

　土（それに他の粒状体）は，その基本単位の挙動よりも，それらの相互作用によって発現する複雑な挙動を示す複雑系の一つである（たとえば，Watts（2004））．これは，材料を個々の粒子に分解する土質力学への還元的な手法では，材料の全体挙動に対する答は容易には得られないことを意味している．しかし，系の複雑さによる難しい問題にも関わらず，粒子間の相互作用や土の"巨視的"挙動に対する理解については，1970年代後半における最初の粒子DEMの開発以来かなり改善されてきている．

　物理学の視点からすると，粒状体を，個々の挙動が"単純"である粒子からなる大きな系と捉えるだけでは不十分である．各粒子が特有な形状や表面の粗さのトポロジー

をもっており，砂粒子それ自体が非常に複雑である．これらの粒子は，内部剥離がある場合やその表面の摩耗や完全な破砕によって，粒子自体が損傷する場合もある．

12.3.1 現状および粒子レベルの他の手法

　DEM シミュレーションによって土の挙動の理解を深める方法の概要について述べる前に，地盤力学の研究における DEM の適用の現状を確認することが重要である．DEM の開発と前後して，別の手法によっても土粒子の性質が厳密に考察されている．

　本書の他の箇所（8, 10 章）で述べたように，円盤やロッドの集合体の実験データによって，粒子レベルのメカニズムと粒状体の全体挙動の関係の理解が深まってきている．これらの円盤やロッドは，室内土質要素試験では観測することのできない粒子運動の計測を可能にする 2 次元の物理相似モデルである．不透明で剛なロッドを用いる場合はそれらはシュネーベリロッドとよばれ，粒子の運動は得られるが粒子間力は計測することができない．しかし，8 章で述べたように，光弾性材料を用いる場合には粒子応力と粒子間力を計測することができる．この分野の初期の論文については 8 章で述べた．現在，DEM を用いた土の挙動の微視的力学を解析するための手法の多くは，もともと，光弾性の円盤の実験を解釈するために開発されて用いられていた．例として，ファブリックテンソルと土の応力・ひずみ挙動との重要な相関性が Oda らによって示されている（たとえば，Oda et al. (1985)）が，光弾性実験によって，DEM シミュレーションで観察される粒子レベルのメカニズムが独自に検証されてきた．しかし，DEM は光弾性よりも有利な点がある．すなわち，Gaspar and Koenders (2001) が示すように，光弾性集合体の接触力に関するデータを得る作業は単調であり，かつ，3 次元ではとくに容易なことではない．一方，図 8.20(c) を参照すると，光弾性実験によって個々の粒子内の応力分布が示されているが，DEM シミュレーションではこのようなデータを得ることはできない．

　Ibraim et al. (2010) や Jenck et al. (2009) などは，シュネーベリロッドを用いることによって土の基本的挙動の理解を深めることができることを明らかにしている．Hall et al. (2010) は，最新の画像解析技術によってシュネーベリロッドの局所ひずみが求められることを示している．その局所ひずみの計算によって明らかにされた変形パターンは，Kuhn (1999) の研究結果と同様である．

　粒状体では不静定系が形成される．それゆえ，個々の粒子を考慮することによって材料挙動を予測する一般式は解析的に誘導することはできない．したがって，解析的研究は，均一な粒子（円盤や球）による規則的な格子充填配置についての考察に限定されていることが多い．これらの非常に理想化された種類の材料に対して，Rowe (1962), Horne (1965), Thornton (1979) などの研究者が，充填の対称性を用いてピーク強度の

12.3 土の挙動の基礎研究のための DEM の適用

解析式を誘導している．11 章で述べたように，Rowe (1962) や Thornton (1979) が提案した式は DEM プログラムの妥当性確認に用いることができる．最近では，Russell et al. (2009) が，粒子破砕性を調べる研究においても，規則的な格子充填によって個々の粒子内の応力分布の式を誘導している．Tordesillas ら（たとえば，Tordesillas and Muthuswamy (2009)）は，強応力鎖に寄与している粒子群と六方充填の円盤を考えることによって，解析的に応力鎖の安定性について考察した．

従来の構成則では，室内や現場の巨視的挙動を厳密に再現する応力とひずみの関係式を得るために，連続体力学に基づいた理論を用いている．これらのモデルは，粒子レベルの基本的なメカニズムを厳密に解析するのではなく，全体挙動を捉えることに焦点をあてているので"現象論的"ともいわれる．構成則の別の手法では，全体の構成パラメータを誘導するために材料のファブリックと接触のパラメータに関する情報を用いている．この手法は，微視力学的連続体解析または微視構造連続体解析とよばれている．Kassner et al. (2005) は，個々の相互作用の情報から多体系の巨視的特性を決める一般的な方法を統計力学の"順問題"とよんでいる．Chang and Yin (2010) が示しているように，その考え方は，接触剛性の値（法線と接線の両方）による接触方向を表す解析式と接触の摩擦角を用いることによって，連続体の構成的な挙動が得られるということである．その平均的ひずみは粒子間変位に関連している．Chang ら（たとえば，Chang and Liao (1990)，Chang (1993)，Chang and Hicher (2010)）は微視力学的に解析している．Yimsiri and Soga (2000, 2002) は，粒状体の微小ひずみ（弾性）挙動を調べるためにこの解析手法を用いている．粒子レベルで考える別の連続体力学手法にコセラ連続体理論がある．Kruyt (2003) や Mulhaus et al. (2001) が示しているように，これは，並進だけでなく点の回転を含む連続体理論（通常，連続体の変形解析では並進のみが考慮される）である．

DEM はいわゆる地盤工学と比較すると非常に抽象的な研究に用いられてきている．しかし，土の挙動に関する粒子レベルの理論的な研究の必要性については，地盤力学コミュニティでも一般に受け入れられている．国際地盤工学会（International Society for Soil Mechanics and Foundation Engineering, ISSMFE）の専門委員会（Technical Committee, TC）は，土の粒子レベルの挙動に関心のある（主に研究指向の）技術者のグループで構成されている．この専門委員会は"TC35: 粒状体の地盤力学"とよばれ，Malcolm Bolton 教授が委員長であった．2010 年の ISSMFE の専門委員会の再編により，TC の名称は"TC105 微視的から巨視的までの地盤力学"となった．TC35 の会議のプロシーディング，たとえば，Hyodo et al. (2006) や Jiang et al. (2010) は，地盤力学における DEM の応用への手がかりを与えている．

■ 限界状態土質力学

　DEMが土質力学にどのように関わるのかを述べる前に，Schofield and Wroth（1968）によって詳細に示されている限界状態土質力学の基礎についての概略を紹介する．Coop（2009）が示しているように，限界状態土質力学の理論はもともと粘土の挙動を表すために導かれたが，若干の修正によって砂の挙動に対しても適応することができる．限界状態土質力学の理論は，塑性理論の概念を用いて定式化され，さらに載荷時の砂の体積変化を考慮するために修正されている．これによって，所定の密度や応力レベルにおいて土が特異な挙動をする理由を説明することができる．限界状態力学の重要な概念は，せん断下の大きなひずみで応力や体積が一定になる極限状態に向かうことである．この限界状態の軌跡（限界状態線ともよばれる）は，平均有効応力の対数 $\ln(p')$ に対する間隙比 e や比体積 v を図示することによって得られる．Been et al.（1999）や Jefferies and Been（2006）を引用して，砂の"限界状態線"（Critical State Line, CSL）とよばれる点の軌跡を図 12.11 に示す．CSL は直線で描かれることが多いが，砂に対しては曲線の軌跡がより適切である．ここで示す図は Jefferies and Been（2006）を引用している．Muir Wood et al.（2010）は，Gudehus（1997）が提案した CSL の曲線式を用いている．その曲線状の CSL は上に凸状である．Ng（2009a）は，楕円体粒子の三軸 DEM シミュレーションにおいて，e–$\log(p')$ 空間の限界状態線のその曲線をよく捉えていることを示した．限界状態線は，$M = q/p'$ として計算される限界せん断応力比に関係している．ここで，$q = \sigma_1 - \sigma_3$，p' は平均有効応力である．この応力比は限界状態摩擦角 ϕ'_{cv} として表すこともできる．

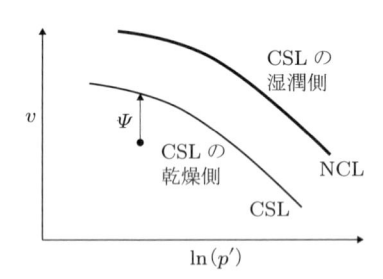

図 12.11 v–$\ln(p')$ 空間における限界状態線および正規圧縮線（Jefferies and Been（2006）から引用，一部改変）

　図 12.11 に関連して，砂の挙動は材料の"状態"によって著しく支配されることが明らかにされている．この状態は，状態パラメータ ψ，すなわち，土の現在の e や v の値と同じ応力レベルで限界状態線上の e や v との差によって定量化される（たとえば，Been and Jefferies（1985））．密な砂（限界の"乾燥"側）は ψ の負の値をもち，

せん断下では，滑動応力比は限界状態の応力を超えてピーク応力まで増加し，その後のひずみ軟化とともに限界状態の値まで減少する．ゆるい砂（限界の"湿潤"側）はψの正の値をもち，せん断下で最大滑動せん断応力に向かって単調に漸近する傾向にある．

体積の挙動を考えると，ゆるい試料はせん断下で圧縮し，一方，密な試料は最初に少し圧縮してそして膨張する傾向にある．どちらの試料の比体積もせん断が進むにつれて限界状態線に漸近する．土のダイレイタンシーは最初に Reynolds (1885) によって認識され，Rowe (1962) が滑動主応力比とダイレイタンシーとの間に関係が成り立つと提案している．一般的に，ダイレイタンシーは体積ひずみ増分と偏差ひずみ増分の比（$D = \dot{\varepsilon}_v/\dot{\varepsilon}_q$）として定量化される．

図 12.11 に示す別の重要な概念は，土が経験し得る状態の限界を表す正規圧縮線（Normal Compression Line, NCL）の存在である．Jefferies and Been (2006) が示しているように，CSL に平行な NCL が一つあるという考えは，実際の砂に対していつも成り立つとは限らない．

Taylor (1948) が提案した仕事の式から得られる応力・ダイレイタンシー関係は，せん断ひずみと体積ひずみを関連付けているので大変重要であり，次式（線形）のようになる．

$$\frac{\dot{\varepsilon}_v^p}{\dot{\varepsilon}_s^p} = M - \frac{q}{p'} \tag{12.1}$$

ここで，M は限界状態摩擦パラメータ，p' と q はそれぞれ平均応力と偏差応力，$\dot{\varepsilon}_v^p$ と $\dot{\varepsilon}_s^p$ は塑性体積ひずみ速度および塑性偏差ひずみ速度である．

ここでは，限界状態土質力学の非常に簡単な概要についてのみ述べている．より包括的な説明は，Wood (1990a) や Jefferies and Been (2006) によって示されている．二つの理由によって限界状態土質力学について述べる．最初は，限界状態の概念を用いることによって，地盤力学の要素試験の解釈や土の挙動の理解およびモデル化が進められてきたことによる．それゆえ，地盤力学コミュニティに対して DEM シミュレーションの利点を理解してもらうために，この枠組み内で DEM シミュレーションによる挙動について考察することは価値がある．Jefferies and Been (2006) は限界状態パラメータを求めるために必要な実験方法の概略について述べており，これらは DEM を用いて容易にシミュレーションすることができる．Thornton (2000) や Cheng et al. (2004) は，材料の全体挙動の経験的な観察に基づいて進められてきた土の挙動の理解を，DEM によってさらに深めることができることを示している．

限界状態の枠組みに着目する別の理由は，土の固有の特性が力学的挙動に及ぼす影響を，限界状態の概念によって密度や応力レベルの土の状態から分けて考えることが

できるということである．Jefferies and Been (2006) を引用すると，材料の固有の特性とは粒子形状，粒度分布，限界状態線である．DEM シミュレーションの結果を説明する場合，粒状体の挙動に対するこれら 2 種類の寄与があることを認識することは重要である．材料の状態に関する情報がなくては，観察される挙動あるいはさまざまな研究間の比較について一般的な結論を得ることはできない．たとえば，粒子形状や表面の性質を変えた DEM のパラメータスタディを行う場合，材料特性の変化に対して限界状態線を移動させることが，おそらく最も信頼できる指標になるであろう．

12.3.2 DEM によって捉えることができる微視的力学挙動

土の力学的挙動を調べるのに DEM を信頼して用いるためには，一般的に観察される土の挙動特性を DEM によって捉えられることを証明する必要がある．粒状体材料に特有な力学的挙動特性のいくつかについては前に示した．DEM シミュレーションによってその特徴がうまく捉えられていることを示す主要な文献を含めて，以下に粒状体材料の顕著な挙動特性について列挙する（Cundall (2001) も参照のこと）．

1. 法線応力の増加とともにピークせん断強度が大きくなる "摩擦" 挙動（Bolton et al. (2008), Cui and O'Sullivan (2006), Sitharam et al. (2008), Potyondy and Cundall (2004)）．
2. せん断下で，収縮するゆるい試料，膨張する密な試料，それに，そのどちらの試料も大きなひずみでユニークな応力および間隙比に向かう傾向を示す限界状態型の挙動（Thornton (2000), Rothenburg and Kruyt (2004), Salot et al. (2009)）．
3. 間隙比に対するピーク滑動応力比（せん断抵抗のピーク角度）の敏感性（Powrie et al. (2005), Rothenburg and Kruyt (2004), Thornton (2000)）．
4. ほとんどすべての粒子 DEM 要素試験シミュレーション（線形接触モデルが用いられている場合でさえ）で観察される破壊以前の降伏による非線形な応力・ひずみ挙動（Rothenburg and Bathurst (1989), Cheng et al. (2004), Yimsiri and Soga (2010)）．
5. 周期的載荷あるいは繰返し載荷によるヒステリシス（たとえば，Chen and Hung (1991), Chen and Ishibashi (1990), Alonso-Marroquín et al. (2008)）．
6. ひずみ軟化，および，局所化あるいはせん断帯の進展（Bardet (1994), Iwashita and Oda (1998), Powrie et al. (2005)）．
7. 中間主応力および 3 主応力の大きさに依存する破壊基準の重要性（Thornton

(2000), Ng (2004b)).
8. 強度および剛性の異方性 (Yimsiri and Soga (2001), Li and Yu (2009), Yimsiri and Soga (2010)).
9. 弾性剛性の応力依存性 (Holtzman et al., 2008).
10. 収縮挙動から膨張挙動への変遷点に対応する非排水せん断下で起こる変相点 (Cheng et al. (2003), Sitharam et al. (2009)).
11. 主応力と主ひずみ増分との非共軸性[*] (Li and Yu, 2009, 2010).

12.3.3　土の挙動を理解するための主要な成果の概要

　粒状体で観察される挙動の傾向を捉える DEM の能力が確立されれば，土の基本的な挙動の理解を深めるために，ある程度信頼して DEM を用いることができるだろう．土質力学に対する DEM シミュレーションの主たる成果は以下のようである．

1. 粒状体における応力伝達の不均質性の確認（de Josselin de Jong and Verrujit (1969) の光弾性による初期の研究）．8 章で述べたように，DEM シミュレーションによって，強応力鎖を形成する非常に大きな応力をもつ粒子が最大主応力方向に並び，それに直交する弱応力鎖によって支えられて，その著しく不均質な網状組織を通して，応力が粒状体全体に伝達することが明らかにされてきた．この概念図は Rothenburg and Bathurst (1989), Masson and Martinez (2001), Cui et al. (2007) などによって示されている．また，DEM シミュレーションによって応力鎖の座屈を詳細に考察するデータを得ることができる（たとえば，Tordesillas and Muthuswamy (2009)）．Thornton (2000) や Rothenburg and Bathurst (1989) は，集合体の平均的な応力テンソルに対して法線方向の接触力が接線方向の接触力よりもかなり寄与していることを観察している．これらの結果によって材料挙動に及ぼす応力鎖の影響がさらに明らかにされ，強応力鎖の座屈が粒状体の破壊やせん断帯の根底にある重要なメカニズムであるという仮説の根拠になっている．

2. 材料挙動に及ぼす粒子間摩擦の影響を，パラメータスタディによって考察している（たとえば，Thornton (2000), Powrie et al. (2005), Cui and O'Sullivan (2006), Yimsiri and Soga (2010)）．材料のピーク時せん断抵抗角（ピーク摩擦角ともよばれる）は，粒子間摩擦角に比較的鈍感であるということが示されている．

3. 4 章で述べたように，接触している非球形や非円形粒子は，円盤や球と対照的に力だけでなくモーメントを伝えることができ，回転に対して抵抗する．Iwashita and

---

[*] 塑性ひずみ増分と応力の主軸が一致しない性質

Oda (1998) や Jiang et al. (2005) が示しているように，DEM によるパラメータスタディによって同じ試料に及ぼす回転抵抗（転がり摩擦ともよばれる）の影響について考察することができる．接触している粒子の相対的な回転に対する抵抗が増えるに従って，ピーク時せん断抵抗角，および定常状態あるいは残留時のせん断抵抗角が大きくなる．そして，これを強応力鎖による変形のメカニズムに関連付けることができる（Iwashita and Oda (2000), Tordesillas and Muthuswamy (2009)）．異なる形状の粒子をもつ供試体を直接的に比較することは容易ではない．また，供試体は一般的に異なる粒子形状だけでなくさまざまな初期間隙比をもつ．前述のとおり，これに対応するための一つの可能性は二つの材料の限界状態線（CSL）を比較することである．この分野の研究には，楕円体粒子のアスペクト比を変化させた Ng (2009b)，二つの粒子を並列結合で結び付けて作成した粒子の形状を変化させた Powrie et al. (2005) などがある．Mirghasemi et al. (2002) は，全体挙動と材料のファブリックに及ぼす粒子形状の影響について考察している．

4. 要素試験の材料挙動の理解を深めるために貢献してきた．たとえば，DEM シミュレーションによって，要素試験の応力とひずみの不均一性が明らかにされており，Masson and Martinez (2001), Zhang and Thornton (2007), Cui and O'Sullivan (2006), Wang and Gutierrez (2010) は，直接せん断における接触力およびひずみの不均質性を示した．DEM を用いたパラメータスタディによって実験装置の限界を把握することができ，Cui and O'Sullivan (2006) や Powrie et al. (2005) は，三軸試験の上盤や底盤の摩擦が供試体の挙動に及ぼす影響について考察している．DEM は実験装置の改善のためにも用いることができる．Zhang and Thornton (2007) や Wang and Gutierrez (2010) は，異なる形状の直接せん断装置について調べている．

5. DEM シミュレーション（たとえば，Bardet (1994), Iwashita and Oda (2000), Powrie et al. (2005)）によって，局所化やせん断帯の進展について考察し，せん断帯内部で試料の他の部分と比較して粒子の回転がかなり大きくなる傾向があることを示している．局所ひずみの解析（O'Sullivan et al. (2003) や Wang et al. (2007)）では，Rechemacher et al. (2010) が砂の平面ひずみ試験において観察しているように，せん断帯内部は圧縮と膨張のひずみ領域をもち著しく不均質であることを示した．

6. 多くの DEM シミュレーションによって，配位数および 2 階ファブリックテンソル（接触法線方向を考慮して計算）は，材料の応力・ひずみ挙動に強く関連する材料の

ファブリックについての重要な情報であるということが確認されている．たとえば，Rothenburg and Bathurst (1989), Rothenburg and Kruyt (2004), Thornton (2000), Ng (2001) などは，2 階ファブリックテンソルの最大および最小固有値によって計算した異方性の進展が，応力・ひずみ挙動に密接に関連していることを示した．Rothenburg and Bathurst (1989), Bardet (1994), Thornton (2000), Rothenburg and Kruyt (2004) は，せん断下で配位数が比較的一定値に向かう傾向があることを示した．Thornton (2000) や Rothenburg and Kruyt (2004) は，せん断下の剛な非破砕性の粒子によるゆるい供試体と密な供試体は，同じ "限界" 配位数に向かう傾向があることを示した．

7. 3 次元応力状態下の土の挙動を実験によって観察することは，すでに述べたように容易なことではない．Thornton (2000), Ng (2004b), Thornton and Zhang (2010) は，砂に対して提案されている破壊基準について DEM を用いて理想的な試験状態で調べ，Thornton and Zhang (2010) は Lade and Duncan (2003) が提案した 3 次元の破壊基準と DEM 結果がよく一致していることを示した．

8. 土の連続体構成モデルの開発においてエネルギーについて考察することは重要である．たとえば，カムクレイの降伏軌跡は，塑性変形による仕事から得られる流れ則の積分によって求められる（たとえば，Britto and Gunn (1987)）．系の内部エネルギーについて詳細に考察している DEM 解析もある．たとえば，Bardet (1994) は，ひずみ軟化過程において内部エネルギー散逸がせん断帯内で最も大きいことを明らかにした．Bolton et al. (2008) は，破砕性凝集体の DEM シミュレーションにおける散逸エネルギーを計算し，その結果をカムクレイおよび修正カムクレイの散逸関数と比較している．Thornton (2000) は，せん断下で起こる不安定性を定量化するために運動エネルギーを計測している．

ここに示した結果の選択は主観的なものであるが，その目的は，DEM が土の挙動の理解を深めることができる方法であることと，探求のための可能性のある将来の分野であることを示すことにある．すなわち，DEM は微視的挙動と巨視的挙動の関連性を調べる数値実験を促進するだけでなく，材料の全体挙動の根底にある粒子レベルのメカニズムに関して推定するツールである．たとえば，土の全体挙動に及ぼす粒子接触のレオロジーの影響について調べることができる．例としては，不飽和土の挙動について考察している Lu et al. (2008) や Gili and Alonso (2002)，転がり抵抗および粒子表面の粗度に対する材料挙動の感度について調べている Jiang et al. (2005, 2009) などがある．これらの数値実験によって，土の挙動を改善する方法や適切な地

盤改良工法を開発する方法について考察することができる．この分野の重要な成果として，繊維補強土の挙動を定性的に捉えることができる2次元粒子DEMモデルを開発したIbraim et al. (2006)などがある．Zeghal and El Shamy (2008)は，液状化危険度を軽減するセメンテーションについて結合DEM粒子を用いて調べている．

DEMシミュレーションは，"もし～ならばなにが起こるだろう？"という種類の質問に答えるためには便利なツールである．たとえば，Muir Wood et al. (2010)は2次元シミュレーションの土の力学的挙動に及ぼす内部侵食（横溢）の影響について調べ，一定の等方応力状態が保たれている準静的状態で，集合体の中の最も小さな粒子を連続的に除去し，それによって生じる応力および体積の挙動を観察している．これらの数値実験によって，体積状態の変化や粒度分布の変化の影響を観察することができ，粒度分布が侵食とともに変化する材料の全体挙動を捉えることができる連続体モデルの開発に用いることができる．

DEMシミュレーションの利点は，通常の室内試験では再現することが難しいような実際の地盤内に生じる複雑な応力状態を，シミュレーションすることができることである．最も顕著には，DEMシミュレーションによって実際の3次元応力状態 $\sigma_1 \neq \sigma_2 \neq \sigma_3$ を容易に得ることができる．室内試験によってこのような応力状態を得るためには，通常の地盤力学の実験室にはない中空円筒装置や真の三軸装置のような複雑な装置が必要となる．それゆえ，DEMシミュレーションによって，今までの連続体の構成モデルについて考察し，さらに可能なら構成モデルを開発する役割を果たすことで，（最低限）実務に間接的な影響を及ぼすことができる．

土の基本的な挙動を調べるためにDEMを用いている研究は，主に非粘性の材料，すなわち，約100 μmを超える粒子についての考察に限られている．この場合，これらの粒子の表面力は，粒子の慣性力と比較して無視できるほど十分に大きい．一方，粘土のDEMシミュレーションは一般的ではなく，表面の相互作用力と粒子形状の両方の影響によって複雑である．しかし，Anandarajah (2003), Lu et al. (2008), Peron et al. (2009)などは粘土の挙動のDEMシミュレーションについても考察している．

地盤力学の基礎的研究のツールとしてのDEMの適用性を示すために，以下にケーススタディとしてDEMを用いて粒状体挙動の理解を深めることができた三つの主要な研究例について，概要を述べる．

12.3.4 三軸応力状態および一般的な応力状態に対する粒子集合体の挙動

Colin Thorntonら (Thornton (1979b), Thornton and Antony (1998), Thornton (2000), Thornton and Antony (2000), Thornton and Zhang (2010))は，周期セ

ルの球形粒子の集合体の挙動について調べている．研究の主体は，三軸（軸対称）および真の三軸（$\sigma_1 \neq \sigma_2 \neq \sigma_3$）試験で破壊時挙動と破壊前挙動などを調べることである．これらの研究例では，DEM によって物理系で予想される挙動を捉え，その挙動の根底にある基本的なメカニズムについて考察することができることを示している．

Thornton and Antony (1998) や Thornton (2000) は，密な球集合体およびゆるい球集合体について平均応力一定下の三軸圧縮をシミュレーションしている．周期セル境界で 3,000〜8,000 個の多分散系の球を用いている．図 12.12 に示すように，シミュレーションにおけるゆるい砂および密な砂の挙動の違いは，実験で観察される結果と同様であった．せん断下で，密な試料はピーク偏差応力に達した後にひずみ軟化が観察される．一方，ゆるい試料はひずみ硬化の挙動を示している．どちらの試料も大きなひずみでは一定の体積状態に向かう傾向にあり，間隙比も同様である．すなわち，大きなひずみではほとんど限界状態に達している．

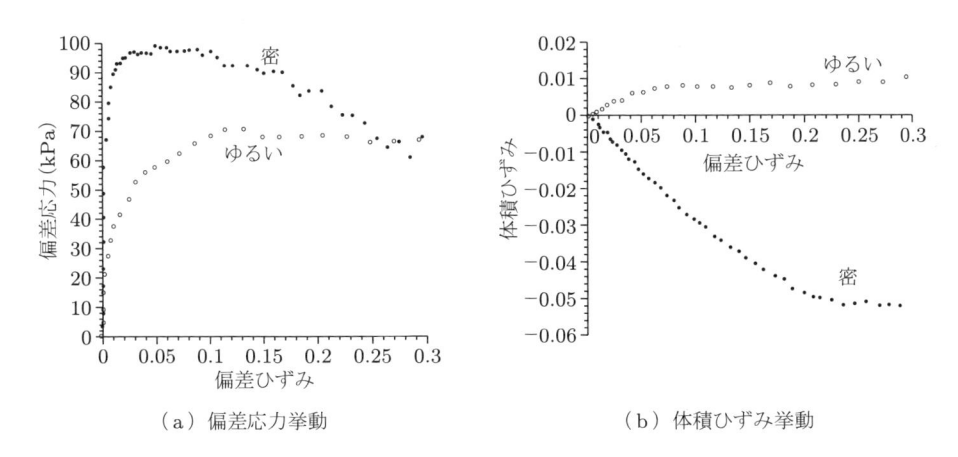

（a）偏差応力挙動

（b）体積ひずみ挙動

図 12.12 軸対称圧縮における球のゆるい供試体と密な供試体に対する挙動 (Thornton, 2000)

内部の材料構造について考察することによって，法線方向の接触力が接線方向の接触力よりも応力伝達に著しく寄与していることが明らかにされている．このことは Thornton (2000) によって確認されており，10 章でも述べたように Rothenburg and Bathurst (1989) などの初期の研究において観察されている．また，Thornton (1997b) は集合体内部の接触力分布についても考察している．ひずみに伴う偏差ファブリックの変遷を図 12.13(a) に示す．平均力以上および平均力未満のファブリックテンソルを考慮することによって，平均力未満を伝達する接触が強応力鎖の横方向の安定性を与えるために作用していることを明らかにした（図 12.14）．

ゆるい材料と密な材料の挙動の比較に戻ると，図 12.13(b) に示すように，Thornton

(a) 偏差ファブリック

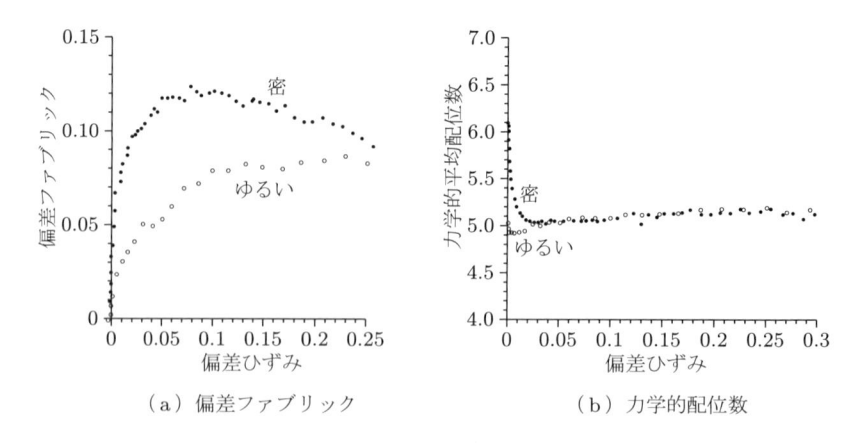

(b) 力学的配位数

図 12.13 軸対称圧縮におけるゆるい供試体と密な球の集合体の内部構造の変化 (Thornton, 2000)

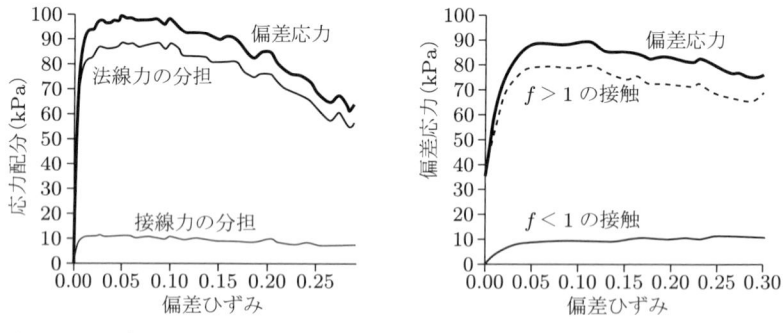

(a) 応力の法線成分と接線成分への分解 (Thornton and Antony, 1998)

(b) 応力の強接触力網と弱接触力網による分担 (Thornton, 2000)

図 12.14 応力の法線力とせん断力による分担，および強接触力網と弱接触力網による分担

(2000) はどちらの試料も小さなひずみで同じ力学的配位数 (式 (10.8)) に達することを明らかにした．Rothenburg and Kruyt (2004) も 2 次元シミュレーションで同様な挙動を示している．Thornton and Antony (2000) は，三軸のシミュレーションで平均応力一定下の伸張と圧縮でせん断した二つの試料の力学的配位数が，ほとんど同じであることを明らかにした．定体積（非排水）状態で行った別の二つのシミュレーション（再び，三軸圧縮および三軸伸張でのせん断）でも，同様な力学的配位数であった．同じ初期値から開始したにも関わらず，定体積シミュレーションの力学的配位数は平均応力一定のシミュレーションで得られた値よりも大きかった．

Thornton (2000) は，主応力比 $b = (\sigma_2 - \sigma_3)/(\sigma_1 - \sigma_3)$ を変化させた真の三軸試験のシミュレーションについて示している．その偏差応力による破壊状態は，Lade and

Duncan（2003）が提案した3次元の破壊基準と一致している．Ng（2004b）も，楕円体の粒子を用いて周期セル内の種々のb値に対する変形をシミュレーションし，四つの異なる破壊基準について考察して，Ogawa et al.（1974）が提案した破壊基準がシミュレーションのデータに最もよく一致することを明らかにした．一定偏差ひずみ試験のシミュレーションでは，応力テンソルと2階の接触法線ファブリックテンソルのどちらも一緒に回転し，ひずみテンソルが応力テンソルよりも遅れている．すなわち，非共軸の挙動が示されている．

Thornton and Zhang（2010）は，初期の研究で提案した考えに基づいて，27,000個の球集合体の偏差ひずみプローブに対する挙動を調べている．偏差ひずみプローブは，大きさや方向が異なっているがすべて同じ初期試料である．その包絡線はLade and Duncan（2003）の破壊曲面と同じ形状である．Thornton and Zhang（2010）は，ファブリックテンソルの不変量を考慮して主ファブリック座標系において"ファブリック包絡線（fablic response envelopes）"を作り，それが反転型Lade型曲面になることを観察している．これらのファブリック包絡線を定義するために，ファブリックテンソルの不変量から計算される新しいパラメータを提案している．

12.3.5　粒子破砕

Coop and Lee（1993）やCoop et al.（2004）などの実験的研究で，砂のせん断や圧縮によってかなりの粒子破砕が起こることが示されている．Coop and Lee（1993）は，限界状態に至るせん断下で生じる粒子破砕量と平均有効直応力との間にユニークな関係があることを明らかにした．これらの知見はDEMを用いた粒子破砕の研究に対する動機付けとなっている．DEMを用いて破砕性粒子をシミュレーションする手法については4章で述べた．破砕に関する研究では，粒子破砕の簡単なDEMモデルを用いており，それは境界値問題のシミュレーションにも適している（たとえば，Lobo-Guerrero and Vallejo（2005））．ここでは，シリカ砂粒子の挙動をシミュレーションするために凝集体を用いた研究について考察する．凝集体あるいは粉体が大きな粒子になる凝集作用は，プロセス工学の関心事であり，Thornton and Liu（2004）は凝集体をシミュレーションするために球を結合する方法について示している．一方，Golchert et al.（2004）は，その破砕の挙動に及ぼす凝集体の形状の影響についてDEMを用いて考察している．

4章で述べたように，Robertson（2000），McDowell and Harireche（2002），Cheng et al.（2003, 2004），Bolton et al.（2008）は，砂粒子のモデル化の開発と妥当性確認，および，材料の全体挙動を解析するための適用について示した．単粒子の砂をシミュレーションするために用いられる結合球の各集合体は，Robertson（2000）が提

案した手法によって作られている．最初に，粒子材料の結晶性を参考にして六方最密充填の結合球の集合体を作り，実際の土粒子の亀裂を表すために球をいくつか取り除く．この手法によって個々の砂粒子の粒子レベルの挙動が捉えられるということが，粒子および巨視的な二つのレベルで確認されている．Cheng et al.（2003）は，これらの粒子を較正することによってシリカ砂粒子の単粒子圧縮試験の挙動を再現できることを明らかにした．McDowell and Harireche（2002）や Cheng et al.（2003）は，応力レベルによる強度分布の変動を解析することによって得られるワイブル係数が実験と数値実験で同等であることから，実際の土粒子の破砕試験で観察される粒径・強度関係を再現できることを明らかにした．

Cheng et al.（2003）は，クラスター集合体の DEM 等方圧縮シミュレーションの結果（図 12.15）がシリカ砂の挙動と定量的に一致することを，間隙比および正規化平均有効応力のデータを比較して示した．三軸圧縮試験の場合には，モデルと実験データとは厳密には一致していないものの，おおまかには一致している．較正モデルの妥当性が粒子レベルと巨視的スケールの両方で確かめられているので，粒子レベルの挙

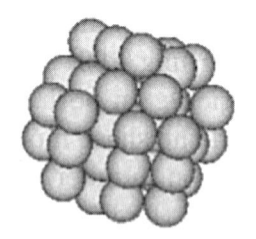

（a）クラスター粒子

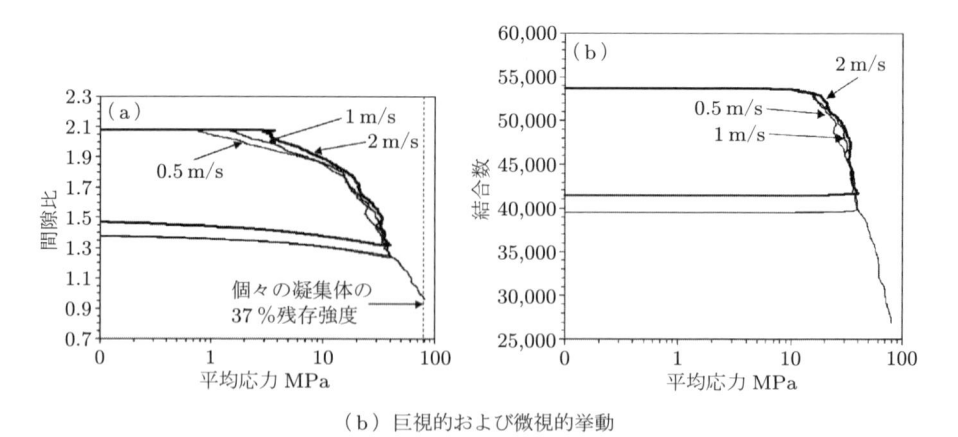

（b）巨視的および微視的挙動

図 12.15 砂粒子の破砕の理解を深めるための DEM の適用（Cheng et al., 2003）

動と全体挙動の関係についての考察には信頼性がある．Cheng et al.（2004）は，非排水せん断における粒子破砕を観察するだけでなく，正規圧縮線に沿った材料挙動に粒子破砕が及ぼす影響についても明らかにした．また，この解析手法を用いて降伏についても調べており，過圧密比が小さな DEM 試料では，降伏曲面は材料の結合破壊や損傷の割合の等値線に関連していることを示した．過圧密比が大きな試料では，応力・ダイレイタンシー理論で示されている挙動の傾向がモデルによって捉えられている．最も顕著な例としては，Bolton（1986）が提案した仮説，すなわち，応力が増加するに伴ってピーク時摩擦角が減少することを，粒子破砕によって説明できることが確かめられている．

Bolton et al.（2008）は，等方圧縮および三軸圧縮において，破砕性凝集体とそれと同じ形状の非破砕性凝集体との供試体の挙動について比較している．Cheng et al.（2003, 2004）は結合の破壊にのみ注目しているが，Bolton et al.（2008）は配位数，偏差ファブリック，各凝集体に蓄えられるエネルギーについても考察している．破砕性および非破砕性の凝集体の配位数は，低拘束圧では同じようであるが，予想されるように高圧力ではそれらの配位数は違ってくる．しかし，どちらの場合も平均応力によって配位数が著しく増加することがわかった．三軸圧縮の破砕性凝集体の（2 階のファブリックテンソルを用いて得られる）異方性は，拘束圧の増加とともに小さくなる．また，粒子が壊れると接触数が増加して摩擦によるエネルギー散逸が増える．

12.3.6 　繰返し荷重とヒステリシス

いままでの DEM シミュレーションの論文は，ほとんどが単調載荷や単調変形に対する土の挙動について考察している．しかし，繰返し荷重や荷重反転に対する土の挙動も重要な課題である．繰返し荷重を受ける土としては，舗装道路下の地盤，鉄道線路下の道床，沖合の地盤，風力タービン基礎，橋台近傍の埋戻し土，地震時に振動を受ける地盤などがある．地盤力学の基礎的研究における前の二つの節の DEM の応用例では，特定の二つの研究グループにおける研究の成果の概要について示した．ここでは，土の繰返し挙動のシミュレーションの分野における研究の概略について述べる．

最初に，ガラスビーズ供試体の初期の実験的研究（Chen et al.（1988）や Ishibashi wt al.（1988））が契機となった排水繰返し載荷について考えると，Chen and Ishibashi（1990）や Chen and Hung（1991）が，周期境界を用いた球形粒子の集合体の DEM シミュレーションで単調載荷および応力逆転に対する挙動について考察している．最初の研究（Chen and Ishibashi, 1990）では比較的少ない粒子数と線形接触ばねを用いているが，次の研究（Chen and Hung, 1991）ではヘルツ接触モデルと約 1,000 個の粒子を用いている．どちらのシミュレーションにおいてもヒステリシスの挙動を観察

し，せん断剛性が配位数に強く依存していることを示した．Chen and Hung（1991）は，初期応力への除荷時には配位数がわずかに増えるが，載荷時に生じた構造異方性は基本的にそのままであることを明らかにした．また，Kuhn（1999）は，2次元集合体の荷重逆転によって元の粒子位置には戻らないということを示した．

　11章で述べたように，O'Sullivan et al.（2008）は，剛体球によるひずみ制御の繰返し三軸実験とDEMシミュレーションを比較することによって，繰返し挙動に対するDEMシミュレーションの性能の妥当性を確認した．パラメータスタディによって繰返し載荷時の巨視的な応力および材料のファブリックの変化について考察している．O'Sullivan et al.（2008）やO'Sullivan and Cui（2009a）が示しているように，ひずみ振幅（1％，0.5％，0.05％，0.005％）の50サイクルの繰返し後，各サイクルの巨視的応力・ひずみ挙動はほとんど変化しないが，構造異方性と配位数の変化は続くことが観察されている．Yunus et al.（2010）も3次元のひずみ制御の繰返し荷重について考察し，そのシミュレーションデータに基づいて，構造異方性を土の挙動の現象論的モデル（すなわち，連続体構成モデル）の内部変数として用いることができることを示した．

　Kuhn（1999）やO'Sullivan and Cui（2009a）の結果は，荷重反転下において接触配置の変化をもたらすほど粒子の運動が著しいことを示した．なお，仮想の粒子ではなくて実際の剛な砂では，接触の配置状況が変化すると粒子が損傷する可能性がある．Hossein et al.（2007）は，二軸繰返し載荷を受ける鉄道道床の2次元シミュレーションにおいて，道床を表すために結合円盤粒子を用いており，最初の2,000回を超えると損傷が生じることを示した．Lu and McDowell（2010）は，粒子の隆起を模擬的に再現するために四面体の外側に結合した小さな球をもつ結合球四面体として，実際の道床の粒子形状を表して単調および繰返し三軸試験をシミュレーションしている．隆起を含めることによってより実際的な挙動を示し，応力レベル，永久変形の大きさ，道床の損傷量に対する体積ひずみの感度について考察し，実験データの全体挙動とよく一致していることを示した．Lu and McDowell（2006）は，横桁の周りの道床材料をモデル化し，横桁を動かすことによって道床に繰返し荷重を載荷している．その結果，累積沈下量と繰返し載荷回数の対数の間に線形関係があることを示した．

　繰返し三軸試験ではさまざまな主応力の方向を考慮することができない．Li and Yu（2010）は，主応力方向の変化に対する2次元材料の挙動をシミュレーションし，主応力方向を体系的に変化させた繰返しにも適用して，これらの結果を非共軸性材料の挙動の根底にある基本的なメカニズムを調べるために用いている．地盤力学の文献以外では，興味深いラチェット[*]についての論文がある（たとえば，García-Rojo et al.

(2005), Alonso-Marroquín et al. (2008)).

　繰返し挙動を調べる他の DEM 応用例としては，定体積による手法（たとえば，Ng and Dobry（1994）や Sitharam et al.（2009）），あるいは連成 DEM モデル（たとえば，平均ナビエ–ストークス法を用いた Zeghal and El Shamy（2008））による液状化のシミュレーションがある．これらについては 6 章で述べた．

12.4 ▪ 結　び

　DEM の極端な仮定と簡略化を考えると，DEM シミュレーションによって粒状体の主要な挙動特性を捉えることができることは驚きと賞賛に値する．この解析手法が地盤力学のコミュニティに利点をもたらすであろうことから，DEM の適用や DEM の開発が魅力的な分野となっている．

＊　系の固有の非対称によって偏りのない入力でも変動すること

13章 DEMの将来性と進行中の開発

　DEMは新しい手法ではないが，地盤力学の研究コミュニティの間で広く評価が得られるようになったのはつい最近のことであり，地盤工学の実務における知名度はまだ限られている．地盤力学の視点から，影響力のあるDEMの論文（Cundall and Strack, 1979a）が1979年に発表されている．また，1章で述べた分子動力学法は，粒子DEMとアルゴリズムが類似している手法であり，1950年代に開発されている．比較的最近まで，粒子DEMプログラムによるシミュレーションの計算コストは，研究者と実務者にとって受け入れがたく魅力のないものであった．したがって，執筆時点のとくに地盤工学における現在までの遅い対応を考えると，その手法は"完全に成熟"していないというRapaport（2004）の（分子動力学法についての）意見を繰返すことは妥当であろう．この最終章では，今後，数年間で地盤工学において発展する可能性のあるDEMについて，筆者自身の見解を示す．

　DEMがどこに向かおうとしているのかを知るためには，どこから来たのかを知ることが参考になる．Jing and Stephansson（2007）は，Cundall and Strack（1979a, 1979b）が開発した最初の円盤と球のプログラムBALLとTrubalから始まり，いかに発展してきたかについてのDEM発展の歴史を示している．これだけでなく他の文献も引用すると，DEMの発展の重要なマイルストーンとしては，Walton and Braun（1986）が提案したヒステリシス型モデル，楕円形や楕円体などの非球形粒子への拡張（たとえば，Lin and Ng（1997）），流体とDEMとの連成（Tsuji et al., 1993），岩盤挙動をシミュレーションする手段としての結合粒子モデルの開発（Potyondy and Cundall, 2004），高性能あるいは並列計算のソフトウェア環境でのDEMのプログラミング（たとえば，Kloss and Goniva（2010），Weatherley（2009），Kozicki and Donz（2008））などを挙げることができる．彼らの目的が材料挙動についての理解を深めることであったのに対して，DEMプログラムのユーザーもまた，入力パラメータに対する異なる系の挙動の感度を確かめることによってDEMの発展に重要な貢献を果たしてきている．

13.1 ▪ コンピュータ性能

　実際の粒子数や粒子形状を用いた DEM 解析を妨げている主たる要因は，DEM シミュレーションの計算コストである．11.5 節で述べたように，この制約によって，基礎的研究で用いられる要素試験の DEM シミュレーション，それに，大規模なあるいは工業規模の境界値問題のシミュレーションには限界がある．計算量すなわち処理時間は，粒子数や対象とする時間とともに少なくとも線形的に増加し，これは明らかに計算コストに著しく関わることになる．DEM 解析者にとって，この問題に取り組むことは重要な現在も進行中の課題である．

　デスクトップ PC のマルチコアプロセッサ[*1]など計算機ハードウェアが進歩しているということは，並列計算や高性能計算の環境でプログラミングされた DEM プログラムが，地盤力学での応用においてもっと普及するであろうということを意味している．並列プログラムで数値アルゴリズムをプログラミングするということは，シングルプロセッサの性能の改良率が高いことから最近まであまり必要がなかった．しかし，Asanovic et al. (2006) が示しているように，18 ヶ月ごとにプロセッサ性能が倍増するという古い法則[*2]はもはや通用しなくなっている．将来は明らかにマルチコアアーキテクチャとなり，さらに 1,000 万から 1 億の要素プロセッサをもつエクサスケールの OS になるであろう (Kogge, 2008)．DEM と MD[*3] (Molecular Dynamics) も，Colella (2004) が提案する高性能計算の "7 人の小人 (seven dwarfs)" の一つとしてみなされる N 体法の分類に入る．ここで言う 7 人の小人とは，並列プログラミングに適している自然科学で用いられる 7 種類の数値計算手法である．現在のハードウェア (たとえば，画像処理装置 (GPUs) など) の急速な進歩によって，容易に数百万個の粒子をシミュレーションすることができる可能性がある．ただし，Asanovic et al. (2006) は，計算機ハードウェアアーキテクチャの複雑さが増すことによって，プログラムの開発が非常に難しくなっていることを指摘している．それゆえ，進行中のソフトウェア工学の研究が発展することによって，最新の高性能計算システムを DEM で用いることができるようになることが望まれる．Asanovic et al. (2006) が示しているように，ソフトウェアの主たる課題は，ユーザーにとってマルチコアシステムの計算力や性能の利点を損なわずに，さらに，プログラマーにとってハードウェアの根本的，かつ，詳細な知識を必要とすることなくアルゴリズムをプログラミングすることができるような抽象化のレベルを開発することである．また，分子動力学法のプログ

[*1] 演算処理装置
[*2] ムーアの法則
[*3] 分子動力学法

ラムを速くするために，画像処理装置を用いた研究開発が現在進行中である．たとえば，Plimpton et al.（2010）は，分子動力学法のプログラム LAMMPS（Plimpton, 1995）の GPU 高速処理版に関する情報を示している．このように，GPUs を用いた粒子 DEM プログラムが近い将来に開発される可能性が高い．

　Rapaport（2009）が示しているように，MD（それに DEM）での計算は非常に局所的な情報（すなわち，粒子とそれらの隣接する接触）に基づいているので，そのアルゴリズムは分散処理や高性能計算の環境でのプログラミングに非常に適している．並列の DEM アルゴリズムをプログラミングするために種々の手法を用いることができ，Sutmann（2003）は，分子動力学法や DEM のプログラムの並列化の機能について比較的幅広く考察している．Rapaport（2004）や Pöschel and Schwager（2005）による手法は，その系を部分領域あるいは部分容積に分割することである．各部分容積の挙動が異なる演算装置に割り当てられる．その場合，部分領域の端のちょうど外側にある隣の部分領域の粒子に関する情報も必要になる．それゆえ，解析者は部分領域の大きさをどのように選ぶかについて慎重に考慮する必要がある．DEM プログラムの並列プログラミングの例は，オープンソースの研究用プログラムなどにみることができる．プログラム ESyS DEM（Weatherley, 2009）では，分散メモリ型 MPI（Message-Passing Interface）プログラミングによる領域分割法を用いており，MD プログラムの LAMMPS（Plimpton, 2010）に基づいた DEM プログラムの LIGGGHTS（Kloss and Goniva, 2010）でも，MPI と空間離散化法を用いている．YADE（Kozicki and Donz, 2008）では OpenMP（Open Multi-Processing）と共有メモリを用いている．このように，計算機ハードウェアアーキテクチャが進歩するにつれて，高性能計算や並列計算の環境で DEM をプログラミングする手法も発展してきている．

13.2 ■ DEM の将来性

　DEM の将来について考えると，土の変形を予測する手段として DEM が連続体解析に取って代わることもなく，土の挙動の基本的な理解を深めるための手段として実験に取って代わることもないということは確かであるが，それは地盤工学者にとって重要な"ツール"の一つとしての確固たる位置を確立してきているといえる．Simpson and Tatsuoka（2008）は，2008 年から 2068 年までの 60 年間において実施される可能性の高い研究開発について，地盤力学の研究や実務に従事する多数の技術者に対してアンケート調査を行っている．回答者の多くは，DEM が将来の地盤力学の解析手法を発展させるために顕著な役割を果たすであろうと答えている．地盤力学の視点から DEM の将来性について考えると，主な進展としては，さまざまな問題や研究課題

への適用，現実性のある DEM モデルのためのアルゴリズムや方法論の開発および改良などであろう．なお，手法およびその適用性の高い信頼性を保つためには，現在進められている妥当性確認や検証を慎重に行う必要がある．

DEM の適用について考えると，土の挙動の微視的力学を調べるための基礎的研究のツールとして，用い続けられることは明らかであろう．その場合の主たる目標は，得られた知見を連続体解析の構成モデルを向上させるために用いることである．また，DEM は室内実験では容易に計測できない粒子レベルのメカニズムに関する情報を提供することができる．とくに土・水相互作用問題のシミュレーションに適用できる可能性が大きい．たとえば，出砂の問題は石油工業に大きな経済的リスクをもたらし，内部侵食の問題はダムに同様の重大なリスクをもたらす．DEM シミュレーションによってこれらの問題を扱う技術者のためのガイダンスが，近いうちに作られる可能性がある．さらに，DEM は地盤改良の分野に貢献する可能性もおおいにあり，Ibraim et al. (2006) は繊維補強土の分野におけるシミュレーションについて考察している．12 章で述べたように，工業規模で貫入，地すべり，地盤・機械の相互作用等の大変形問題を検討する場合，DEM は最も魅力的であろう．Roberts (2008) は，地盤に埋設するセンサの開発に DEM が役に立つ可能性があることを示している．地盤力学コミュニティでこの手法の必要性が認められることは間違いなく，研究と実務の両方に関わる技術者が，これらの問題を解決するための手法の可能性に関して多くのアイデアをもっていると思われる．

DEM の重要なアルゴリズムの開発が，将来，地盤力学以外でなされる可能性もあり，地盤力学 DEM コミュニティは粉体工学や分子動力学で進行中である開発事例を把握しておく必要がある．Simpson and Tatsuoka (2008) や Yu (2004) の意見を参考にすると，DEM を発展させるために必要な研究は以下のとおりである．

1. モデルのパラメータ（形状，剛性等）が挙動に及ぼす影響を考察するためのパラメータスタディ．
2. 現実的な接触モデルと粒子モルフォロジー．
3. シミュレーションの粒子数の増加．
4. 確固たるモデルおよび効率的なコンピュータプログラムの開発．
5. 将来のモデル開発のための粒子間力や粒子・流体相互作用力の微視的定量化についての改善．
6. 巨視的挙動と微視的挙動を関連付ける理論の改善．
7. 多相系流体（たとえば，石油と水との混合）のシミュレーションなどの粒子・流体連成に関する開発．

このリストには実験的研究と数値解析的研究のどちらも含まれている．一般に力学のマルチスケール解析の将来について考える場合，Kassner et al.（2005）はナノレベルやマイクロレベルの実験が必要であるとしており，また，土粒子間の接触の相互作用を厳密に求めるためには，荷重や変形の精度のよい制御および計測など小規模装置の設計や製作に伴う難しい課題が残っていることを示している．さらに，実際の土粒子表面のでこぼこなトポロジーに起因する難しさがある．これらの問題の詳細については，Cavarretta（2009）を参照されたい．

13.3 ■ 関連文献

本書の目的は，DEM の初心者ユーザーや，DEM を用いて粒状体に関する問題をシミュレーションしようと考えている技術者のために一般書を提供することであった．12 章で述べたように，とくに地盤力学での応用に関する文献だけでなく，さまざまな科学分野で発表されている DEM 関連の論文数からわかるように，近年，DEM の利用が急速に増加している．このように DEM は魅力的な分野になっているが，DEM を用いる学問分野が広がることによって，DEM を始めようとしている研究者や技術者にとっては，適切な情報を求めることが非常に難しくなっている．

非常に数多くの DEM の文献があり，どれが最も適切かはその特定の対象に依存している．しかし，多くの DEM 解析者にとってとくに役に立つ論文がいくつかある．Cundall and Strack（1979a）による最初の *Géotechnique* の論文は，DEM アルゴリズムについての概要を示している．Zhu et al.（2007, 2008）の総括的な論文は，化学工学の視点から DEM の適用にアプローチしているが，どの分野の DEM 解析者にとっても有意義な情報を示している．連成 DEM に興味がある解析者には，Tsuji et al.（1993）や Curtis and van Wachem（2004）を参照することを勧める．Potyondy and Cundall（2004）は，岩盤の挙動をシミュレーションして，結果を説明する方法だけでなくシミュレーションの過程についても明確に示しており，さまざまな問題について考察する解析者にとって参考になるであろう．Bobet et al.（2009）は，岩盤力学の視点から不連続材料に対する粒子に基づく DEM などの解析手法について考察している．土質力学を粒子レベルで考察している *Géotechnique* の特集号 2 冊には，非常に有意義な DEM の論文が掲載されている（Baudet and Bolton, 2010a, 2010b）．また，*Geomechanics and Geoengineering* の DEM の発展に関する特集号もある（Morris and Cleary, 2009）．Thornton（2000）や Rothenburg and Bathurst（1989）は，粒子レベルのメカニズムと粒状体の全体的挙動を DEM によって関連付ける方法を示す重要な文献である．Oda et al.（1985）の実験的論文でも，ファブリックの定量化手

法，また，そのファブリックを粒状体の力学的な全体挙動に関連付ける方法の概要について示している．

いままでに出版されている書籍について述べると，Oda and Iwashita（1999）による編書は，粒状体の粒子レベルの力学，DEM のアルゴリズム，それに DEM シミュレーション結果にも適用することができる微視的力学の解釈技術についての入門書である．プログラム PFC の理論マニュアル（Itasca, 2008）は DEM アルゴリズムについて明確に示している．また，多くの会議プロシーディングには有意義な DEM 論文が掲載されており，*Powders and Grains* の会議プロシーディングは，DEM の適用例を数多く示している点で参考になり，とくに，2009 年のプロシーディングを参照することを勧める（Nakagawa and Luding, 2009）．また，DEM プログラムの開発に関心のある読者には，粒状体の視点からプログラムの開発について考察している Pöschel and Schwager（2005）の本を参照することを勧める．その本では，DEM の C++ による多くのサブルーチンの説明とプログラムについて示している．Rapaport（2004）は分子動力学法のプログラミングについて考察しており，この本も粒子 DEM プログラムの開発に興味がある読者にとって役に立つであろう．Munjiza（2004）は，FEM と DEM の結合手法のアルゴリズムのプログラミングについて考察しており，DEM プログラムの開発や非球形粒子のシミュレーションに関心がある読者にとって興味深いと思われる．Jing and Stephansson（2007）は岩盤力学での DEM の応用について考察しており，ブロック DEM プログラムの他に粒子 DEM の応用について 1 章分だけ述べている．

地盤工学コミュニティ以外から粒状体にアプローチする人にとっては，材料特性を明らかにするための実験手法についてだけでなく，土の代表的な力学的挙動について書かれている学部の土質力学の本がある．Atkinson（2007）の本はとくに読みやすくてわかりやすい．Wood（1990a）や Jefferies and Been（2006）は，限界状態力学の視点から詳細に書かれている．Mitchell and Soga（2005）は基礎的な視点から土質力学にアプローチしており，粒子レベルのメカニズムに関する引用文献が多い．地盤力学の研究者にとっては，Duran（2000）のような粒状体の一般書もある．

13.4 ■ 総 括

Potts（2003）は，ランキン（Rankine）レクチャー[*]で地盤工学における数値解析について好意的立場とその反対の立場の意見を示して，解析手法が単に学者の高級な

---

[*] 英国地盤工学会の特別招待講演

おもちゃなのか，あるいは，通常の数値解析に使える正真正銘のツールなのかについて問いかけている．この意見を参考にして，地盤力学における粒子DEMの役割を要約しよう．12章で述べたように，土などの粒状体は，単純な基本的構成単位の相互作用によって材料の全体挙動が現れる複雑系である．工業，社会，環境に関する実際の問題を解析する場合，材料の粒子の性質に起因する固有の複雑さによって，土の挙動を精度よく予測することが妨げられている．自然堆積の材料の不均質性が系をさらに複雑にしている．

　地盤力学の研究の根本的な目標は予測するための技術力を改善することであり，土の挙動の理解を深めることによってこの目標が達成されるであろう．しかし，執筆時点では粒状体挙動の複雑さは完全には理解されていない．材料の科学的な理解のためには，実験によって全体的挙動を観察することと，その根底にあるメカニズムを把握することが必要である．理解を深めるための詳細なデータは，DEMシミュレーションによって得ることができる．それゆえ，仮説やメカニズムについて調べることができるロッドやガラスビーズなどを用いた実験的モデルおよび数値モデルは，理解を深めるうえで重要である．自然科学や工学の視点からすると，成功するモデルとは，対象とする実際の系の主要な特徴を捉えることができる単純化したモデルで，かつ，詳細な解析を可能にするモデルである．現在まで得られているシミュレーション結果によって，DEMがこれらの条件を満たしていることは明らかである．

　研究コミュニティ内で粒子DEMの利用が増え続けることは疑いがない．それゆえ，粒子DEMは直接的あるいは間接的に実務に強い影響を与えるであろう．12章で述べたように，工業における大規模境界値問題でのDEMの応用は，基礎的研究での適用よりもかなり遅れている．粒子DEMの定量的予測の普及はかなり先ではあるが，短期から中期で最も可能性のある粒子DEMの地盤工学での応用は，大変形の破壊メカニズムの定性的な検討であろう．

　1999年にインペリアルカレッジの"ニュー・ミレニアム地盤工学シンポジウム"において，土質力学研究の将来に関して議論された．そこでは"連続体モデルはもう古い"ということであったが，その後，10年以上を経た現在，DEMが連続体解析に取って代わることはなく，むしろ，土の挙動を深く理解するうえで連続体解析や室内実験を補足する非常に便利なツールであることが明らかとなった．Simpson and Tatsuoka (2008) は，DEMの限界やさらなる開発の必要性を認めながらも，地盤工学の将来を考えた場合，"個々の荷重経路や破壊などによる土の不連続な性質をモデル化する計算が重要となり，大きな前進を与えるであろう"と述べている．

参考文献

Abbas, A., E. Masad, T. Papagiannakis, and T. Harman (2007). Micromechanical modeling of the viscoelastic behavior of asphalt mixtures using the discrete-element method. *International Journal of Geomechanics, ASCE 7* (2), 131–139.

Abbiready, C. and C. R. I. Clayton (2010). Varying initial void ratios for DEM simulations. *Géotechnique 60* (6), 497–502.

Ahrens, J., B. Geveci, and C. Law (2005). Paraview: An end-user tool for large data visualization. In C. Hansen and C. Johnson (Eds.), *The Visualization Handbook*. Elsevier.

Ai, M. (1985).On mechanics of two dimensional rigid assemblies. *Soils and Foundations 25* (4), 49–62.

Alder, B. J. and T. E. Wainwright (1957). Phase transition for a hard sphere system. *Journal of Chemical Physics 27*, 1208–1209.

Alder, B. J. and T. E. Wainwright (1959). Studies in molecular dynamics. I. General method. *Journal of Chemical Physics 31*, 459.

Alonso-Marroquín, F., H. B. Muhlhaus, and H. J. Herrmann (2008). Micromechanical investigation of granular ratcheting using a discrete model of polygonal particles.*Particuology 6*, 390–403.

Alonso-Marroquín, F. and Y. Wang (2009). An efficient algorithm for granular dynamics simulations with complex-shaped objects. *Granular Matter 11*(5), 317–329.

Anandarajah, A. (2003). Discrete element modeling of leaching induced apparent overconsolidation in kaolinite.*Soils and Foundations 43* (6), 65–702.

Anderson, T. B. and R. Jackson (1967). Fluid mechanical description of fluidized beds. equations of motion.*I and EC Fundamentals 6* (4), 527–539.

Arthur, J. R. F. and B. K. Menzies (1972). Inherent anisotropy in a sand.*Géotechnique 22* (1), 115–128.

Asanovic, K., R. Bodik, B. C. Catanzaro, J. J. Gebis, P. Husbands, K. Keutzer, D. A. Patterson, W. L. Plishker, J. Shalf, S. W. Williams, and K. A. Yelick (2006). The landscape of parallel computing research: A view from berkeley (technical report no. UCB/EECS-2006-183 http://www.eecs.berkeley.edu/pubs/techrpts/2006/eecs-2006-183.html University of California at Berkeley. Technical report.

Ashmawy, A. K., B. Sukumaran, and V. V. Hoang (2003). Evaluating the influence of particle shape on liquefaction behavior using discrete element modeling. In *Proceedings of the Offshore and Polar Engineering Conference*, pp. 542–550.

Atkinson, J. (2007).The mechanics of *Soils and Foundations*. Taylor and Francis.

Bagi, K. (1993). A quasi-static numerical model for micro-level analysis of granular assemblies.*Mechanics of Materials 16* (1-2), 101–110.

Bagi, K. (1996). Stress and strain in granular materials.*Mechanics of materials 22*, 165–177.

Bagi, K. (1999a). Some typical examples of tessellation for granular materials. In M. Oda and K. Iwashita (Eds.), *Introduction to Mechanics of Granular Materials*, pp. 2.5. A. A. Balkema.

Bagi, K. (1999b). Stress and strain for granular materials. In M. Oda and K. Iwashita (Eds.), *Introduction to Mechanics of Granular Materials*. A. A. Balkema.

Bagi, K. (2005). An algorithm to generate random dense arrangements for discrete element simulations of granular assemblies. *Granular Matter* 7(1), 31–43.

Bagi, K. (2006). Analysis of microstructural strain tensors for granular materials.*International Journal of Solids and Structures 43*, 3166–3184.

Bagi, K. and I. Bojtar (2001). Different microstructural strain tensors for granular materials. In N. Bicanic (Ed.), *Proceedings of the Fourth International Conference on Analysis of Discontinuous Deformation*, pp. 111.133. University of Glasgow.

Barber, C. B., D. Dobkin, and H. Huhdanpaa (1996). The quickhull algorithm for convex hulls.ACM *Transactions on Mathematical Software 22* (4), 469–483.

Bardet, J. (1994). Observations on the effects of particle rotations on the failure of idealized granular materials.*Mechanics of Materials 18*, 159–82.

Bardet, J. (1998). Introduction to computational granular mechanics. In B. Cambou (Ed.), *Behaviour of granular materials*, Number 385 in CISM Courses and Lectures. Springer-Verlag.

Bardet, J. and J. Proubet (1991). A numerical investigation of the structure of persistent shear bands in idealized granular material. *Géotechnique 41*, 599–613.

Barreto, D. (2010). Numerical and experimental investigation into the *Behaviour of granular materials* under generalised stress states.Ph.D. thesis, Imperial College London.

Barreto, D., C. O'Sullivan, and L. Zdravkovic (2008). Specimen generation approaches for DEM simulations. In S. Burns, P. Mayne, and J. Santamarina (Eds.), *International symposium on deformation characteristics of geomaterials, 4, Atlanta, GA, 22-24 September, 2008*. IOS Press.

Barreto, D., C. O'Sullivan, and L. Zdravkovic (2009). Quantifying the evolution of soil fabric under different stress paths. In M. Nakagawa and S. Luding (Eds.), *Proceedings of the 6th International Conference on Micromechanics of Granular Media Golden, Colorado, 13-17 July 2009*, pp. 181–184. AIP Conference Proceedings.

Barton, M. (1993). Cohesive sands: The natural transition from sands to sandstones. In Anagnostopoulos et al. (Ed.), *Geotechnical Engineering of Hard Soils-Soft Rocks*. A. A. Balkema.

Basarir, H., C. Karpuz, and L. Tutluolu (2008). 3d modeling of ripping process. *International Journal of Geomechanics, ASCE 8* (1), 11–19.

Baudet, B. and M. Bolton (2010a). Editorial soil mechanics at the grain scale: Issue 1.*Géotechnique 60*, 313–314.

Baudet, B. and M. Bolton (2010b). Editorial soil mechanics at the grain scale: Issue 2.*Géotechnique 60*, 411.

Bazant, Z. P. and J. Planas (1991). *Fracture and size effect in concrete and other quasi-brittle materials*. CRC Press.

Bedford, A. and D. S. Drumheller (1983). On volume fraction theories for discretized materials.*Acta Mechanica 48*, 173–184.

Been, K. and M. Jefferies (1985). A state parameter for sands. *Géotechnique 35* (2), 99–112.

Been, K., M. G. Jefferies, and J. Hachey (1991). The critical state of sands.*Géotechnique 41* (3), 365–381.

Behringer, R., K. E. Daniels, T. S. Majmudar, and M. Sperl (2008). Fluctuations, correlations, and transitions in granular materials: Statistical mechanics for a non-conventional system. Phil. *Trans. R. Soc. A 366*, 493–504.

Belheine, N., J.-P. Plassiard, F.-V. Donze, F. Darve, and A. Seridi (2009). Numerical simulation of drained triaxial test using 3d discrete element modeling.*Computers and Geotechnics 36*, 320–331.

Belytschko, T. (1983). An overview of semidiscretization and time integration procedures.In T.

Belytschko and T. Hughes (Eds.), *Computational Methods for Transient Analysis*, Volume 1 of *Computational Methods in Mechanics*. North-Holland.

Belytschko, T., Y. Krongauz, D. Organ, M. Fleming, and P. Krysl (1996). Meshless methods: An overview and recent developments. *Computer Methods in Applied Mechanics and Engineering 139* (1), 3–47.

Belytschko, T., W. Liu, and B. Moran (2000). *Nonlinear Finite Elements for Continua and Structures*. Wiley.

Ben-Nun, O. and I. Einav (2010). The role of self-organization during confined comminution of granular materials. *Philosophical Transactions of the Royal Society of London A 368*, 231–247.

Bertrand, D., F. Nicot, P. Gotteland, and S. Lambert (2005). Modelling a geo-composite cell using discrete analysis. *Computers and Geotechnics 32*, 564–577.

Bertrand, D., F. Nicot, P. Gotteland, and S. Lambert (2008). Discrete element method (DEM) numerical modeling of doubletwisted hexagonal mesh. *Canadian Geotechnical Journal 45* (8), 1104–1117.

Bobet, A., A. Fakhimi, S. Johnson, F. Tonon, and M. Yeung (2009). Numerical models in discontinuous media: Review of advances for rock mechanics applications. *Journal of Geotechnical and Geoenvironmental Engineering, ASCE 135* (11), 1547–1561.

Bolton, M. (1986). The strength and dilatancy of sands. *Géotechnique 33* (1), 65–78.

Bolton, M. D., Y. Nakata, and Y. P. Cheng (2008). Microand macro-mechanical behaviour of DEM crushable materials. *Géotechnique 58* (6), 471–480.

Bowman, E., K. Soga, and W. Drummond (2001). Particle shape characterization using Fourier descriptor analysis. *Géotechnique 51* (6), 545–554.

Brilliantov, N. V., F. Spahn, J.-M. Hertzsch, and T. Pöschel (1996). Model for collisions in granular gases. *Physical Review E 53* (5), 5382–5392.

Britto, A. and M. Gunn (1987). *Critical State Soil Mechanics via Finite Elements*. Ellis Horwood.

Brooks, M. (2009). Beyond space and time:2D – vistas of flatland. *NewScientist 203* (2723), 33.

Bruel, P., M. Benz, R. Gourves, and G. Saussine (2009). Penetration test modelling in a coarse granular medium. In M. Nakagawa and S. Luding (Eds.), *Proceedings of the 6th International Conference on Micromechanics of Granular Media Golden, Colorado, 13-17 July 2009*, pp. 173.176. AIP Conference Proceedings.

Burden, R. L. and J. Faires (1997). *Numerical Analysis*. Brooks Cole Publishing Company.

Butlanska, J., M. Arroyo, and A. Gens (2009). Homogeneity and symmetry in DEM models of cone penetration. In M. Nakagawa and S. Luding (Eds.), *Proceedings of the 6th International Conference on Micromechanics of Granular Media Golden, Colorado, 13-17 July 2009*, pp. 425–428. AIP.

Butlanska, J., C. O'Sullivan, M. Arroyo, and A. Gens (2010). Mapping deformation during cpt in virtual calibration chamber. In M. Jiang (Ed.), Proceedings of the *International symposium on Geomechanics and Geotechnics: From Micro to Macro (IS-Shanghai 2010)*.

Calvetti, F. (2008). Discrete modelling of granular materials and geotechnical problems. *European Journal of Environmental and Civil Engineering 12*, 951–965.

Calvetti, F., C. di Prisco, and R. Nova (2004). Experimental and numerical Analysis of soil-pipe interaction. *Journal of Geotechnical and Geoenvironmental Engineering, ASCE 130* (12), 1292–1299.

Calvetti, F. and R. Nova (2004). Micromechanical approach to slope stability analysis.In *Degradations and Instabilities in Geomaterials*, CISM International Centre for Mechanical Sciences, Number 461, pp. 235–254. Springer.

Calvetti, F., R. Nova, and R. Castellanza (2004). Modelling the subsidence induced by degradation of abandoned mines.In *Continuous and discontinuous modelling of cohesive frictional materials*, Number 137148. Taylor and Francis Group.

Camborde, F., C. Mariotti, and F. Donze (2000). Numerical study of rock and concrete behaviour by discrete element modelling. *Computers and Geotechnics 27*, 225–247.

Cambou, B. (1999). Fundamental concepts in homogenization process. In M. Oda and K. Iwashita (Eds.), *Mechanics of Granular Materials*, pp. 35–39. A. A. Balkema.

Cambou, B., M. Chaze, and F. Dedecker (2000). Change of scale in granular materials. *European Journal of Mechanics. Vol. A (Solids) 19*, 999–1014.

Campbell, C. (2006). Granular material flows an overview.*Powder Technology 162*, 280–229.

Campbell, C. and C. Brennan (1985). Computer simulation of granular shear flow.*Journal of Fluid Mechanics 151*, 167–188.

Camusso, M. and M. Barla (2009). Microparameters calibration for loose and cemented soil when using particle methods. *International Journal of Geomechanics, ASCE 9* (5), 217–229.

Carolan, A. (2005). Discrete element modelling of direct shear box tests.Master's thesis, Imperial College London.

Casagrande, A. and N. Carrillo (1944). Shear failure of anisotropic materials. *Proceedings of the Boston Society Of Civil Engineering 31*, 74–87.

Cavarretta, I. (2009). *The influence of particle characteristics on the engineering behaviour of sands*.Ph.D. thesis.

Cavarretta, I., M. Coop, and C. O'Sullivan (2010). The influence of particle characteristics on the behaviour of coarse grained soils. *Géotechnique 60* (5), 413–424.

Chang, C. (1993). Micromechanical modeling of deformation and failure for granulates with frictional contacts.*Mechanics of Materials 16* (1-2), 13–24.

Chang, C. and P.-Y. Hicher (2010). An elasto-plastic model for granular materials with microstructural consideration. *International Journal of Solids and Structures 42* (14), 4258–4277.

Chang, C. and C. Liao (1990). Constitutive relations for particulate medium with the effect of particle rotation. *International Journal of Solids and Structures 26* (4), 437–453.

Chang, C. and A. Misra (1990). Application of uniform strain theory to heterogeneous granular solids. *Journal of Engineering Mechanics, ASCE 116* (10), 2310–2328.

Chang, C., S. S. Sundaram, and A. Misra (1989). Initial moduli of particulate mass with frictional contacts. *International Journal for Numerical and Analytical Methods in Geomechanics 13*, 626–644.

Chang, C. and Z.-Y. Yin (2010). Micromechanical modeling for inherent anisotropy in granular materials. *Journal of Engineering Mechanics, ASCE 136* (7), 830–839.

Chen, Y.-C. and H. Hung (1991). Evolution of shear modulus and fabric during shear deformation. *Soils and Foundations 31* (4), 148–160.

Chen, Y.-C. and I. Ishibashi (1990). Dynamic shear modulus and evolution of fabric of granular materials. *Soils and Foundations 30* (3), 1–10.

Chen, Y.-C., I. Ishibashi, and J. Jenkins (1988). Dynamic shear modulus and fabric: Part I, depositional and induced anisotropy.*Géotechnique 38* (1), 25–32.

Cheng, Y., M. Bolton, and Y. Nakata (2004). Crushing and plastic deformation of soils simulated using DEM. *Géotechnique 54* (2), 131–141.

Cheng, Y., Y. Nakata, and M. Bolton (2003). Discrete element simulation of crushable soil. *Géotechnique 53* (7), 633–641.

Cheung, G. (2010). *Micromechanics of sand production in oil wells.* Ph.D. thesis, Imperial College London.

Cheung, G. and C. O'Sullivan (2008). Effective simulation of flexible lateral boundaries in two- and three-dimensional DEM simulations. *Particuology 6*, 483–500.

Chhabra, R., L. Agarwal, and N. Sinha (1999). Drag on nonspherical particles : An evaluation of available methods. *Powder Technology 101*, 288–295.

Cho, G., J. Dodds, and J. Santamarina (2006). Particle shape effects on packing density, stiffness, and strength: natural and crushed sands. *Journal of Geotechnical and Geoenvironmental Engineering, ASCE 132* (5), 591–601.

Cho, N., C. Martin, and D. C. Sego (2007). A clumped particle model for rock. *International Journal for Rock Mechanics and Mining Sciences 44*, 997–1010.

Chopra, A. (1995). *Dynamics of Structures.* New Jersey: Prentice Hall.

Christoffersen, J., M. Mehrabadi, and S. Nemat-Nasser (1981). A micro-mechanical description of granular material behaviour. *Journal of Applied Mechanics, ASME 48*, 339–344.

Cleary, P. (2000). DEM simulation of industrial particle flows: case studies of dragline excavators, mixing in tumblers and centrifugal mills. *Powder Technology 109* (1-2), 83–104.

Cleary, P. (2007). Granular flows: fundamentals and applications. In Y. Aste, T. Di Matteo, and A. Tordesillas (Eds.), *Granular and Complex Materials*, pp. 141–168. World Scientific.

Cleary, P. (2008). The effect of particle shape on simple shear flows. *Powder Technology 179*, 144–163.

Colella, P. (2004). Defining software requirements for scientific computing. *DARPAHPCS* Presentation.

Collop, A., G. McDowell, and Y. Lee (2007). On the use of discrete element modelling to simulate the viscoelastic deformation of an idealized asphalt mixture. *Geomechanics and Geoengineering: An International Journal, ASCE 2* (2), 77–86.

Cook, B. K., M. Y. Lee, A. A. DiGiovanni, D. R. Bronowski, E. D. Perkins, and J. R. Williams (2004). Discrete element modeling applied to laboratory simulation of near-wellbore mechanics. *International Journal of Geomechanics, ASCE 4* (1), 1927.

Cook, B. K., D. R. Noble, and J. R. Williams (2004). A direct simulation method for particle-fluid systems. *Engineering Computations: International Journal for Computer-Aided Engineering 21*, 151–168.

Coop, M. (2009). Soil properties: Strength. In *Lecture Notes: A Short Course on Foundations.* Imperial College London.

Coop, M. and I. Lee (1993). The behaviour of granular soils at elevated stresses. In *Predictive Soil Mechanics Proceedings of C.P. Wroth Memorial Symposium*, pp. 186–198. Thomas Telford, London.

Coop, M., K. Sorensen, T. Bodas Freitas, and G. Georgoutos (2004). Particle breakage during shearing of a carbonate sand. *Géotechnique 54* (3), 157–163.

Cowin, S. C. (1978). Microstructural continuum models for granular materials. In US-Japan seminar on continuum mechanical and statistical approaches in the *Mechanics of Granular Materials*, Sendai, Japan, pp. 162–170.

Craig, R. (2007). *Craig's Soil Mechanics* (7th ed.). Spon.

Cresswell, A. W. and W. Powrie (2004). Triaxial tests on an unbonded locked sand. *Géotechnique*

54 (2), 107–115.
Cui, L. (2006). *Developing a Virtual Test Environment for Granular Materials Using Discrete Element Modelling.* Ph.D. thesis, University College Dublin.
Cui, L. and C. O'Sullivan (2003). Analysis of a triangulation based approach for specimen generation for discrete element simulations. *Granular Matter 5*(3), 135–145.
Cui, L. and C. O'Sullivan (2005). Development of a mixed boundary environment for axisymmetric DEM analyses. In *Powders and Grains 2005: Proceedings of the 5th International Conference on Micromechanics of Granular Media*, pp. 301–305. A.A. Balkema.
Cui, L. and C. O'Sullivan (2006). Exploring the macro- and microscale response of an idealised granular material in the direct shear apparatus. *Géotechnique 56*, 455—468.
Cui, L., C. O'Sullivan, and S. O'Neil (2007). An analysis of the triaxial apparatus using a mixed boundary three-dimensional discrete element model. *Géotechnique 57* (10), 831–844.
Cundall, P. (1987). Distinct element models of rock and soil structure. In E. Brown (Ed.), *Analytical and Computational Methods in Engineering Rock Mechanics.* Allen and Unwin.
Cundall, P. (1988a). Computer simulations of dense sphere assemblies. In M. Satake and J. Jenkins (Eds.), *Micromechanics of Granular Materials*, pp. 113–123. Elsevier.
Cundall, P. (1988b). Formulation of a three-dimensional distinct element model part I. a scheme to detect and represent contacts in a system composed of many polyhedral blocks. *International Journal of Rock Mechanics and Mining Sciences and Geomechanics Abstracts 25* (3), 107–116.
Cundall, P. (2001). A discontinuous future for numerical modelling in geomechanics? *Geotechnical Engineering Proceedings of the Institution of Civil Engineers 149* (1), 41–47.
Cundall, P., A. Drescher, and O. Strack (1982). IUTAM conference on deformation and failure of granular materials. In *Numerical experiments on granular assemblies: measurements and observations*, pp. 355–370.
Cundall, P. and O. Strack (1978). *The distinct element methods as a tool for research in granular media*, Part I, Report to NSF.
Cundall, P. and O. Strack (1979a). A discrete numerical model for granular assemblies. *Géotechnique 29* (1), 47–65.
Cundall, P. and O. Strack (1979b). *The distinct element methods as a tool for research in granular media, Part II, Report to NSF.*
Cundall, P. A. and R. D. Hart (1993). Numerical modeling of discontinua,. In A. Hudson (Ed.), *Comprehensive Rock Engineering*, pp. 35–39. Pergamon Press.
Curray, J. (1956). Analysis of two-dimensional orientation data. *Journal of Geology 64*, 117–131.
Curtis, J. and B. van Wachem (2004). Modeling particle-laden flows: A research outlook. *American Institute of Chemical Engineers Journal 50*, 2638–2645.

Dantu, P. (1957). Contribution a l'etude mechanique et geometrique des milieux pulverulents. In *Proceedings of Fourth International Conference of Soil Mechanics and Foundation Engineering*, London, pp. 144–148.
Dantu, P. (1968). Etude statistique des forces intergranulaires dans un milieu pulverulent. *Géotechnique 18* (1), 50–55.
Das, N., P. Giordano, D. Barrot, S. Mandayam, A. K. Ashmawy, and B. Sukumaran (2008). Discrete element modeling and shape characterization of realistic granular shapes. In *Proceedings of the Eighteenth (2008) International Offshore and Polar Engineering Conference*, pp. 525–533.

Daubechies, I. (1992). *Ten Lectures on Wavelets*. Society for Industrial and Applied Mathematics.
de Josselin de Jong, G. and A. Verruijt (1969). Étude photoélastique d'un empilement de disques. *Cah. Grpe fr. Etud. Rheol. 2*, 73–86.
Dean, E. T. R. (2005). Patterns, fabric, anisotropy and soil elastoplasticity. *International Journal of Plasticity 21*, 513–571.
Dedecker, F., M. Chaze, P. Dubujet, and B. Cambou (2000). Specific features of strain in granular materials. *Mechanics of Cohesive-Frictional Materials 5*, 173–193.
Delaney, G., S. Inagaki, and T. Aste (2007). Fine tuning DEM simulations to perform virtual experiments with three dimensional granular packings.In Y. Aste, T. Di Matteo, and A. Tordesillas (Eds.), *Granular and Complex Materials*, pp. 141–168. World Scientific.
Deluzarche, R. and B. Cambou (2006). Discrete numerical modelling of rockfill dams. *International Journal for Numerical and Analytical Methods in Geomechanics 30* (11), 1075–1096.
DEMSolutions (2009). Edem http://www.dem-solutions.com/ accessed july 2009.
Desrues, J., G. Viggiani, and P. Bsuelle (2006). *Advances in X-ray Tomography for Geomaterials*. John Wiley.
Di Benedetto, H., F. Tatsuoka, D. Lo Presti, C. Sauzeat, and H. Geoffroy (2005). Time effects on the behaviour of geomaterials. In H. Di Benedetto, T. Doanh, H. Geoffroy, and C. Sauzeat (Eds.), *Deformation Characteristics of Geomaterials Recent Investigations and Prospects*. A. A. Balkema.
Di Felice, R. (1994). The voidage function for fluid-particle interaction systems.*International Journal of Multiphase Flow 20* (1), 153–159.
Di Renzo, A. and F. P. Di Maio (2004). Comparison of contactforce models for the simulation of collisions in DEM-based granular flow codes.*Chemical Engineering Science 59*, 525–541.
Dobson, C., G. Sisias, C. Langton, R. Phillips, and M. Fagan (2006). Three dimensional stereolithography models of cancellous bone structures from τ T data: testing and validation of finite element results.*Journal of Engineering in Medicine 220* (3), 481–484.
Doolin, D. (2002). *Mathematical structure and numerical accuracy of discontinuous deformation analysis*. Ph.d. thesis, University of California, Berkeley.
Drescher, A. and G. de Josselin de Jong (1972). Photoelastic verification of a mechanical model for the flow of a granular material. *Journal of the Mechanics and Physics of Solids 20* (5), 337–340.
Duran, J. (2000). *Sands, powders, and grains : An introduction to the physics of granular materials*.New York: Springer.
Duran, O., N. P. Kruyt, and S. Luding (2010). Analysis of threedimensional micro-mechanical strain formulations for granular materials: evaluation of accuracy. *International Journal of Solids and Structures 47*, 251–260.
Duttine, A. and F. Tatsuoka (2009). Viscous properties of granular materials having different particle shapes in direct shear. *Soils and Foundations 49* (5), 777–796.

El Shamy, U. and F. Aydin (2008). Multiscale modeling of floodinduced piping in river levees. *Journal of Geotechnical and Geoenvironmental Engineering, ASCE 134* (9), 1385–1398.
El Shamy, U. and T. Gröger (2008). Micromechanical aspects of the shear strength of wet granular soils. *International Journal for Numerical and Analytical Methods in Geomechanics 32* (14), 1763–1790.
El Shamy, U. and M. Zeghal (2005). Coupled continuum-discrete model for saturated granular

soils. *Journal of Engineering Mechanics, ASCE 131 (4)*, 413–426.
Ergun, S. (1952). Fluid flow through packed columns. *Chemical Engineering Progress 48* (2), 89–94.

Fakhimi, A., F. Carvalho, T. Ishida, and J. Labuze (2002). Simulation of failure around a circular opening in rock.*International Journal of Rock Mechanics and Mining Sciences 39*, 507–515.
Fakhimi, A., J. Riedel, and J. F. Labuz (2006). Shear banding in sandstone: Physical and numerical studies. *International Journal of Geomechanics, ASCE 6* (3), 185–194.
Favier, J., M. Abbaspour-Fard, M. Kremmer, and A. Raji (1999). Shape representation of axisymmetrical, non-spherical particles in discrete element simulation using multi-element model particles. *Engineering Computations 16* (4), 467–480.
Favier, J., D. Curry, and R. LaRoche (2010). Calibration of DEM material models to approximate bulk particle characteristics. In G. Meesters, C. Hauser-Vollrath, and T. Pfeiffer (Eds.), *Proceedings of the 6th World Congress on Particle Technology (WCPT6) (CD ROM)*, Nuremberg, Germany.
Favier, J. F., M. H. Abbaspour-Fard, and M. Kremmer (2001). Modeling nonspherical particles using multisphere discrete elements. *Journal of Engineering Mechanics, ASCE 127* (10), 969–1074.
Feng, Y., K. Han, and D. Owen (2003). Filling domains with disks: An advancing front approach. *International Journal for numerical methods in engineering 56* (5), 699–731.
Feng, Y. T., K. Han, and D. Owen (2007). Coupled lattice boltzman method and discrete element modelling of particle transport in turbulent fluid flows: Computational issues. *International Journal for Numerical Methods in Engineering 72*, 1111–1134.
Ferrez, J.-A. (2001). *Dynamic Triangulations for Efficient 3-D simulation of Granular Materials*. Ph. D. thesis, Ecole Polytechnique Federal de Lausanne.
Field, W. (1963). Towards the statical definition of a granular mass. In *Proceedings of 4th Australia and New Zealand Conference on Soil Mechanics*, pp. 143–148.
Fonseca, J., C. O'Sullivan, and M. Coop (2009). Image segmentation techniques for granular materials. In M. Nakagawa and S. Luding (Eds.), *Proceedings of the 6th International Conference on Micromechanics of Granular Media Golden, Colorado, 13-17 July 2009*, pp. 223–226. AIP Conference Proceedings.
Fonseca, J., C. O'Sullivan, and M. Coop (2010). Quantitative description of grain contacts in a locked sand. In K. Alshibli and A. H. Reed (Eds.), *Applications of X-Ray Microtomography to Geomaterials: GeoX 2010*, pp. 17–25. Wiley.
Frost, J. and D.-J. Jang (2000). Evolution of sand microstructure during shear. *Journal of Geotechnical and Geoenvironmental Engineering, ASCE 116*, 116–130.
Fung, Y. (1977). *A First Course in Continuum Mechanics*. New Jersey: Prentice-Hall.

Gabrielia, F., S. Cola, and F. Calvetti (2009). Use of an up-scaled DEM model for analysing the behaviour of a shallow foundation on a model slope.*Geomechanics and Geoengineering 4* (2), 109–122.
Garcia, X., J.-P. Latham, J. Xiang, and J. Harrison (2009). A clustered overlapping sphere algorithm to represent real particles in discrete element modelling.*Géotechnique 59* (9), 779–784.
García-Rojo, R., F. Alonso-Marroquín, and H. J. Herrmann (2005). Characterisation of the material response in granular ratcheting.*Physical Review E 72* (4), 041302.

Gaspar, N. and M. Koenders (2001). Micromechanic formulation of macroscopic structures in a granular medium.*Journal of Engineering Mechanics, ASCE 127* (10), 987–993.

Gere, J. and S. P. Timoshenko (1991). *Mechanics of Materials* (3rd ed.). Chapman and Hall.

Gidaspow, D. (1994). *Multiphase flow and fluidization*. Academic Press, San Francisco.

Gili, J. A. and E. E. Alonso (2002). Microstructural deformation mechanisms of unsaturated granular soils.*International Journal for Numerical and Analytical Methods in Geomechanics 26* (5), 433–468.

Goddard, J. (1990). Nonlinear elasticity and pressure-dependent wave speeds in granular media.*Proceedings of the Royal Society of London A 430*, 105–131.

Goddard, J. (2001). Delaunay triangulation of granular media. In N. Bicanic (Ed.), *Proceedings of ICADD-4, Fourth International Conference on Discontinuous Deformation*. University of Glasgow.

Golchert, D., R. Moreno, M. Ghadiri, and J. Litster (2004). Effect of granule morphology on breakage behaviour during compression. *Powder Technology 143-144*, 84–96.

Goldberg, D. (1991). What every computer scientist should know about floating-point arithmetic. *Computing Surveys, Association for Computing Machinery 23* (1), 5–48.

Golub, G. and C. F. Van Loan (1983). *Matrix-computations*. Oxford: North Oxford Academic.

Greenwood, J. A., H. Minshall, and D. Tabor (1961). Hysteresis losses in rolling and sliding friction.*Proceedings of Royal Society of London A 259*, 480–507.

Grimmett (1999). *Percolation* (Second ed.). Springer-Verlag.

Gudehus, G. (1997). Attractors, percolation thresholds and phase limits of granular soils. In R. Behringer and J. Jenkins (Eds.), *Powders and Grains 1997*, pp. 169–183.

Gutierrez, G. A. (2007). *Influence of late cementation on the behaviour of reservoir sands*. Ph.D. thesis, Imperial College London.

Häggström, O. and R. Meester (1996). Nearest neighbour and hard sphere models in continuum percolation.*Random Structures and Algorithms 9*, 295–315.

Hall, S. A., D. MuirWood, E. Ibraim, and G. Viggiani (2010). Localised deformation patterning in 2D granular materials revealed by digital image correlation.*Granular Matter 12* (1), 1–14.

Han, K., Y. Feng, and D. Owen (2005). Sphere packing with a geometric based compression algorithm.*Powder Technology 155*, 33–41.

Harkness, J. (2009). Potential particles for the modelling of interlocking media in three dimensions. *International Journal for Numerical Methods in Engineering 80*, 1573–1594.

Hasan, A. and K. Alshibli (2010). Experimental assessment of 3D particle to particle interaction within sheared sand using synchrotron microtomography.*Géotechnique 60* (5), 369–380.

Hattab, M. and J.-M. Fleureau (2010). Experimental study of kaolin particle orientation mechanism.*Géotechnique 60* (5), 323–332.

Head, K. (1994). *Manual of Soil Laboratory Testing: Vol. 2: Compressibility, Shear Strength and Permeability* (2nd ed.), Volume 2.London: Pentech Press.

Hentz, S., D. L., and F. V. Donze (2004). Identification and validation of a discrete element model for concrete. *Journal of Engineering Mechanics, ASCE 130* (7-8), 709–719.

Hill, R. (1956). The mechanics of quasi-static plastic deformation in metals. In G. Batchelor and R. M. Davies (Eds.), *The G.I. Taylor 70th Anniversary Volume*, pp. 7—31. Cambridge University Press.

Hogue, C. (1998). Shape representation and contact detection for discrete element simulations of arbitrary geometries. *Engineering Computations 15* (10), 374–389.

Holst, J. M. F., J. M. Rotter, J. Y. Ooi, and G. H. Rong (1999). Numerical modelling of silo filling, II: Discrete element analysis. *Journal of Engineering Mechanics, ASCE 125* (1), 104–110.

Holtzman, R., D. B. Silin, and T. W. Patzek (2008). Mechanical properties of granular materials: A variational approach to grain-scale simulations.*International Journal for Numerical and Analytical Methods in Geomechanics 33* (3), 391–404.

Hoomans, B., J. Kuipers, W. Briels, and W. Van Swaaij (1996). Discrete particle simulation of bubble and slug formation in a two-dimensional gas-fluidized bed: A hard-sphere approach. *Chem. Engng. Sci. 51*, 99–108.

Hori, M. (1999). Two theories of micromechanics. In M. Oda and K. Iwashita (Eds.), *Mechanics of Granular Materials*, pp. 39–45. A. A. Balkema.

Horne, M. (1965). The behaviour of an assembly of rotund, rigid, cohesionless particles. II. *Proceeedings of the Royal Society of London. Series A, Mathematical and Physical Sciences 286* (1404), 79–97.

Horner, D. A., A. R. Carrillo, J. Peters, and J. West (1998). High resolution soil vehicle interaction modelling. *Mechanics Based Design of Structures and Machines 26* (3), 305–318.

Horner, D. A., J. Peters, and A. R. Carrillo (2001). Large scale discrete element modeling of vehicle-soil interaction.*Journal of Engineering Mechanics, ASCE 127* (10), 1027–1032.

Hossein, Z., B. Indraratna, F. Darve, and P. Thakur (2007). DEM analysis of angular ballast breakage under cyclic loading.Geomechanics and Geoengineering: An *International Journal 2* (3), 175–181.

Houlsby, G. (2009). Potential particles: a method for modelling non-circular particles in DEM. *Computers and Geotechnics 36* (6), 953–959.

Hu, M., C. O'Sullivan, R. R. Jardine, and M. Jiang (2010). Stressinduced anisotropy in sand under cyclic loading potential particles: a method for modelling non-circular particles in DEM. In M. Jiang (Ed.), Proceedings of the *International symposium on Geomechanics and Geotechnics: From Micro to Macro (ISShanghai 2010)*.

Huang, A.-B. and M. Y. Ma (1994). An analytical study of cone penetration tests in granular material. *Canadian Geotechnical Journal 31* (10), 91–103.

Huang, H. and E. Detournay (2008). Intrinsic length scales in toolrock interaction. *International Journal of Geomechanics, ASCE 8*, 39–44.

Hyodo, M., H. Murata, and Y. Nakata (2006). *Geomechanics and Geotechnics of Particulate Media Proceedings of the International Symposium on Geomechanics and Geotechnics of Particulate Media, Ube, Japan, 12-14 September 2006*. Taylor and Francis.

Ibraim, E., J. Lanier, D. Muir Wood, and G. Viggiani (2010). Strain path controlled shear tests on an analogue granular material. *Géotechnique 60* (7), 545–559.

Ibraim, E., D. Muir Wood, K. Maeda, and H. Hirabayashi (2006). Fibre-reinforced granular soils behaviour: numerical approach. In M. Hyodo, H. Murata, and Y. Nakata (Eds.), *Proceedings of the International symposium on Geomechanics and Geotechnics of Particulate Media*, Ube, Yamaguchi, Japan, pp. 443–448. Taylor and Francis.

Ishibashi, I., Y.-C. Chen, and J. T. Jenkins (1988). Dynamic shear modulus and fabric: Part II, stress reversal.*Géotechnique 38* (1), 33–37.

Itasca (1998). *UDEC (Universal Distinct Element Code) 3.00*.Minneapolis Minnesota.

Itasca (2004). *PFC2D 3.10 Particle Flow Code in Two Dimensions, Theory and Background volume* (Third ed.).Minneapolis, Minnesota.

Itasca (2008). *PFC3D 4.0 Particle Flow Code in Three Dimensions, Theory and Implementation Volume.* Minneapolis, Minnesota.

Iwashita, K. and M. Oda (1998). Rolling resistance at contacts in simulation of shear band development by DEM.*Journal of Engineering Mechanics, ASCE 124*, 285–292.

Iwashita, K. and M. Oda (2000). Micro-deformation mechanism of shear banding process based on modified distinct element method.*Powder Technology 109*, 192–205.

Jean, M. (2004). The non-smooth contact dynamics method.*Computer Methods in Applied Mechanics and Engineering 177* (3-4), 235.257.

Jefferies, M. and K. Been (2006). *Soil Liquefaction: A Critical State Approach*. Taylor and Francis.

Jeffries, M., K. Been, and J. Hachey (1990). The influence of scale on the constitutive behaviour of sand. In Proceedings of 43rd *Canadian Geotechnical Conference, Quebec*, Volume 1, pp. 263–273.

Jenck, O., D. Dias, and R. Kastner (2009). Discrete element modelling of a granular platform supported by piles in soft soilvalidation on a small scale model test and comparison to a numerical analysis in a continuum.*Computers and Geotechnics 36*, 917–927.

Jenkins, J. (1978). Gravitational equilibrium of a model of granular media. In US-Japan seminar on continuum mechanical and statistical approaches in the *Mechanics of Granular Materials*, Sendai, Japan, pp. 181–188.

Jensen, R. and D. Preece (2001). Modeling sand production with darcy-flow coupled with discrete elements. In Desai (Ed.), *10th International Conference on Computer methods and Advances in Geomechanics*, Tucson, Arizona, pp. 819–822.

Jerier, J.-F., D. Imbault, F.-V. Donze, and P. Doremus (2009). A geometric algorithm based on tetrahedral meshes to generate a dense polydisperse sphere packing.*Granular Matter 11*(1), 43–52.

Jeyisanker, K. and M. Gunaratne (2009). Analysis of water seepage in a pavement system using the particulate approach.*Computers and Geotechnics 36*, 641–654.

Jiang, M., J. Konrad, and S. Leroueil (2003). An efficient technique for generating homogeneous specimens for DEM studies. *Computers and Geotechnics 30*, 579–597.

Jiang, M., S. Leroueil, and J. Konrad (2004). Insight into shear strength functions of unsaturated granulates by DEM analyses. *Computers and Geotechnics 31*, 473–489.

Jiang, M., S. Leroueil, H. Zhu, and J.-M. Konrad (2009). Twodimensional discrete element theory for rough particles. *International Journal of Geomechanics, ASCE 9* (1), 20–33.

Jiang, M., F. Liu, and M. Bolton (2010). Geomechanics and Geotechnics: From Micro to Macro, Proceedings of IS-Shanghai 2010: *International symposium on Geomechanics and Geotechnics: From Micro to Macro,*. CRC Press.

Jiang, M., H.-S. Yu, and D. Harris (2005). A novel discrete model for granular material incorporating rolling resistance.*Computers and Geotechnics 32*, 340–357.

Jiang, M. J., H.-S. Yu, and D. Harris (2006). Discrete element modelling of deep penetration in granular soils.*International Journal for Numerical and Analytical Methods in Geomechanics 30* (4), 335–361.

Jing, L. and O. Stephansson (2007). *Fundamentals of Discrete Element Methods for Rock Engineering: Theory and Applications*. Elsevier.

Jodrey, W. and E. Tory (1985). Computer simulation of close random packing of equal spheres. *Physical Review A 32* (4), 2347–2351.

Joe, B. (2003). Geompack++. ZCS Inc., Calgary, AB, Canada, www.allstream.net/~bjoe/index.htm.

Johnson, K. (1985). *Contact Mechanics*. Cambridge University Press.

Johnson, S. M., J. R. Williams, and B. K. Cook (2008). Quaternion-based rigid body rotation integration algorithms for use in particle methods. *International Journal for Numerical Methods in Engineering 74*, 1303–1313.

Kafui, K. and C. Thornton (2000). Numerical simulations of impact breakage of a spherical crystalline agglomerate. *Powder Technology 109*, 113–132.

Kafui, K., C. Thornton, and M. Adams (2002). Discrete particlecontinuum fluid modelling of gas.solid fluidised beds.*Chemical Engineering Science 57*, 2395–2410.

Kanatani, K. (1984). Distribution of directional data and fabric tensors. *International Journal of Engineering Science 22* (2), 149–164.

Kassner, M. E., S. Nemat-Nasser, Z. Suo, G. Bao, J. C. Barbour, L. C. Brinson, H. Espinosa, H. Gao, S. Granick, P. Gumbsch, K.- S. Kim, W. Knauss, L. Kubin, J. Langer, B. C. Larson, L. Mahadevan, A. Majumdar, S. Torquato, and F. van Swol (2005). New directions in mechanics. *Mechanics of Materials 37* (2-3), 231–259.

Kawaguchi, T., T. Tanaka, and Y. Tsuji (1998). Numerical simulation of two-dimensional fluidized beds using the discrete element method (comparison between the two- and three-dimensional models).*Powder Technology 96* (2), 129–138.

Ke, T. and J. Bray (1995). Modeling of particulate media using discontinuous deformation analysis.*Journal of Engineering Mechanics, ASCE 121* (11), 1234–1243.

Ketcham, R. and W. Carlson (2001). Acquisition, optimization and interpretation of x-ray computed tomographic imagery: applications to the geosciences.*Computers and Geosciences 27*, 381–400.

Kinlock, H. and C. O'Sullivan (2007). A micro-mechanical study of the influence of penetrometer geometry on failure mechanisms in granular soils.In H. Olson (Ed.), *Geo-Denver 2007: New Peaks in Geotechnics, Proceedings ASCE Geo Congress 2007*. ASCE.

Kishino, Y. (1989). Investigation of quasi-static behavior of granular materials with a new simulation method. *Proceedings of JSCE (in Japanese)* (406), 97–196.

Kishino, Y. (1999). *Physical and mathematical backgrounds*, pp. 149–155. A. A. Balkema.

Kitamura, R. (1981a). Analysis of deformation mechanism of particulate material at particle scale. *Soils and Foundations 21* (2), 85–98.

Kitamura, R. (1981b). A mechanical model of particulate material based on stochastic process.*Soils and Foundations 21* (2), 63–72.

Kloss, C. and C. Goniva (2010). Liggghts-a new open source discrete element simulation software.In *Proceedings of the fifth International Conference on Discrete Element Methods*, London, UK, 25-26 August.

Kogge, P. (2008). Exascale computing study: Technology challenges in achieving exascale systems.Technical report, DARPA IPTO.

Kozicki, J. and F. Donz (2008). A new open-source software developed for numerical simulations using discrete modeling methods. *Computer Methods in Applied Mechanics and Engineering 197* (1), 4429–4443.

Kramer, S. L. (1996). *Geotechnical earthquake engineering*. Prentice Hall.

Kremmer, M. and J. Favier (2000). Calculating rotational motion in discrete element modelling of arbitrary shaped model objects. *Engineering Computations 17* (6), 703–714.

Krumbein, W. and L. Sloss (1963). *Stratigraphy and Sedimentation*. San Francisco: W.H. Freeman.

Kruyt, N. (2003). Statics and kinematics of discrete cosserat-type granular materials. *International Journal of Solids and Structures 40* (3), 511–534.

Kruyt, N. and L. Rothenburg (1996). Micromechanical definition of the strain tensor for granular materials. *ASME Journal of Applied Mechanics, ASME 118* (11), 706–711.

Kruyt, N. and L. Rothenburg (2009). Plasticity of granular materials: a structural mechanics view. In M. Nakagawa and S. Luding (Eds.), *Proceedings of the 6th International Conference on Micromechanics of Granular Media Golden, Colorado, 13-17 July 2009*, pp. 1073–1076. AIP Conference Proceedings.

Kuhn, M. (2006). Oval and ovalplot: Programs for analyzing dense particle assemblies with the discrete element method: http://faculty.up.edu/kuhn/oval/doc/oval$_0$618.pdf.

Kuhn, M. R. (1995). Flexible boundary for three-dimensional DEM particle assemblies. *Engineering Computations 12* (2), 175–183.

Kuhn, M. R. (1997). Deformation measures for granular materials. In C. S. Chang, A. Misra, R. Y. Liang, M. Babic (Eds.), *Mechanics of Deformation and Flow of Particulate Materials*, pp. 91–104.

Kuhn, M. R. (1999). Structured deformation in granular materials. *Mechanics of Materials 31*, 407–429.

Kuhn, M. R. (2003a). Heterogeneity and patterning in the quasistatic behavior of granular materials. *Granular Matter 4*(4), 155–166.

Kuhn, M. R. (2003b). A smooth convex three-dimensional particle for the discrete element method. *Journal of Engineering Mechanics, ASCE 129* (5), 539–547.

Kuhn, M. R. and K. Bagi (2009). Specimen size effect in discrete element simulations of granular assemblies. *Journal of Engineering Mechanics, ASCE 135* (6), 485–492.

Kuhn, M. R. and J. K. Mitchell (1992). Modelling of soil creep with the discrete element method. *Engineering Computations 9* (2), 277–287.

Kulatilake, P., B. Malama, and W. J. (2001). Physical and particle flow modeling of jointed rock block behavior under uniaxial loading. *International Journal of Rock Mechanics and Mining Sciences 38*, 641–657.

Kuo, C. and J. Frost (1996). Uniformity evaluation of cohesionless specimens using digital image analysis. *Journal of Geotechnical and Geoenvironmental Engineering, ASCE 122* (5), 390–396.

Kuo, C., J. D. Frost, and J. A. Chameau (1998). Image analysis determination of stereology based fabric tensors. *Géotechnique 48* (4), 515–525.

Kuwano, R. and R. J. Jardine (2002). On the applicability of crossanisotropic elasticity to granular materials at very small strains. *Géotechnique 52* (10), 727–749.

Kwok, C.-Y. and M. Bolton (2010). DEM simulations of thermally activated creep in soils. *Géotechnique 60* (6), 425–434.

Labra, C. and E. O.nate (2008). High-density sphere packing for discrete element method simulations. *Communications in Numerical Methods in Engineering*, 837–849.

Ladd, R. (1978). Preparing test specimens using undercompaction. *Geotechnical Testing Journal 1* (1), 16–23.

Lade, P. V. and J. M. Duncan (2003). Elastoplastic stressstrain theory for cohesionless soil. *Journal of Geotechnical and Geoenvironmental Engineering, ASCE 101* (6), 1037–1053.

Lambe, T. and R. Whitman (1979). *Soil Mechanics*. Wiley.
Lanier, J. and M. Jean (2000). Experiments and numerical simulations with 2D disks assembly.*Powder Technology 109*, 206–221.
Latzel, M., S. Luding, and H. Herrmann (2000). Macroscopic material properties from quasi-static, microscopic simulations of a two-dimensional shear cell.*Granular Matter 2*(3), 123–135.
Li, L. and R. Holt (2002). Particle scale reservoir mechanics. *Oil and Gas Science and Technology 57* (5), 525–538.
Li, S. and W. K. Liu (2000). Numerical simulations of strain localization in inelastic solids using mesh-free methods.*International Jounral for Numerical Methods in Engineering 48*, 1285–1309.
Li, X. and X. Li (2009). Micro-macro quantification of the internal structure of granular materials.*Journal of Engineering Mechanics, ASCE 135* (7), 641–656.
Li, X. and H. Yu (2009). Influence of loading direction on the behavior of anisotropic granular materials.*International Journal of Engineering Science 47*, 1284–1296.
Li, X. and H. Yu (2010). Numerical investigation of granular material behaviour under rotational shear.*Géotechnique 60* (5), 381–394.
Li, X., H. Yu, and X. Li (2009). Macromicro relations in granular mechanics. *International Journal of Solids and Structures 46* (25-26), 4331–4341.
Li, Y., Y. Xu, and C. Thornton (2005). A comparison of discrete element simulations and experiments for sandpiles composed of spherical particles.*Powder Technology 160*, 219–228.
Liao, C., T. Chang, D. Young, and C. Chang (1997). Stress-strain relationships for granular materials based on the hypothesis of best fit.*International Journal of Solids and Structures 34*, 4087–4100.
Likos, W. J. (2009). Pore-scale model for water retention in unsaturated sand.In M. Nakagawa and S. Luding (Eds.), Powders and Grains 2009, *Proceedings of the 6th International Conference on Micromechanics of Granular Media*.
Lin, X. and T.-T. Ng (1997). A three-dimensional discrete element model using arrays of ellipsoids.*Géotechnique 47* (2), 319–329.
Liu, W., S. Jun, and Y. Zhang (1995). Reproducing kernel particle methods. *International Journal for Numerical Methods in Fluids 20*, 1081–1106.
Lobo-Guerrero, S. and L. E. Vallejo (2005). DEM analysis of crushing around driven piles in granular materials. *Géotechnique 55* (8), 617–623.
Lobo-Guerrero, S., L. E. Vallejo, and L. F. Vesga (2006).Visualization of crushing evolution in granular materials under compression using DEM. *International Journal of Geomechanics, ASCE 6* (3), 195–200.
Lu, M. and G. McDowell (2010). Discrete element modelling of railway ballast under cyclic loading. *Géotechnique 60* (6), 459–468.
Lu, M. and G. R. McDowell (2006). Discrete element modelling of ballast abrasion.*Géotechnique 56* (9), 651–655.
Lu, M. and G. R. McDowell (2008). Discrete element modelling of railway ballast under triaxial conditions. Geomechanics and Geoengineering: An *International Journal 3* (4), 257–270.
Lu, N., M. Anderson, W. J. Likos, and G. W. Mustoe (2008). A discrete element model for kaolinite aggregate formation during sedimentation.*International Journal for Numerical and Analytical Methods in Geomechanics 32* (8), 965–980.
Luding, S. and P. Cleary (2009). DEM 2007 editorial. *Granular Matter 11*(5), 267–268.
Luding, S., M. Latzel, W. Volk, S. Diebels, and H. Herrmann (2001). From discrete element

simulations to a continuum model. *Computer Methods in applied mechanics and engineering 191*, 21–28.

MacLaughlin, M. (1997). *Discontinuous Deformation Analysis of the Kinematics of Landslides.* Ph.D. thesis, University of California, Berkeley.

MacLaughlin, M., N. Sitar, D. Doolin, and T. Abbot (2001). Investigation of slope-stability kinematics using discontinuous deformation analysis. *International Journal of Rock Mechanics and Mining Sciences 38*, 753–762.

Maeda, K. (2009). Critical state-based geo-micromechanics on granular flow. In M. Nakagawa and S. Luding (Eds.), Powders and Grains 2009: *Proceedings of the 6th International Conference on Micromechanics of Granular Media Golden, Colorado, 13-17 July 2009*, pp. 17–24. AIP Conference Proceedings.

Mahmood, Z. and K. Iwashita (2010). Influence of inherent anisotropy on mechanical behaviour of granular materials based on DEM simulations. *International Journal of Numerical and Analytical Methods in Geomechanics 34* (8), 795–819.

Mark, A. and B. van Wachem (2008). Derivation and validation of a novel implicit second-order accurate immersed boundary method. *Journal of Computational Physics 227* (13), 6660–6680.

Marketos, G. and M. Bolton (2010). Flat boundaries and their effect on sand testing. *International Journal for Numerical and Analytical Methods in Geomechanics 34*, 821–837.

Mas-Ivars, D., D. O. Potyondy, M. Pierce, and P. Cundall (2008). The smooth-joint contact model. In *8th World Congress on Computational Mechanics (WCCM8) 5th European Congress on Computational Methods in Applied Sciences and Engineering (ECCOMAS 2008)* Venice, Italy.

Masad, E. and B. Muhunthan (2000). Three-dimensional characterization and simulation of anisotropic soil fabric. *Journal of Geotechnical and Geoenvironmental Engineering, ASCE 126* (3), 199–207.

Mase, G. and G. Mase (1999). *Continuum mechanics for engineers* (Second ed.). CRC Press.

Masson, S. and J. Martinez (2001). Micromechanical analysis of the shear behavior of a granular material. *Journal of Engineering mechanics, ASCE 127* (10), 1007–1016.

Matsushima, T. and K. Konagai (2001). Grain-shape effect on peak strength of granular materials. In Desai et al. (Ed.), *Computer Methods and Advances in Geomechanics.* A. A. Balkema.

McDowell, G. and M. Bolton (2001). Micro mechanics of elastic soil. *Soils and Foundations 41* (6), 147–152.

McDowell, G. R. and O. Harireche (2002). Discrete element modelling of soil particle fracture. *Géotechnique 52* (2), 131–135.

Melis Maynar, M. J. and L. E. Medina Rodríguez (2005). Discrete numerical model for analysis of earth pressure balance tunnel excavation. *Journal of Geotechnical and Geoenvironmental Engineering, ASCE 131* (10), 1234–1242.

Mindlin, R. (1949). Compliance of elastic bodies in contact. *Journal of Applied Mechanics, ASME 16*, 259–269.

Mindlin, R. and H. Deresiewicz (1953). Elastic spheres in contact under varying oblique forces. *Journal of Applied Mechanics, ASME 20*, 327–344.

Mirghasemi, A., L. Rothenburg, and E. Matyas (1997). Numerical simulations of assemblies of two-dimensional polygon-shaped particles and effects of confining pressure on shear strength. *Soils and Foundations 37* (3), 43–52.

Mirghasemi, A., L. Rothenburg, and E. Matyas (2002). Influence of particle shape on engineering properties of assemblies of twodimensional polygonal-shaped particles. *Géotechnique 52* (3), 209–217.

Mitchell, J. (1993). *Fundamentals of Soil Behavior* (Second ed.). New York: John Wiley and Sons.

Mitchell, J. and K. Soga (2005). *Fundamentals of Soil Behavior* (Third ed.).New York: John Wiley and Sons.

Morris, J. P. and P. W. Cleary (2009). Advances in discrete element methods for geomechanics. *Geomechanics and Geoengineering*, 4, 1.

Morsi, S. A. and A. J. Alexander (1972). An investigation of particle trajectories in two-phase flow systems. *Journal of Fluid Mechanics 55* (2), 193–208.

Mueth, D. M., H. M. Jaeger, and S. R. Nagel (1997). Force distribution in a granular medium.*Physical Review E 57* (3), 3164–3169.

Muir Wood, D. (2007). The magic of sands-the 20th Bjerrum Lecture presented in Oslo, November 2005. *Canadian Geotechnical Journal 44*, 1329–1350.

Muir Wood, D., K. Maeda, and E. Nukudani (2010). Modelling mechanical consequences of erosion. *Géotechnique 60* (6), 447–458.

Mulhaus, H.-B., H. Sakaguchi, L. Moresi, and M. Graham (2001). Particle in cell and discrete element models for granular materials. In Desi et al. (Ed.), *Computer Methods and Advances in Geomechanics*. A. A. Balkema.

Mulilis, J. P., H. B. Seed, C. K. Chan, J. K. Mitchell, and K. Arulanandan (1977). Effects of sample preparation on sand liquefaction. *Journal of the Geotechnical Engineering Division, ASCE 103* (GT2), 91–108.

Munjiza, A. (2004). *The combined finite-discrete element methods*. John Wiley.

Munjiza, A. and K. R. F. Andrews (1998). Nbs contact detection algorithm for bodies of similar size. *International Journal for Numerical Methods in Engineering 43* (1), 131–149.

Munjiza, A., J. Latham, and N. John (2001). Transient motion of irregular 3D discrete elements. In N. Bicanic (Ed.), *Proceedings of the Fourth International Conference on Analysis of Discontinuous Deformation*, pp. 111–133. University of Glasgow.

Munjiza, A., J. Latham, and N. John (2003). 3D dynamics of discrete element systems comprising irregular discrete elementsintegration solution for finite rotations in 3D.*International Journal for Numerical Methods in Engineering 56*, 35–55.

Murakami, A., H. Sakaguchi, and T. Hasegawa (1997). Dislocation, vortex and couple stress in the formation of shear bands under trap door problems.*Soils and Foundations 37* (1), 123–135.

Mustoe, G. and M. Miyata (2001). Material flow analyses of noncircular shaped granular media using discrete element methods. *Journal of Engineering Mechanics, ASCE 127* (10), 1017–1026.

Nakagawa, M. and S. Luding (2009). *Proceedings of the 6th International Conference on Micromechanics of Granular Media Golden, Colorado, 13-17 July 2009*. AIP Conference Proceedings.

Nemat-Nasser, S. (1999). Averaging theorems in finite deformation plasticity.*Mechanics of Materials 31*, 493–523.

Nemat-Nasser, S. and M. Hori (1999). *Micromechanics: Overall Properties of Heterogeneous Materials*. North Holland.

Nemat-Nasser, S. and Y. Tobita (1982). Influence of fabric on liquefaction and densification potential of cohesionless sand. *Mechanics of Materials 1* (1), 43–62.

Nezami, E., Y. M. A. Hashash, D. Zhao, and J.Ghaboussi (2007). Simulation of front end loader bucket-soil interaction using discrete element method. *International Journal for Numerical and Analytical Methods in Geomechanics 31* (9), 1147–1162.

Ng, T.-T. (2001). Fabric evolution of ellipsoidal arrays with different particle shapes. *Journal of Engineering Mechanics, ASCE 127* (10), 994–999.

Ng, T.-T. (2004a). Macro- and micro-behaviors of granular materials under different sample preparation methods and stress paths. *International Journal of Solids and Structures 41*, 5871–5884.

Ng, T.-T. (2004b). Shear strength of assemblies of ellipsoidal particles. *Géotechnique 54* (10), 659–670.

Ng, T.-T. (2006). Input parameters of discrete element methods. *Journal of Engineering Mechanics, ASCE 132* (7), 723–729.

Ng, T.-T. (2009a). Discrete element simulations of the critical state of a granular material. *International Journal of Geomechanics, ASCE 9* (5), 209–216.

Ng, T.-T. (2009b). Particle shape effect on macro- and microbehaviors of monodisperse ellipsoids. *International Journal for Numerical and Analytical Methods in Geomechanics 33*, 511–527.

Ng, T.-T. and R. Dobry (1994). Numerical simulations of monotonic and cyclic loading of granular soil. *Journal of Geotechnical Engineering, ASCE 120* (2), 388–403.

Ng, T.-T. and R. Dobry (1995). Contact detection algorithms for three-dimensional ellipsoids in discrete element method. *International Journal for Numerical and Analytical Methods in Geomechanics 19* (9), 653–659.

Oda, M. (1972). Initial fabrics and their relations to the mechanical properties of granular materials. *Soils and Foundations 12* (4), 45–63.

Oda, M. (1977). Co-ordindation number and its relation to shear strength of granular material. *Soils and Foundations 17* (2), 29–42.

Oda, M. (1982). Fabric tensor for discontinuous geological materials. *Soils and Foundations 22*, 96–108.

Oda, M. (1999a). Fabric tensor and its geometrical meaning. In M. Oda and K. Iwashita (Eds.), *Mechanics of Granular Materials*, pp. 27–34. A. A. Balkema.

Oda, M. (1999b). Measurement of fabric elements. In M. Oda and K. Iwashita (Eds.), *Mechanics of Granular Materials*, pp. 226–230. A. A. Balkema.

Oda, M. and K. Iwashita (Eds.) (1999). *Introduction to mechanics of granular materials*. A. A. Balkema.

Oda, M. and H. Kazama (1998). Micro-structure of shear band and its relation to the mechanism of dilatancy and failure of granular soils. *Géotechnique 48* (4), 465–481.

Oda, M. and J. Konishi (1974). Microscopic deformation mechanism of granular material in simple shear. *Soils and Foundations 14* (4), 25–38.

Oda, M., J. Konishi, and S. Nemat-Nasser (1980). Some experimentally based fundamental results on the mechanical behaviour of granular materials. *Géotechnique 30* (4), 479–495.

Oda, M., J. Konishi, and S. Nemat-Nasser (1982). Experimental micromechanical evaluation of strength of granular materials: effect of particle rolling. *Mechanics of Materials 1*, 267–283.

Oda, M., S. Nemat-Nasser, and J. Konishi (1985). Stress-induced anisotropy in granular masses.*Soils and Foundations 25* (3), 85–97.

Ogawa, S., S. Mitsui, and O. Takemure (1974). Influence of the intermediate principal stress on mechanical properties of a sand. In *Proceedings of 29th Annual Meeting of JSCE*, pp. 49–50.

O'Hern, C. S., L. E. Silbert, A. J. Liu, and S. R. Nagel (2003). Jamming at zero temperature and zero applied stress: The epitome of disorder.*Physical Review E 68* (1), 011306.

Okabe, A., B. Boots, K. Sugihara, and S. N. Chiu (2000). *Spatial Tessellations Concepts and Applications of Voronoi Diagrams* (Second ed.).New York: Wiley.

Ooi, J., S. Sture, and M. Hopkins (2001). Editorial, special issue: The statics and flow of dense granular systems, advances in the Mechanics of Granular Materials.*Journal of Engineering Mechanics, ASCE 127* (10), 970.

O'Sullivan, C. (2002). *The Application of Discrete Element Modelling to Finite Deformation Problems in Geomechanics*. Ph.D. thesis, University of California, Berkeley.

O'Sullivan, C. and J. Bray (2002). Relating the response of idealized analogue particles and real sands. In *Numerical Modelling in Micromechanics via Particle Methods*, pp. 157–164. A. A. Balkema.

O'Sullivan, C., J. Bray, and M. Riemer (2004). An examination of the response of regularly packed specimens of spherical particles using physical tests and discrete element simulations. *Journal of Engineering Mechanics, ASCE 130* (10), 1140–1150.

O'Sullivan, C. and J. D. Bray (2003). A modified shear spring formulation for discontinuous deformation analysis of particulate media. *Journal of Engineering Mechanics, ASCE 129* (7), 830–834.

O'Sullivan, C. and J. D. Bray (2004). Selecting a suitable time-step for discrete element simulations that use the central difference time integration approach. *Engineering Computations 21* (2/3/4), 278–303.

O'Sullivan, C., J. D. Bray, and S. Li (2003). A new approach for calculating strain for particulate media. *International Journal for Numerical and Analytical Methods in Geomechanics 27* (10), 859–877.

O'Sullivan, C., J. D. Bray, and M. F. Riemer (2002). The influence of particle shape and surface friction variability on macroscopic frictional strength of rod-shaped particulate media. *Journal of Engineering Mechanics, ASCE 128* (11), 1182–1192.

O'Sullivan, C. and L. Cui (2009a). Fabric evolution in granular materials subject to drained, strain controlled cyclic loading.In M. Nakagawa and S. Luding (Eds.), *Powders and Grains 2009, Proceedings of the 6th International Conference on Micromechanics of Granular Media*, pp. 285–288.

O'Sullivan, C. and L. Cui (2009b). Micromechanics of granular material response during load reversals: Combined DEM and experimental study.*Powder Technology 193*, 289–302.

O'Sullivan, C., L. Cui, and S. O'Neil (2008). Discrete element analysis of the response of granular materials during cyclic loading. *Soils and Foundations 48*, 511–530.

Painter, B., S. Tennakoon, and R. Behringer (1998). Collisions and fluctuations for granular materials. In H. Herrmann, J.-P. Hovi, and S. Luding (Eds.), *Physics of Dry Granular Media, Volume 350 of E: Applied Sciences*. NATO ASI Series: Kluwer Academic.

Papadimitriou, A. and G. Bouckovalas (2002). Plasticity model for sand under small and large cyclic strains: a multiaxial formulation. *Soil Dynamics and Earthquake Engineering 22*, 191–204.

Park, J.-W. and J.-J. Song (2009). Numerical simulation of a direct shear test on a rock joint using a bonded-particle model.*International Journal of Rock Mechanics and Mining Sciences 46* (8), 1315–1328.

Patankar, S. (1980). *Numerical Heat Transfer and Fluid Flow*. Taylor and Francis.

Peron, H., J. Delenne, L. Laloui, and M. El Youssoufi (2009). Discrete element modelling of drying shrinkage and cracking of soils". *Computers and Geotechnics 36*, 61–69.

Peters, J. F., K. R., and R. S. Maier (2009). A hierarchical search algorithm for discrete element method of greatly differing particle sizes.*Engineering Computations 26* (6), 621–634.

Plimpton, S. (1995). Fast parallel algorithms for short-range molecular dynamics.*Journal of Computational Physics 117*, 1–19.

Plimpton, S., P. Crozier, and A. Thompson (2010). LAMMPS molecular dynamics simulator. http://lammps.sandia.gov/index.html, accessed Dec 2010.

Pöoschel, T. and T. Schwager (2005). *Computational Granular Dynamics*. Springer-Verlag.

Potapov, A. V., M. L. Hunt, and C. S. Campbell (2001). Liquidsolid flows using smoothed particle hydrodynamics and the discrete element method.*Powder Technology 116*, 204–213.

Potts, D. (2003). Numerical Analysis: a virtual dream or practical reality? *Géotechnique 53* (6), 525–572.

Potyondy, D. O. (2007). Simulating stress corrosion with a bondedparticle model for rock.*International Journal of Rock Mechanics and Mining Sciences 44*, 677–691.

Potyondy, D. O. and P. A. Cundall (2004). A bonded-particle model for rock. *International Journal of Rock Mechanics and Mining Sciences 41* (8), 1329–1364.

Pournin, L., M. Weber, M. Tsukahara, J.-A. Ferrez, T. M. Ramaioli, and T. M. Liebling (2005). Three-dimensional distinct element simulation of spherocylinder crystallization. *Granular Matter 7* (2-3), 119–126.

Powrie, W., R. M. Harkness, X. Zhang, and D. I. Bush (2002). Deformation and failure modes of drystone retaining walls. *Géotechnique 52* (6), 435–446.

Powrie, W., Q. Ni, R. M. Harkness, and X. Zhang (2005). Numerical modelling of plane strain tests on sands using a particulate approach.*Géotechnique 55* (4), 297–306.

Radjai, F. (2009). Force and fabric states in granular media. In M. Nakagawa and S. Luding (Eds.), *Proceedings of the 6th International Conference on Micromechanics of Granular Media Golden, Colorado, 13-17 July 2009*, pp. 35–42. AIP Conference Proceedings.

Radjai, F., M. Jean, J.-J. Moreau, and S. Roux (1996). Force distributions in dense two-dimensional granular systems. *Physical review letters 77* (2), 274–277.

Rapaport, D. (2004). *The art of molecular dynamics simulation* (Second ed.). Cambridge University Press.

Rapaport, D. C. (2009). The event-driven approach to n-body simulation. *Progress of Theoretical Physics 178*, 5–14.

Rechemacher, A., S. Abedi, and O. Chupin (2010). Evolution of force chains in shear bands in sands.*Géotechnique 60* (5), 343–351.

Remond, S., J. L. Gallias, and A. Mizrahi (2008). Simulation of the packing of granular mixtures of non-convex particles and voids characterization.*Granular Matter 10*(3), 157–170.

Reuters, T. (2010). Isi web of knowledge database. http://www.isiwebofknowledge.com/, Accessed May 2010.

Reynolds, O. (1885). On the dilatancy of media composed of rigid particles in contact, with experimental illustrations.*Philosophical Magazine 20*, 469–481.

Richefeu, V., M. S. El Youssoufi, R. Peyroux, and R. F. (2008). A model of capillary cohesion for numerical simulations of 3D polydisperse granular media. *International Journal for Numerical and Analytical Methods in Geomechanics 32* (11), 1365–1383.

Roberts, N. (2008). *A distinct element study of how cell action affects soil stress measurements made in sand.* MSc thesis, Imperial College London.

Robertson, D. (2000). *Computer simulations of crushable aggregates.* Ph.D. thesis, Cambridge University.

Rothenburg, L. (1980). *Micromechanics of idealized granular systems.* Ph.D. thesis, Carleton University, Ottawa.

Rothenburg, L. and R. Bathurst (1989). Analytical study of induced anisotropy in idealized granular materials. *Géotechnique 39* (4), 601–614.

Rothenburg, L. and R. Bathurst (1991). Numerical simulation of idealized granular assemblies with plane elliptical particles. *Computers and Geotechnics 11*, 315–329.

Rothenburg, L. and N. Kruyt (2004). Critical state and evolution of coordination number in simulated granular materials. *International Journal of Solids and Structures 41*, 5763–5774.

Rowe, P. (1962). The stress-dilatancy relation for static equilibrium of an assembly of particles in contact. *Proceedings of the Royal Society of London. Series A, Mathematical and Physical Sciences 269* (1339), 500–527.

Russell, A. R., D. Muir Wood, and M. Kikumoto (2009). Crushing of particles in idealised granular assemblies. *Journal of the Mechanics and Physics of Solids 57*, 1293–1313.

Sack, R. (1989). *Matrix Structural Analysis.* Illinois: Waveland Press.

Salot, C., P. Gotteland, and P. Villard (2009). Influence of relative density on granular materials behavior: DEM simulations of triaxial tests. *Granular Matter 11* (4), 221–236.

Satake, M. (1976). Constitution of *Mechanics of Granular Materials* through graph representation. Theoretical and Applied Mechanics (26), 257–266.

Satake, M. (1982). Fabric tensor in granular materials. In P. Vermeer and H. Luger (Eds.), *Proceedings of IUTAM Symposium on Deformation and Failure of Granular Materials*, pp. 63–68. A.A. Balkema.

Satake, M. (1992). A discrete-mechanical approach to granular materials. *International Journal of Engineering Science 30* (10), 1525–1533.

Satake, M. (1999). *Graph representation*, Chapter 1.2.2, pp. 5–8. A.A. Balkema.

Scheidegger, A. (1965). On the statistics of the orientation of bedding planes, grain axes and similar sedimentological data. *US Geological Survey Professional Paper 525*, 164–167.

Schofield, A. and C. Wroth (1968). *Critical State Soil Mechanics.* McGraw Hill.

Scholts, L., P.-Y. Hicher, F. Nicot, B. Chareyre, and D. F. (2009). On the capillary stress tensor in wet granular materials. *International Journal for Numerical and Analytical Methods in Geomechanics 10* (33), 1289–1313.

Schöpfer, M. P., S. Abe, C. Childs, and J. J. Walsh (2009). The impact of porosity and crack density on the elasticity, strength and friction of cohesive granular materials: Insights from DEM modelling. *International Journal of Rock Mechanics and Mining Sciences 46* (2), 250–261.

Schöpfer, M. P. J., C. Childs, and J. J. Walsh (2007). Twodimensional distinct element modeling of the structure and growth of normal faults in multilayer sequences: 2. impact of confining pressure and strength contrast on fault zone geometry and growth. *Journal of Geophysical Research 112* (B10).

Serrano, A. and J. Rodriguez-Ortiz (1973). A contribution to the mechanics of heterogeneous granular material.In *Proceedings of Symposium of Plasticity and Soil Mechanics*, Cambridge.

Shafipour, R. and A. Soroush (2008). Fluid coupled-DEM modelling of undrained behavior of granular media. *Computers and Geotechnics 35*, 673–685.

Shames, I. and F. Cozzarelli (1997). *Elastic and Inelastic Stress Analysis*. Taylor and Francis.

Sheng, Y., C. Lawrence, B. Briscoe, and C. Thornton (2004). Numerical studies of uniaxial powder compaction process by 3D DEM.*Engineering Computations 21* (2/3/4), 304–317.

Shewchuk, J. (1996). Triangle:engineering a 2D quality mesh generator and delaunay triangulator.In *First Workshop on Applied Computational Geometry*, pp. 124–133. ACM.

Shewchuk, J. (2002). Triangle: A two-dimensional quality mesh generator and delaunay triangulator, (version 1.4). (University of California Berkeley, 2002) http://www-2.cs.cmu.edu/quake/triangle.html.

Shewchuk, J. R. (1999). Lecture notes on delaunay mesh generation, UC Berkeley Department of Computer Science.

Shi, G. (1988). *Discontinuous deformation analysis, a new numerical model for the statics and dynamics of block systems*.Ph. D. thesis, University of California, Berkeley.

Shi, G.-H. (1996). Manifold method. In M. Salami and D. Banks (Eds.), *Discontinuous Deformation Analysis (DDA) and Simulations of Discontinuous Media*. TSI Press, New Mexico.

Shibuya, S. and D. Hight (1987). A bounding surface for granular materials. *Soils and Foundations 27* (4), 123–156.

Silvani, C., T. Dsoyer, and S. Bonelli (2009). Discrete modelling of time-dependent rockfill behaviour. *International Journal for Numerical and Analytical Methods in Geomechanics 33* (5), 665–685.

Simpson, B. and F. Tatsuoka (2008). Geotechnics: the next 60 years.*Géotechnique 58* (5), 357–368.

Sitar, N., M. MacLaughlin, and D. M. Doolin (2005). Influence of kinematics on landslide mobility and failure mode. *Journal of Geotechnical and Geoenvironmental Engineering, ASCE 131* (6), 716–728.

Sitharam, T., S. Dinesh, and N. Shimizu (2002). Micromechanical modelling of monotonic drained and undrained shear behaviour of granular media using three-dimensional DEM. *International Journal for Numerical and Analytical Methods in Geomechanics 26*, 1167–1189.

Sitharam, T., J. Vinod, and B. Ravishankar (2008). Evaluation of undrained response from drained triaxial shear tests: DEM simulations and experiments.*Géotechnique 58* (7), 605–608.

Sitharam, T. G., J. S. Vinod, and B. V. Ravishankar (2009). Postliquefaction undrained monotonic behaviour of sands: experiments and DEM simulations.*Géotechnique 59* (9), 739–749.

Skinner, A. (1969). A note on the influence of interparticle friction on the shearing strength of a random assembly of spherical particles.*Géotechnique 19* (1), 150–157.

Skylaris, C.-K., P. D. Haynes, A. A. Mostofi, and M. C. Payne (2005). Introducing ONETEP: Linear-scaling density functional simulations on parallel computers. *Journal of Chemical Physics 122* (8), 084119.

Sloane, N. J. A. (1998). The sphere packing problem.In *Proceedings of Internat. Congress Math. Berlin, Documenta Mathematica Extra Volume ICM*, Volume 3, pp. 387–396.

Stoyan, D. (1973). Models of random systems of non-intersecting spheres.*In Prague Stochastics 98*, JCMF, pp. 543–547.

Summersgill, F. (2009). The use of particulate discrete element modelling to assess the vulnerability of soils to suffusion. Master's thesis, Imperial College London.

Sutmann, G. (2002). Classical molecular dynamics. In J. Grotendorst, D. Marx, and A. Muramatsu (Eds.), *Quantum Simulations of Complex Many-Body Systems: From Theory to Algorithms, Lecture Notes*, Volume 10, pp. 211–254. John von Neumann Institute for Computing, Jülich, NIC Series.

Suzuki, K., J. P. Bardet, M. Oda, K. Iwashita, Y. Tsuji, T. Tanaka, and T. Kawaguchi (2007). Simulation of upward seepage flow in a single column of spheres using discrete-element method with fluid-particle interaction. *Journal of Geotechnical and Geoenvironmental Engineering, ASCE 133* (1), 104–109.

Tamura, T. and Y. Yamada (1996). A rigid-plastic analysis for granular materials. *Soils and Foundations 36* (3), 113–121.

Taylor, D. (1948). *Fundamentals of Soil Mechanics*. John Wiley.

Terzaghi, K. (1936). The shearing resistance of saturated soils. In *Proceedings of the First International Conference on Soil Mechanics*, Volume 1, pp. 54–56.

Thomas, P. (1997). *Discontinuous deformation analysis of particulate media*. Ph.D. thesis, University of California, Berkeley.

Thomas, P. and J. Bray (1999). Capturing nonspherical shape of granular media with disk clusters. *Journal of Geotechnical and Geoenvironmental Engineering, ASCE 125* (3), 169–178.

Thornton, C. (1979). The conditions for failure of a face-centered cubic array of uniform rigid spheres. *Géotechnique 29* (4), 441–459.

Thornton, C. (1997a). Coefficient of restitution for collinear collisions of elastic-perfectly plastic spheres. *Journal of Applied Mechanics 64*, 383–386.

Thornton, C. (1997b). Force transmission in granular media. *KONA Powder and Particle 15*, 81–90.

Thornton, C. (1999). Interparticle relationships between forces and displacements. In M. Oda and K. Iwashita (Eds.), *Mechanics of Granular Materials*, Chapter 3.4, pp. 207–217. A.A. Balkema.

Thornton, C. (2000). Numerical simulations of deviatoric shear deformation of granular media. *Géotechnique 50* (1), 43–53.

Thornton, C. (2009). Preface to special issue on discrete element methods. *Powder Technology 193* (3), 215.

Thornton, C. and S. Antony (2000). Quasi-static shear deformation of a soft particle system. *Powder Technology 109*, 179–191.

Thornton, C. and S. J. Antony (1998). Quasi-static deformation of particulate media. *Philosophical Transactions of the Royal Society of London A 356*, 2763–2782.

Thornton, C. and L. Liu (2000). DEM simulations of uniaxial compression and decompression. In D. Kolymbas and W. Fellin (Eds.), *Proceedings of International Workshop on compaction of soils, granulates and powders*, pp. 251–261. A.A. Balkema.

Thornton, C. and L. Liu (2004). How do agglomerates break? *Powder Technology 143-144*, 110–116.

Thornton, C. and Z. Ning (1998). A theoretical model for the stick/bounce behaviour of adhesive, elastic-plastic spheres. *Powder Technology 99*, 154–162.

Thornton, C. and K. Yin (1991). Impact of elastic spheres with and without adhesion. *Powder Technology 65*, 153–166.

Thornton, C. and L. Zhang (2010). On the evolution of stress and microstructure during general 3D deviatoric straining of granular media. *Géotechnique 60*, 333–341.

Ting, J. M. (1993). A robust algorithm for ellipse-based discrete element modelling of granular materials. *Computers and Geotechnics 13*, 175–186.

Tordesillas, A. (2007). Stranger than friction: force chain buckling and its implications for constitutive modelling. In Y. Aste, T. Di Matteo, and A. Tordesillas (Eds.), *Granular and Complex Materials*, pp. 95.110. World Scientific.

Tordesillas, A. (2009). Themomicromechanics of dense granular materials. In M. Nakagawa and S. Luding (Eds.), *Proceedings of the 6th International Conference on Micromechanics of Granular Media Golden, Colorado, 13-17 July 2009*, pp. 51–54. AIP Conference Proceedings.

Tordesillas, A. and M. Muthuswamy (2009). On the modeling of confined buckling of force chains. *Journal of the Mechanics and Physics of Solids 57* (4), 706–727.

Tovey, N. K. (1980). A digital computer technique for orientation analysis of micrographs of soil fabric. *Journal of Microscopy 120*, 303–315.

Trussell, R. R. and M. Chang (1999). Review of flow through porous media as applied to head loss in water filters. *Journal of Environmental Engineering, ASCE 125* (11), 998–1006.

Tsuchikura, T. and M. Satake (1998). Statistical measure tensors and their application to computer simulation analysis of biaxial compression test. In H. Murakami and J. Luco (Eds.), *Engineering Mechanics: A Force for the 21st Century*, pp. 1732–1735. A. A. Balkema.

Tsuji, Y., T. Kawaguchi, and T. Tanaka (1993). Discrete particle simulation of two-dimensional fluidized bed. *Powder Technology 77*, 79–87.

Tsunekawa, H. and K. Iwashita (2001). Numerical simulation of triaxial test using DEM. In Y. Kishino (Ed.), *Powders and Grains 01*, pp. 177–182.

Utili, S. and R. Nova (2008). DEM analysis of bonded granular geomaterials. *International Journal for Numerical and Analytical Methods in Geomechanics 32* (17), 1997–2031.

Utter, B. and R. P. Behringer (2008). Experimental measures of affine and nonaffine deformation in granular shear. *Physical Review Letters 100* (20), 208–302.

Vaid, Y. P. and S. Sivathayalan (2000). Fundamental factors affecting liquefaction susceptibility of sands. *Canadian Geotechnical Journal 37* (3), 592606.

Van Wachem, B. and S. Sasic (2008). Derivation, simulation and validation of a cohesive flow cfd model. *Fluid Mechanics and Transport Phenomena 54* (1), 9–19.

Vaughan, P. (1993). Engineering behaviour of weak rocks: some answers and some questions. In Proceedings of Int. Symp. *Geotechnical Engineering of Hard Soils -Soft Rocks*, Athens.

Viggiani, G. and S. Hall (2008). Full-field measurements, a new tool for laboratory experimental geomechanics. In S. Burns, P. W. Mayne, and J. Santamarina (Eds.), *Deformation Characteristics of Geomaterials*, pp. 3–26. IOS Press.

Voivret, C., F. Radjaï, J.-Y. Delenne, and M. S. El Youssoufi (2009, Apr). Multiscale force networks in highly polydisperse granular media. *Physical Review Letters 102* (17), 178001.

Vu-Quoc, L., X. Zhang, and O. Walton (2000). A 3-D discrete element method for dry granular flows of ellipsoidal particles. *Comput. Methods Appl. Mech. Engrg. 187*, 483–528.

Walton, O. and R. Braun (1986). Viscosity, granular-temperature and stress calculations for shearing assemblies of inelastic, frictional disks. *Journal of Rheology 30* (5), 949–980.

Wang, C., D. Tannant, and P. Lilly (2003). *Numerical Analysis* of the stability of heavily jointed rock slopes using pfc2d. International Journal of Rock Mechanics and Mining Sciences 40,

415–424.

Wang, C.-Y., C.-C. Chuang, and J. Sheng (1996). Time integration theories for the DDA method with finite element meshes. In M. Salami and D. Banks (Eds.), *Discontinuous Deformation Analysis (DDA) and Simulations of Discontinuous Media*. TSI Press.

Wang, J., J. E. Dove, and M. S. Gutierrez (2007). Discretecontinuum analysis of shear banding in the direct shear test. *Géotechnique 57* (7), 513–526.

Wang, J. and M. Gutierrez (2010). Discrete element simulation of direct shear specimen scale effects. *Géotechnique 60* (5), 395–409.

Wang, Y. and F. Tonon (2010). Calibration of a discrete element model for intact rock up to its peak strength. *International Journal for Numerical and Analytical Methods in Geomechanics 34* (5), 447–469.

Wang, Y. H. and S. C. Leung (2008). A particulate-scale investigation of cemented sand behavior. *Canadian Geotechnical Journal 45* (1), 29–44.

Wang, Y.-H., D. Xu, and T. K. Y. J. (2008). Discrete element modeling of contact creep and aging in sand. *Journal of Geotechnical and Geoenvironmental Engineering, ASCE 134* (9), 1407–1411.

Watts, D. J. (2004). *Six Degrees: The Science of a Connected Age*. Vintage Books.

Weatherley, D. (2009). ESyS-particle v2.0 users guide.Technical report, Earth Systems Science Computational Centre, University of Queensland.

Weisstein, E. W. (2010). Quaternion.MathWorld.A Wolfram Web Resource. http://mathworld.wolfram.com/Quaternion.html.

Wen, C. and Y. H. Yu (1966). Mechanics of fluidization.*Chemical Engineering Progress Symposium Series 62*, 100–111.

Wilkinson, S. (2010). *The Engineering Behaviour and Microstructure of UK Mudrocks*.Ph.D. thesis, Imperial College London.

Williams, J. and N. Rege (1997). Coherent vortex structures in deforming granular materials.*Mechanics of Cohesive-Frictional Materials 2*, 223–236.

Wood, D. (1990a). *Soil Behaviour and Critical State Soil Mechanics*. A. A. Balkema.

Wood, W. (1990b). *Practical Time Stepping Schemes*. Oxford: Clarendon Press.

Woodcock, N. (1977). Specification of fabric shapes using an eigenvalue method. *The Geological Society of American Bulletin 88*, 12311236.

Wouterse, A., S. Luding, and A. P. Philipse (2009). On contact numbers in random rod packings.*Granular Matter 11*(3), 169–177.

Xiang, J., J. P. Latham, and A. Munjiza (2009). Virtual geoscience workbench http://sourceforge.net/projects/vgw/develop accessed July 2009.

Xu, B., A. Yu, S. Chew, and P. Zulli (2000). Numerical simulation of the gassolid flow in a bed with lateral gas blasting. *Powder Technology 109*, 13–26.

Xu, B. H. and A. B. Yu (1997). Numerical simulation of the gas-solid flow in a fluidized bed by combining discrete particle method with computational fluid dynamics.*Chemical Engineering Science 52* (16), 2785–2809.

Yimsiri, S. and K. Soga (2000). Micromechanics-based stress-strain behaviour of soils at small strains.*Géotechnique 50* (5), 559–571.

Yimsiri, S. and K. Soga (2001). Effects of soil fabric on undrained behavior of sands.In S. Prakish (Ed.), *Fourth International Conference on Recent Advances in Geotechnical Earthquake*

Engineering and Soil Dynamics, San Diego, California.

Yimsiri, S. and K. Soga (2002). Application of micromechanics model to study anisotropy of soils at small strain. *Soils and Foundations 42* (5), 15–26.

Yimsiri, S. and K. Soga (2010). DEM analysis of soil fabric effects on behaviour of sand. *Géotechnique 60* (6), 483–495.

Yoon, J. (2007). Application of experimental design and optimization to PFC model calibration in uniaxial compression simulation. *International Journal of Rock Mechanics and Mining Sciences 44*, 871–889.

Yu, A. (2004). Discrete element method an effective way for particle scale research of particulate matter. *Engineering Computations 21* (2/3/4), 205–214.

Yunus, Y., E. Vincens, and B. Cambou (2010). Numerical local analysis of relevant internal variables for constitutive modelling of granular materials. *International Journal for Numerical and Analytical Methods in Geomechanics 34*.

Zdravkovic, L. and J. Carter (2008). Contributions to Géotechnique 1948-2008: Constitutive and numerical modelling. *Géotechnique 58* (5), 405–412.

Zdravkovic, L. and R. Jardine (1997). Some anisotropic stiffness characteristics of a silt under general stress conditions. *Géotechnique 47* (3), 407–438.

Zeghal, M. and U. El Shamy (2004). A continuum-discrete hydromechanical analysis of granular deposit liquefaction. *International Journal for Numerical and Analytical Methods in Geomechanics 28* (14), 1361–1383.

Zeghal, M. and U. El Shamy (2008). Liquefaction of saturated loose and cemented granular soils. *Powder Technology 184* (2), 254–265.

Zhang, L. and C. Thornton (2007). A numerical examination of the direct shear test. *Géotechnique 57* (4), 343–354.

Zhou, Z., H. Zhu, A. Yu, B. Wright, and P. Zulli (2008). Discrete particle simulation of gas solid flow in a blast furnace. *Computers and Chemical Engineering 32* (8), 1760–1772.

Zhu, H. and A. Yu (2008). Preface to special edition on simulation and modeling of particulate systems. *Particuology 6* (6), 389.

Zhu, H., Z. Zhou, R. Yang, and A. Yu (2007). Discrete particle simulation of particulate systems: Theoretical developments. *Chemical Engineering Science 62* (13), 3378–3396.

Zhu, H., Z. Zhou, R. Yang, and A. Yu (2008). Discrete particle simulation of particulate systems: A review of major applications and findings. *Chemical Engineering Science 63* (23), 5728–5770.

Zhuang, X., A. Didwania, and J. Goddard (1995). Simulation of the quasi-static mechanics and scalar transport properties of ideal granular assemblages. *Journal of Computational Physics 121*, 331–346.

Zienkiewicz, O. and R. Taylor (2000a). *The Finite Element Method, Volume 1 The Basis* (Fifth ed.). Oxford: Butterworth Heinemann.

Zienkiewicz, O. and R. Taylor (2000b). *The Finite Element Method, Volume 2 Solid Mechanics* (Fifth ed.). Oxford: Butterworth Heinemann.

索引

■ 英数字

BALL　　275, 293, 328
EDEM　　275
ELLIPSE3D　　275
ESyS　　275, 330
LAMMPS　　275, 330
LIGGGHTS　　275, 330
Oval　　275
SPH 粒子法　　SPH (Smoothed Particle Hydrodynamics)　　1, 8, 159
Trubal　　275, 292, 328
Virtual Geoscience Workbench　　275
YADE　　275, 330

■ あ 行

安定的粒子充填　　stable particle packing　　180, 245, 278
異方性　　anisotropy　　249
　　固有—　　inherent —　　249
　　初期—　　initial —　　249
　　誘導—　　induced —　　249
陰的時間積分　　implicit time integration　　24, 38
ウェーブレット関数　　wavelet function　　232
ウェン-ユの式　　Wen and Yu equation　　147
液状化　　liquefaction　　141, 150, 174, 320
エネルギー　　energy　　280, 319
　　アコースティック—　　acoustic —　　303
　　系の—　　system —　　41
　　系の—　　system —　　169
剛体球モデル　　hard sphere model　　5
数値的安定性　　numerical stability　　30, 36
ヒステリシス型接触モデルにおける—消散　　dissipation in hysteretic contact model　　74, 81, 89
非線形弾性接触モデル　　non-linear elastic contact model　　68
モンテカルロ法　　Monte Carlo method　　7
　　流体の流れの—　　— in fluid flow　　143
エルガンの式　　Ergun equation　　147
円形度　　roundness　　118
円盤クラスター　　disk cluster　　105, 308
　　破砕性—　　crushable —　　108
円盤粒子　　disk particle　　101
応力　　stress　　206
　　—鎖の座屈　　buckling of — force chains　　23, 196, 199, 278, 313, 317, 321
　　境界から計算された—　　— calculated from boundaries　　206
　　接触力から計算された—　　— calculation from contact forces　　213
　　粒子—　　particle —　　208

■ か 行

回転抵抗　　rotational resistance　　61, 83, 87, 91, 103, 112, 278, 282, 317
回転ばね　　rotational spring　　90
ガウスの積分定理　　Gauss's integral theorem　　206, 228, 208
ガウスの発散定理　　Gauss's divergence theorem　　208
価数　　valance　　242
画像解析　　image analysis　　116, 118, 181, 272, 312
がたつき粒子　　rattler particles　　166, 196, 241
間隙グラフ　　void graph　　268
間隙形状　　void shape　　265
間隙比　　void ratio　　238
間隙方向　　void orientations　　265
間隙率　　porosity　　238

索 引　**361**

慣性　inertia　11, 103, 320
　―数　― number　290
　―相乗モーメント　products of ―　48
　―マトリックス　― matrix　23, 26, 48
　―モーメント　moments of ―　48, 103, 107
貫入　penetration　3, 306
岩盤　rock mass　86, 166, 180, 201, 280, 301
岩盤挙動　rock mass response　301
岩盤節理　rock joint　303
　―の粗度　― roughness　304
機械・地盤相互作用　machine-soil interaction　305
球クラスター　sphere cluster　52, 105, 285, 305, 308
　破砕性―　crushable ―　108, 319
球形度　sphericity　118
球粒子　sphere particle　101, 321
強応力鎖　strong force chains　43, 166, 197, 243, 267, 317
境界条件　boundary conditions　10, 120
供試体作製　specimen generation　12, 48, 161, 274
　―の前進フロント法　advancing front method of ―　176
極柱状図　polar histogram　250
巨視的　macro-scale　204, 311
均質化　homogenization　202, 205
空間セル系　space cell system　228
計算流体力学　CFD (computational fluid mechanics)　143
形状関数　shape function　226
ケルビンモデル　Kelvin model　70
限界時間増分　critical time increment　166
限界状態　critical state　267, 321, 323
　―線　― line　163, 307, 314
　―土質力学　― soil mechanics　247, 314
減衰　damping　44, 280

局所非粘性―　local non-viscous ―　46
質量―　mass ―　45
履歴―　hysteretic ―　47
格子状充填　lattice packing　162, 292, 313
　面心立方　face-centred-cubic ―　35, 138, 292
較正　calibration　277, 280, 293, 301
高性能計算　high-performance computing　328
剛性マトリックス　stiffness matrix　24, 31, 39
構成モデル　constitutive models　1, 202, 273, 313
構造　structure　247
剛体球モデル　hard sphere model　5, 287
剛壁境界　rigid wall boundary　120, 206
　自動制御―　servo-controlled ―　122, 235, 237, 284, 288
抗力　drag forces　146
転がり抵抗　rolling resistance　87, 103, 278, 280
転がり摩擦　rolling friction　87, 103, 283, 318

■ さ 行

材料セル系　material cell system　213, 228
時間増分　time increment　11, 12, 27, 290, 292
　蛙跳び―スキーム　leap-frog ― scheme　27
　ギアのアルゴリズム　Gear's algorithm　54
　限界―　critical ―　31, 37, 40, 108
　事象推進モデル　event-driven model　5
　ベルレ―　Verlet ― scheme　27
　予測子修正子　predictor corrector　53
軸対称境界　axisymmetric boundaries　137, 190
事象推進モデル　Event-Driven Model　5, 75, 124, 287

索引

質量増加　mass scaling　38
弱応力網　weak force network　199, 317
斜面安定　slope stability　151, 307
周期境界　periodic boundaries　124, 167, 172, 274, 287, 321, 325
　　　円周方向—　circumferential—　137, 293
　　　自動制御型シミュレーション　servo controlled simulation　127, 171
　　　周期セルの変形　deformation of periodic cell　126
　　　他の境界条件との併用　use with other boundary conditions　140
周期セル　periodic cell　124, 150, 191, 218, 274, 287, 320
　　　せん断帯　shear band　128
主応力　principal stresses　16
　　　—の方向　— orientations　16, 123, 195, 247, 326
　　　—比　— ratio　216
　　　中間—　intermediate —　216, 281, 316
シュネーベリロッド　Schneebeli rods　277, 293, 310, 312
準静的シミュレーション　quasi-static simulation　172, 205, 288, 290
状態　state　238, 314
　　　—パラメータ　— parameter　314
数値的安定性　numerical stability　8, 23, 28, 30, 38
精度　accuracy　28, 39, 51, 102, 105, 296
接合度　connectivity　242
接触構成モデル　contact constitutive model　57
接触指数　contact index　245
接触処理　contact resolution　56, 96
　　　楕円形と楕円体　ellipses and ellipsoids　105
接触でのスピンモーメント　spin moment at contact　85, 87
接触での曲げモーメント　bending moment at contact　85
接触判定　contact detection　20, 56, 96, 101, 112, 114, 124, 164
　　　格子に基づく—　grid based —　97
　　　ビニング　binning　97
接触法線ベクトル　contact normal vector　101
接触モデル　contact model　10, 13, 57, 117, 274, 279, 331
　　　ウォルトン–ブラウン—　Walton-Braun —　44, 74, 328
　　　回転抵抗　rotational resistance　87
　　　線形—　linear —　316
　　　線形弾性—　linear elastic —　44, 72
　　　引張り　tensile　82
　　　並列結合応力腐食モデル　Parallel-bonded Stress Corrosion Model　93
　　　並列結合モデル　Parallel Bond Model　84, 93, 110, 135, 181, 190, 235, 286, 308
　　　ヘルツ—　Hertzian —　279, 325
　　　ヘルツ–ミンドリン—　Hertz-Mindlin —　37, 73, 279
接触力学　contact dynamics　275
　　　—法　— method　7, 59
接触力確率分布関数　contact force probability distribution function (PDF)　246
接触力網　contact force network　123, 195, 248, 250, 276, 317
接線方向接触挙動　tangential contact response　64
接線方向接触力　tangential forces　7, 26, 57, 77, 88, 102, 186, 218, 256, 321
せん断帯　shear bands　199, 204, 226, 285, 311, 316, 318
　　　粒子回転　particle rotations　188
添字記法　index notation　14
速度ベクトル　velocity vectors　191
速度ゆらぎ　velocity fluctuations　192

■た 行

代表体積要素　RVE (representative volume element)　124, 202, 240, 287

ダイレイタンシー dilatancy 280, 315, 325
楕円 ellipses 104, 111, 248
楕円体 ellipsoids 104, 111, 314
多角形粒子 polygonal particles 114
多面体粒子 polyhedral particles 114, 305
妥当性確認 validation 35, 137, 206, 291, 293
ダルシー則 Darcy's law 143, 151
中央差分時間積分 central-difference time integration 11, 27, 29, 72, 102
超2次曲線 superquadratics 111
超2次曲面 superquadrics 111
土・構造物相互作用 soil-structure interaction 309
つり合い方程式 equilibrium equation 24, 30, 100
　　回転— rotation — 25, 27, 90
　　粒子応力の— particle stresses — 208
定体積変形シミュレーション constant-volume deformation simulation 149, 322
適合接触 conforming contact 60, 87, 244
鉄道道床 railway ballast 308
テンソル表記 tensorial notation 14
度数 degree 242
　　—分布 — distribution 242
ドロネー三角形分割 Delaunay triangulation 20, 177, 223, 229, 269

■ な 行

内部侵食 internal erosion 141, 320
ナビエ–ストークス方程式 Navier-Stokes equation 145, 153
　　粗格子近似法 coarse-grid approximation method 153
軟球モデル soft sphere model 5, 100
ネットワーク解析 network analysis 162, 200, 268
粘土 clay 320

■ は 行

配位数 coordination number 241, 261, 307, 318
　　有効— effective — 241, 271
　　力学的— mechanical — 241, 322
配向性ファブリック orientation fabric 249
破壊基準 failure criterion
　　トレスカの— Tresca — 64
　　フォンミーゼスの— von Mises — 64
バーガーモデル Burger's model 70, 93
パーコレーション percolation 162
　　—の閾値 — threshold 162, 200
破砕性球クラスター sphere clusters crushable 283, 323
破砕性凝集体 crushable agglomerates 102, 108, 283, 319, 324
発現型挙動 emergent response 311
半径拡大 radius expansion 166
反発係数 coefficient of restitution 5, 75, 77, 280
光弾性 photoelasticity 89, 195, 199, 243, 250, 265, 277, 293, 312, 317
微視構造の連続体解析 microstructural continuum modelling 313
微視的 micro-scale 204
微視力学的連続体解析 micromechanical continuum modelling 313
ヒステリシス hysteresis 47, 67, 70, 74, 89, 195, 276, 316, 325
ひずみ strain 219
　　—速度 — rate 289
　　—軟化 — softening 128, 235, 311, 316, 321
　　境界から計算された— — calculated from boundaries 219
　　空間離散化手法 spatial discretization approach 223
　　最良近似法 best fit approach 221
　　非線形補間法 non-linear interpolation approach 230
非対称接触トラクション分布 asymmetric

contact traction distribution　88
比体積　specific volume　238
非適合接触　non-conforming contact　60, 62, 78, 87, 244
表面粗度　surface roughness　77, 89, 104, 117, 244, 279, 311, 319
表面の隆起　surface asperities　44, 56, 60, 68, 77, 89, 92, 110, 308
ファブリック　fabric　247
ファブリック楕円体　fabric ellipsoid　251
ファブリックテンソル　fabric tensor　257, 318, 321
　　4 階—　fourth-order—　257
　　間隙方向の—　— for void orientations　265
　　粒子方向の—　— for particle orientations　265
不静定　redundancy, statically indeterminate　4, 5, 197, 245, 271
不つり合い力　out-of-balance force　11, 47, 168, 290
不飽和土　partially saturated soil　94
　　—挙動　unsaturated soil response　94
浮遊粒子　floater particles　166, 181, 241
ブランチベクトル　branch vector　249
フーリエ解析　Fourier analysis fabric quantification　252, 262
不連続変形解析　DDA (Discontinuous Deformation Analysis)　7, 9, 24, 40, 100, 116, 303, 307
ブロック DEM　block DEM　8, 40, 100, 299, 333
分割　tessellation　20, 213, 223, 229, 269
分子動力学　Molecular Dynamics　7, 20, 99, 124, 185, 274, 328, 333
粉体温度　granular temperature　192
ペナルティばね　penalty spring　9, 279
ヘルツ接触力学　Hertzian contact mechanics　62
　　—の限界　limitations of —　68
変位勾配　displacement gradient　202
変位増分ベクトル　incremental displacement vector　24, 219
変位ベクトル　displacement vectors　191
変相点　phase transformation point　150, 317
法線方向接触挙動　normal contact response　61, 72
法線方向接触力　contact normal force　58
ボロノイ分割　Voronoi tessellation　20, 178, 229

■ ま 行
マイクロコンピュータ断層撮影　micro-computed tomography (μCT)　107, 116, 182, 199, 243, 293
摩擦係数　friction coefficient　10, 65, 77, 172, 278, 317
マックスウェルモデル　Maxwell model　70, 93
密度増加　density scaling　38
ミンコフスキー和　Minkowski sum　115
メソ的　meso-scale　204
メッシュレス法　meshless methods　8
メンブレン境界　membrane boundary　25, 129, 187, 206
　　せん断帯　shear band　129
モンテカルロ法　Monte Carlo method　7

■ や 行
有限差分法　finite difference method　23, 143, 304, 310
有限要素法　finite element method　2, 12, 23, 31, 59, 116, 143, 204, 224, 288, 291
有効応力　effective stress　141, 150, 238, 311, 314
陽的時間積分　explicit time integration　12, 24, 28, 40, 53
　　—の有限要素法　— finite element analysis　32
四元数　quaternions　51

■ ら 行
ラグランジュの未定乗数　Lagrangian multiplier

接触処理　contact resolution　59
接触判定　contact detection　112
落下　pluviation　163, 179
卵形体粒子　ovoid particle　113
粒子　particle
　　—グラフ　— graph　213, 268
　　—のランダム生成　random generation of —　163
　　—モルフォロジー　— morphology　244
粒子回転　particle rotations　2, 24, 25, 34, 48, 78, 100, 102, 136, 146, 186, 318
　　拘束された—　inhibited —　105, 282, 306, 309
　　せん断帯　shear band　188
　　ひずみ　strain 220

粒状体解析コード　PFC (Particle Flow Code)　49, 72, 75, 83, 84, 93, 102, 131, 132, 164, 235, 275, 292, 333
流体・粒子連成　fluid-particle coupling　141, 310
流体・粒子連成モデル　coupled fluid-particle model　142
隣接表　neighbour list　96, 98
レイノルズ数　Reynolds number　145
レオロジーモデル　rheological models　57, 68, 92, 280
連成モデル　coupled model　142, 310
連続体モデル　continuum model　1
ローズダイアグラム　rose diagram　250
ロックフィル　rockfill　308

原著者紹介

Catherine O'Sullivan(キャサリン・オサリバン)

2002 年にカリフォルニア大学バークレー校を修了し、アイルランド国立大学ダブリン校の講師を経て、現在、英国インペリアル・カレッジ(Imperial College, UK)建設工学科上級講師.

訳者略歴

鈴木 輝一(すずき・きいち)

- 1976 年 東北大学大学院工学研究科修士課程修了
- 1976 年 鹿島建設(株)
- 1995 年 博士(工学)東北大学
- 1996 年 埼玉大学工学部助教授
- 2013 年 埼玉大学大学院理工学研究科教授
  現在に至る

編集担当　千先治樹(森北出版)
編集責任　石田昇司(森北出版)
組　　版　藤原印刷
印　　刷　同
製　　本　協栄製本

粒子個別要素法　　　　　　　　　　　　　Ⓒ 版権取得　2012

2014 年 5 月 20 日　第 1 版第 1 刷発行　【本書の無断転載を禁ず】

訳　　者　鈴木輝一
発 行 者　森北博巳
発 行 所　森北出版株式会社

東京都千代田区富士見 1-4-11 (〒 102-0071)
電話 03-3265-8341 ／ FAX 03-3264-8709
http://www.morikita.co.jp/
日本書籍出版協会・自然科学書協会　会員
[JCOPY] <(社)出版者著作権管理機構 委託出版物>

落丁・乱丁本はお取替えいたします。

Printed in Japan ／ ISBN978-4-627-91581-7